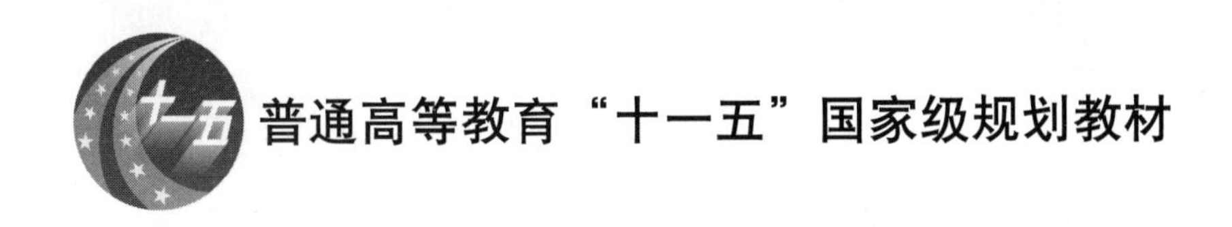

21世纪大学本科计算机专业系列教材

计算机操作系统
（第2版）

何炎祥 李飞 李宁 编著

清华大学出版社
北京

内 容 简 介

本书着重讨论操作系统设计的基本概念、基本原理和典型技术，讲述构造操作系统过程中可能面临的种种问题及其解决办法；介绍操作系统设计中的一些非常重要的进展，包括线程、实时系统、多处理器调度、进程迁移、分布式计算模式、分布式进程管理、中间件技术、微核技术、操作系统的安全性等。为了帮助读者更好地理解操作系统的概念、原理和方法，更好地将理论与实际设计相结合，笔者选择了目前具有代表性、典型性的操作系统 Windows NT、UNIX、Linux 作为实例贯穿全书，并专门介绍了一个小型操作系统——MINIX 的设计与实现。目的是尽可能清晰、全面地向读者展现较新的操作系统的设计原理与基本实现技术，以便读者深入了解现在操作系统的全貌，为今后进行大型软件研制与系统开发打下坚实基础。

本书可供大专院校计算机专业及相关专业的师生作为教材，也可供在计算机软件企业和 IT 行业工作的科技工作者与管理者学习和参考。

图书在版编目(CIP)数据

计算机操作系统/何炎祥等编著. —2 版. —北京：清华大学出版社，2011.6(2022.1 重印)
(21 世纪大学本科计算机专业系列教材)
ISBN 978-7-302-24563-6

Ⅰ. ①计… Ⅱ. ①何… Ⅲ. ①操作系统－高等学校－教材 Ⅳ. ①TP316

中国版本图书馆 CIP 数据核字(2011)第 009655 号

责任编辑：张瑞庆　顾　冰
责任校对：白　蕾
责任印制：杨　艳

出版发行：清华大学出版社
网　　址：http://www.tup.com.cn，http://www.wqbook.com
地　　址：北京清华大学学研大厦 A 座　　**邮　　编**：100084
社 总 机：010-62770175　　**邮　　购**：010-83470235
投稿与读者服务：010-62776969，c-service@tup.tsinghua.edu.cn
质 量 反 馈：010-62772015，zhiliang@tup.tsinghua.edu.cn
印 装 者：保定市中画美凯印刷有限公司
经　　销：全国新华书店
开　　本：185mm×260mm　　**印　张**：22.5　　**字　　数**：549 千字
版　　次：2011 年 6 月第 2 版　　**印　　次**：2022 年 1 月第11次印刷
定　　价：49.80 元

产品编号：029845-04

前言

FOREWORD

操作系统是计算机系统中最关键的系统软件，计算机系统愈复杂，操作系统的作用和地位就愈重要。

本书结合现在操作系统的设计并考虑操作系统的发展方向，着重讨论操作系统设计的基本概念、基本原理和典型技术。全书共分 12 章，下面介绍各章内容组成。

第 1 章简要介绍操作系统的基本概念、功能、发展历史以及主要成就等。

第 2 章介绍了进程的概念，以及操作系统对进程进行控制和管理时采用的数据结构，还讨论了与进程相关的线程等内容。

第 3 章介绍了在单一系统中并行处理的关键技术——互斥和同步机制。

第 4 章描述了死锁的性质，并讨论了解决死锁问题的一些方法。

第 5 章讨论了多种内存管理方法，并讨论了用于支撑虚拟内存所需的硬件结构和操作系统用来管理虚拟内存的软件方法。

第 6 章分析了各种不同的进程调度方法，包括实时调度策略等方面的内容。

第 7 章论述了操作系统对输入/输出设备的控制和管理，尤其是对系统性能影响较大的磁盘 I/O 的调度和控制。

第 8 章对文件的组织、存储、使用和保护等方面的内容进行了讲解。

第 9 章和第 10 章描述了分布式操作系统的一些关键设计领域，包括 Client/Server 结构，用于消息传递和远程过程调用的分布式通信机制、分布式进程迁移、中间件以及解决分布式互斥和死锁问题的原理与技术。

第 11 章简要讨论了保证操作系统安全性的相关理论和方法。

第 12 章以小型操作系统 MINIX 为例，用解释性的方式介绍了 MINIX 设计和实现的具体过程，以期达到理论联系实际，学以致用，突出实践性的目的。

本书由何炎祥、李飞、李宁共同编写，何炎祥统编了全书。在编写过程中得到了武汉大学计算机学院领导和同事们的热情帮助，清华大学出版社为本书的出版给予了大力支持，文中还参考、引用了国内外一些专家学者的论著和研究工作，以及一些公司的产品介绍，在此一并表示诚挚的感谢。

随着操作系统技术的发展，本书在前一版的基础上，对部分内容进行了修订和改编，以适应教学需要。

限于水平，书中错误难免，敬请读者不吝赐教。

编　者

2011 年 2 月

目录

CONTENTS

第1章 操作系统概论

操作系统(Operating System,OS)是控制应用程序执行和充当硬件系统和应用程序之间的界面的软件。通常OS应做到方便、高效、可扩展和开放。

- 方便:OS使计算机应用起来更方便。
- 高效:OS使计算机系统的资源以一种高效的形式得以应用。
- 可扩展:建造OS时,应使它具有进行扩充和发展,并且在引进新系统组件的同时,又不会干扰现有服务的能力。
- 开放:为使出自不同厂家的计算机及其设备能通过网络集成化并能正确、有效地协同工作,实现应用程序的可移植性和互操作性,要求OS具有开放性。

1.1 操作系统的作用

1.1.1 硬件系统和应用程序间的界面

如图1.1所示,计算机将软、硬件分级,分层为用户提供服务。终端用户通常不必考虑计算机本身的设计,只是借助应用程序与计算机系统交互。这些应用程序可通过程序设计语言来表达,并且可通过应用程序员升级。如果一个人想通过一系列机器指令来开发应用程序,而这些应用程序又全权控制计算机硬件,那么,等待他的将是一个十分庞杂的工作。为简化这项工作,一系列系统程序应运而生。在这些系统程序中,有些被称为实用程序,它们频繁地执行程序创建、文件管理、输入/输出(I/O)设备控制等功能。程序员可以利用它们来开发应用程序,而应用程序在运行时又调用实用程序执行某项功能。由OS定义的软、硬件和数据,给程序员提供了方便的界面,使程序员和应用程序更容易获取和使用计算机系统中的资源、工具和服务。

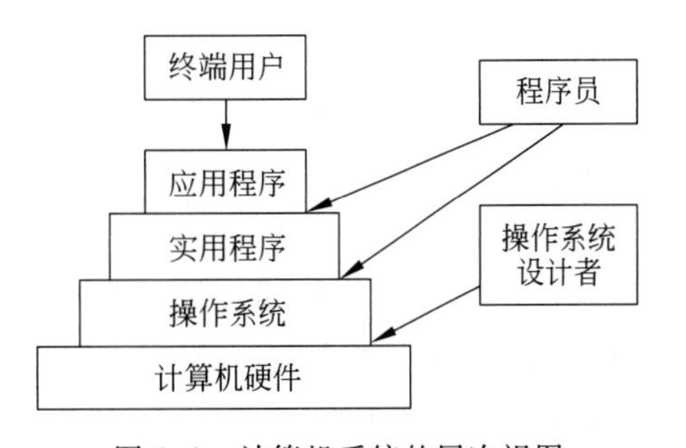

图1.1 计算机系统的层次视图

简而言之,OS具有如下功能:

① 程序创建。OS提供多种工具(如编辑器、调试器)和服务来帮助程序员编程。这些服务以实用程序的形式存在,它们并不是OS的一部分,而只是通过OS获得。

② 程序执行。将指令和数据装入主存、I/O设备和文件初始化,以及其他资源的准备等,这些工作是由OS完成的。

③ I/O设备的访问。每个I/O设备都有用来操作自身的指令序列和控制信号,OS则可使程序员用简单的读/写操作来使用和控制I/O。

④ 控制对文件的访问。就文件而言,控制不仅能识别I/O设备属性(如磁盘驱动器、打印驱动器),而且能识别存储介质上的文件结构。当涉及到多用户系统时,OS能提供控制访问文件的保护机制。

⑤ 系统访问。当涉及一个共享或公用的系统时,OS承担整体控制系统的访问和具体系统资源的访问。它必须使资源和数据不受无权用户的干扰,而且必须解决资源使用中的冲突问题。

⑥ 查错和纠错。大量的错误不能在系统运行时出现,包括内部和外部硬件错误。例如存储器错误,或设备失误、无效;各种软件错误,例如,算术溢出、试图使用禁用存储器,OS不能满足应用程序要求等。每种情况下,OS都必须作出响应,并在尽量以最小限度影响执行程序的条件下清除错误,或向应用程序报错,或重试一次,或终止出错程序。

⑦ 簿记。好的OS应能搜集各种资源的使用统计数据和监听执行情况(如响应时间)等。这些信息对将来完善计算机系统,以及提高系统执行性能是十分有用的。

1.1.2 资源管理者

从某种观点来看:OS通过管理计算机资源来控制计算机基本功能的实现。但这种控制是以不寻常的方式运作的。通常认为一个控制部件应位于其被控物的外部,或至少是不同于且分离于被控物的,OS就不是这样,作为一个控制部件它至少有两个方面不寻常:

① 以通常的计算机软件的方式起作用,即它是一些程序的集合。

② 频繁放弃控制,且必须依靠处理器来重新获取控制。

OS实际上是一个计算机程序。它与一般程序的关键区别是程序的内容。OS可指示处理器使用其他系统资源,加速其他程序的执行。此时,处理器必须停止执行OS程序。这样,OS就会为处理器而放弃控制,去做另一些“有用”工作,待到重新掌握控制权后再为处理器的下一项工作做准备。

图1.2显示出一些受OS控制的主要资源。OS中包括内核在内的一部分程序在内存中,内核包含了OS中使用最频繁的和在给定时间内正被使用的OS的一部分。内存余下的部分存储了其他用户程序和数据。主存的分配是由OS和处理器中的存储管理硬件决定的,如图1.2所示,OS决定什么时间I/O设备能够被运行中的程序段用到,还控制和管理对文件的使用。处理器本身是资源,OS决定处理器有多少时间花在执行特定用户程序上。

1.1.3 推动操作系统发展的因素

操作系统的演变主要基于以下因素。

1. 硬件升级以及新的硬件类型

早期的UNIX和OS/2不含分页部件,因它们的运行不需分页硬件,最近的版本已增加了分页功能;同样,图形终端和页式终端代替逐行显示的终端会影响OS的设计,这样的终端允许用户通过屏幕上的窗口,在同一时间内提出多个申请(即所谓的“多任务”),这就需要

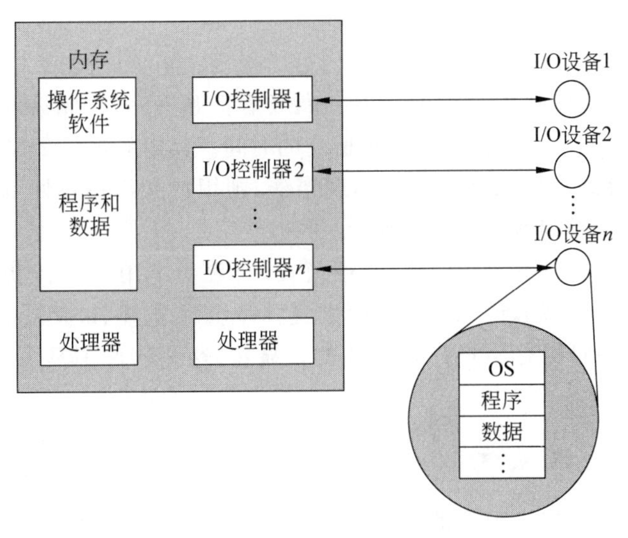

图 1.2　作为资源管理器的操作系统

OS 有更多更复杂的支持。

2. 新服务

为响应用户要求和系统管理者的需要，OS 要扩大服务范围。当发现现有的工具很难为用户保持良好的服务性能时，将新的测量和管理工具添加到 OS 中；在出现一个新请求，如要求在显示器上应用 Windows 操作系统时，就需要有相应的支撑机制。

3. 修补

OS 中的错误会不断被发现，因此就必须进行修补（也就是各种“补丁”）。当然，在修补的同时也有可能引入新的错误。

显而易见，OS 在创建中应以组件为基础，应具有清晰定义的各组件之间的接口，应有很好的文件支持。

1.2　操作系统的演变

为了理解 OS 的关键需求和 OS 主要特征的重要性，回顾一下 OS 的演变和发展是十分有益的。

1.2.1　串行处理系统

早期的计算机根本没有 OS，从 20 世纪 40 年代末到 50 年代中期，程序员都是直接与硬件接触。计算机运行在一个集成了指示器、各种开关、一些输入设备以及一个打印机的控制台之上。用机器代码编写的程序由输入设备、读卡机载入，在因错误而导致程序被挂起时，出错位置由指示灯显示。程序员可以通过检测寄存器和主存来寻找出错原因。如果程序正常执行完毕，则结果会输出到打印机上。这种系统存在两个问题：

1. 上机安排

上机请求要用一个订单来预约机器时间。典型问题是，如果一个用户事先约定了一个小时，而最终执行程序时只用了 45min，就浪费了 15min 的时间；如果在约定的 1h 内完成不了,则程序就会在执行1h后被迫停止。

2. 启动时间

启动时间包括向存储器中装载编辑器和高级语言源程序、存储编译过的程序(目标程序)、然后连接装配目标程序与公共函数等所花的时间。其中的每一步都有可能引起纸带机或卡片机的安装和拆卸。如果这一过程出现错误,则用户又不得不回到准备程序的开始。这样,就有相当的时间被浪费在程序启动上。

OS的这种工作模式被定义为串行处理模式,它表明了用户串行获取计算机的事实。随着时间的推移,各种系统软件工具应运而生,包括标准函数库、链接器、装配器、反编辑器、I/O驱动程序等,它们对所有用户都是开放的。显然,这些软件工具可以提高串行处理的效率。

1.2.2 简单批处理系统

早期的计算机十分昂贵,因而最大限度地利用它就显得很重要,在上机安排和启动时间上造成时间花费是不可接受的。

为了改善上述情况,产生了批处理系统的概念。第一个批处理系统产生于20世纪50年代中期,是由General Motors开发,用于IBM 701计算机上。这个概念后来被IBM的顾客改进并应用在IBM 704中。到20世纪60年代初期,一些企业为计算机系统开发了批处理系统。IBSYS即是IBM公司为7090/7094计算机配置的操作系统,由于它对其他系统的广泛影响而尤为著名。

简单批处理系统的中心思想是,通过应用一种称为监控器的软件,使用户不必再直接接触机器,而是先通过卡片机和纸带机向计算机控制器提交作业,由监控器将作业组织在一起构成一批作业,然后将整批作业放入由监控器管理的输入设备上,每当一个程序执行完毕返回监控器时,监控器已自动装入下一个程序。

下面从监控器和处理器这两个方面入手来考虑这些设计是如何实现的。从监控器角度来看,是它决定事件的顺序。因此,大部分监控器必须总是处于主存中,这部分称为驻留监控程序,其内存结构如图1.3所示。剩下的监控程序可作为用户程序的一部分,在各种作业开始时根据需要而装入。监控器一次从输入设备读取一个作业(典型的是从读卡机和磁带驱动器上读入)。当前作业被放置在用户程序区,这时,此作业就开始拥有控制权。在作业完成后,控制权又回到监控器,监控器马上读入下一作业。每项作业的结果都被打印出来传给用户。

从处理器的角度考虑:在某段时间内,处理器从包含监控器的主存(或内存)中执行指令,这些指令使得下一个作业被读入主存的其他部分;一旦一个作业读入主存,处理器就会收到监控器的一条分支指令,指示处理器继续在用户程序的开始处执行;接着,处理器执行用户程序直至程序结束或遇到错误。这两种情况的任何一种都会促使处理器从监控器程序中取下一条指令。因此,“控制权被传递给作业”表明处理器正在用户程序中存取和执行指令;“控制权返回控制器”表明处理器正在存取和执行监视器的指令。显然,监控器掌握调度权。一批作业排成队列,被尽可能快地执行,就可以使处理器没有闲置时间。

作业是如何启动的呢?实际上,也是在监控器的控制之下进行的。对于每一作业,指令被包含在作业控制语言(JCL)的原语形式中,这是一种特殊的程序语言,用来给监控器提供指令。图1.4展示了一个由卡片输入作业的简单示例。在此例中,用户将用FORTRAN语言书写的程序和一些数据,以及作业控制指令(它们用“$”符号打头来标明)提交给系统。为执行这个作业,监控器读入$FTN卡片,从它的存储介质(常为纸带)上装入适当的编译器。编译器将用户程序翻译成目标代码,存入存储器或介质存储器中。如果用户程序被存入存储器,则操作过程即为“编译→装入→运行”。如果要存入磁带,就需要$LOAD卡,由监控器读此卡,监控器在编译操作完成之后重新获得控制权。监控器唤醒加载器代替编译器,将目标程序装入内存,并将控制权传递给程序。从这个意义上讲,一大片主存可由不同的子系统共享,尽管在同一时间只有一个系统是常驻内存且正在被执行的。

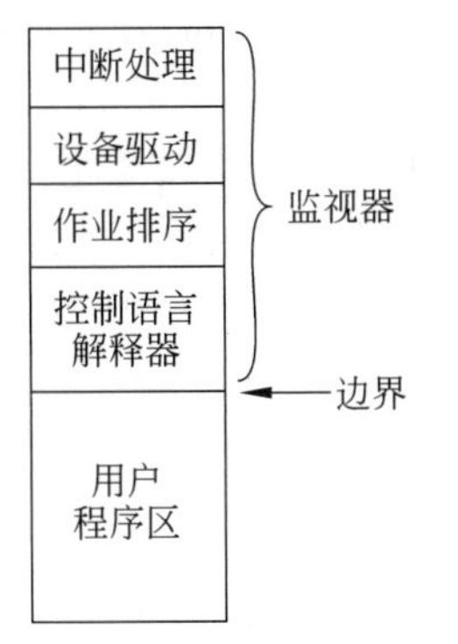

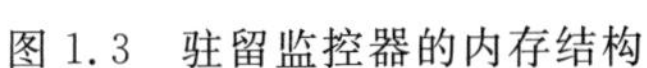
图1.3 驻留监控器的内存结构

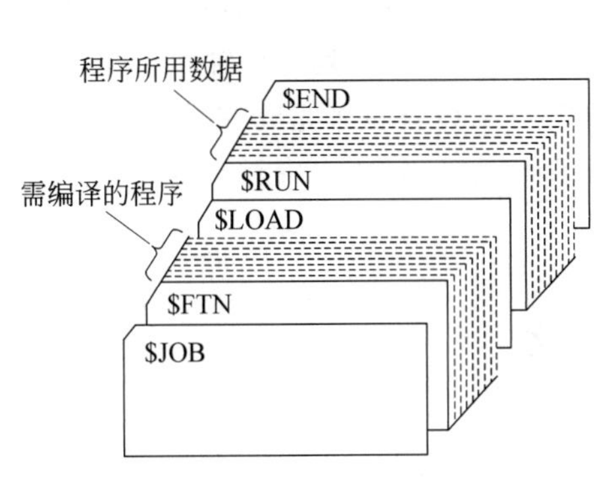

图1.4 一个简单批处理系统的卡片叠

在用户程序执行期间,一条输入指令将读取一个数据卡片。用户程序的输入指令引发OS的一个子程序,该子程序检查并判定用户程序中是否出现读取一个JCL卡的指令。若是,则将控制权返还监控器。在完成一个用户作业的执行之后,监控器就继续扫描输入卡片,直至碰到下一个JCL卡。这样,系统就不会受具有过多或过少数据卡程序的干扰。

可以看出监控器或批处理系统是一个简单的计算机程序。它依靠处理器从主存的不同区域取指令来交替获得和放弃控制权。为此,其他硬件支持也是需要的,例如:

① 存储器保护。用户程序在执行时,不能修改包含监控器的主存。如果有这样的企图,则处理器硬件应能发现这一错误并及时将控制权转交监控器。监控器将终止该作业,打印出错信息,装入下一个作业。

② 计时器。计时器用来防止一个作业长期占有整个系统。计时器设置在每项作业的开始。如计时器超时,就发生中断,并将控制权返还监控器。

③ 特权指令。有些指令被指定为特权指令,只能被监控器执行。如果处理器在执行用户程序时遇到这样一个指令,就发出一个出错中断。在特权指令中有I/O指令,所以监控器获得了所有I/O设备的控制权。这就可以防止用户程序意外地从下一个作业中读取作业控制指令。如果一个用户程序想执行I/O操作,则必须请求监控器为它执行。如果处理器在执行用户程序时遇到特权指令,控制器硬件就会认为是出错并将控制权交给监控器。

④ 中断。早期的计算机没有中断功能。这项功能使OS在放弃和取得控制权时变得更加复杂。

当然,没有这些支持也可创建操作系统,但可能会使问题变得一团糟,所以即使是最原始的批处理操作系统,也有这些硬件支持。作为一个例外,世界上应用得最广泛的操作系统——PC-DOS/MS-DOS,就是既没有主存保护又没有特权I/O指令的操作系统。不过,由于这个系统只用于单用户个人计算机,所以问题并不严重。

对于批处理系统,计算机的时间随用户程序的执行和监控器的执行而变化。这有两个代价:某些主存给了监控器,一些机器时间被监控器占用。这些都是额外的代价,即使有这种额外代价,简单批处理系统仍提高了计算机的使用效率和应用水平。

1.2.3 多道程序批处理系统

即使有简单批处理系统提供的自动作业队列,处理器也常常闲置。问题主要在于I/O设备的执行速度通常比处理器慢得多。图1.5是一个有代表性的例子,程序负责处理一个文件的记录和执行,平均每秒钟执行100条机器指令。在这个例子中,计算机要花去96%的时间等待I/O设备来完成数据传递。图1.6(a)说明了这种情形。处理器花一定时间执行程序直至遇到一个I/O指令,这时,它必须等待直至I/O指令结束。

读一个记录	0.0015s
执行100条指令	0.0001s
写一个记录	0.0015s
总 共	0.0031s

CPU利用百分比=0.0001/0.0031=0.032=3.2%

图1.5 系统利用率例子

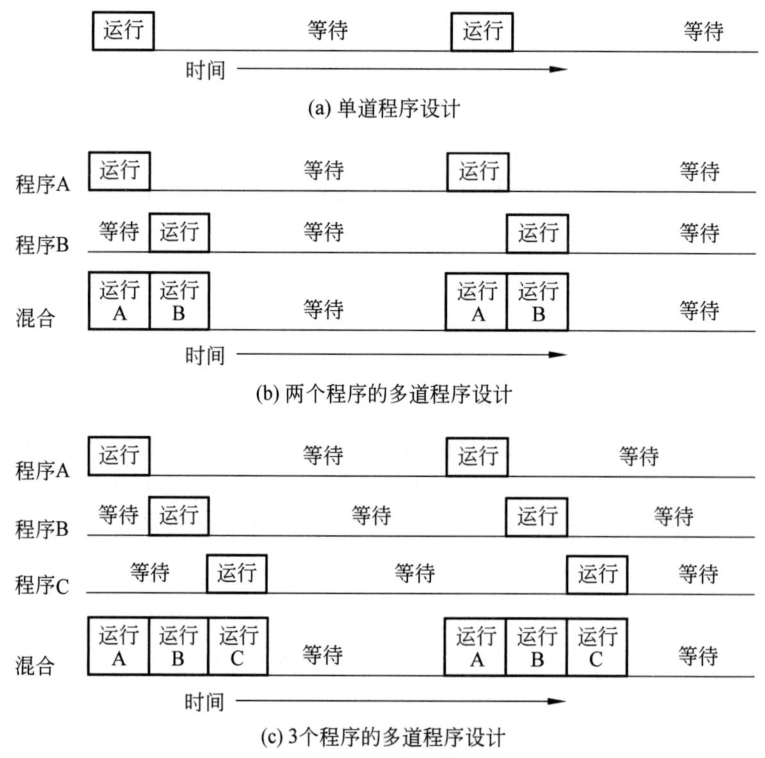

图1.6 多道程序设计

这种低效的现象并不是不可避免的，只是必须要有足够的存储空间来存储操作系统和用户程序。设想一个空间中有一个操作系统和两个用户程序，当一个作业等待 I/O 时，处理器可转向另一个作业，这样就不必等待 I/O，如图 1.6(b)所示。而且，可通过扩展内存空间来装下 3 个、4 个或更多的程序，并在它们之中进行切换，如图 1.6(c)所示。这个设想就是多道程序设计的基本思想，它是现代操作系统的主旋律。

为说明多道程序设计的好处，可观察基于 Turner 上的一个例子。设想一台计算机配备 256KB 的可用内存空间（未被 OS 占用的）、一个磁盘、一个终端和一台打印机。3 个程序 JOB_1、JOB_2 和 JOB_3 同时被提交执行，见表 1.1。假设 JOB_2 和 JOB_3 请求占用处理器，JOB_3 可持续占用磁盘和打印机。在一个简单的批处理环境中，这些作业将排成队列执行。如果 JOB_1 在 5min 内执行完，则 JOB_2 必须等待 5min 后再执行 15min，JOB_3 就必须在 20min 后才能开始执行，在它提交申请后的 30min 执行完毕。平均资源使用、响应时间已经在表 1.2 的单道程序栏中表示出来，其作业执行情况如图 1.7 所示。

表 1.1　某些程序执行属性

	JOB_1	JOB_2	JOB_3
作业类型	偏重计算	偏重 I/O	偏重 I/O
执行时间	5min	15min	10min
所需内存	50KB	100KB	80KB
是否需要磁盘	No	No	Yes
是否需要终端	No	Yes	No
是否需要打印机	No	No	Yes

表 1.2　多道程序设计在提高资源利用率方面产生的效果

	单道程序设计	多道程序设计
处理机使用	17%	33%
内存使用	30%	67%
磁盘使用	33%	67%
打印机使用	33%	67%
经过时间	30min	15min
吞吐率	6jobs/h	12jobs/h
平均响应时间	18min	10min

现在设想这 3 个作业在一个多道程序 OS 下同时运行。因资源之间几乎没有竞争，所有作业都共存于计算机中，能够以最少的时间运行完毕（假设 JOB_2 和 JOB_3 有足够的处理器时间来控制输入/输出操作）。JOB_1 仍然需要 5min，但在 JOB_1 完成时，JOB_2 已完成 1/3，而 JOB_3 已完成 1/2。3 个作业将在 15min 之内全部完成，资源利用率的提高是明显的，如表 1.2 所示，其作业执行情况如图 1.8 所示。

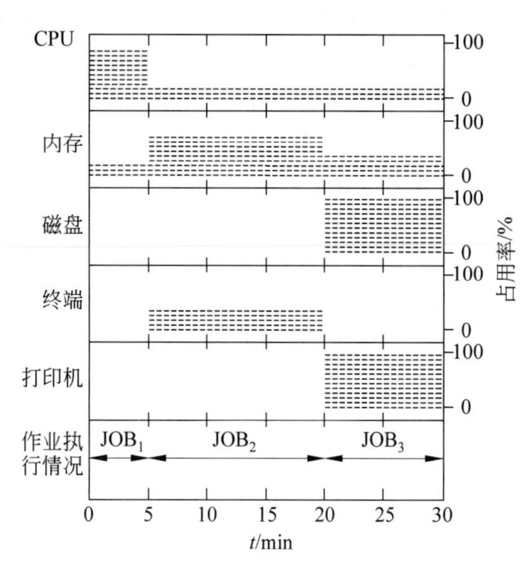

图 1.7 单道程序设计的作业执行情况

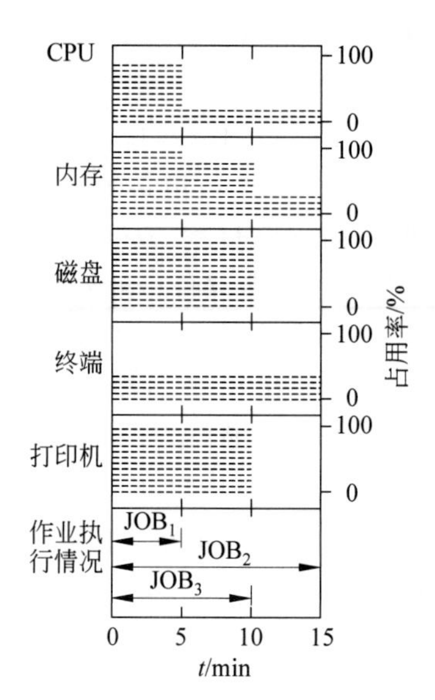

图 1.8 多道程序设计的作业执行情况

就像在简单批处理系统中一样,一个多道程序批处理系统是一种必须依靠某种计算机硬件的程序。对多道程序最显著的、有用的附加特征是支持 I/O 中断和 DMA 的硬件。有了 I/O 中断驱动和 DMA,处理器可以为一个作业发出 I/O 请求,而且在设备控制器执行这一 I/O 请求的同时,处理器又可继续执行另一个作业。当 I/O 操作完成后,处理器被中断,控制权传给操作系统中的中断控制程序,接下来 OS 将控制权传给下一个作业。

多道程序操作系统比单道程序操作系统要完善得多。为了使多个程序处于就绪状态,必须将它们放入主存中,同时建立一些存储器管理表列。另外,如果有多道作业准备运行,则处理器必须决定运行哪一个,这就要有调度算法,这些概念将在后面讨论。

1.2.4 分时系统

利用多道程序设计技术,可高效对作业进行批处理。然而,对许多作业,例如,事务处理,提供一个用户与计算机直接作用的交互作用模式是必要的。

目前,交互计算可以由一个微型计算机来实现。在计算机大而昂贵的 20 世纪 60 年代,这种选择是不现实的,这是分时系统得以发展的动因。也可以说,用户的需要是推动分时系统形成和发展的主要动力。多道程序被用来控制多道相互作用的作业,这项技术称为分时技术(time sharing),它反映了处理器的时间是由多个用户共享的事实。分时系统的基本思想是让多个用户同时通过终端使用系统,而操作系统则在系统内部按一定策略调度和处理用户程序。这样,如果有 n 个用户在同一时间请求设备,则为单个用户服务的速度是 $1/n$,而且还不算 OS 的时间。然而,考虑到人的反应相对机器来说慢一些,在一个精心设计的系统中,还是可以使计算机上的多个用户都觉得这台计算机是专门为自己服务的。

批处理多道程序和分时系统都使用了多道程序设计技术。两者在策略目标和指令源方面的差异列于表 1.3 中。

表 1.3 批处理多道程序设计与分时系统

	批处理多道程序设计	分时系统
策略目标	使处理机使用率最高	使响应时间最小
指令源	作业控制语言提供	在终端上键入命令

最早的分时系统之一是便携式分时系统 CTSS，它是由 MAC 项目组在 MIT 开发的。此系统最早是在 1961 年为 IBM 709 而开发的，后来被移植到 IBM 7094 上。

与后来的系统相比，CTSS 的功能十分简单，它的基本操作很容易解释。该系统要在 36 位的 32KB 主存上运行，其中包含 5KB 的驻留监控程序。当控制权被指定给交互用户时，用户的程序和数据装入剩余的 27KB 主存中。系统时钟大约每 0.2s 产生一次中断。在每个时钟中断里，OS 获得控制权，而后将处理器指定给另一个用户。这样，在有规则的间隙中，当前用户被另一个用户所取代。为保证老用户以后有再占有的权利，老用户程序和数据在新用户程序和数据读入之前被写到磁盘上。此后，老用户的主存空间在下一次运行时将再恢复。

为减少磁盘发生错误，用户存储器只有当写入程序要覆盖它时才写出。有关规则如图 1.9 所示。假设有如下 4 个请求存储器的用户：JOB_1(15KB)、JOB_2(20KB)、JOB_3(5KB)、JOB_4(10KB)。最初，监控器装入 JOB_1，给它控制权，如图 1.9(a)所示；其次，监控器决定把控制权给 JOB_2，因 JOB_2 比 JOB_1 需要更多的主存空间，故 JOB_1 必须先写出，然后装入 JOB_2 如图 1.9(b)所示；其三，JOB_3 被装入运行，然而，因为 JOB_3 比 JOB_2 小，JOB_2 的一部分可保留在内存中，减少了磁盘的写时间，如图 1.9(c)所示；其四，监控器把控制权再传给 JOB_1，当 JOB_1 重新被装入内存时如图 1.9(d)所示；JOB_2 多出的部分必须被写出，当 JOB_4 装入时，存储器中的 JOB_1 和 JOB_2 的一部分仍被保留，这时，JOB_1 或 JOB_2 有一个被激活，需要时再装入一部分。此例中，JOB_2 接着运行。这就需要将 JOB_4 和 JOB_1 常驻的部

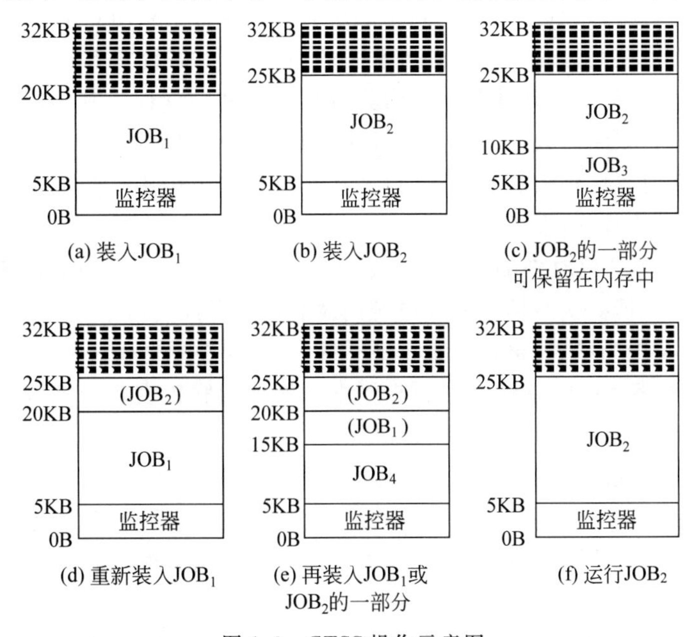

图 1.9 CTSS 操作示意图

分写出,并读入 JOB_2 的相关部分。

CTSS 与今天的分时系统相比很初级,但它很实用。它十分简单,这就缩小了监控器的规模;因为作业被装入时总是在相同的位置,因而无需特别的加载技术。在 7094 上运行时,CTSS 最多能支持 32 个用户。

分时和多道程序给 OS 带来了许多新问题。如果存储器中有多个作业,则这些作业必须受到保护以免相互干扰(例如,更改彼此的数据)。若有多个相互作用的用户,则文件系统也必须被保护起来,只允许有特许权的用户访问特定的文件。有些资源(如打印机和物理存储设备),必须得到有效的控制和管理,这些问题都是需要研究的。

1.2.5 实时系统

虽然多道批处理系统和分时系统已能获得令人较为满意的资源利用率和响应时间,但是仍不能满足实时控制和实时信息处理的需求,例如,导弹的制导系统、飞机订票系统、情报检索系统等,这就使实时系统应运而生。

实时系统与其他普通的系统之间的最大不同之处就是要满足处理与时间的关系。在实时计算中,系统的正确性不仅仅依赖于计算的逻辑结果而且依赖于结果产生的时间。对于实时系统来说,最重要的要求就是,实时操作系统必须具有在一个事先定义好的时间限制内,对外部或内部的事件进行响应和处理的能力。这样,实时系统可以定义为“一个能够在事先指定或确定的时间内,完成系统功能和对外部(内部)、同步(异步)时间作出响应的系统”。此外,作为实时操作系统还需要有效的中断处理能力来处理异步事件,高效的 I/O 能力来处理有严格时间限制的数据收发应用。就是系统应该有在事先定义的时间范围内识别和处理离散的事件的能力,以及系统能够处理和存储控制系统所需要的大量数据。

实时系统能及时相应外部事件的请求,在规定的时间内完成对该事件的处理,并控制所有实时任务协调一致地运行。实时系统大部分是为特殊的实时任务设计的,这类任务对系统的可靠性和安全性要求很高。所以,系统的所有部分通常是采用双工方式工作的。

实时操作系统主要是为联机实时任务服务的,相比分时系统它有其自身的特点:

① 实时信息处理系统与分时系统一样具有多路性和独立性。其多路性表现在经常对多路的现场信息进行采集以及对多个对象或多个执行机构进行控制。其独立性表现在,每个终端用户在向实时系统提出服务请求,以及在实时控制系统中信息的采集和对对象的控制方面,都是彼此独立操作,互不干扰的。

② 实时信息处理系统对外部实时信号必须能及时响应,响应的时间间隔要足以控制发出实时信号的那个环境。实时信息处理系统的及时性是以控制对象所要求的开始时间和完成时间来确定的,一般为秒级、毫秒级直至微秒级,有的甚至要低于 $100\mu s$。

③ 实时信息处理系统的整体性强。它要求所管理的联机设备和资源必须按一定的时间关系和逻辑关系协调工作。

④ 实时信息处理系统虽然也有交互性,但这里人与系统的交互仅限于访问系统中某些特定的专用服务程序。它没有分时操作系统那样强的交互会话功能,不能向终端用户提供数据处理、资源共享等服务,不允许用户通过实时终端设备去编写新的程序或修改已有的程序。

⑤ 实时信息处理系统要求有高可靠性和安全性,系统的效率则放在第二位。因为任何

差错都可能带来巨大的经济损失、甚至无法预料的灾难性后果。因此，在实时系统中，往往都采取了多级容错措施来保证系统的安全及数据的安全。

实时操作系统的出现和应用的日益广泛，以及批处理操作系统和分时操作系统的不断改进，使操作系统日趋完善。一个实际的操作系统，可能兼有批处理系统、分时系统和实时系统三者或其中两者的功能。例如，在 VAX-11 系列机上所配置的 VMS 操作系统，便是一个兼有三者功能的操作系统。

1.2.6 网络操作系统

计算机网络是将一些具有独立处理能力的计算机通过传输媒体把它们互联起来，能够实现通信和相互合作的系统。

网络操作系统是为网络用户提供各种服务的软件和有关协议的集合。其目的是让网络上各计算机能方便、有效地共享网络资源。

按照网络服务方式和应用方式的不同，网络操作系统分为以下三种模式：

(1) 集中模式。在该模式下，多台主机连接起来构成网络，信息的处理和控制都是集中的。它是由分时操作系统加上网络功能演变而成，系统由一台主机和若干台与主机相连的终端组成。UNIX 系统是集中模式的典型例子。

(2) 客户端/服务器(Client/Server)模式。该模式是在 20 世纪 80 年代发展起来的，目前仍然是一种广为流行的网络工作模式。

该运行模式是指：服务器检查是否有客户要求服务的请求，在满足客户的请求后将结果返回；客户端(可以为一个应用程序或另一个服务器)如果需要系统的服务，就向服务器发出请求服务的信息，服务器根据客户请求执行相应的操作，并将结果返回给客户。

Windows NT、UNIX 和 Linux 操作系统是这类模式的代表，客户端/服务器模式具有分布处理和集中控制的特征。

(3) 对等模式(Peer to Peer)。在对等模式的网络中，每台计算机同时具有客户端和服务器两种功能，既可以向其他计算机提供服务，又可以向其他计算机提出服务请求，在网络中既无服务处理中心，也无控制中心。该模式具有分布处理及分布控制的特征。

网络操作系统除了具有一般操作系统所具有的功能外，还具有以下网络管理功能：

(1) 高效可靠的网络通信能力。这是计算机网络最基本的功能，其任务就是在源计算机和目标计算机之间实现无差错的数据传输。

(2) 多种网络服务功能。网络操作系统支持各种远程文件传输、收发邮件、存取和管理服务、共享硬盘服务及共享打印机服务等网络应用功能和系统备份、安全管理、容错等管理功能。

1.2.7 分布式操作系统

20 世纪 80 年代以来，高速计算机网络发展非常迅速，网络技术的发展使一些计算机系统从集中式走向分布式。分布式计算机系统是由多个分散的计算机经互联网络连接而成的计算机系统。其中各个资源单元(物理的或逻辑的)既相互协同又高度自治，能在全系统范围内实现资源管理，动态地进行任务分配或功能分配，并能并行地运行分布式程序。

分布式系统是多机系统特别是并行处理系统的一种新形式，是计算机网络的高级发展阶段,是近年来计算机科学技术领域中发展迅速的一个方向。分布式操作系统则是为分布式计算机系统配置的操作系统,除了最低级的I/O设备资源外,所有的系统任务都可以在系统中任何别的处理机上运行,并提供高度的并行性和有效的同步算法和通信机制,自动实现全系统范围的任务分配并自动调度各处理机的工作负载,为用户提供一个方便、友好的用机环境。

它与单机操作系统和网络操作系统都有不同程度的区别,其复杂程度也明显高于它们,其主要特点是:

(1) 进程通信不能借助公共存储器,因而常采用信息传递方式。

(2) 系统中的资源分布于多个场点,因而进程调度、资源分配及系统管理等必须满足分布处理要求,并采用保证一致性的分散式管理方式和具有强健性的分布式算法。

(3) 不失时机地协调各场点的负载,使其达到基本平衡,以充分发挥各场点的作用。

(4) 故障检测与恢复及系统重构和可靠性等问题的处理和实现都比较复杂。

分布式系统应具有资源共享(resource sharing)、开放性(openness)、并发性(concurrency)、容错性(fault tolerance)和透明性(transparency)五个主要特征,这是分布式系统的设计目标。

(1) 资源共享。分布式操作系统的用户可以访问或使用分布式系统中的计算机资源,分为硬件资源共享和软件资源共享。

(2) 开放性。开放性包括可伸缩性、可移植性和互操作性。

(3) 并发性。并发性和并行性在分布式系统中是一种内在的特征。分布式系统中分散的资源单元可以相互协作,一起解决同一个问题,在分布式操作系统控制下,实现资源重复(按任务)或时间重叠(按功能)等不同形式的并行性。

(4) 容错性。容错有两个基本方法,即硬件冗余和软件恢复,这些方法同样适用于分布式系统。

(5) 透明性。分布式操作系统运行的硬件平台是一个通过网络连接的不同计算机系统集合,应用程序进程将整个分布式计算机环境作为一个单一透明的系统,而不是通过网络连接的单个计算机集合。实现分布式操作系统的关键是透明性。透明性包括位置透明性、迁移透明性、副本透明性、并发透明性和并行透明性。其中,最重要的透明性要求是访问透明和位置透明,这两种透明性的实现与否直接影响到分布式系统的表现,特别影响到分布资源的利用,最终影响到分布式系统的成功与否。

1.2.8 嵌入式操作系统

嵌入式操作系统(Embedded Operating System,EOS)是一种用途广泛的系统软件,过去它主要应用于工业控制和国防系统领域。

EOS是指运行在设备、装置、系统中,对整个系统及所有操作部件、装置等资源进行统一协调、处理、指挥和控制的计算机系统软件。它必须体现其所在系统的特征,能够通过装卸某些模块来达到系统所要求的功能。嵌入式操作系统在系统实时高效性、硬件的相关依赖性、软件固态化以及应用的专用性等方面具有较为突出的特点。

EOS是相对于一般操作系统而言的,它除具备了一般操作系统最基本的功能,如任务调度、同步机制、中断处理、文件功能等外,还有以下特点:

(1) 可装卸性。开放性、可伸缩性的体系结构。

(2) 强实时性。EOS 实时性一般较强，可用于控制各种设备。

(3) 统一的接口。提供各种设备驱动接入。

(4) 操作方便、简单、提供友好的图形界面(GUI)，追求易学易用。

(5) 提供强大的网络功能，支持 TCP/IP 协议及其他协议，提供 TCP、UDP、IP、PPP 等协议支持及统一的 MAC 访问层接口，为各种移动计算设备预留接口。

(6) 强稳定性，弱交互性。嵌入式系统一旦开始运行就不需要用户过多的干预，这就要负责系统管理的 EOS 具有较强的稳定性。嵌入式操作系统的用户接口一般不提供操作命令，它通过系统调用命令向用户程序提供服务。

(7) 固化代码。在嵌入系统中，嵌入式操作系统和应用软件被固化在嵌入式系统计算机的 ROM 中。辅助存储器在嵌入式系统中很少使用，因此，嵌入式操作系统的文件管理功能应该能够很容易地拆卸，而用各种内存文件系统。

(8) 更好的硬件适应性，也就是良好的移植性。

目前，已推出一些应用比较成功的 EOS 产品系列。随着 Internet 技术的发展、信息家电的普及应用及 EOS 的微型化和专业化，EOS 开始从单一的弱功能向高专业化的强功能方向发展。

1.3 操作系统的主要成就

操作系统是现有软件系统中最复杂的系统软件之一。到目前为止，操作系统已取得了 5 项主要成就：进程、内存管理、信息的保护与安全性、调度与资源管理、系统结构。它们涉及现代操作系统在设计和实现方面的最基本问题。

1.3.1 进程

进程是操作系统结构的基础。进程这个术语最早是出现于 20 世纪 60 年代，它在某种程度上比作业还要大众化。对进程有很多种定义方法，其中包括：

① 程序的一次执行。

② 能分配给处理器并在其上执行的实体。

③ 程序在一个数据集合上的运行过程，是系统进行资源分配和调度的一个独立单位。

计算机系统发展的 3 条主线导致实时性与同步性问题的出现，这些问题的产生又有助于进程概念的完善，这 3 条主线是：批处理多道程序、分时系统以及实时事务处理系统。

① 批处理多道程序。其功能是：使处理器、I/O 设备(包括存储设备)能同时工作，使系统得到最大效率。关键技巧在于：在响应 I/O 处理完毕的信号时，处理器在驻留于主存内的各种程序之间进行切换。

② 分时系统。其理论基础在于，如果计算机用户能够通过某种终端与计算机直接作用，则工作效率会更高。其中关键在于：系统能够响应多个用户的请求，同时，考虑耗费等因素。如果一个典型的用户平均每分钟需要 2s 的处理时间，那么，每分钟就可以允许有接近 30 个用户同时共享一个系统而没有明显的干扰，当然，OS 的开销时间也是必须要考虑的。

③ 实时事务处理系统。在这种情形下,一些用户会对数据库进行查询和更新,航空预定系统就是一例。实时事务处理系统与分时系统的主要区别在于前者局限于一个或多个(数量较少)的应用程序,而分时系统的用户却可以涉及程序的开发、作业的执行和不同应用程序的应用。这两种情形下,系统响应时间都是很快的。

系统程序设计员用于开发早期的多道程序和多用户系统的原则是中断。任何作业在遇到规定的事件(如I/O)时就会被挂起,处理器保存某些内容(例如,程序计数器和其他寄存器),然后转到中断处理程序,中断处理程序将确定中断、处理中断,然后继续执行用户被中断的作业和其他一些作业。

设计系统软件以协调各种组件间的运作是很困难的。在同一时刻有许多任务,而每个任务又包括大量必须依次执行的步骤,因此,对所有事件的可能的组合顺序进行分析是不可能的。由于系统缺乏协作的方法,常会产生一些错误。这些错误很难诊断,因为必须将它们与应用程序的出错及硬件出错区分开。即使发现了错误,也很难确定原因,因为出现错误的精确环境是很难再现的。通常,有4种原因会导致这样的错误:

① 不合适的同步。一个进程常常因等待某事件发生而必须挂起。例如,一个程序执行初始化I/O读操作后,必须等待,直到缓冲区中有所需的数据。不合适的信号机制可能会导致信号丢失或收到多个信号。

② 失败的互斥。有些情况下,不止一个用户或程序企图同时使用共享资源。例如,在一个航空订票系统中,两个用户可能分别试图读取数据库,如果有空余座位,就订下座位并更新数据库。如果访问没有得到控制,就可能出现错误。必须有一种互斥机制,即在同一时刻只允许一个进程对数据区域进行更新。这种互斥的实现很难在所有可能的事件顺序下被证明是正确的。

③ 非确定的程序操作。一个特定程序的运行结果通常是由该程序的输入决定而不依赖于一个共享系统中其他程序的运行。但是,如果多个程序共享存储器并都被处理器调入内存,就有可能修改共享存储器区,从而互相干扰。这样,各程序的调度次序就会影响其他程序的输出结果。

④ 死锁。在某些情况下,可能有两个或多个程序都在互相等待彼此占用的资源。例如,两个程序可能都需要两个I/O设备,但每个程序都控制了其中一个设备而等待另一个程序释放另一个设备。

解决这些问题所必需的基本条件是,要有一个系统的方法去监视和控制处理器中运行的程序。进程的概念提供了这个基本条件。进程由以下3部分组成:

① 一个可执行的程序;

② 该程序所需的相关数据(变量、工作空间、缓冲区等);

③ 该程序的执行上下文(context)。

其中,最后一项是必不可少的。操作系统中所有用来管理进程和处理器执行进程的信息都包括在执行上下文中。这个上下文包括寄存器的内容、进程的优先级以及进程是否等待I/O事件的完成等信息。

根据上述分析,结合各种观点,我们可以把“进程”定义为:可并发执行的程序在一个数据集合上的运行过程。

图1.10显示了进程可能实现的一种方法。两个进程A和B存在于内存中。每个进程

在进程表列中都有记录,并且由操作系统保存。进程表列保存了每个进程的表项,包括指向进程在内存中存储块的指针。这个表项可能还包括进程执行上下文的一部分。执行上下文的剩余部分则同进程自身一起存放。进程索引寄存器存储当前处理器中进程在进程表列中的索引。程序计数器指向进程中下一条执行指令。基址(base)和限制(limit)寄存器定义了进程在内存中占有的区域。程序计数器和所有数据的访问都被解释为基址寄存器的相对值,并且不能超过限制寄存器的值。这样就防止了进程间的相互干扰。

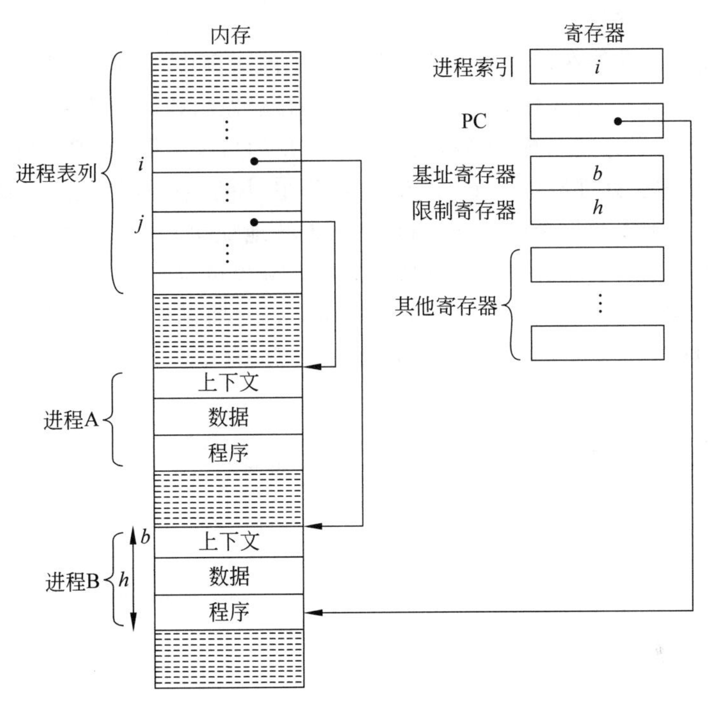

图 1.10　典型的进程实现

在图 1.10 中,进程 B 正在执行。进程 A 已被暂时中断。A 被中断时,所有寄存器的内容都记录在其执行上下文中。以后,处理器可以进行上下文切换而重新执行进程 A。上下文切换包括存储 B 的上下文和恢复 A 的上下文。

这样,进程可以看作是一个数据结构。进程既可以被执行,又可以等待执行。进程的整个状态都保存在其上下文中。可以扩展进程的上下文以允许加入新的信息。

1.3.2 存储器管理

用户需要一个计算环境,以支持组件编程和灵活使用数据。系统管理员需要高效和有序地存储分配控制机制。为了满足这些要求,操作系统有如下 5 条存储管理原则:

① 进程隔离。操作系统必须防止独立进程之间的相互干扰。

② 自动分配和管理。程序应该能够在动态条件分配到所要求的存储区。这个过程对程序员是透明的。这样,程序员就不必关心存储区的限制,由操作系统根据任务的需求分配存储器,其效率也随之得到提高。

③ 支持组件编程。存储器共享使得一个程序具有对另一程序的存储空间进行寻址的潜在可能性。有时这是需要的,有时这对绝大多数程序甚至操作系统本身构成极大威胁。

④ 长时间存储。很多用户和应用程序要求长时间存储信息。

⑤ 保护和存取控制。

通常,操作系统用虚拟存储器(virtual memory)和文件系统来满足这些需要。虚拟存储器允许程序以逻辑方法来寻址,而不用考虑物理上可获得的内存大小。当一个程序执行时,事实上,只有一部分程序和数据可以保存在内存中,其他部分则存储在磁盘上。在以后的章节里将看到,这种将存储空间分为物理空间和逻辑空间的方法,在存储数据方面为操作系统提供了强大的支持。

文件系统将信息存储在称为文件的一个命名了的对象中,实现长期存储。文件是一个对程序员很方便的概念,对操作系统而言文件又是存取控制和保护的单元。

图1.11描述了对存储系统的两种看法。从用户的角度出发,处理器同操作系统一起为用户提供了一个"虚拟处理器(virtual processor)",它访问虚拟存储空间。这种存储可以是线性地址空间或一个段的集合(段是可用长度的连续地址块)。不论是哪种情况,编程指令都可以对虚拟内存中的程序和数据进行访问。进程分隔可以通过给每个进程一个唯一的、不可重叠的虚拟内存空间来实现。进程共享则可以通过将两个虚拟存储空间重叠来获得。文件存储在长期存储介质上,而且可以被复制到虚拟内存中。

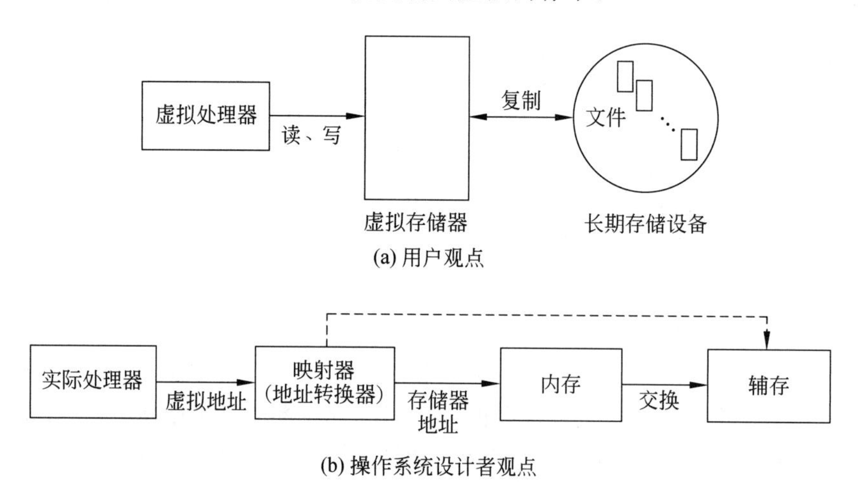

图1.11 看待存储系统的两种不同观点

从设计者的角度来看存储器,存储器由(机器指令)可直接寻址内存和通过将数据块加载到内存来间接访问的辅存组成。地址转换硬件——映射器(mapper)位于处理器和存储器之间。程序用虚拟地址进行访问,虚拟地址映射到实际的内存地址。如果一个访问并不在实际内存中,那么实际内存中的一块内容就会被交换到辅存,从而可将一个需要的数据块交换进内存。在这个过程中,产生这个地址访问的进程将被挂起。

1.3.3 信息保护和安全性

随着分时系统的广泛应用以及计算机网络的发展,人们对信息保护的关注也越来越强烈。

美国国家标准局(National Bureau of Standards)曾经颁布了一个文件,指出了一些安全领域要警惕的非法活动:

- 有组织地、故意地企图从竞争对手处获取经济或市场信息。
- 有组织地、故意地企图从政府机构获取经济信息。
- 非故意地获取经济或市场信息。
- 非故意地获取私人信息。
- 通过非法访问计算机数据，故意获取资金数据、经济数据、法律执行数据以及私人信息。
- 政府侵犯私人权利。

为防止这些活动，可以将一些通用工具安装到计算机和操作系统中以支持各种保护和安全机制。通常，主要关注对计算机系统和存储在其中的信息的存取控制。以下是 4 种保护策略：

① 不共享。在这种情况下，进程完全相互分隔开，每个进程对所分配到的资源都具有排他控制权。在这种策略中，为了共享程序或数据的安全，相关进程需要将程序的数据复制一份到自己的虚拟内存中。

② 共享原始程序或数据文件。一个物理上存在的程序可以在多个虚拟地址空间中出现。为了防止在同一时刻多个用户相互干扰，对可写的数据文件共享，需要特殊的加锁机制。

③ 无存储子系统。在这种情况下，进程被分为多个子系统。例如，一个客户(client)进程调用一个服务(server)进程去完成一些任务。服务进程受到保护不会让客户进程发现完成该任务的算法。而客户进程也受到保护，不会让服务进程保留该任务的任何信息。

④ 控制信息的分布。在某些系统中，定义了一些安全类。用户和应用程序都要进行安全检查，而数据和其他资源(I/O 设备等)都有一个安全级别。在这种安全策略中，哪些用户对哪些级别具有访问权均有明确规定。这种模式在军事和商业应用中非常重要。

同操作系统有关的安全和保护工作可分为以下 3 类。

① 访问控制。管理用户对整个系统、子系统和数据的访问，并且管理进程对系统中各种资源和目标的访问。

② 信息流控制。管理系统中的数据流以及传递给用户的数据流。

③ 确认。它与两点相关：一是所提供的访问及信息流控制机制；二是这些机制所支持的访问及安全策略。

1.3.4 调度和资源管理

操作系统的核心任务之一就是管理各种可获得的资源以及合理地调度它们。任何资源分配和调度策略都必须考虑以下 3 个因素：

① 公平性。通常希望给竞争资源的进程以平等的访问权限。

② 不同敏感性。操作系统应该区分具有不同服务请求的不同类型的任务。对资源而言，操作系统既应该为了满足全局的需要统筹分配和调度，又应该根据具体情况动态地分配和调度以满足某一个进程的需要。例如，如果一个进程正在等待一个 I/O 设备，则操作系统应在该 I/O 设备空闲出来后，立刻调度该进程执行。

③ 效率。在公平和效率的限制下，操作系统最好能有最大化吞吐量、最小化响应时间，对于分时系统，则应尽可能地为更多的用户服务。

图1.12展示了在多道程序环境中,操作系统的关键组件。操作系统保存了一些队列,每个队列都是一组等待某些资源的进程。短程队列是由在主存中并处于就绪状态的进程组成。这些进程中的任何一个进程都可以作为处理器的下一个选用者,具体选择哪个进程由分派程序决定。

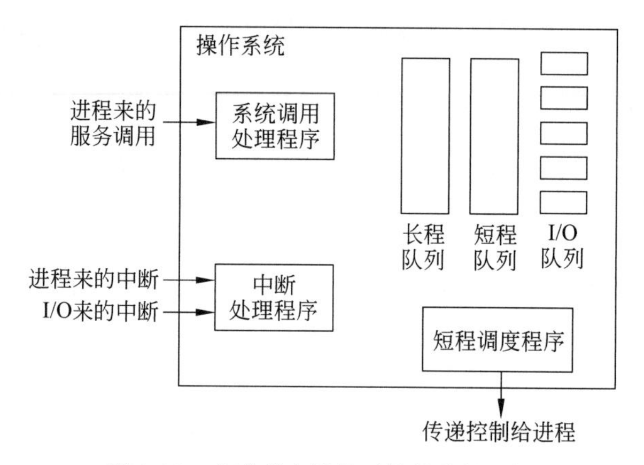

图1.12　多道程序操作系统的关键组件

长程队列是一列等待使用系统的新进程。操作系统通过将一个进程从长程队列转移到短程队列,向系统增加任务。每个I/O设备都有一个I/O队列。等待使用某个设备的所有进程都排在该设备队列中。当中断发生时,操作系统得到处理器的控制权。一个进程可能会求助于操作系统提供的一些服务。在这种情况下,服务调用处理程序成为进入操作系统的入口。

1.3.5　系统结构

随着操作系统性能的增强,以及基础硬件复杂性的增加,操作系统的大小和复杂性也不断增加。CTSS分时系统在MIT于1963年投入使用时,大约有32 000个36位字的存储容量。一年以后出现的IBM OS/360,有超过一百万条的机器指令。1972年底,MIT和贝尔试验室共同开发的Multics系统有超过两千万条的机器指令。确实,近年来出现了一些在小系统上运行的较小的操作系统,但随着硬件技术的发展和人们需求的增长,这些系统也越来越复杂了。简单的PC-DOS已让位于复杂而又功能强大的OS/2和Windows NT。

操作系统的大小及其处理任务的难度导致了许多问题,例如,系统总会有许多潜在的错误(bug),以及性能没有达到所希望的要求。为了有效管理系统资源和控制操作系统的复杂性,人们开始极大地重视操作系统的软件结构。

一个明显的观点是软件必须组件化,这有助于组织软件、限制诊断任务并定位错误;组件间的接口应尽可能简单,这使得系统改进更为容易。有了简洁的接口,就会将改变一个组件后对其他组件产生的影响降到最低程度。

对大型操作系统,仅仅组件化编程还是不够的。现在越来越多地用到体系结构分层和信息抽象技术。现代操作系统的体系结构分层是根据其复杂性以及抽象的水平来分离功能的。可以将系统看成一个分层结构,每层完成操作系统要求的一个功能子集,每层都依赖紧挨着的较低一层的功能,并且为较高层提供服务。定义不同的层就是为了当某一组件改变时不会影响其他层的内容，将一个问题分解为许多容易解决的子问题。

表1.4所示的是一个层次操作系统的模式。

表1.4　操作系统设计和层次结构

层	名称	对象	操作举例
13	外壳	用户程序设计环境	shell语言中的语句
12	用户进程	用户进程	quit, kill, suspend, resume
11	目录	目录	create, destroy, attach, detach, search, list
10	设备	外设：打印机、显示器等	create, destroy, open, close, read, write
9	文件系统	文件	create, destroy, open, close
8	通信	管道	create, destroy, open, close, read, write
7	虚拟存储器	段、页	read, write, fetch
6	局部辅存	数据块、设备通道	read, write, allocate, free
5	进程原语	进程原语、信号量、就绪队列	suspend, resume, wait, signal
4	中断	中断处理程序	invoke, mask, unmask, retry
3	过程	过程、调用栈、显示	mark stack, call, return
2	指令集	演算栈、微程序解释器	load, store, add, subtract, branch
1	电子线路	寄存器、门电路、总线等	clear, transfer, activate, complement

第1层由电路组成，其中的对象是寄存器、门电路和总线等。对这些对象的操作是一些动作，如清除寄存器或读取内存单元等。

第2层是处理器的指令集。这一层的操作是那些机器语言指令集所允许的一些指令，如add、subtract、load和store等。

第3层加入了过程的概念，包括调用返回指令等。

第4层是中断，使处理器保存当前内容并调用中断处理程序。

前4层并不是操作系统的一部分，但它们组成了处理器硬件。然而，操作系统中的一些元素，如中断处理程序，已在这一层出现。

在第5层中，进程作为程序的执行在本层出现。为了支持多进程，对操作系统的基本要求包括具有挂起和重新执行进程的能力。这就要求保存寄存器的值以便从一个进程切换到另一个进程。

第6层管理计算机的辅存。该层的主要功能有读/写扇区、进行定位以及传输数据块。第6层依靠第5层的调度操作。

第7层为进程创建逻辑空间。这一层将虚拟空间组织成块，并在主、辅存间调度。当一个所需块不在主存中时，本层将在逻辑上要求第6层进行传输。

第8层处理进程间的信息和消息通信。其最有力的工具之一是管道(pipe)。管道是进程间数据流的一个逻辑通道。它也可用来将外部设备和文件同进程连起来。

第9层支持长期存储文件。

第10层是利用标准接口，以提供对外部设备的访问。

第11层负责保存系统资源和对象的外部和内部定义间的联系。外部定义是应用程序和用户可以使用的名字。内部定义是能够被操作系统的低层部分用来控制一个对象的地址或其他指示符。

第12层支持所有管理进程所必须的信息。包括进程虚拟地址空间、与该进程有相互作用的进程和对象表列、创建该进程时传递的参数等。

第13层在操作系统同用户间提供一个界面。它被称为外壳(shell),这是因为它将用户和操作系统具体实现区分开,并使操作系统就像一个功能的集合。这个外壳接受用户命令,解释后根据需要创建并控制进程,在很多场合它也被称为“命令解释器”。

1.4 操作系统举例

本书主要介绍操作系统的设计原理与实现技术,并主要选择以下两个系统作为例子:

① Windows NT。这是一个单用户、多任务操作系统,运行在各种PC和工作站上。它包含了操作系统最新的各种技术。

② UNIX。这是一个多用户、多任务、分时操作系统。开始是为小型机设计的,后来广泛用于从微机到巨型机的各种机型。

1.4.1 Windows NT

1. 多任务

Windows NT代表了个人计算机操作系统的新潮流,还有OS/2、Macintosh System 7。这些操作系统都支持多任务。主要有以下两个因素促使个人计算机需要多任务:

① 随着CPU处理器速度增加、内存容量增大以及对虚拟内存的支持,应用程序变得越来越复杂并相互依靠。这样,单任务环境就显得太不灵活,对用户也不太友好。在多任务环境中,用户根据需要打开每个应用程序,并使它们全处于打开状态。信息很容易在应用程序间传递。每个应用程序可以有一个或多个窗口。用户使用一种指示设备如鼠标,就可以很方便地在这个环境中进行切换。

② 客户/服务器(Client/Server,C/S)计算方式的发展。在C/S计算方式中,一台PC或工作站和一个主系统一起用来完成一个特定的应用程序。这两者连接在一起并且每个都被分配了适合其能力的一部分任务。C/S计算可以从一个由PC和服务器组成的局域网获得,也可以通过将一个用户系统同大型机连起来获得。一个应用程序可以包括一台或多台PC和一个或多个服务器。为了提供合理的响应,操作系统必须支持精密的时间通信硬件、相关通信协议和数据传输体系。

2. 说明

很多因素都影响Windows NT的设计。它提供了早期Windows产品中相同类型的GUI,包括窗口的使用、下拉菜单和点击交互方式。它内部结构受到Mach操作系统的启发,而Mach又建立在UNIX基础上。

图1.13描述了Windows NT的总体结构。高度组件化给Windows NT带来相当的弹性。Windows NT能够运行于许多硬件平台上,并支持为许多其他操作系统编写的应用程序。

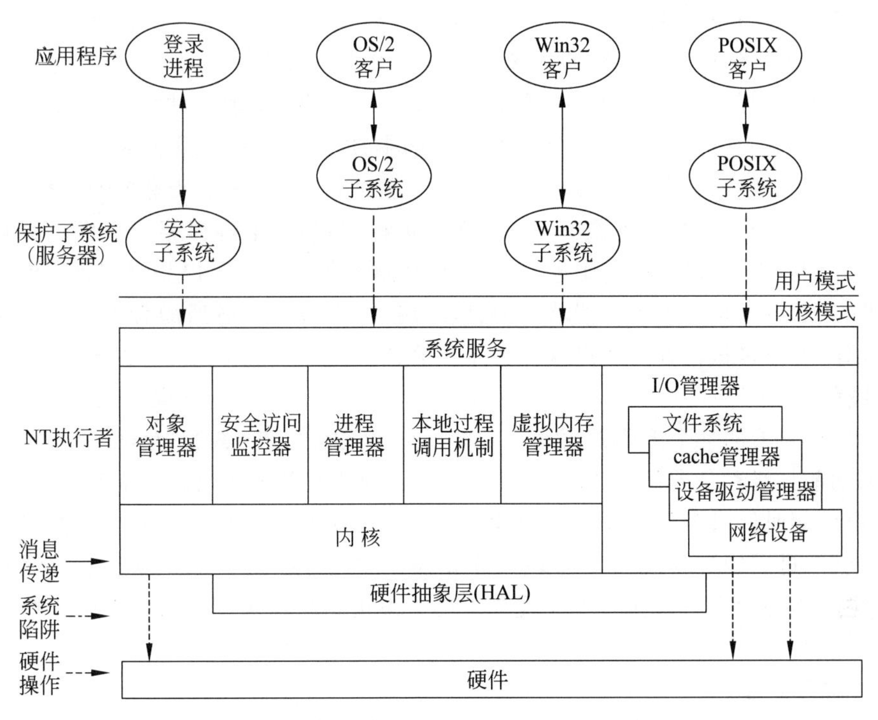

图 1.13 Windows NT 结构

同绝大多数操作系统一样，Windows NT 将应用软件与操作系统软件分开。后者运行于特权模式或内核模式下。内核模式可访问系统数据和硬件。其余软件运行于用户模式下，有限制地访问系统数据。内核模式软件是 Windows NT 的执行者。

不论是运行在单处理器或多处理器，还是运行在 CISC 或 RISC 系统上，大多数 Windows NT 都以同一角度看待低层硬件。为了达到这一独立性，操作系统由以下 4 层组成：

① 硬件抽象层(Hardware Abstraction Layer，HAL)。将硬件命令、响应等映射到一个特定的平台(如 Intel 486、奔腾处理器或 Alpha 处理器)上。HAL 使每一个机器的系统总线、DMA 控制器、中断控制器、系统时钟和存储控制器对内核来说都是相同的。

② 内核(kernel)。由操作系统最常用、最基础的构件组成。内核管理调度、上下文的切换、中断处理以及多处理器同步。

③ 子系统(subsystem)。包括利用内核所提供的基础服务的各种特殊功能组件。

④ 系统服务。提供与用户模式软件的接口。

子系统 I/O 管理器可绕过 HAL 直接同硬件相互作用。这对于提高 I/O 操作的效率和吞吐量是很有必要的。

Windows NT 的威力来自于其能为其他系统编写的应用程序提供支持。Windows NT 提供这一支持的方法是通过保护子系统(protected subsystem)实现的。保护子系统是 Windows NT 同终端用户交互的部分，是提供应用程序接口环境的服务器。保护子系统提供了一个图形或命令行用户界面来定义操作系统的界面。另外，每个保护子系统为特殊的操作环境提供了应用程序接口(Application Programming Interface，API)。这意味着为一个特定环境编写的程序可能会毫无改变地运行于 Windows NT 中，因为它们所接触的操作系统接口与其编程的环境是一样的。Windows NT 支持多个子系统，从而使它可以在不同的用户面前以不同的面貌(如 DOS、POSIX、Windows32 等)出现。目前，Windows NT 上可以运行 MS-DOS、Windows、OS/2 和符合 POSIX 标准的 UNIX 应用程序。

C/S 体系结构是分布计算的通用模式。这一模式也适用于单个系统内部，就像 Windows NT 一样。每个服务器由一个或多个进程实现，每个进程等待客户对其服务的请求，例如，存储器服务、进程创建服务、处理器调度服务等。客户可以是应用程序或其他操作系统组件，它通过发送消息提出请求。消息通过执行者传送到适当的服务器。服务器进行所需的操作，并通过执行者向客户返回所需的信息。

3. 线程

Windows NT 的一个重要方面是它对进程中线程的支持。线程包含了一些传统上与进程有关的功能。线程是进程的活动成分，它可以共享进程的资源与地址空间，通过线程的活动，进程可以同时提供多种服务(对服务器进程而言)或实行子任务并行(对用户进程而言)。Windows NT 进程创建时只有一个线程，根据需要在运行过程中可以创建更多的线程(前者亦可称“主线程”)，NT 内核采用基于优先级的方案选定线程执行的次序。第 3 章将详细介绍进程和线程及其区别。

4. 对称多处理

迄今为止，几乎所有的单用户个人计算机和工作站都只有一个 CPU。随着对性能要求的不断增加以及 CPU 花费的降低，越来越多的系统采用了多个处理器。为了获得最大的效率和可靠性，一个称为对称多处理(Symmetric Multiprocessing，SMP)的操作模式是必要的。有了 SMP，每个进程或线程可分配给任意一个处理器。

现代操作系统一个关键要求就是充分利用 SMP。Windows NT 对 SMP 的支持有以下性质：

- 操作系统的进程可以在任何可获得的处理器上运行。
- Windows NT 支持单个进程中多个线程的运行。相同进程中的多个线程可以在不同处理器上同时运行。
- 服务器进程可以使用多个线程去处理同一时刻来自多个客户的要求。
- Windows NT 提供了方便的机制，以在进程间共享数据和资源，以及灵活的进程间通信能力。

5. Windows NT 对象

Windows NT 很重视面向对象设计(OOD)的概念。这种方法很容易在进程间共享数据和资源，并且对于未授权的访问提供对资源的保护。Windows NT 中使用的主要面向对象概念有：

(1) 封装(encapsulation)

每个对象由一个或多个数据项(称作属性，attribute)，以及一个或多个可以对数据进行处理的过程(称作服务，service)组成。访问一个对象中的数据的唯一方法是激活该对象的服务。这样，对象的数据就被保护起来，以防止非授权的使用或错误使用。

(2) 对象的类(class)和实例(instance)

一个对象的类就是列出了该对象的属性和服务并定义了该对象的一些性质的模板。这种方法简化了对象的创建和管理。

Windows NT 中并非所有实体都是对象。只有当数据对用户模式访问是公开的或数据访问是共享或受限制时才使用对象。通过对象代表的实体有：文件、进程、线程、信号量(semaphore)、时钟和视窗。Windows NT 通过内核中的对象管理器创建和管理所有的对象。

Windows NT 并不是一个完全的面向对象操作系统。它也不是用面向对象语言实现的，其完全驻留在执行者组件中的数据结构并不是用对象描述的。

1.4.2 UNIX System V

1. 历史

UNIX 开始是由贝尔实验室开发并最初于 1970 年在 PDP-7 上实现的。贝尔实验室和其他一些部门在 UNIX 上的研发工作，导致一系列 UNIX 版本的产生。第一个具有里程碑意义的工作是将 UNIX 系统由 PDP-7 转移到 PDP-11 上，这预示着：UNIX 是一个适合所有计算机的操作系统。下一个具有重要里程碑意义的工作是用 C 语言重写 UNIX，这是前所未有的。通常认为由于 OS 要处理实时事件，故只能用汇编语言编写，现在，几乎所有的 UNIX 都由 C 语言实现。C 语言是一种通用的高级程序设计语言，它允许产生机器代码、说明数据类型及定义数据结构，因而适合于许多不同类型的计算机体系结构。这使 UNIX 具备了可移植的条件。

1974 年，有关 UNIX 的报道第一次在一份科学杂志上刊出并引起广泛注意。第一个在贝尔实验室以外可以广泛获得的 UNIX 是 1976 年的第 6 版。1978 年的第 7 版被看做是当今 UNIX 系统的祖先。非 AT&T 系统的 UNIX 是由加州大学 Berkeley 分校开发的 UNIX BSD，可运行于 VAX 机器上。1982 年，贝尔实验室将 AT&T 中的几个 UNIX 版本合并成一个单一的系统 UNIX System Ⅲ，并在市场上推出。

本书将 UNIX System V 作为 UNIX 例子。UNIX System V 是主流的商业版本，可在从 32 位微处理器到超级计算机的不同级别的计算机上运行。

2. 说明

一个一般 UNIX 的体系结构如图 1.14 所示，其底层硬件被操作系统软件包围。操作系统通常称做系统内核或内核，以便同用户和应用程序区分开来，UNIX 的这一部分就是在本书中要介绍的。当然，UNIX 还有一些用户服务接口也被视为操作系统的一部分，这些可归到外壳中。外壳还包括接口软件和 C 编译器部分(编译器、汇编编译器、加载程序)。这一层以外就是用户应用程序和 C 编译器的用户界面。

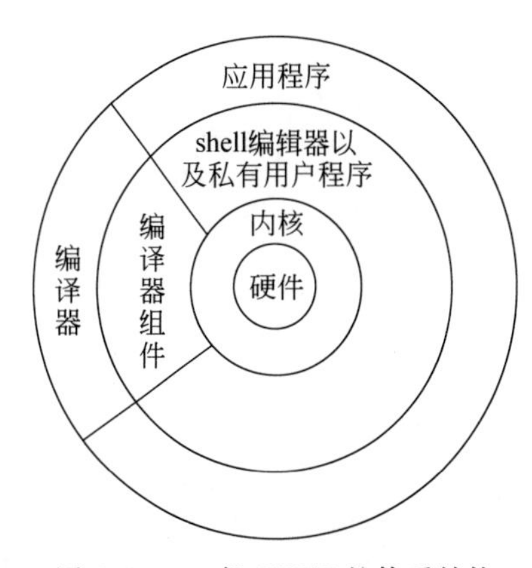

图 1.14　一般 UNIX 的体系结构

图 1.15 则进一步分析了内核。用户程序可以通过高级语言的库程序或低级语言的直接系统调用进入核心。系统调用接口是内核与用户的界面，并允许高层软件访问特定的内核功能。

操作系统中包含的原语操作直接对硬件起作用。在这两个界面间，系统被分为两个部分，一个主要从事进程控制，另一个从事文件管理和 I/O 控制。进程控制子系统负责内存管理、进程调度以及进程同步和线程间通信。文件子系统管理文件,包括分配文件存储器空间、控制对文件的存取以及为用户检索数据。文件子系统通过一个缓冲机制同设备驱动部分交互作用,也可以在无缓冲机制干预下与字符设备交互作用。设备管理、进程管理及存储管理通过硬件控制接口与硬件交互作用。

当今对外开放源码的Linux就是UNIX的演化版本之一。

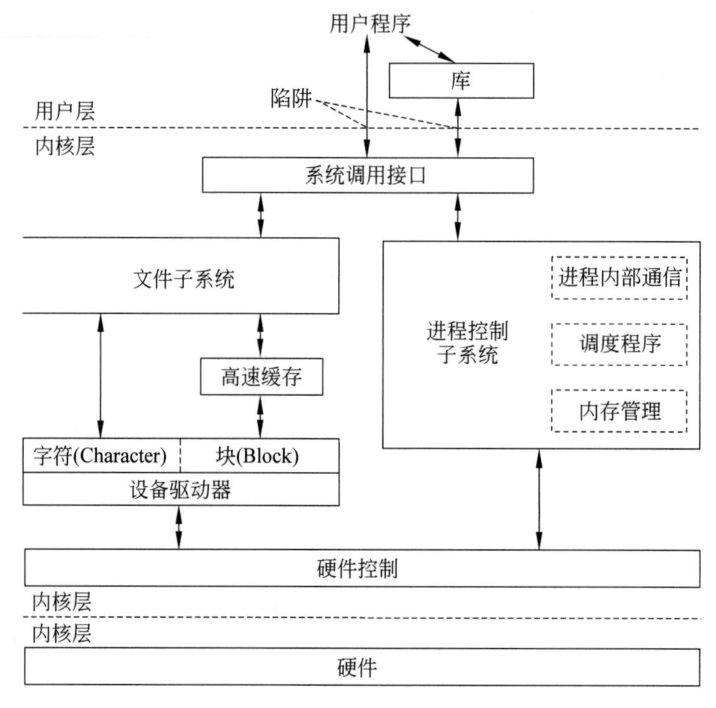

图1.15　UNIX系统内核分块图

1.5　操作系统的主要研究课题

操作系统的主要研究课题及其关系如图1.16所示。

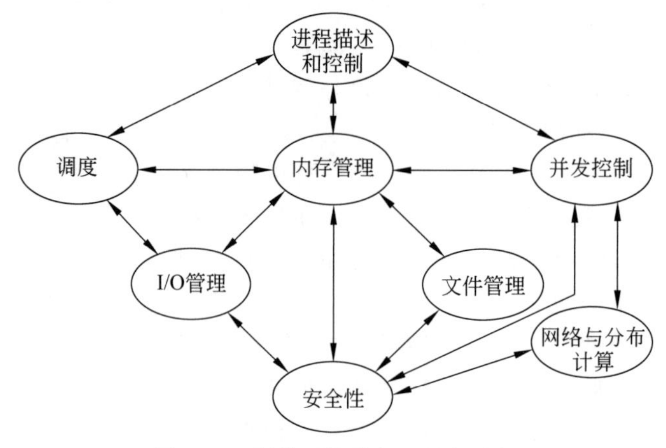

图1.16　操作系统的主要研究课题

小　结

操作系统是一个大型、复杂的系统软件，它负责计算机的全部软、硬件资源的分配、调度工作，控制和协调并发活动，实现信息的存取和保护。它提供用户接口，使用户获得良好的工作环境。操作系统使整个计算机系统实现了高效率和自动化，是现代计算机系统最关键、最核心的软件系统。

本章主要介绍操作系统的作用、演变和主要成就的方式，使读者对操作系统有一个大致的了解。为了与现实计算机环境相联系，本章还介绍了几个典型的操作系统实例。

操作系统的主要内容和相关研究课题将在以后的章节中详细介绍。

习　题

1.1　假设有一个支持多道程序设计的计算机系统，其中每个作业都有完全相同的属性。对一个作业，在一段计算周期 T 中，一半的时间用于 I/O，另一半时间用于处理器操作。每个作业总共运行 N 段周期。有几个定义如下：

　周期(turnaround time) = 完成一个作业实际用的时间

　吞吐量(throughput) = 在每一时间段 T 中完成的平均作业数

　处理器使用率(processor utilization) = 处理器处于激活态(非等待)时间的百分比

计算当有 1 个、2 个或 4 个作业并行执行时的周期、吞吐量和处理器使用率，假设时间段 T 按以下方式之一分布。

(1) I/O 在前半段，处理器运行于后半段。

(2) 将 T 分为 4 段，I/O 在第 1、4 段，处理器运行于第 2、3 段。

1.2　现定义等待时间为一个作业停留在短程队列(见图 1.12)中的时间，试给出周期(turnaround time)、处理器繁忙时间(processor busy time)以及等待时间之间的相关表达式。

1.3　偏重 I/O 型的程序用于等待 I/O 的时间较长，而使用处理器的时间较短；而偏重处理器的程序则相反。假设有一种短程调度算法满足最近使用处理器较少的进程。解释为什么这种算法对偏重 I/O 的程序有利，但也不会总是拒绝给予偏重处理器型程序使用处理器的时间。

1.4　某计算机用 cache、内存和磁盘来实现虚拟内存。如果某数据在 cache 中，访问它需要 t_A(ns)；如果数据在内存中但不在 cache 中，则需要 t_B(ns)的时间将其装入 cache 然后开始访问；如果不在内存中，需要 t_C(ns)将其读入内存，然后用 t_B(ns)读入 cache。如果 cache 命中率为 $(n-1)/n$，内存命中率为 $(m-1)/m$，则平均访问时间是多少？

1.5　试举出几种为了使分时系统或多道程序批处理系统最佳化而使用的调度策略，并比较它们的优缺点。

第2章 进程描述与控制

从为单用户服务的系统到可同时为上千个用户服务的大型计算机系统，所有的多道程序设计操作系统都建立在进程的概念之上。操作系统应满足的以下要求：

- 操作系统必须同时执行多个进程以最大程度地利用处理器，而且必须对每个进程提供合适的响应时间。
- 操作系统必须按一定的策略为进程分配资源（例如，某些函数和应用程序应有较高优先级），同时必须避免死锁。
- 操作系统应该支持进程内部间的通信和用户创建进程。

这些要求都与进程有关。由于进程是操作系统的核心，因此，对操作系统的学习应从进程开始。

2.1 进程状态

处理器的主要功能就是执行驻留在内存中的指令。为了提高效率，处理器可以同时执行多个进程。这样，从处理器的角度来看，其对全部指令的执行是按照一定次序的，这个次序是通过改变程序计数器（PC）或称指令指示器（IP）里的值来排定的。随着时间的变化，PC（或 IP）会指向不同程序中的不同代码段。从单个程序角度看，其执行由一系列代码段的执行组成。单个程序的执行被称为进程（process）或任务（task）（在本书中，除特别说明的部分外，进程和任务的概念是通用的）。

进程总是按照一定的顺序执行指令集，以通过列出这些指令集来描述单个进程，这种方法称做进程的跟踪。

现在来看一个简单例子。如图 2.1 所示，在内存中有 3 个进程。为简化讨论，假设没有用到虚拟存储器，所有 3 个进程全部都存储在内存中。另外，还有一个分派程序（Dispatcher Program）负责把处理器分配给进程。图 2.2 列举了 3 个独立进程开始的一部分指令，其中，α 为进程 A 的起始地址；β 为进程 B 的起始地址；γ 为进程 C 的起始地址。分别有进程 A 和 C 开始的 12 条指令，以及进程 B 的 4 条指令，并假设进程 B 的第 4 条指令包括 I/O 操作。

现在从处理器的角度来看进程的轨迹。图 2.3 显示 3 个进程的执行情况，这 3 个进程由 52 个指令周期组成。这里假设操作系统在每个进程连续执行 6 个指令周期后会产生中断。这就防止了进程独占处理器时间的情况发生。如图 2.3 所示，操作系统在进程 A 的前

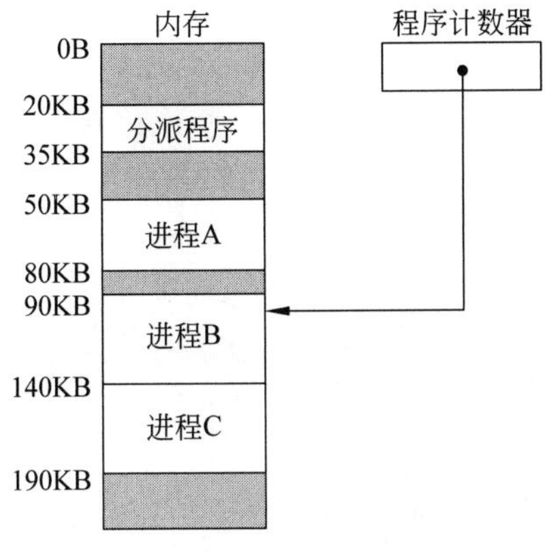

图 2.1　内存中 3 个进程的例子

(a) 进程A的轨迹	(b) 进程B的轨迹	(c) 进程C的轨迹
$\alpha+0$	$\beta+0$	$\gamma+0$
$\alpha+1$	$\beta+1$	$\gamma+1$
$\alpha+2$	$\beta+2$	$\gamma+2$
$\alpha+3$	$\beta+3$	$\gamma+3$
$\alpha+4$		$\gamma+4$
$\alpha+5$		$\gamma+5$
$\alpha+6$		$\gamma+6$
$\alpha+7$		$\gamma+7$
$\alpha+8$		$\gamma+8$
$\alpha+9$		$\gamma+9$
$\alpha+10$		$\gamma+10$
$\alpha+11$		$\gamma+11$

图 2.2　图 2.1 中进程的轨迹

6 个指令执行后，产生超时(time out)中断，这时，分派程序开始执行，它将处理器分配给进程 B(实际上，进程和分派程序的指令数并不会如图 2.3 所示的那么少，这里只是为了说明的方便)。进程 B 执行 4 条指令后，由于 I/O 操作必须等待，因此，处理器停止执行 B，并由分派程序分配给 C。经过超时中断，处理器又被分配给 A。A 超时中断后，B 仍在等待 I/O 操作结束，因此，又轮到进程 C。

1	$\alpha+0$	7	$\delta+0$	17	$\delta+0$	29	$\delta+0$	41	$\delta+0$
2	$\alpha+1$	8	$\delta+1$	18	$\delta+1$	30	$\delta+1$	42	$\delta+1$
3	$\alpha+2$	9	$\delta+2$	19	$\delta+2$	31	$\delta+2$	43	$\delta+2$
4	$\alpha+3$	10	$\delta+3$	20	$\delta+3$	32	$\delta+3$	44	$\delta+3$
5	$\alpha+4$	11	$\delta+4$	21	$\delta+4$	33	$\delta+4$	45	$\delta+4$
6	$\alpha+5$	12	$\delta+5$	22	$\delta+5$	34	$\delta+5$	46	$\delta+5$
	超时	13	$\beta+0$	23	$\gamma+0$	35	$\alpha+6$	47	$\gamma+6$
		14	$\beta+1$	24	$\gamma+1$	36	$\alpha+7$	48	$\gamma+7$
		15	$\beta+2$	25	$\gamma+2$	37	$\alpha+8$	49	$\gamma+8$
		16	$\beta+3$	26	$\gamma+3$	38	$\alpha+9$	50	$\gamma+9$
			I/O请求	27	$\gamma+4$	39	$\alpha+10$	51	$\gamma+10$
				28	$\gamma+5$	40	$\alpha+11$	52	$\gamma+11$
					超时		超时		超时

图 2.3　3 个进程的执行情况

2.1.1　进程产生和终止

操作系统的一个主要职责就是控制进程的执行。为有效地设计操作系统，必须了解进程的运行模型。

最简单的模型是基于这样一个事实：进程要么正在执行，要么没有执行。这样，一个进程就有两种状态：运行(running)和非运行(not-running)，如图 2.4(a)所示。操作系统在产生一个进程之后，就将该进程加入到非运行系统中。这样，操作系统可以知道现有的进程数，而进程则等待机会执行。每隔一段时间，正在运行的进程就会被中断运行，分派程序将选择一个新进程运行，原先运行的进程由运行状态变为非运行状态，另一个进程则由非运行状态变为运行状态。这个模型尽管很简单，但已经能够帮助我们认识到操作系统设计的一些复杂性了：每个进程必须以某种方式代表，以便操作系统能够对其进行识别和跟踪，也就是说,必须有一些与进程相关的信息,包括当前的状态和内存中的地址等;那些非运行状态的进程要放在一个排序队列中,以等待运行。图 2.4(b)提出了一种方法,即设计一种进程队列,队列中的每项都是一个指向进程的指针。还有一种方法是队列由一些连接在一起的数据块组成,每个数据块代表一个进程。

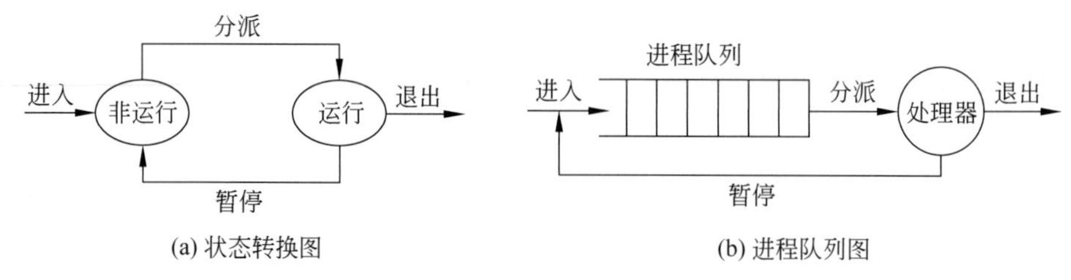

图 2.4　两状态进程模型

分派程序的行为可以用队列图示的方式描述。一个进程在中断执行后,就被放入等待进程队列中。如果进程结束或运行失败,就会被注销(discarded),即退出系统。无论遇到哪种情况,分派程序都会选择一个新进程运行。

在完善简单的两状态进程模型之前,有必要讨论进程的产生和终止。无论采用哪种模型,进程的生命周期都同产生和终止联系在一起。

1. 进程产生

当有一个新进程要加入当前进程队列时,操作系统就产生一个控制进程的数据结构(将在 2.2 节讨论)并且为该进程分配地址空间。这样,新进程就产生了。

通常有以下 4 种事件会导致新进程产生:

(1) 在一个交互式环境中,当一个新用户在终端键入登录命令后,若是合法用户,系统将为该用户建立一个进程。

(2) 在一个批处理环境中,为了响应一个任务的要求而产生进程。通常在磁带或磁盘上,有一个供操作系统使用的批处理作业流。当操作系统准备好接受新任务后,它将会读作业控制命令的下一个序列。

(3) 当运行中获取用户程序提出的某种请求后,OS 可以代用户程序产生进程以实现某种功能,使用户不必等待。例如,如果用户想要打印一个文件,则操作系统就会产生一个新进程对打印进行管理。

在上述 3 种情况下,都是由系统内核为之创建一个新进程。

(4) 基于应用进程的需要,由已存在的进程产生另一个进程,以便使新程序以并发运行方式完成特定任务。一个用户程序可以产生多个进程。例如,某应用程序需要不断地从键盘终端读入输入数据,继而又要对输入数据进行相应的处理,然后又将处理结果以表格形式在屏幕上显示。该应用进程为使这几个操作能并发执行,以加速任务的完成,可以分别建立键盘输入进程、数据处理进程、表格输出进程。

传统上,进程都由操作系统产生并且对用户或应用程序是透明的,这在当今的操作系统中仍很普遍。然而,允许一个进程产生另一个进程是很有用处的。例如,一个应用程序进程可以产生一个进程用来接收应用程序产生的数据,并将那些数据组织起来放入一个表中,以便后面分析利用。新进程同原来的应用程序并行运行,当有新数据产生时就被激活。这一种安排对应用程序的结构化非常有益。

当一个进程生成另一个进程时，生成进程称为父进程(parent process)，而被生成进程称为子进程(child process)。通常情况下，这些相关进程需要相互通信并且互相协作。

2. 进程终止

导致进程终止的事件大致有14种，如表2.1所示。

表2.1 进程终止的原因

原　因	说　明
正常结束	进程执行一个OS调用以表示其运行完毕
超时限制	进程运行超过了指定的最长时间
内存不足	进程需要的内存量大于系统可提供量
超界	进程试图对不允许接近的区域进行操作
保护错误	进程试图使用不允许使用的资源或文件，或者使用方式不对。例如，试图对一个只读文件进行写操作
算术错误	进程试图进行不允许的计算，例如，除以零或存储一个比硬件所能容纳最大数还要大的数等
超越时限	进程等待时间超过了某事件发生的指定时间
I/O失败	输入/输出过程中产生错误
非法指令	进程试图执行一个不存在的指令(通常是分支程序进入数据区域并企图执行这些数据)
特权指令	进程试图执行一个保留给OS使用的指令
错误使用数据	数据类型出错或者数据未初始化
操作员或OS干预	由于某些原因，操作员或OS终止了进程(例如，发生死锁)
父进程终止	当一个父进程终止后操作系统会自动终止所有的子孙进程
父进程需要	父进程拥有终止所有子孙进程的权限

在任何计算机系统中，进程必须有一种方法以表明其运行结束。一个批处理任务可以包含一条Halt指令或执行OS提供的终止调用。在前一种情况下，Halt指令会产生一个中断告诉OS进程已完成。在交互程序中，应有一个用户动作显示进程结束。例如，在一个分时系统中，当用户退出登录或关闭终端时，该用户的进程就会被终止。在个人计算机或工作站上，用户可能退出应用程序。所有这些动作将导致OS产生终止相应进程的请求。

另外，一些错误会导致终止进程。一个进程也可被父进程终止或随着父进程终止而终止。

2.1.2 进程状态模型

如果所有进程都已准备好执行，则图2.4(b)建议的排队原则是有效的，即队列按先进先出(First In First Out，FIFO)排列，处理器依次运行进程(只要不阻塞队列，每个进程都有一定的时间运行，然后回到队列中)。但即使是最简单的例子，这种实现方式也是不能满足要求的。一些非运行状态的进程预备好执行,而其他的一些却由于等待 I/O 完成而被阻塞。分派程序不能仅仅只在队列中选择等待时间最久的进程,应该扫描整个队列,寻找未阻塞的等待时间最长的进程。

一种自然的方法是将非运行状态又分为两种状态:就绪(ready)和阻塞(blocked),如图 2.5 所示。为了便于说明,我们增加两种有用的状态。这样就有了以下 5 种状态。

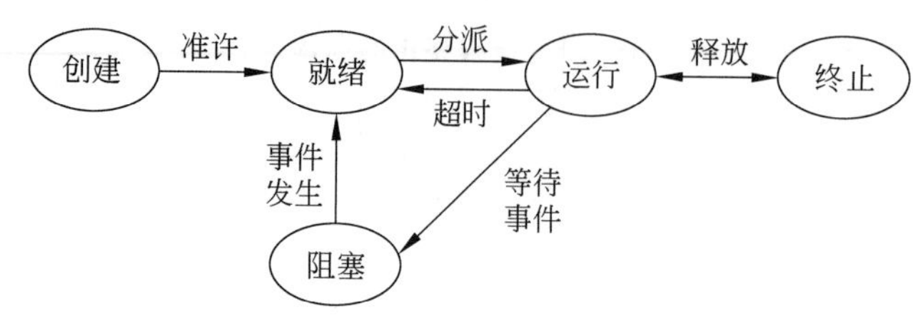

图 2.5 进程状态模型

(1) 运行

进程已获得处理机,当前正处于运行的状态。假设系统只有一个处理器,那么在同一时刻只有一个进程可以处于该状态。如果在多处理机系统中,则可能多个进程处于运行状态。

(2) 就绪

进程已准备好,获得了除处理机之外的所有必要资源,一旦有处理器就可运行。在一个系统中,可以有多个进程同时处于就绪状态,通常把这些进程排成一个或多个队列,称为就绪队列。队列的排列次序一般按照进程优先级的大小来排列。

(3) 阻塞

进程因发生某事件而暂停执行,亦即进程的执行受到阻塞,例如,等待 I/O 操作完成、申请缓冲空间等。通常将处于阻塞状态的进程排成一个队列,称为阻塞队列。在有的系统中,按阻塞原因的不同而将处于阻塞状态的进程排成多个队列。

(4) 创建

进程刚建立,还没有被 OS 提交到可运行进程队列中。

(5) 终止

进程已经正常结束或异常结束,被 OS 从可运行进程队列中释放出来。

创建和终止状态对进程管理非常有用。创建状态对应刚定义的进程。OS 在定义一个新进程时,首先做一些相关的杂务工作,然后建立所有管理进程所需的表格。这时,进程处于创建阶段。这意味着,操作系统执行了创建进程的相关操作但还没有允许自己执行该进程。例如,OS 可能因为系统性能或内存的限制而限制进程个数。

进程从系统中退出时,会先中止,然后进入终止状态。这时,进程没有资格运行,在与该任务有关的表格或其他信息抽取完后,OS 也不必再保存与进程有关的信息。表 2.2 提供了更详细的状态转换信息。

现在依次讨论每一种状态转换的可能:

① 无→创建。为执行一个程序而产生一个新进程,表 2.1 中列举的任何一个原因都会导致这一事件发生。

表 2.2 进程状态转换

原状态	转换后的状态				
	创建	运行	就绪	阻塞	终止
	OS根据作业控制请求;分时系统用户登录;进程产生子进程而创建进程	×	×	×	×
创建	×	×	OS准备运行新的进程	×	×
运行	×	×	超时;OS服务请求;OS响应具有更高优先级的进程;进程释放控制	OS服务请求;资源请求;事件请求	进程完成,进程夭折
就绪	×	被分派程序选择为下一个即将执行的进程	×	×	被父进程终止
阻塞	×	×	事件发生	×	被父进程终止

② 创建→就绪。OS在可以执行其他进程时,将进程从创建状态转换为就绪状态。大多数系统对存在的进程数或提供给已有进程的虚拟内存的空间设置一些限制,以免进程过多而降低系统性能。

③ 就绪→运行。当要选择一个新进程运行时,OS从处于就绪状态的进程中选择一个进程运行。关于选择策略将在第6章中讨论。

④ 运行→终止。如果当前运行的进程完成或夭折(如程序中出现地址越界、非法指令等错误),则该进程就会被OS终止。

⑤ 运行→就绪。由于某种原因导致这种状态转换,例如,在一个有多种优先级进程的OS中,进程A已在运行,而进程B虽拥有较A高的优先级却处于阻塞状态,如果B等待的事件已发生,并转换为就绪状态,则OS会中断A的执行,转而执行B,这时,A就回到就绪状态。又如,正在执行的进程,如因时间片用完而被暂停执行,该进程也将由执行状态转变为就绪状态。

⑥ 运行→阻塞。当一个进程提出某些请求而必须等待时,该进程就进入阻塞状态。对OS的请求通常是以系统调用的形式,也就是运行OS的一段代码,而OS有可能不能立即执行;也有可能是对资源(如文件)、虚拟内存等提出要求而不能立即得到。或者进程开始某个操作(如I/O),而只有当该操作完成后,进程才能继续。如果进程间有通信,一个进程有可能因为必须等待来自其他进程的信息而被阻塞。

⑦ 阻塞→就绪。当某阻塞进程所等待事件发生后,该进程变为就绪状态。

⑧ 就绪→终止。这一转换未在图2.5中标出。在某些系统中,父进程能随时终止子进程。并且,若父进程终止,则其所有子进程将一起终止。

⑨ 阻塞→终止。同就绪→终止。

表2.3列出了每个进程在5种状态间的转换。图2.6(a)提出了一种排队规则。现在有两个队列:一个是就绪队列,另一个是阻塞队列。所有进程在被提交到系统后,都处于就绪队列中。每次,OS从就绪队列中挑一个进程运行。如果没有任何优先级调度,则这个队列可能是一个先进先出(FIFO)队列。当一个运行进程停止执行时,它可能被终止或放入就绪或阻塞队列。当有一个事件发生时,所有阻塞队列中等待该事件的进程被移入就绪队列。

表2.3 对图2.3中进程状态的跟踪

时间段	进程A	进程B	进程C
1～6	运行	就绪	就绪
7～12	就绪	就绪	就绪
13～18	就绪	运行	就绪
19～24	就绪	阻塞	就绪
25～28	就绪	阻塞	运行
29～34	就绪	阻塞	就绪
35～40	运行	阻塞	就绪
41～46	就绪	阻塞	就绪
47～52	就绪	阻塞	运行

这后一种管理方法意味着,每一个事件发生时,OS都必须扫描整个阻塞队列,搜寻等待该事件发生的进程。在大的操作系统中,可能有成千上万个进程在那个队列中。因此,如果每个事件都对应有一个等待队列,则效率会高一些。这样,当某事件发生时,与其相对应的队列就被移入就绪队列,如图2.6(b)所示。

最后,需指出的是:如果分派程序通过优先级调度策略调度,那么有多个就绪队列将更方便。每个队列有一个优先级,这样OS可以很容易地确定拥有最高优先级且等待时间最长的就绪进程。

2.1.3 进程挂起

1. 进程挂起的状态

上面讨论的3个基本状态(就绪、运行、阻塞)提供了一种系统规范进程行为的方式。很多操作系统都只有这3种状态。然而,如果系统中没有虚拟内存,每个要执行的进程全部装到内存中时,也有理由再增加一些额外的状态。提出这些复杂机制的理由是I/O操作比计算要慢得多,虽然在内存中有多个进程,当一个进程等待时,处理器又转而执行另一个进程,但处理速度比I/O还是要快得多。在内存中所有进程都等待I/O的现象是很普遍的,这样一来,即使同时运行多个程序,处理器在大多数时间里仍处于空闲状态。图2.6所示的队列模型并没有完全解决这个问题。

解决方法之一是将主存进行扩充,以容纳更多的进程。这种方法仍有两点不足:第一,这必将导致费用的增加;第二,现在程序内存占用量的增加足以抵消内存价格的下降,更大的内存可能只是导致更大的进程而不是更多的进程。

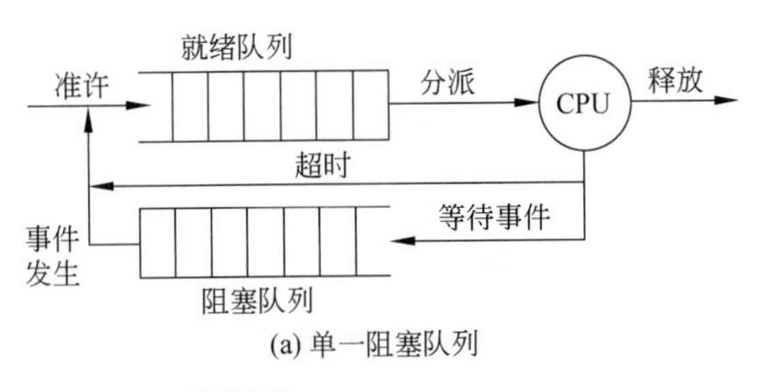

(a) 单一阻塞队列

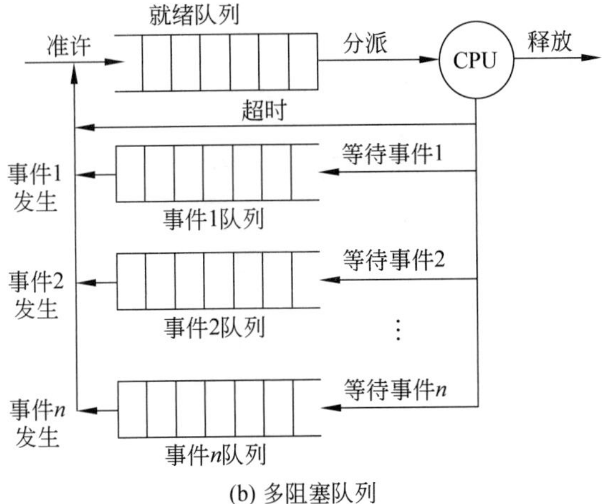

(b) 多阻塞队列

图 2.6　图 2.5 中的队列模型

另一种解决方法是交换(swapping),即将内存中一部分进程转移到磁盘中。当内存中没有进程处于就绪状态时,OS 将其中一个阻塞进程转移到磁盘上的挂起队列中(挂起队列中的进程是那些暂时移出内存或称为挂起的进程)。接下来,OS 从挂起队列中移入另一个进程或响应一个新进程的请求,将其提供给处理器执行。

交换实际上是一个 I/O 操作,磁盘 I/O 通常是系统 I/O 操作中最快的(同磁带或打印机相比),所以交换通常会提高系统性能。

有了交换,就必须在进程行为模式中增加一个新状态:挂起状态(suspend state),如图 2.7(a)所示。当内存中的所有进程都阻塞时,OS 可以将其中一个置于挂起状态并交换到磁盘中,然后调入另一进程。这时 OS 有两种选择,它既可以接受一个新进程,又可以调入一个原先挂起的进程。事实上从减轻整个系统负担的角度出发,调入一个挂起的进程比接受一个新进程要好。

因此,必须对早先的设计进行改进。这里每个进程都有两个独立的概念:是否在等待某事件发生(是否阻塞),以及是否被交换出了内存(是否挂起)。这样,两两组合,就得到以下 4 种状态:

① 就绪。进程在内存中并可以被执行。

② 阻塞。进程在内存中,但必须等待某事件的发生。

③ 阻塞挂起。进程在辅存中并且等待某事件的发生。

④ 就绪挂起。进程在辅存中但只要被调入主存就能执行。

需要指出的是,目前的讨论都假设没有使用虚拟内存,并且每个进程要么全部在内存

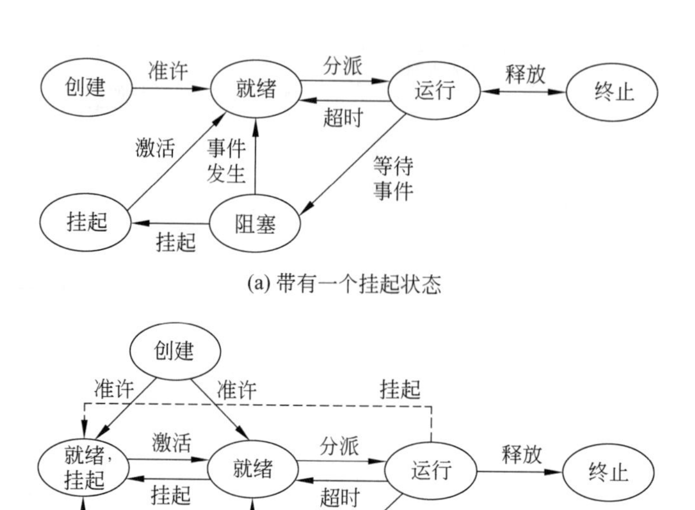

图 2.7 有挂起状态的进程转换图

中,要么全部不在。而在虚拟内存调度中,可以执行一个只部分在内存中的进程。虚拟内存的使用会降低交换的需要。

现在分析图 2.7(b)和表 2.4 中所示的新增的状态转换。图 2.7(b)中所示的虚线是有可能但不一定必要的转换。新转换中重要的有以下几种:

① 阻塞→阻塞挂起。如果没有就绪进程,那么至少应有一个阻塞进程被交换到辅存,为非阻塞进程留出空间。只要 OS 确定正在运行或就绪进程需要更多内存,这种转换即使在有就绪进程时也可能发生。

② 阻塞挂起→就绪挂起。当一个处于阻塞挂起状态的进程所等待事件发生后,它就进入就绪挂起状态。

③ 就绪挂起→就绪。当内存中没有就绪进程时,OS 将调入一个就绪挂起的进程继续执行。处于就绪挂起状态的进程也许比所有处于就绪状态的进程的优先级高。OS 设计者也许会觉得先执行优先级高的进程比直接交换更重要。

④ 就绪→就绪挂起。通常,OS 更愿意挂起阻塞进程而不是就绪进程。如果挂起就绪进程是唯一有效留出内存空间的方法,也只能那样做。另外,如果 OS 确定高优先级的阻塞进程将很快变为就绪时,它可能会选择挂起低优先级的就绪进程。

⑤ 创建→就绪和就绪挂起。当一个进程生成后,它既可以加入到就绪队列,又可以加入到就绪挂起队列。不管是进入哪种状态,OS 都必须建立一些表格以管理该进程并分配地址空间。在这一阶段,如果内存没有足够的空间,就必须使用创建→就绪挂起转换。

⑥ 阻塞挂起→阻塞。这种转换看起来没什么作用,将一个未就绪进程交换进内存有什么意义呢?一个可能的情况是:一个进程终止了,空出一些内存空间,阻塞挂起队列中有一个进程的优先级比所有就绪挂起队列中的进程高,而且 OS 认为引起阻塞的事件会很快发

生，也就是说进程将很快从阻塞中苏醒。在这种情况下，OS会将该阻塞进程调入。

⑦ 运行→就绪挂起。通常，进程在运行时间到后会移入就绪状态。然而，如果在阻塞挂起队列中某进程拥有较高优先级，且阻塞事件发生并被OS优先选择，则OS会直接将运行进程移入就绪等待队列以空出所需的存储空间。

表 2.4 有挂起状态的进程状态转换

原状态	转换后状态						
	创建	运行	就绪	阻塞	就绪挂起	阻塞挂起	终止
	OS根据作业控制请求；分时系统用户登录；进程产生子系统而创建进程	×	×	×	×	×	×
创建	×	×	OS准备运行新进程	×	OS准备运行新进程	×	×
运行	×	×	超时；OS服务请求；OS优先响应具有更高优先级的进程 进程释放控制	OS服务请求；资源请求；事件请求	用户请求进程挂起；OS请求进程挂起	×	进程完成 进程夭折
就绪	×	分派程序选择作为下一个即将执行的进程	×	×	OS将进程交换出内存以留出空间	×	进程被父进程终止
阻塞	×	×	事件发生	×	×	OS将进程交换出内存以留出空间；OS或其他进程要求进程挂起	进程被父进程终止
就绪挂起	×	×	OS将进程交换进内存	×	×	×	进程被父进程终止
阻塞挂起	×	×	×	OS将进程交换进内存	事件发生	×	进程被父进程终止

2. 挂起进程的其他用途

到目前为止，我们都将挂起进程同不在内存中的进程等同看待。实际上，若一个进程不在内存中，则不论它是否在等待事件发生，都是不能立即执行的。

现通过以下性质的描述来重新定义挂起进程的概念:

① 挂起进程不能被立即执行。

② 挂起进程可以等待某事件发生,也可以不等待。这样,阻塞情况与挂起情况就是相互独立的,一个引起阻塞的事件即使发生了,也不能使得挂起的程序被执行。

③ 允许进程被某代理者(agent)置于挂起状态以阻止其执行,该代理者可以是进程自己、父进程或操作系统。

④ 进程只能在代理者的命令下,从挂起状态移出。

表2.5列出了挂起进程的原因。其中之一就是已经讨论过的交换进程为就绪进程留出空间及缓解虚拟内存系统中对内存需要的压力。操作系统还可能为了其他目的而将进程挂起。如果OS发现或怀疑系统出了问题,就会挂起进程,出现死锁,这将在第4章讨论。如果发现通信线路出了毛病,则操作员会要求OS将使用该线路的进程挂起直到修好为止。

表2.5 进程挂起的原因

原　因	说　明
交换	OS需要释放足够的内存空间以调入就绪进程执行
其他OS原因	OS可能会挂起一个后台进程或怀疑引起问题的进程
交互用户要求	用户可能为了调试或与资源连接而要求挂起进程
间断	一个进程可能是周期性地执行的,那么它在等待下一次执行时如被挂起
父进程请求	父进程有时希望挂起某个后代进程以检查或修正挂起进程,或协调多个后代进程的运行

另一个原因与交互式用户的要求有关。当用户在调试程序时,会挂起进程,检查和改变程序、数据,或者用户需要一些后台程序来跟踪已有程序并进行某些统计工作。用户当然希望这些后台程序能够自然地启动和终止。

进程间断会导致交换决定的作出。例如,某进程需要定时激活但绝大多数时间内又处于空闲状态,那么应在两次使用之间将其交换出内存。

最后,父进程可能希望将一个后代进程挂起。例如,进程A生成进程B去读一个文件,而进程B在读文件时遇到了错误,并告诉进程A,这时进程A会挂起进程B并查明原因。

2.2 进程描述

在计算机系统中,操作系统负责调度进程、分配资源、响应用户程序服务的请求,可以认为操作系统管理整个系统资源的使用和控制整个系统的事件。

图2.8使得上面的概念形象化。在一个多道程序运行环境内,有多个进程($P_1, P_2, \cdots, P_n$)生成并存放在虚拟内存中。在执行过程中,每个进程必须拥有一定的资源,包括处理器、I/O设备、内存等。其中,P_1正在运行,P_1至少有一部分在内存中,并控制了两个I/O设备;P_2也在内存中,但由于等待一个I/O设备而阻塞;P_n被交换出内存处于挂起状态。

现在的问题是,操作系统靠什么来控制进程和为进程管理资源。

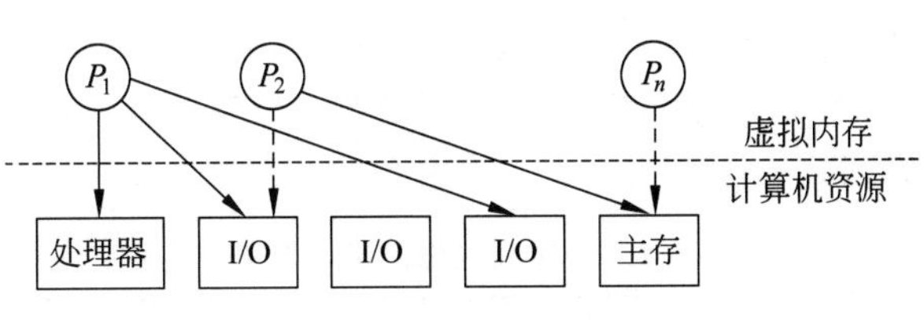

图 2.8 进程和资源

2.2.1 操作系统控制结构

为了管理进程和资源,操作系统必须掌握每一个进程和资源的当前状态信息。一般的方法是直接提供信息,操作系统为每个被管理者建立并维护一个信息表,如图 2.9 所示。操作系统保存了不同类别的表:内存表、I/O 表、文件表和进程表。尽管细节上可能会有所不同,但几乎所有操作系统都会用这 4 类表来保存信息。

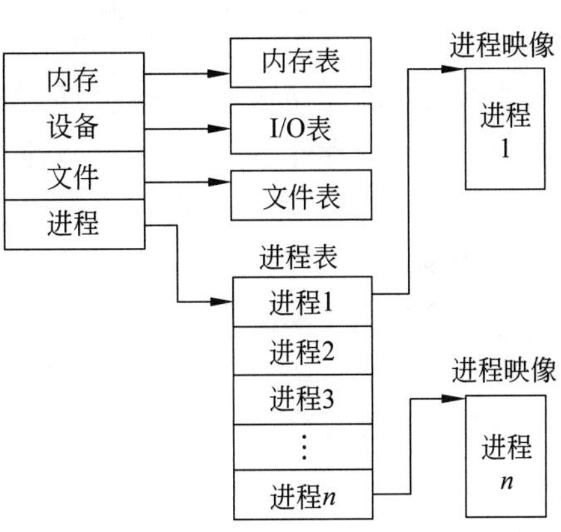

图 2.9 操作系统控制表的一般结构

(1) 内存表(memory tables)用来跟踪主(实)存和辅(虚拟)存。内存表必须包含以下信息:

① 主存分配给进程的情况。

② 辅存分配给进程的情况。

③ 主存或虚拟内存中所有的段保护性质,如哪些进程可以对特定存储区域进行操作。

④ 所有用来管理虚拟内存的信息。

存储管理的详细内容将在第 5 章讨论。

(2) I/O 表用来管理 I/O 设备和通道。在任一时刻,I/O 设备都有可能空闲或分配给了某进程。如果 I/O 操作在进行中,则操作系统需要知道 I/O 操作的状态以及 I/O 传输在主存中的源或目的地址。

(3) 文件表提供当前存在文件中的信息:文件在辅存中的位置、当前状态及其他性质。这些信息中很多由文件管理系统维护和使用,操作系统并不参与。在有些系统中,操作系统亲自参与文件管理。

(4) 进程表用来管理进程。

在继续讨论前,有两点需要指明:第一,图 2.9 中有 4 个明显的表集,因为对内存、I/O 和文件的管理是为了执行进程,因此,在进程表与这些资源之间应该有某些直接或间接的索引;第二,操作系统又是如何知道到底要创建哪些表格呢?显然,操作系统必须清楚基本的环境。因此,在操作系统初始化时,它必须接受某些定义系统基本环境的配置数据。这由操作系统以外的程序在人工辅助下完成。

2.2.2 进程控制结构

为了控制进程,操作系统必须知道进程存储在哪儿,以及进程的一些属性。

首先,介绍进程的具体物理组成。一个进程最少应包括一个要执行的程序或程序集;与程序有关的一个数据集,包括局部、全局变量及定义的常量。这样,进程需要足够的内存以容纳程序和数据。另外,程序的执行通常都需要栈以备调用过程时使用或在过程间传递数据。最后,还有一些被操作系统用来控制进程的属性。通常把这些属性的集合称为进程映像(process image)(见表2.6)。

表2.6 进程映像的基本元素

用户数据	用户空间中可修改部分。可以包括程序、数据、用户自定义栈、可修改程序等
用户程序	要执行的程序
系统栈	每个进程都有一个或多个后进先出(LIFO)栈,用来存储参数、过程和系统调用的调用地址
进程控制块	操作系统用来控制进程的信息(见表2.7)

进程映像的存储依赖于所使用的存储器管理调度方式。最简单的情况是,将进程映像作为一个连续块存储,这个块保存在辅存中。为了管理进程,映像中包括操作系统当前使用信息的那一小部分,必须保存在内存中。如果要执行进程,则整个进程映像必须装入内存。这样,操作系统必须知道进程在磁盘或内存中的存储地址。

在大多数现代操作系统使用的存储器管理调度方式中,进程映像是由一组不必连续存储的块组成。根据调度类型不同,这些块可能是变长的(称为段)或固定长的(称为页)或混合的。不论哪种情况,都允许操作系统仅调入进程的一部分。在任一时刻,进程映像只有一部分在内存中,其余的在辅存中。因此,进程表必须指明每个进程映像的每一个段和(或)页的地址。

在图2.9中,有一个基本进程表,表中每个进程都有一个条目与之对应,每个条目又至少包括一个指向进程映像的指针。如果进程映像包含多个块,则这个信息将包含在基本进程表中或者通过交叉索引包含在内存表中。

2.2.3 进程属性

对一个多道程序运行系统,进程管理需要许多信息。系统不同组织信息的方式亦不同,这将在2.5节介绍几个这方面的例子。现在,抛开具体细节来讨论对操作系统可能有用的一些信息类型。

表2.7列出了操作系统管理进程所需的信息类型,这些信息都收集在进程控制块(PCB)中。进程控制块是进程实体的一部分,是操作系统中最重要的记录性数据结构,它记录了操作系统所需的、用于描述进程情况及控制进程运行所需的全部信息。

在几乎所有操作系统中,每个进程都用一个唯一的数字编号作为进程标识,这个编号可能仅仅是一个基本进程表中的一个索引。如果没有数字编号,就必须有一种映射机制,使操作系统根据进程标识去定位合适的表格。很多由操作系统控制的其他表格都是通过进程标识来对进程表进行交叉引用的。

处理机状态信息包括处理器中的一些寄存器的内容。当进程执行时,这些信息在寄存器中;在进程中断后,所有寄存器的信息都必须保存在被中断进程的PCB中,以便在该进程重新执行时,能从断点继续执行。各种控制和状态寄存器被用来控制处理器的运行。其中大多数对用户都是不可见的。在所有处理器中都有程序计数器或指令寄存器,还有一个或

表 2.7　进程控制块的典型元素

进程标识	
• 本进程的标识符 • 创建本进程的进程(父进程)的标识符 • 用户标识符	
处理器状态信息	
用户可视寄存器	通过处理器执行的机器语言可访问的寄存器。通常有 8～32 个,在某些 RISC 系统中超过 100 个
处理器状态信息	
控制和状态寄存器	用来控制处理器运行的各种寄存器,包括: • 程序计数器(Program Counter):保存下一条指令的地址 • 状态码(Condition Code):最近的算术或逻辑操作结果(如符号、进位、溢出等) • 状态信息(Status Information):包括中断开/关符号、执行模式等
栈指针	每个进程都有一个后进先出(LIFO)的系统栈
进程控制信息	
调度和状态信息	OS 用来实现调度功能的信息,通常有以下几条: • 进程状态:定义进程在调度中的状态(如运行、就绪、等待等) • 优先权:可以用一个或多个字段来描述调度优先权。在一些系统中需要多个值(如默认值、当前值、最高允许值等) • 调度相关信息:这同具体使用的调度算法有关 • 事件:进程重新开始执行前必须等待的事件
数据结构	一个进程可能会与其他进程连在一起形成队列或其他结构。例如,所有处于等待状态的同一优先级进程可被连成一个队列。进程控制块(PCB)中可能会包括指向其他进程的指针以支持多进程组成的结构
进程间通信	与两独立进程通信相关的有各种标志、信号和信息。这些信息可以包含在 PCB 中
进程特权	进程被授予一些特权,规定可被使用的存储区和可以使用的指令类型。另外,还有可以调用的系统工具和服务
存储器管理	包括指向本进程描述虚拟内存空间的段/页的指针
资源的拥有和使用	指示进程拥有的资源。还包括使用处理器和拥有资源的历史,这个信息对调度程序有用

多个寄存器称作程序状态字(Program Status Word,PSW),用以保存状态码及其他状态信息。

进程控制块中第三类信息叫进程控制信息,这类信息被用来帮助操作系统控制和协调各个进程。

图 2.10 给出了一种进程映像结构。其中的进程映像是连续存储的,但在具体实现中,可以根据存储器管理方式和 OS 控制结构方式来选择不同存储方式。

由于进程控制块中有结构信息,以及可以用其他进程控制块连接的指针。这样,2.2 节介绍的队列就可以实现了。图 2.6(a)就可以像图 2.11 所示的那样实现了。

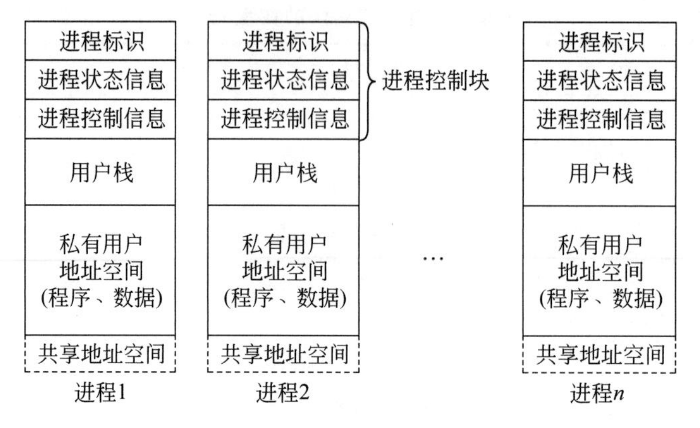

图 2.10 虚拟内存中的用户进程

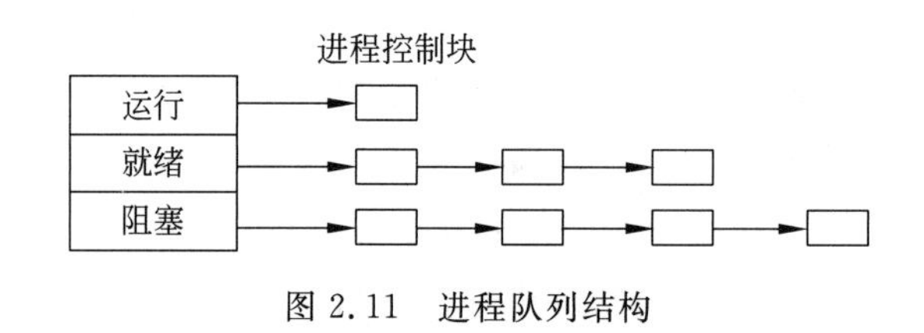

图 2.11 进程队列结构

2.3 进程控制

2.3.1 执行模式

大多数处理器都至少支持两种执行模式,一种是同操作系统有关的模式,另一种则是同用户程序有关的模式。必须清楚这两种执行模式之间的区别。某些特殊指令和特殊存储区只能被更高特权的模式使用。

较低特权模式称为用户模式(user mode),用户程序只能在这一级别执行。较高特权模式指系统模式(system mode)、控制模式(control mode)或内核模式(kernel mode)。内核是操作系统中最核心功能的集合。表 2.8 列出了操作系统内核的主要功能。

表 2.8 操作系统内核的主要功能

进程管理	• 进程创建和终止 • 进程调度和分派 • 进程转换 • 进程同步和对进程间通信的支持 • 对进程控制块的管理	设备管理	• 缓冲区管理 • 给进程分配 I/O 通道和设备 • 各类设备的驱动程序 • 设备独立性的功能模块
存储器管理	• 为进程分配与回收地址空间 • 内存保护和交换 • 分页和分段管理	支持功能	• 中断处理 • 时钟管理 • 原语操作

使用两种模式的原因是:有必要对操作系统和操作系统中的关键表格进行保护,以免被用户程序破坏。在内核模式下,软件对处理器和所有指令、寄存器、存储器拥有全部控制

权。这种级别的控制对用户程序是不合适，也是不必要的。那么，处理器如何知道其正处于何种模式，并且模式又是如何转换的呢？通常，在PSW中有一位用来显示当前处理器处于的模式，这一位会因响应某些事件而改变。例如，当用户调用一个操作系统服务时，只需执行一条指令，当前模式就被变为内核模式。

2.3.2 进程创建

一旦操作系统因2.1.1节中所列举的任一原因决定创建一个进程时，便调用进程创建原语Creat( )，进行如下操作：

(1) 给新进程一个编号并申请空白PCB。这时，在基本进程表中加入一个新的条目。

(2) 为进程分配空间。这包括进程映像的所有元素。因此，OS必须知道私有用户地址空间(程序和数据)和用户栈所需空间大小。这个值可以根据创建的进程类型的默认大小或作业创建时用户的要求来确定。如果一个进程由另一个进程创建，则父进程可将所需值传给操作系统。对于交互型作业，用户可以不给出内存要求，而由系统分配一定的空间。如果已有的地址空间(即已装入内存的共享段)需要和新进程共享，还必须建立合适的链接。最后，还必须为PCB分配空间。

(3) 初始化PCB。进程标识部分包含该进程以及相关进程的ID。除了程序计数器(设置为程序入口地址)和系统栈指针(设置为进程栈的边界)外，进程状态信息部分大都初始化成0。而进程控制信息部分则应按照对该进程要求的默认值和属性设置初始值。如进程状态通常设为就绪或就绪挂起。除非有明确的要求，优先级都按照默认值设为最低级。除了明确要求或从父进程继承外，进程开始不应拥有资源(I/O设备，文件)。

(4) 设置合适的链接。如果操作系统用链表管理每个调度队列，那么，新进程就必须链入就绪或就绪挂起队列。

(5) 生成其他一些数据结构。

2.3.3 进程切换

在某时刻，一个正在运行的进程被中断，操作系统就将另一个进程置为运行状态，并对其进行控制。那么，什么事件导致进程切换呢？内容切换同进程切换之间有什么区别？操作系统为了实现进程切换必须对各种数据结构进行怎样的处理？这些问题应很好掌握。

当操作系统掌握控制权时，切换随时会发生。表2.9所示的是可能将控制权交给操作系统的事件。首先，我们来看一下系统中断。在很多系统中，有两种系统中断。其中之一被简单称为中断，另一个称为陷阱(trap)。前者是由与当前运行进程无关的外部事件引起的，如I/O操作完成；而后者则同当前运行进程产生的错误和意外有关，如对文件的非法操作。

表2.9 中断进程执行的事件

事件	起因	用途
中断	来自当前指令执行的外部	对外部事件响应
陷阱	同当前指令执行有关	处理错误或意外情况
监管调用	明确的请求	调用操作系统的功能

对一般的中断,控制权被转移给中断处理程序。对“陷阱”,操作系统要确定错误是否“致命”。如果“致命”,则当前执行的进程被移入终止状态,并发生进程切换。若不是这样,则OS会根据错误的性质和自身的设计进行处理。它要能尝试进行恢复或仅仅将错误通知用户。OS既有可能进行进程切换,也有可能继续执行当前进程。

最后,来自执行程序的监管调用(supervisor call)会激活操作系统。例如,一个用户进程中的一条指令请求一个I/O操作,这个调用会导致处理器转向执行一段操作系统代码。通常,执行系统调用会使进程转入阻塞状态。

2.3.4 上下文切换

在中断周期中,处理器要检查是否有中断发生,如果有中断等待处理,则处理器应进行如下工作:

(1) 将当前运行程序的上下文保存。

(2) 将程序计数器设为中断处理程序的起始地址。

接着处理器进入取指令周期,开始为中断服务。

所有可能会被中断处理的执行所改变及重新执行过程所需的信息都必须保存下来。因此,PCB中的处理器状态信息都是要保存的。

PCB中的其他信息会怎样呢?如果这次中断以后必须接着切换其他进程,就必须对PCB作相应处理。然而,在大多数操作系统中,中断的发生并不一定导致进程交换。有可能当中断处理执行完后,当前运行进程接着执行。如果是这样的话,所要做的是当中断发生时保存处理器状态信息,而当控制重新回到程序时,恢复它们。

很显然,上下文切换同进程切换在概念上是不同的。上下文切换发生时,可能并不改变当前处于运行态的进程状态。

当前运行进程的状态要改变时,操作系统将进行以下步骤完成进程切换:

① 保存处理器内容。

② 对当前运行进程的PCB进行更新,包括改变进程状态和其他相关信息。

③ 将这个进程的PCB移入适当的队列(就绪、因事件的堵塞、就绪挂起等)。

④ 挑选其他进程执行。

⑤ 对挑选进程的PCB进行更新,包括将其状态改为运行。

⑥ 对存储器管理数据结构进行更新。

⑦ 将被选中进程上次移出时的处理器状态进行恢复。

这样,包含状态改变的进程切换,比上下文切换需要进行更多的处理。

2.3.5 操作系统的运行

操作系统的运行方式同普通软件一样。也就是说,操作系统也是一个由处理器执行的程序。

操作系统经常放弃控制权,它必须依靠处理器来允许其恢复控制。

如果操作系统只是程序的集合并且它同其他程序一样地被处理器执行,那么,操作系统是进程吗?如果是,它是如何进行控制的呢?

操作系统的运行方式如图2.12所示。

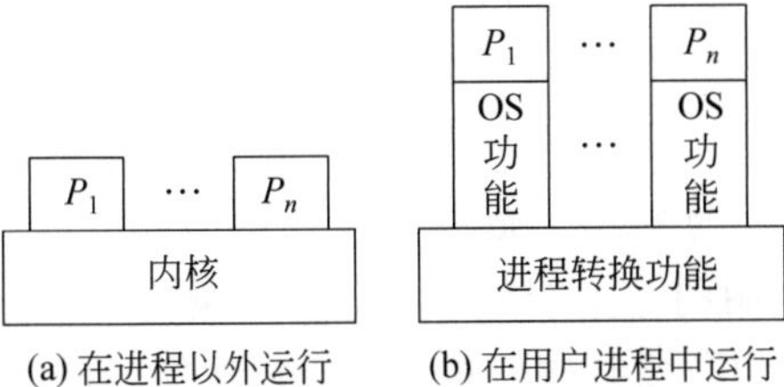

图 2.12　操作系统与用户进程间的关系

1. 在进程以外运行

一种非常传统并且在很多早期操作系统中经常使用的方法是，在进程以外执行操作系统的内核，如图 2.12(a)所示。在这种方法中，若当前运行进程发生中断或系统调用，则保存该进程的处理器状态。然后内核得到控制权。操作系统有自己的内存区和系统栈。操作系统进行合适操作后可以恢复中断进程执行或调用其他进程。这里，关键的一点是，进程的概念只适用于用户程序。操作系统代码在特权模式下作为一个独立实体运行。

2. 在用户进程中运行

在用户进程中运行的方法经常在小型机或微型机的操作系统上使用。它是将几乎所有的操作系统软件作为用户进程的内容执行。操作系统是各种供用户调用功能的集合，并且在用户进程环境下执行，如图 2.12(b)所示。在任一时刻，操作系统都管理 n 个进程映像。每个进程映像不仅包括图 2.10 中的区域，还包括供内核程序使用的程序、数据和栈等区域。

图 2.13 给出了一种典型的进程映像结构。独立的内核栈用来管理进程处于内核模式下的调用和返回。操作系统代码和数据处于共享地址空间并由所有用户进程共享。

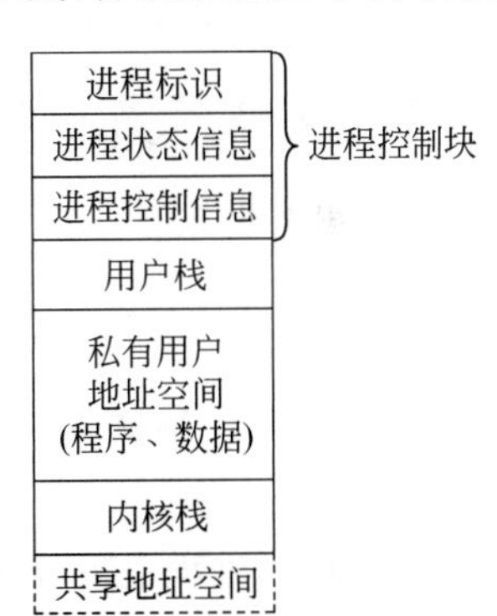

图 2.13　进程映像：操作系统在用户进程中执行

当中断、陷阱或监管调用发生时，处理器转换为内核模式，操作系统得到控制权。为了实现这一点，处理器的上下文被保存起来并发生上下文转换。然而，运行仍发生在当前用户进程的内部。这样，进程转换并没有发生，而只在同一进程中发生上下文转换。

如果当自身任务完成后，操作系统发现当前进程应继续运行，那么在当前进程中上下文转换将恢复中断的程序。这是这种方法的优势之一。一个程序中断后又重新开始执行，这一过程不会带来两个进程转换的麻烦和开销。如果操作系统发现应进行进程转换，控制权就会转到进程转换例程。

3. 作为独立进程运行

如图 2.12(c)所示，这种方式将操作系统作为系统进程的集合来实现。同其他方式一样，内核部分的软件将在内核模式下执行。然而，主要的内核功能都是作为独立进程组织的。有一小部分的进程转换代码在所有进程外执行。

这种方法有多个优点。首先，展示了一种设计原则，即鼓励操作系统组件化，而且尽可能使各组件清晰、简洁。另外，操作系统的一些并不关键的功能作为独立进程实现。将操作系统作为一系列进程实现，在多处理器或多计算机环境中是很有用的。在这种环境中，一些操作系统服务能够被转移到其他处理器中,这样可以提高整个系统的性能。

2.3.6 微核

近来,微核(microkernel)的概念引起人们的关注。微核是一个操作系统的核心,它为组件扩展提供了基础。微核这个定义是很模糊的。关于微核有许多问题,不同的设计者有不同的答案。这些问题包括:核多小才被称为微核?如何在抽象硬件功能的同时设计设备驱动程序以获得最佳性能?对非核心操作的运行是在内核还是在用户空间?是保留已有子系统代码(如UNIX的一个版本)还是从头开始?等等。

在理论上,这种内核方式被设计成具有高度的弹性和组件化。Windows NT广泛宣传自己使用了微核技术,并声称其设计不仅组件化而且还支持便携性。其内核周围有许多紧密的子系统,因此,在各种平台上实现Windows NT的功能变得很简单。

微核所应遵循的原理是:只有那些绝对必要的操作系统核心功能才能放在内核中。次重要的服务和应用功能则建立在微核之外。传统上作为操作系统一部分的许多属性,现在都成为外围子系统,这包括文件系统、用户界面和安全设施等。

2.4 线程和SMP

线程(thread)是近年来操作系统中出现的一个非常重要的技术。当代操作系统如Windows NT/2000、OS/390、Sun Solaris、Linux、Mach等均采用了线程机制。线程的引入,进一步提高了程序并发执行的程度,从而进一步提高了系统的吞吐量。

2.4.1 线程及其管理

1. 线程的引入

进程引入的目的是为了程序并发执行,以改善资源利用率及提高系统的吞吐量。进程有两个基本属性:

(1) 进程是一个拥有资源的独立单元。一个进程被分配一个虚拟地址空间以容纳进程映像(process image),一个进程的映像主要包括4个部分:用户数据、用户程序、系统堆栈和PCB。有时,进程也被分配主存并控制其他资源,如I/O通道、I/O设备和文件。

(2) 进程是一个被处理机独立调度和分配的单元。

上述两个属性构成了程序并发执行的基础。为了使进程并发执行,操作系统还需进行一系列操作:创建进程、撤销进程、进程切换。所有这些,操作系统必须为之付出较多的时间开销。正因为如此,在系统中不宜设置过多的进程,进程切换的频率也不能太高。这也限制了并发程度的进一步提高。

如何既能提高程序的并发程度,又能减少操作系统的开销呢?能否将前述的进程的两个基本属性分离开来,分别交由不同的实体来实现呢?为此,操作系统设计者引入了线程,让线程去完成第二基本属性的任务,而进程只完成第一基本属性的任务。这样,线程成为进程中的一个实体,是被系统独立调度和分配的基本单位,线程自己基本上不拥有系统资源,只拥有在运行中必不可少的一点点资源(如程序计数器、一组寄存器、堆栈),但它可与同一进程内的其他线程共享进程所拥有的全部资源。这样就减少了程序并发执行时所付出的时空开销，使OS具有更好的并发性。

引入线程还有一个好处，就是能较好地支持对称多处理器系统（Symmetric Multiprocessor，SMP）。

2. 线程的定义及特征

线程有许多不同的定义，例如，线程是进程内的一个执行单元；线程是一个独立的程序计数器；线程是进程内的一个可调度实体；线程是执行的上下文（context of execution），其含义是执行的现场数据和其他调度所需的信息，等等。总结以上内容，可将线程定义为：线程是进程内的一个相对独立的、可独立调度和指派的执行单元。

在有些操作系统中，将线程叫轻型进程（light-weight process）；而把传统的进程叫重型进程（heavy-weight process）。

根据线程的概念可知，线程具有以下性质：

(1) 线程是进程内的一个相对独立的可执行单元。

(2) 线程是操作系统中的基本调度单元，在线程中包含调度所需的信息。

(3) 一个进程中至少应有一个线程，当然也可有多个线程，这是因为进程已经不再是被调度的单元。

(4) 线程并不拥有资源，而是共享和使用包含它的进程所拥有的所有资源。正因为共享进程资源，所以需要同步机制来实现进程内的多个线程之间的通信。

(5) 线程在需要时也可创建其他线程。线程有自己的生命期，也有状态变化。

进程和线程的区别与联系：

(1) 调度。线程是调度和指派的基本单位，而进程是资源拥有的基本单位。在同一进程中，线程的切换不会引起进程切换。在不同的进程中进行线程切换，如一个进程内的线程切换到另一个进程中的线程时，将会引起进程切换。

(2) 拥有资源。线程不拥有系统资源，但可以访问其隶属进程的系统资源，从而获得系统资源。

(3) 并发性。在引入线程的操作系统中，不仅进程之间可以并发执行，而且同一进程内的多线程之间也可并发执行，从而使操作系统具有更好的并发性，大大提高系统的吞吐量。

(4) 系统开销。进程切换时的时空开销很大，但线程切换时，只需保存和设置少量寄存器内容，因此开销很小。另外，由于同一进程内的多个线程共享进程的相同地址空间，因此，多线程之间的同步与通信非常容易实现，甚至无须操作系统内核的干预。

3. 线程的状态和管理

和进程一样，线程是一个动态的概念，也有一个从创建到消亡的生命过程，在这一过程中它具有运行、等待、就绪或终止几个状态。虽然在不同的操作系统，线程的状态设计不完全相同，但下述3个关键的状态是共有的。

(1) 就绪状态：线程已具备执行条件，等待程序分配给一个CPU运行。

(2) 运行状态：线程正在某一个CPU内运行。

(3) 阻塞状态：线程正在等待某个事件发生。

值得强调的是：

(1) 线程中不具有进程中的挂起（suspend）状态。为什么呢？因为挂起的作用是将资源从内存移到外存,而线程不管理资源,它不应有将整个进程或线程自己从主存中移出的权限,而且可能还有其他线程在使用进程的共享空间。

(2) 对具有多线程的进程状态,若一个线程被阻塞是否导致整个进程被阻塞呢?很明显,若如此,则将失去线程的灵活性和优越性。因此,多数操作系统并不阻塞整个进程,该进程中其他线程依然可以参与调度。

(3) 由于进程已经不再是调度的基本单位,所以不少系统对进程的状态只划分为两种状态:活动(可运行)和非活动(不可运行)状态,如Windows NT/2000。

线程使用线程控制块(Thread Control Block,TCB)来描述其数据结构,而TCB则利用线程对象加以描述。在多线程操作系统中,PCB仍然用进程对象加以描述。

线程的状态转换是通过相关的控制原语来实现的。常用的原语有:创建线程、终止线程、线程阻塞等。

2.4.2 多线程的实现

多线程机制是指OS支持在一个进程内执行多个线程的能力。用线程的观点来看,MS-DOS支持一个用户进程和一个线程。UNIX支持多个用户进程,但一个进程只有一个线程;一个Java运行引擎只有一个进程但有多个线程;Windows NT、Solaris、Mach支持多进程多线程。

线程虽在许多系统中实现,但实现的方式并不完全相同。有的系统实现的是用户级线程(User-Level Threads,ULT),例如Infromix数据库系统;有一些系统实现的是内核级线程(Kernel-Level Threads,KLT),例如Mach操作系统;还有一些系统同时实现了这两种类型的线程,例如Sun的Solaris操作系统。

1. 用户级线程

用户级线程ULT由用户应用程序建立,由用户应用程序负责对这些线程进行调度和管理,操作系统内核并不知道有用户级线程的存在。因而这种线程与内核无关。这就是通常所说的"纯ULT方法"。MS-DOS和UNIX属于此类。

纯ULT方法有以下优点:

(1) 应用程序中的线程开关(即转换)的时空开销比内核级线程的开销要小得多。

(2) 线程的调度算法与操作系统的调度算法无关。

(3) 用户级线程方法可适用于任何操作系统,因为它与内核无关。

纯ULT方法也存在以下缺点:

(1) 在一个典型操作系统中,有许多系统请求正被阻塞着。因此,当线程执行一个系统请求时,不仅仅本线程阻塞,而且该进程中的所有线程也被阻塞。

(2) 在纯ULT策略下,多线程应用没办法利用多处理器的优点,因为每次只有一个进程的一个线程在一个CPU上运行。

2. 内核级线程

内核级线程KLT中的所有线程的创建、调度和管理全部由操作系统内核负责。一个应用进程可按多线程方式编制程序,当它被提交给多线程操作系统运行时,内核为它创建一个进程和一个线程,线程在运行中还会创建新的线程。这就是通常所说的"纯KLT方法"。Windows NT属于此类。

内核级线程有以下优点：

(1) 内核可调度一个进程中的多个线程，使其同时在多个处理器上并行运行，从而提高程序的执行速度和效率。

(2) 当进程中的一个线程被阻塞时，进程中的其他线程仍可运行。

(3) 内核本身也都可以以线程方式实现。

内核级线程的缺点是：同一进程中的线程切换要有两次模式转换(用户态→内核态→用户态)，因为线程调度程序运行在内核态，而应用程序运行在用户态。

3. KLT 和 ULT 结合

由于纯 KLT 和纯 ULT 各有自己的优点和缺点，因此，如果将两种方法结合起来，则可得到两者的全部优点，将两种方法结合起来的系统称之为多线程的操作系统。内核支持多线程的建立、调度与管理。同时，系统中又提供使用线程库(一个线程应用程序的开发和运行环境)的便利，允许用户应用程序建立、调度和管理用户级的线程。图 2.14 示出了 3 种多线程模型。

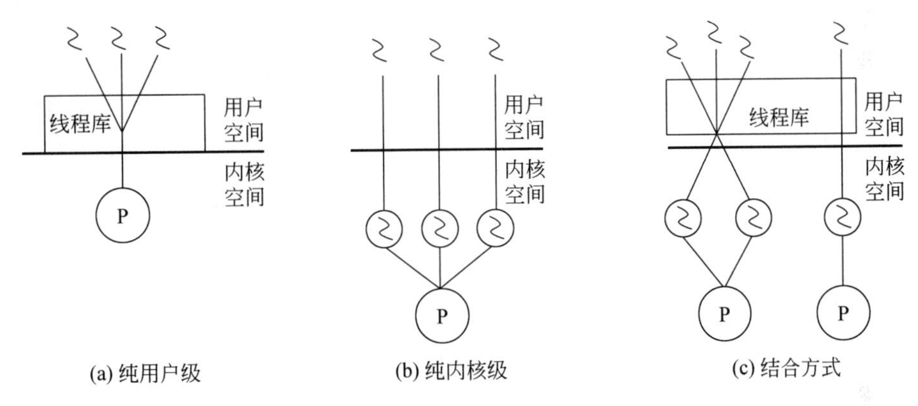

图 2.14　用户级线程和内核级线程

注：≀表示用户级线程；Ⓢ表示内核级线程；Ⓟ表示进程。

2.4.3　进程与线程的关系

传统的资源分配和调度单元的关系是一对一的。而近来人们对同一进程中多个线程的系统，也就是多对一的关系更感兴趣。表 2.10 列出了线程与进程之间的多种关系。

表 2.10　线程与进程间的关系

线程：进程	描　述	例　子
1：1	每个线程的执行就是一个进程	UNIX System V
n：1	每个进程定义一个地址空间并动态拥有资源；同一进程可产生多个线程并运行	OS/2，MVS，Mach
1：*n*	一个线程可以在多个进程间转移	Ra
n：*n*	包含 *n*：1 和 1：*n* 的性质	TRIX

2.4.4 SMP

随着计算机技术的发展和硬件价格的下降,计算机设计者发现了越来越多的并行计算方法。他们通过多种方法和技术,将多个处理器连在一起,让它们共同完成某项任务,从而大大提高系统的性能和可靠性。

按照多处理器之间的通信方式可将多处理器系统划分为两种类型:

(1) 共享存储器多处理系统(shared memory multiprocessor)。其特点是多个处理器共享一个共享存储器,每个处理器都能存取共享存储器中的程序和数据,并且处理器之间借助于共享存储器进行通信。它有两种结构:一种为主/从式结构;一种为对称多处理器结构。

(2) 分布式存储器系统(distributed memory)。其特点是每个处理器都有自己的专用主存储器,计算机之间的通信通过专用线路或网络。通常所说的集群(clusters)即为此类系统。

本节只讨论对称多处理器系统SMP。

1. SMP的特点

SMP的特点是:

(1) 系统中有多个处理器,且每个处理器的地位是相同的。内核可在任何一个处理器上执行,每个处理器都可自主地调度进程和线程池中的进程和线程。进程或线程可以并行执行。

(2) 所有处理器共享主存储器。

SMP的组织结构如图2.15所示。其中,每个处理器都拥有自己的私有cache。私有cache的使用带来了一些新的、在设计上需要解决的问题。因为私有cache中有共享主存中的一部分映像,如果一个cache中的数据发生了改变,则数据必须反映到其他cache中,此即"cache一致性"问题。

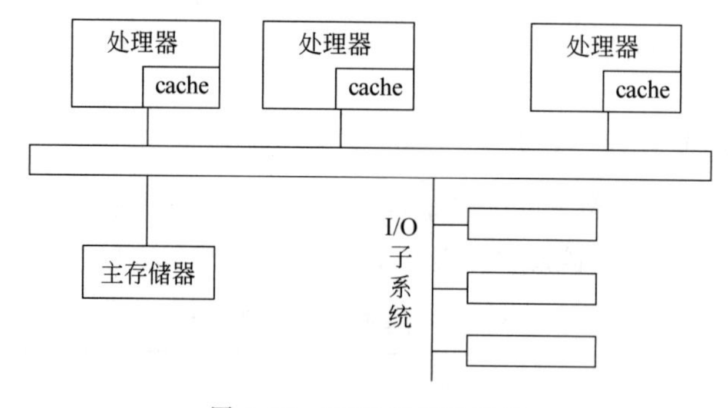

图2.15 SMP的组织结构

2. SMP系统设计问题

一个SMP操作系统被设计成透明地管理多处理器和其他资源,以便让用户感觉就像在一个单处理器上使用系统。多处理器操作系统应该具有多道程序的功能再加上多处理系统的特性。

SMP操作系统设计的关键是:

(1) 同时并发执行多进程和多线程。为了允许多个处理器去同时执行同样的内核代码,必须能重载内核程序。由于多个处理器执行内核的相同或不同部分,内核表和管理结构必须正确地管理,以防死锁式非法操作。

(2) 调度。任一个处理器都可独立调度,因此,必须避免冲突。调度中必须解决的主要问题有:互斥问题、处理器的分配问题、负载均衡问题、全局或局部的可运行队列的维护问题、调度方法、应用特性与系统性能等问题。

(3) 同步。由于有许多活动的进程或线程存取共享的地址空间和I/O资源,所以必须提供互斥和同步机制。

(4) 存储器管理。主要涉及存储器硬件和存储管理结构的数据一致性和互斥等问题。

(5) 可靠性和容错能力。操作系统应在碰到某一处理器错误时,依然能正确地运行,这时调度程序和操作系统的其他部分应能识别处理器的失效并重构管理表。

2.5 系统举例

2.5.1 UNIX System V

在UNIX中除了两个基本系统进程外,其余都是由用户程序产生的。

1. 进程状态

UNIX中共有9种进程状态,如表2.11所示。图2.16是UNIX进程状态转换图。这个图同图2.7很相似,两个UNIX睡眠状态对应两个阻塞状态,其不同之处总结如下。

表2.11 UNIX进程状态

进程状态	说明
用户运行态	在用户模式下运行
核心运行态	在内核模式下运行
内存中就绪	只要内核调度就能执行
内存中睡眠	只有等到某事件发生后才能执行,进程处于内存中
就绪且交换	进程处于就绪状态,但是,在其被内核调度去执行之前必须被交换进内存
睡眠且交换	进程在等待某事件发生,并被交换到了辅存上
被抢占状态	进程已在从内核模式向用户模式转化,但是,内核抢先剥夺它的运行,并进行了一项内容转换,调度了另一个进程
创建状态	进程刚被创建,还不能运行
僵死状态	进程已不存在,但它留下一个含有状态码和一些信息的记录,供父进程收集

(1) UNIX中用两个运行状态来区分是运行用户模式还是内核模式。

(2) 有两个状态被区别开:在内存中就绪和被抢占(preempted)。它们本质上是同一状态,因此,用虚线将它们连起来。这种区别是为了强调被抢占状态出现的方式。

当一个进程处于内核模式,过一段时间,内核运行完毕并准备将控制转移给用户程序时,内核也许会决定用就绪队列中有较高优先级的进程代替当前进程。在这种情况下,当前进程就被置为被抢占状态。然而,为了调度,那些被抢占进程与在内存中的就绪进程组成同

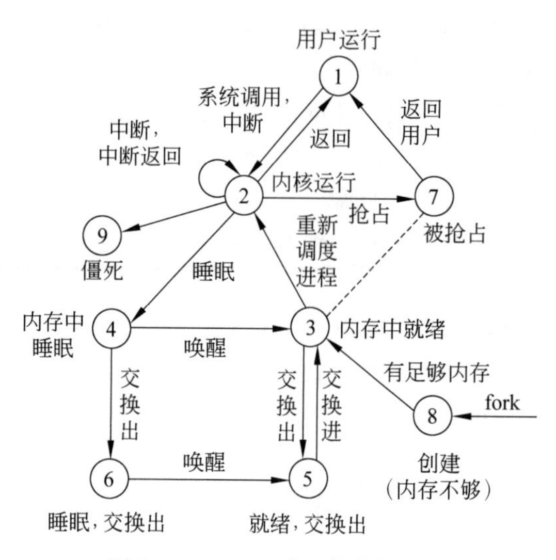

图 2.16　UNIX 进程状态转换图

一个队列。

抢占只能发生在当一个进程正要从内核模式转移到用户模式的时刻。当进程处于内核模式时，是不能被抢占的。这使得 UNIX 不适合实时处理。

UNIX 中的两个唯一的进程是，进程 0 在系统启动时产生，被预先定义为在启动时加载的数据结构；进程 0 又生成进程 1，称为 init 进程，所有系统中其他进程都以进程 1 为祖先。

2. 进程描述

UNIX 中的进程是一套非常复杂的数据结构，为操作系统提供了各种管理和调度的信息。表 2.12 总结了 UNIX 进程映像的元素并将其组织成 3 类：用户级上下文、寄存器内容和系统级上下文。

表 2.12　UNIX 进程映像

用户级上下文	
进程内容	程序中可执行的机器指令
进程数据	进程可以访问的数据
用户栈	容纳参数、本地变量，以及指向在用户模式下执行的函数的指针
共享存储空间	与其他进程共享的存储空间，用于进程间通信
寄存器内容	
程序计数器	即将执行的下一条指令的地址
处理器状态寄存器	存放被抢占时的硬件信息；内容和形式依赖于硬件结构
栈指针	指向内核或用户栈的顶部
通用寄存器	与硬件相关

续表

系统级上下文	
进程表项(见表2.13)	定义一个进程的状态;该信息通常被操作系统访问
U(user)区(见表2.14)	存放进程表项的一些扩充信息,它只能被运行在内核态的进程所存取
进程区表	定义虚地址到物理地址的映射
内核栈	进程在核心态执行时使用的栈

表2.13 UNIX进程表项

属　性	说　　明
进程状态	当前进程的状态
指针	指向U区和进程在内存或外存的位置
进程的大小	操作系统为进程分配存储空间的依据
用户标识符	标识实际用户的ID
进程标识符	标识一个进程的ID
事件描述符	记录使进程进入睡眠状态的事件
优先级	用于进程调度
信号	记录发给进程的信号
计时器	包括进程执行时间,核心资源利用情况和用户设定时间,用来向进程发警报
P-link	指向就绪队列中下一个链接的指针
存储状态	显示进程映像在内存中还是已被交换出内存

表2.14 UNIX U区

属　　性	说　　明
进程表项指针	指向同U区相对应的进程表项
用户标识符	真正和有效的用户标识符
信号句柄数组	对系统中定义的信号类型,存放进程在收到该信号后如何反应的信息
控制终端	如果终止,为该进程指示登录进终端
错误域	记录在一次系统调用过程中遇到的错误
返回值	系统调用的结果
I/O参数	给出要传输的数据量,源(或目标)数据的地址,文件的输入、输出偏移量
文件参数	描述进程的文件系统环境(当前路径和当前根目录)
用户文件描述表	记录该进程已打开的所有文件
限制值	对进程的大小及其能“写”的文件大小的限制

用户级上下文可以在编译目标文件时直接生成。用户程序被分为正文区和数据区,正

文区是只读的并保存程序指令。当程序运行时,处理器使用用户栈来完成过程调用和返回以及参数传递。共享内存区是一个被其他进程所共享的数据区。一个共享内存区只有一个物理上的拷贝,但由于使用了虚拟内存,故使得对于多个共享进程,共享内存区似乎就在其地址空间内。

3. 进程控制

如前所述,UNIX System V 遵循了图 2.12(b)所示的模式,其中,操作系统大部分是在用户进程中执行的,即需要两种状态,用户状态和核心状态。

在 UNIX 中,进程是通过内核系统调用(fork)的方式产生的。当某进程发出一个 fork 请求时,操作系统执行以下的功能:

(1) 在进程表中为新进程分配一个位置。

(2) 分配一个唯一的进程标识符(ID)给这个子进程。

(3) 除了共享内存外,复制一个父进程的映像。

(4) 增加父进程所拥有的文件数量,表现在存在另一进程现在也拥有这些文件。

(5) 将子进程的状态设置为准备运行状态。

(6) 返回子进程的 ID 给父进程,将一零值赋给子进程。

所有这些工作都在父进程的核心状态里完成,当内核完成了这些功能后,它可以做以下工作之一,作为调度例程的一部分:

(1) 停留在父进程,在父进程的 fork 调用时,控制返回到用户模式。

(2) 将控制交给子进程,如同父进程一样,子进程在代码的相同处开始执行,也就是说,在 fork 调用返回时开始执行。

(3) 将控制交给另一进程,父子进程均被置于就绪状态。

要将这一进程产生方法形象化可能比较困难,因为父子进程都在执行代码段的同一部分,所不同的是:当发生 fork 调用返回时,要对返回的参数进行检测。如果值为零,则为子进程,此时将执行一分支程序,转到适当的用户程序以便继续执行。若其值非零,则为父进程,且主流程将继续执行下去。

2.5.2 Windows NT

对各种不同的操作系统环境提供支持的需求促进了 Windows NT(简称 NT)进程设计的产生。不同操作系统所支持的进程在很多方面都有差异,这些差异包括:

- 进程如何命名?
- 进程中是否提供线程?
- 进程如何表示?
- 如何保护进程资源?
- 进程间的通信与同步采取何种机制?
- 进程之间如何关联?

于是,NT 内核所提供的本质进程结构和服务相对来说就比较简单,并可用于一般的用途。NT 进程的重要特点如下:

(1) NT 进程均被作为对象实现,并被用于对象服务访问;

(2) 一个可执行进程可以包含一个或多个线程;

(3) 无论是进程还是线程对象都有内置的同步机制；

(4) NT 内核不维持与它所创建的进程间的任何联系，包括父子进程间的联系。

在 NT 中，进程在进行任何其他工作之前还必需具有第 4 个元素：至少有一个执行线程。线程是 NT 内核调度执行的进程内的实体。没有线程，进程的程序就无法执行。

图 2.17 展示了一进程与其控制或使用资源之间互相联系的方式。存取令牌控制着进程是否能改变其自身属性。若进程不拥有对其存取令牌打开的句柄，而且该进程又试图打开这样一个句柄，则安全系统将决定这是否是被允许的，并由此决定该进程是否可改变其自身属性。

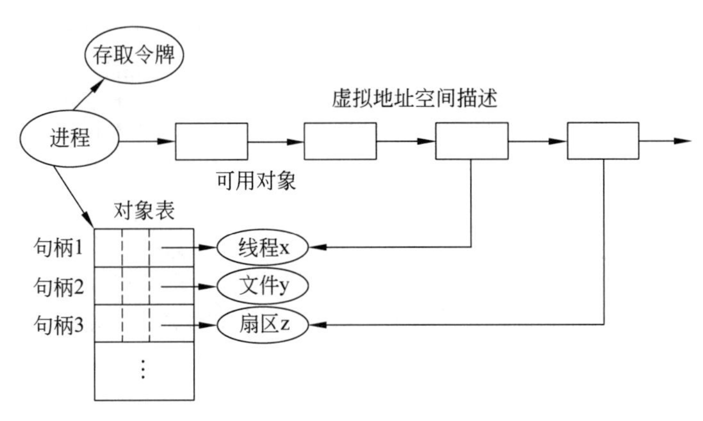

图 2.17　NT 进程及其资源

与此进程相关的还有一系列定义当前分配给这一进程的虚拟地址空间的块，进程不能直接修改这些结构，而必须依靠对其提供存储分配服务的虚拟内存管理器来实现。

最后，进程包含通过句柄与其他对象相连的对象表。此对象所包含的每一个线程都存在一相应的句柄。图 2.17 显示了一个单一的线程。除此以外，进程还可访问文件对象和共享内存段的段对象。

1. 进程和线程对象

NT 的面向对象结构促进了一般进程机制的发展。NT 利用了两种与进程有关的对象：进程和线程。进程是一种与拥有资源的用户作业或应用(如存储和打开文件)通信的实体；线程是一种线性执行并不可被打断的可调度工作单元，这使得处理器可以转到另一线程。

每一个 NT 进程由一对象表示，其一般结构如图 2.18(a)所示。每一进程都是由许多属性定义的，且封装了许多它可能执行的动作或服务。注意，对象表和地址空间描述并不作为进程对象的一部分被列出，这是因为它们是附属于进程对象的，但不能由用户态进程直接修改。当接受到适当信息时，进程会履行一种服务，传送给提供这种服务的进程对象的消息是激发这种服务的唯一方式。

当 NT 创建一新进程时，它会使用对象类或对象类型。这可以说是一种 NT 进程定义产生新的对象实例的模板。进程对象在创建时，它将被赋予属性值。表 2.15 列出了一进程对象的每一属性的简短定义。进程对象的若干属性对进程内执行的线程形成约束，如在多处理机上处理器族就可能会限制进程的线程在有效处理器的一个子集下运行。

(a) 进程对象

(b) 线程对象

图 2.18 Windows NT 进程和线程对象

表 2.15 Windows NT 进程对象属性

属　　性	说　　明
进程 ID	一个唯一确定进程的值(或编号)
存取令牌	包含关于登录用户安全信息的可执行对象
基本优先级	一个进程的线程的基本执行优先级
默认处理器关系	进程的线程能够运行默认的一组处理器
配额限制	一个用户进程所能使用的在分页或分页系统中的最大内存值、分页文件空间以及处理器时间
执行时间	进程中所有线程已经执行的时间
I/O 计数器	记录进程的线程执行过的 I/O 操作的类型和数量的变量
VM 操作计数器	记录进程的线程执行虚拟内存操作的类型数量的变量
异常/调试端口	当进程的线程产生异常时,进程管理器向进程传送信息的通信管道
终止状态	进程终止的原因

一个 NT 进程至少必须包含一个执行线程。该线程可能接着创建其他线程。在多处理器系统中,来自于同一进程的多个线程可能并发执行。

和进程一样,NT 执行体的线程都作为对象实现,有对象管理程序创建和删除。图 2.18(b)描述了一线程对象的对象结构,表 2.16 定义了该线程对象的属性。可以看出线程对象的一些属性和进程对象相似。

表 2.16　Windows NT 线程对象属性

属　　性	说　　明
客户 ID	当线程调用一个服务时,它是一个唯一的定义该线程的值(或编号)
线程上下文	定义一个线程执行状态的一组寄存器值以及其他易变的数据
动态优先级	在任一给定时刻,线程的执行优先级
基本优先级	线程动态优先级的最低限
线程处理器关系	线程所能运行的一组处理器,它是线程的进程与处理器关系的一个子集或全集
线程执行时间	线程累计执行时间
报警状态	一个显示了该线程是否该执行一个异步过程调用的状态
挂起计数	线程的执行被挂起的次数
模拟令牌	一个临时访问令牌,允许线程代表一个其他进程执行一个操作
终止端口	一个进程间的通信管道,通过它,进程管理器在线程终止时发送一个消息
线程终止状态	线程终止的原因

注意:在线程的某些属性与进程相似的情况下,线程的属性是源于进程的。例如,在一多处理器系统中,线程处理器类是可执行该线程的处理器的集合;该集合与进程处理器类相等或为其子集。

线程对象有一个属性是线程上下文,其信息能使线程被挂起并恢复,而且,当线程被挂起时,靠转变其上下文就可以转变该线程的行为。

2. 多线程的进程

NT 支持进程间的并发,因为不同进程间的线程可以并发执行。而且,同一进程的多个线程可以分配给独立的处理器并发执行。多线程的进程也可获得并发性而不需要总是使用多个进程。同一进程内的线程之间通过共享内存交换信息,并可以访问该进程的共享资源。

面向对象的多线程的进程是一种提供服务器应用的有效方法,图 2.19 描述了它的一般概念。一个单一的服务器进程可向许多客户端提供服务。每个客户端的请求都将触发服务器内部一新线程的创建。

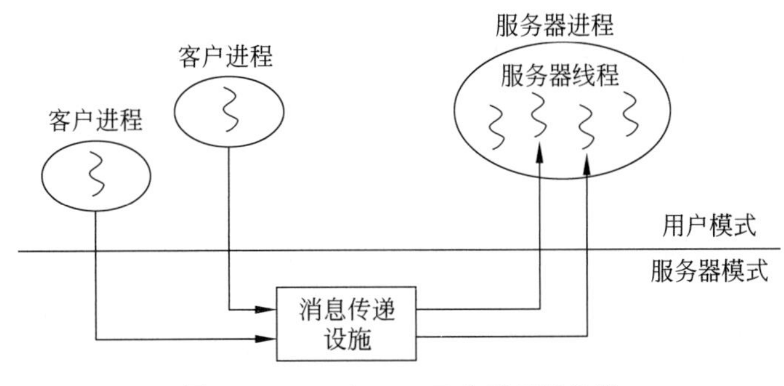

图 2.19　Windows NT 多线程服务器

3. 操作系统子系统的支持

利用NT进程与线程特性来仿真相应操作系统的进程与线程机制是每一个操作系统子系统的责任。

通过观察进程的创建过程,可以了解操作系统是如何支持进程与线程的。进程的创建开始于操作系统应用中对新进程的请求。创建进程的请求从一应用程序发送给相应的受保护子系统,该子系统又发送一进程请求NT执行。由NT创建一进程对象并将该对象的句柄返回给子系统。当NT创建一进程时,它不会自动创建线程。而在Windows 32和OS/2系统中,新进程的创建总是伴随着线程的创建。对于这些操作系统而言,子系统要再次调用NT进程管理器为新进程创建线程,16位Windows和POSIX不支持线程。因此,就这些系统而言,子系统从NT获得新进程的一个线程,就可激活该进程,但仅仅返回进程信息给应用程序。

2.5.3 Linux

Linux是最近几年比较流行的开放源码的操作系统,其中,进程的状态包括以下的几种:

(1) 运行。其中包含了两个状态,一个处于运行态的进程要么正在执行,要么准备执行。

(2) 可中断。属于阻塞状态,以下三种情况都可以导致这种状态的产生:进程正等待可用资源、进程正等待一个事件的结束或者进程正等待另一进程的信号。

(3) 不可中断。与可中断对应,这也是一个阻塞状态。所不同的是,在此状态下,进程只直接等待一个硬件条件,对于其他的事件和信号都不予理会。

(4) 停止。进程被中止,并且只能由另一个进程的动作恢复。

(5) 僵死。进程已经被终止,但由于某种原因,在进程表中仍保留有属于它的表项(这一状态和第12章中介绍的MINIX系统中的类似进程状态相同,读者可对照比较)。

Linux中进程状态的转换如图2.20所示。

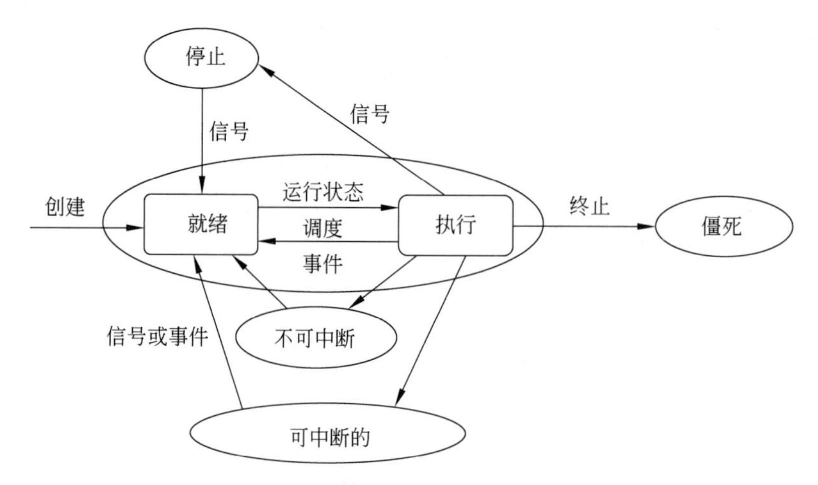

图2.20 Linux进程(线程)模型

Linux 中的进程通过一个名为 task_struct(相当于前文中的 PCB 的概念)的数据结构表示。同时,Linux 也定义了一个 task 表,其中的每个表项都是指向当前定义的一个 task_struct 结构指针的线性向量。在 task_struct 数据结构中包含了以下的几类信息:

(1) 状态。包括了进程的五种状态。

(2) 调度信息。系统调度进程所需的信息。诸如系统是实时或普通的,进程的优先级的高低,计数器记录的允许进程执行的时间量。

(3) 标识号。包括进程标识号、用户标识号和组标识号。

(4) 进程间的通信。采用 UNIX SVR4 中的 IPC 机制。

(5) 链接。反映了一个进程的"亲缘"关系,实际上就是到其父进程、兄弟进程和所有子进程的链接。

(6) 时间和计时器。记录了进程创建时间和进程消耗的处理器时间总量。

(7) 文件系统。负责保存指针,这些指针指向该进程打开的文件。

(8) 虚拟存储。定义分配给该进程的虚存空间。

(9) 处理器专用上下文环境。保存该进程上下文环境的寄存器和堆栈信息。

Linux 中的进程可以被复制,复制出的新进程可以和被复制的进程共享资源(如文件、虚存以及信号等)。当两个进程共享相同的虚存时,它们可以被当作是属于同一个进程的两个线程。在 Linux 中没有单独为线程定义数据结构,因此,对于 Linux 来说,进程和线程没有区别。

小　　结

现代操作系统中最基本的组件就是进程。操作系统的重要功能就是创建、管理和终止进程。当进程处于活动状态时,操作系统必须保证每一进程都分配到处理器执行时间,还要协调它们的活动,管理冲突请求,并分配系统资源给这些进程。要履行其进程管理职能,操作系统必须维持对每一进程的描述。每个进程都是由一个进程映像来表示的,它包括进程执行的地址空间和一个进程控制块。后者包含了操作系统管理该进程所需的全部信息,包括其目前的状态,分配给它的资源、优先级及其他有关数据。

在进程生命周期中,它会在很多状态之间转换。这些状态中最重要的是就绪、运行和阻塞。就绪进程是指目前并未执行但一旦得到操作系统调度就准备运行的进程。运行进程是指当前正被处理器执行的进程。在一多处理器系统中,可有不止一个进程处于该状态。阻塞的进程是等待某事件完成(如 I/O 操作)的进程。

运行进程可能被中断或执行操作系统的调用而中止,所谓中断是指发生在进程之外并可被处理器所识别的事件。在这两种情况下,处理器都将执行一个切换操作,将控制权转交给操作系统例程。在完成所需工作后,操作系统可能恢复被中止的进程或切换到另一进程。

一些操作系统区分了进程和线程的概念,前者与资源的拥有有关,而后者与程序的执行有关,这可提高效率和编程的便利性。

习　题

2.1　表2.17显示了VAX/VMS操作系统的进程状态。问：

(1) 存在这么多明显的等待状态，你能给出一个合理的解释吗？

(2) 为什么以下状态没有常驻和换出版本：页面错等待、冲突页等待、公共事件等待、空闲页等待和资源等待？

(3) 画出状态转换图并标明引起每一转换的动作或发生的事件。

表2.17　VAX/VMS进程状态

进程状态	进程所处的情况
当前正在执行	正在执行进程
可计算(驻留)	就绪并且在内存中驻留
可计算(交换出)	就绪，但是被交换出了内存
页面错等待	进程访问了一个并不在内存中的页，并且必须等待该页被读入
冲突页等待	进程访问了一个共享页，该页是引起另一进程的页面错等待的原因，或者是一个当前正被读入或写出的私有页
公共事件等待	等待共享事件标志(事件标志是单个比特位的进程间信号量机制)
空闲页等待	等待内存中的一个空闲页以加入到分配给这个进程的内存页集合中
睡眠等待(驻留)	进程将自己放入等待状态
睡眠等待(交换出)	睡眠进程被交换出内存
局部事件等待(驻留)	进程在内存中并且等待一个局部事件标志(通常是I/O结束)
局部事件等待(交换出)	进程处于局部事件等待状态并被交换出内存
挂起等待(驻留)	进程被其他进程置于等待状态
挂起等待(交换出)	挂起的进程被交换出内存
资源等待	进程在等待各种系统资源

2.2　Pinkert和Wear定义了下列进程状态：执行(运行)、活动(就绪)、阻塞和挂起。一进程如在等待使用某资源的许可时，该进程就处于阻塞(状态)，若它在等待对其已获得资源上的某操作完成，则该进程处于挂起(状态)。在很多操作系统中，这两种状态合在一起作为封锁状态。比较这两种形式定义的优缺点。

2.3　就图2.7(b)的7状态进程模型，画出与图2.6(b)相似的排队流程图。

2.4　考虑图2.7(b)所示的状态转换图。假定现在操作系统要调度一进程，且存在就绪状态和就绪挂起状态的进程，而且至少有一处于就绪挂起状态的进程拥有比任何处于等待状态进程更高的调度优先级。两种极端的策略是：

(1) 总是调度一处于就绪状态的进程以使交换达到最少；

(2) 总是优先考虑具有最高优先级的进程，即使这样可能引起不必要的交换。

请提出一种折衷策略以平衡优先级与执行情况的关系。

2.5 VAX/VMS 操作系统利用了 4 个处理器存取模式来加强进程之间系统资源的保护和共享。这种存取模式决定了以下内容：

① 指令执行特权。处理器可以执行的指令。

② 存储访问特权。当前指令可以存取的虚拟内存的位置。

4 种模式如下：

① 内核。执行 VMS 操作系统的内核，包括内存管理、中断处理和 I/O 操作。

② 执行。执行许多操作系统服务调用，包括文件记录(磁盘和磁带)管理例程。

③ 管态。执行其余操作系统服务，如应答用户请求。

④ 用户态。执行用户程序，以及诸如编译、编辑、链接和调试程序的实用程序。

处于较低特权状态下执行的进程经常需要调用在更高特权状态下执行的过程；举例来说，一用户程序需要一操作系统的服务。使用 CHM 指令可获得这种调用，该指令会引起中断从而将控制转交给处于新的存取状态的例程。执行 REI 指令将返回(从异常或中断返回)。问：

(1) 许多操作系统有两种状态，内核和用户。使用 4 种状态代替这两种状态有何优缺点？

(2) 你能举出多于 4 种状态的实例吗？

2.6 在题 2.5 中提及的 VMS 方案通常被认为是一种环保护结构，如图 2.21 所示。事实上，简单的内核/用户方案，正如 2.3 节描述的那样，是一种双环结构。Silberschatz 和 Galvin 指出这种结构的一个问题：

这种环(层次)结构的主要不足在于，其不能允许我们坚持需知原则。特别地，如果在域 D_j 中的某对象必须是可访问的，而在域 D_i 中则不行，那么一定有 $j<i$，但这就意味着每个在 D_i 中可访问的段在 D_j 中也可访问。

(1) 请更清楚地解释上面引语中所提到的问题。

(2) 请给出一种使得操作系统能够解决此问题的方法。

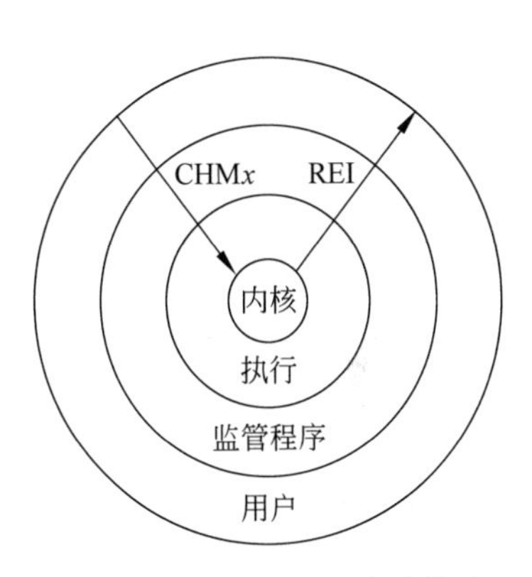

图 2.21 VAX/VMS 存取模式

2.7 图 2.6(b)示意在某一时刻，一进程可以在仅有一个事件的队列中。

(1) 如果想让一进程同时等待不止一个事件，这可能吗？请举例说明。

(2) 在这种情况下，该如何修改图中的队列结构以支持这一新的特点？

2.8 在很多早期的计算机中，由寄存器值引起的中断被存储在与给定中断信号有关的固定位置。试问在什么环境下，该技术是一种实用技术？请解释为什么这种技术通常是不方便的？

2.9 在一进程中使用多线程的两大优点是：

(1) 在已存在的进程中创建一新线程所需的工作量要比创建一新进程的工作量少；

(2) 同一进程内各线程间的交流被简化了。

那么，是否在同一进程中的两线程之间的上下文切换要比在不同进程中的两线程间的上下文切换所需工作量也要少呢?

2.10 如2.5节所述,UNIX不适合实时应用,因为在内核模式下执行的进程不可能被抢占。请对此加以详细描述。

2.11 如果删除会话和与进程有关的用户接口(键盘,鼠标,显示器屏幕),在OS/2中与进程相关的概念数可从3个减至2个。这样,某一时刻的进程就处于前台的状态,为了进一步结构化,进程可划分成线程。问:

(1) 这种方法丧失了何种优势?

(2) 如果继续进行这种修改,你将在何处分配资源(内存,文件等),是在进程级还是在线程级?

2.12 一进程完成其任务并退出,需要何种基本操作来清除它并继续另一个进程?

第 3 章 并发控制——互斥与同步

进程和线程是现代操作系统的重要概念，操作系统设计的核心是进程管理，主要涉及下述 3 个方面：

(1) 多道程序，即单个处理机中多个进程的管理。大部分个人计算机、工作站、单处理器系统上的操作系统，例如 Windows 98、OS/2 和 Macintosh System 7 都支持多道程序，共享单处理机系统，UNIX 也支持多道程序。

(2) 多进程，即多个处理机中多个进程的管理。多处理机一般用于较大的系统，诸如 MVS 和 VMS 之类的操作系统支持多进程。近来，服务器和工作站也开始支持多进程，Windows NT 就是一个为这种环境而设计的操作系统。

(3) 分布式进程，即运行于分布式计算机系统中的多个进程的管理。

上述 3 个方面和操作系统设计的共同基础是并发，并发包含了大量的设计问题，包括进程间通信、竞争和共享资源，多个活跃进程的同步和处理机时间的分配等。这些问题并非仅存在于多进程和分布式进程系统中，也存在于单处理机多道程序的系统中。

在以下 3 种情况下可能出现并发：

(1) 多个应用。多道程序用于多个作业或多个应用程序动态地共享处理机时间。

(2) 结构化应用。如果多个应用程序遵循结构化程序设计和模块化设计的原则，那它们就可以作为并发进程高效地实现。

(3) 操作系统结构。如果将结构化的优点应用到操作系统中，那么，这些操作系统本身也可作为一个并发进程集高效地实现。

本章首先介绍并发的概念和并发进程的实现。支持并发的基本要求是互斥，即若一个进程正在执行，则其他所有进程将被排斥执行；本章的第二部分讨论实现互斥的可能途径，所有方法都是通过软件加以解决的，并且要用到“忙-等”(Busy Waiting)技术。由于这些方法过于复杂，而且“忙-等”方法也不理想，这就要寻找不包含“忙-等”的方法，这些方法还需要得到操作系统的支持或用编译器实现。本章讨论了 3 种不包含“忙-等”的方法：信号量(semaphores)、管程(monitors)和消息传递(message passing)。

同时还用两个经典问题描述这些概念并比较所提到的方法，它们是生产者/消费者(Producer/Consumer)问题和读者/写者(Readers/Writers)问题。

3.1 并发原理

在一个单处理机多道程序的系统中,进程被分隔插入到处理机时间中交替执行,使进程表面看起来是同时执行的,如图3.1(a)所示,尽管这不是真正的并行,并且进程间的调度将带来额外的开销,但插入执行的主要好处是提高了执行效率,在多处理机系统中不仅可以插入执行,还可以重叠执行,如图3.1(b)所示。

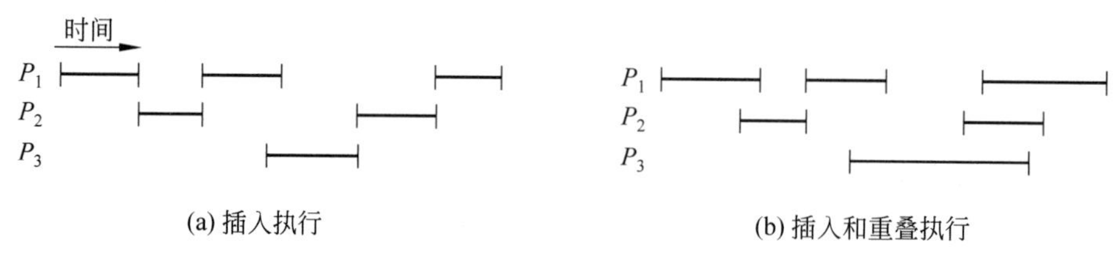

图3.1 并发进程的执行

插入执行和重叠执行看起来好像是两种根本不同的执行方式,事实上,它们都是并发执行方式。以单处理机系统为例,多道程序中进程执行的相对速度无法预测的问题主要和以下几方面相关:其他活动进程的状况,操作系统处理中断的方式,操作系统的调度规则。此外,还存在如下困难:

(1) 全局变量的共享充满危险。如果两个进程使用同一全局变量,并对此变量进行读/写操作,则不同的读/写顺序将产生矛盾的结果。

(2) 资源的最优分配对操作系统而言是困难的。例如,进程A申请特定的I/O通道,并在使用该通道前被挂起,如果操作系统封锁了该通道,并禁止其他进程使用,则将降低系统效率。

(3) 由于运行结果通常不可再现,故使程序错误的标记变得困难。

上述困难在多处理机系统中同样存在,因为这里也有进程执行的相对速度不可预测的问题,多处理机系统还必须处理多个进程同时执行带来的其他问题。例如:

```
procedure echo;
var out,in:character;
begin
    input (in, keyboard);
    out:=in;
    output (out, keyboard);
end.
```

这个过程是一个字符回显程序的基本部分,每次敲击键盘得到输入,每一输入字符都先存储在变量in中,再将它传给变量out,并输出出来,任何程序都可重复调用这个过程来得到输入,并将其输出到显示器上。

对于一个支持单用户的单处理机多道程序系统,用户可以从一个应用转到另一个应用,每一应用都使用同一键盘进行输入,用同一显示器进行输出。因为每一应用都必须使用过程echo,将其存入所有应用的全局共享存储区作为共享进程是有益的,这样只保留了echo

的一个副本，从而节省了空间。

考虑下面的执行结果：

① 进程 P_1 调用过程 echo，在得到函数 input 的结果后被中断，此时，输入的字符 x 存储在变量 in 中。

② 进程 P_2 调用过程 echo，它执行输入并在显示器上输出字符 y。

③ 进程 P_1 再次执行，这时 x 由于被覆盖而丢失，in 中保存的是 y，y 将传给 out 而输出。

显然第一个字符丢失而第二个字符显示了两次。问题的实质在于共享变量 in 可被多个进程访问。如果一个进程修改全局变量，然后被中断，另一进程可能在第一个进程使用此变量值前被中断，假定 echo 仍是一个全局过程，只要一次只有一个进程执行该过程，则上述的执行结果就发生变化：

① 进程 P_1 调用过程 echo，在得到函数 input 的结果后被中断，此时，最先输入的字符 x 存储在变量 in 中。

② 进程 P_2 调用过程 echo，因为 P_1 仍在使用过程 echo，尽管 P_1 被挂起，但 P_2 仍被封锁在过程 echo 之外，所以 P_2 被挂起直到得到过程 echo 的使用权为止。

③ 随后，进程 P_1 再次执行并完成 echo 的执行，字符 x 被输出。

④ 当 P_1 退出 echo 后，解除对 P_2 的封锁，当 P_2 再次执行时，过程 echo 将被成功地调用。

这个例子说明必须保护共享的全局变量和其他共享的全局资源，这也是控制代码访问共享变量的唯一方法。如果加上以下规则，一次只能有一个进程进入到 echo，并且一旦进入 echo，其他进程就不能访问 echo，直到该过程完成为止，那么，可以避免出现上述类型的错误。如何加上这种规则是本章讨论的主要问题。

这里假定问题存在于单处理机多道程序的操作系统中，以上例子说明在单处理机系统中也会出现并发问题。在多处理机系统中同样存在共享资源的保护问题，也需要同样的解决方法，首先假设对于共享的全局变量没有任何控制的访问机制。

① 进程 P_1 和 P_2 各自在不同的处理机上执行，并且都调用过程 echo。

② 以下事件以相同次序并行发生。

```
//进程 P1                    //进程 P2
   ⋮                            ⋮
input(in, keyboard)
                             input(in, keyboard)
out:=in                      out:=in
output(out, keyboard)
   ⋮                         output(out, keyboard)
                                ⋮
```

结果是输入到 P_1 中的字符在显示前丢失，而输入到 P_2 中的字符被 P_1 和 P_2 输出。如果允许一次只能有一个进程进入 echo 的规则，则会出现以下结果：

① 进程 P_1 和 P_2 各自在不同的处理机上执行，P_1 调用过程 echo。

② 当 P_1 在执行过程 echo 时，P_2 调用 echo。因为 P_1 还在 echo 中（不管 P_1 挂起还是

在执行),P_2 将被封锁进入 echo,所以 P_2 被挂起直到得到过程 echo 的访问权。

③ 随后,进程 P_1 完成 echo 并退出。一旦 P_1 退出 echo,P_2 就再次激活并执行 echo。

在单处理机系统中,出现这个问题的原因是,进程中的中断可在任何地方中止指令的执行,在多处理机系统中除了有这个因素外,两个进程的同时执行并试图访问同一全局变量也将引起这个问题。但是,解决这两种类型问题的方法是相同的,即有效控制对共享资源的访问。

并发的存在对操作系统的设计和管理提出了以下要求。

① 操作系统必须能跟踪大量活跃进程(这可使用进程控制块完成)。

② 操作系统必须为每一活跃进程分配资源,这些资源包括:处理机时间、内存、文件、I/O 设备等。

③ 操作系统必须保护每一进程的数据和物理资源不被其他进程侵犯,这包括与存储器、文件和 I/O 设备相关的技术。

④ 进程执行的结果与其他并发进程执行时的相对速度无关。

3.1.1 进程间的相互作用

并发进程存在于多道程序环境,多道程序包括多个独立的应用、多进程应用和操作系统中多进程结构的使用。本节对于所述种种可能的情况讨论进程间相互作用的方法。

根据进程觉察到其他进程的存在程度可将进程间的相互作用分为 3 类,如表 3.1 所示。

表 3.1 进程间相互作用

觉察程度	相互关系	一进程对其他进程的影响	潜在的控制问题
进程互不觉察	竞争	• 一进程独立于其他进程 • 进程执行时间将受影响	• 互斥 • 死锁 • 饥饿
进程间接觉察	通过共享合作	• 一进程依赖于从其他进程得到信息 • 进程执行时间将受影响	• 互斥 • 死锁 • 饥饿 • 数据一致性
进程直接觉察	通过通信合作	• 一进程依赖于从其他进程得到信息 • 进程执行时间将受影响	• 死锁 • 饥饿

1. 进程互不觉察

这些独立的进程并不协同工作。最好的例子是多个独立进程的多道程序,它们可以是大量的作业或是相互作用的段或是二者的混合。尽管进程并不协同工作,但操作系统还是要解决竞争资源的问题。例如,两个独立的应用可能要访问同一文件或打印机,操作系统必须处理好这些访问。

2. 进程间接觉察

这些进程并不是通过名字觉察到对方,而是通过共享访问,如一个 I/O 缓冲区。这些进程通过共享方式进行合作。

3. 进程直接觉察

这些进程可通过名字直接通信并设计紧密的协同工作方式。

需要指出的是，实际情况并不像表 3.1 中所示的那样可以截然区分，一些进程可能同时表现出竞争和协作两个方面，而且分别检查上述 3 种情况并在操作系统中加以实现的效率较高。

3.1.2 进程间的相互竞争

并发进程在竞争使用同一资源时将产生冲突。这种情况可简单地描述为，两个或更多的进程在执行时要访问某一资源，每一进程都没有觉察到其他进程的存在，并且每一进程也不受其他进程执行的影响。这就要求进程留下其所用资源的状态，这些资源包括 I/O 设备、存储器、处理机时间和时钟。

进程在相互竞争资源时并不交换信息，但是，一个进程的执行可能影响到同其竞争的进程，特别是如果两个进程要访问同一资源，那么一个进程可通过操作系统分配到该资源，而另一个将不得不等待。在极端的情况下，被阻塞的进程将永远得不到访问权，从而不能成功地终止。

进程间的竞争面临 3 个控制问题：

(1) 互斥

假设两个或两个以上进程要访问同一个不可共享的资源(例如打印机)，那么，在执行期间，每一进程将发命令给 I/O 设备，然后收到状态信息，发送数据并/或接收数据。这种资源称为临界资源(critical resource)，访问临界资源的那一部分程序称为程序的临界段(critical section)。在任一时刻只允许一个程序在其临界段中是至关重要的。互斥(mutual exclusion)就是要保证临界资源在某一时刻只被一个进程访问。这里不能简单地依赖操作系统来理解并执行这种约束，因为具体的需求并不是显而易见的。例如，打印机在打印整个文档的时候，需要有独立的进程来控制打印机，要不然就要插入相互竞争的其他进程的文档，以致出现夹杂不清的状况。

(2) 死锁

互斥的实现产生两个另外的控制问题，其中一个是死锁(deadlock)，即当若干个进程竞争使用资源时，可能每个进程要求的资源都已被另一个进程占用，于是也就没有一个进程能继续运行，这种情况就称为死锁。考虑两个进程 P_1、P_2 和两个临界资源 R_1、R_2，假设每个进程都要访问这两个资源，这就可能出现以下情况。操作系统把 R_1 分配给 P_2，R_2 分配给 P_1，每一进程都在等待另一资源，每一进程都不释放它所占有的资源，除非它已得到另一资源并执行完临界段，故最终所有的进程将死锁。

(3) 饥饿

实现互斥所产生的另一个控制问题是饥饿。假设有 3 个进程 P_1、P_2 和 P_3，每一个都要周期地访问资源 R。考虑以下情况，P_1 占有资源，P_2 和 P_3 都被延迟、等待资源，当 P_1 离开临界段时，P_2 和 P_3 都可分配到 R，假设 P_3 得到 R，在 P_3 完成其临界段之前，P_1 又申请得到 R，并且如果 P_1 和 P_3 重复得到 R，则 P_2 就不可避免地得不到该资源，尽管这里并没有死锁，这时称 P_2 处于饥饿(starvation)状态。

竞争的控制不可避免地涉及操作系统，因为是操作系统分配资源，另外，进程自身也必须能以某种方式表达互斥的要求，例如，在使用某一资源之前先将其加锁。任何方法都要得到操作系统的支持，例如，提供加锁的工具。图 3.2 使用抽象语言描述了互斥机制。有几个进程互斥执行,每一进程包含一个使用资源 R 的临界段和一个与 R 无关的剩余段。为实现互斥提供了两个函数: entercritical 和 exitcritical。每一函数可看作是对可竞争资源名字的声明,在有某一进程进入到其临界段时,任何为竞争同一资源而需要进入临界段的其他进程都将等待,从而实现了互斥。例如:

```
program mutualexclusion;
const n=N; (* number of processor * );
procedure P(i:integer);
begin
  repeat
    entercritical(R);
    <critical section>;
    exitcritical(R);
    <remainder>
  forever
end;
begin (* main program * )
  parbegin
    P(1);
    P(2)
    ⋮
    P(n)
  parend
end.
```

3.1.3 进程间的相互合作

1. 通过共享合作

进程间通过共享合作并不需要清楚地觉察到对方。例如,多个进程可以访问共享变量、共享文件或数据库,进程不需要参照其他进程就可使用和修改共享数据,但要知道其他进程也可访问同一数据,因此,进程必须合作以管理好共享数据。这种控制机制必须保证共享数据的完整性。为此,系统中的资源应不允许用户直接使用,而应由系统统一分配和管理。

因为数据存于资源(设备、存储器)上,所以出现了互斥、死锁、饥饿等控制问题,唯一的不同是,数据项有两种不同的访问方式,读和写,并且只有写操作必须互斥执行。

除上述问题之外还有一个新的要求,即数据相关性。例如,假设有两个数据项 a 和 b。它们要保持关系 $a=b$,也就是说,任何程序在修改一个值时也必须修改另一个以保持这种关系。现在有以下两个进程:

P_1: $a := a+1$;　　　　P_2: $b := 2*b$;

$b := b+1$;　　　　$a := 2*a$;

如果起始数据是一致的,则每一进程分别执行后,共享数据仍是一致的。考虑以下两个进程在各个互斥数据上并发执行的情况:

$a := a+1$;

$b := 2*b$;

$b := b + 1;$

$a := 2 * a;$

以上执行序列结束后，就不再有 $a=b$。这个问题可通过将每个进程的整个序列声明为临界段加以解决，但严格地说这里并未涉及临界资源。

因此，可以看出在共享合作中临界段概念的重要性，这里同样可使用 3.1.2 节例子中抽象函数 entercritical 和 exitcritical。如果用临界段解决数据的完整性，那就没必要声明任何特殊的资源或变量，在这种情况下，可以认为在并发进程中共享的声明都标记了必须互斥的临界段。

2. 通过通信合作

在以上讨论的两个例子中，每一进程都是在不含其他进程的孤立环境中。进程间的工作影响是间接的。在两个例子中用到的都是共享，在竞争的例子中，它们在没有觉察其他进程的情况下共享资源。在第二个例子中，它们共享变量并且不能清楚地觉察到其他进程，但要保持数据的完整性。为了尽快地完成一个任务，在可能的情况下，往往将它分成若干并发执行的进程。这些进程之间必然共享一定的数据信息，必有一定的逻辑联系，这些进程即为合作进程。为了正确、有效地完成共同的任务，这些合作进程需要协同操作，它们之间也存在着直接的相互制约关系。这种直接的相互制约关系必然导致进程之间按一定的方式进行信息传递，这就是进程通信的关系。

通常，通信可描述为包括某种形式的消息，收、发信息的原语，它们是作为程序设计语言的一部分或由操作系统的内核提供。进程通信是指进程之间可直接以较高的效率传递较多数据的信息交换方式。这种方式中采用的是通信机构，在进程通信时往往以消息形式传递信息。

因为在消息传递中不存在共享，所以这种形式的合作不需要互斥，但是还存在死锁和饥饿问题。举一死锁的例子，两个进程可能由于都在等待对方的通信而阻塞。饥饿的例子是，假设有 3 个进程 P_1、P_2 和 P_3，P_1 不断地同 P_2 或 P_3 通信，P_2 和 P_3 也要同 P_1 通信，可能会出现 P_1 和 P_2 重复地交换信息，而 P_3 因为等待同 P_1 通信而阻塞，这里没有死锁，因为 P_1 保持活跃但 P_3 却饥饿。

3.1.4 互斥的要求

并发进程的成功完成需要有定义临界段和实现互斥的能力，这是任何并发进程方案的基础，任何支持互斥的工具和方法都要满足以下的要求：

① 实现互斥，即在任一时刻，在含有竞争同一共享资源的临界段的进程中，只能有一个进程进入自己的临界段。

② 执行非临界段的进程不能受到其他进程的干扰。

③ 申请进入临界段的进程不能被无限期延迟，也不允许存在死锁和饥饿。

④ 当没有进程进入临界段时，任何申请进入临界段的进程必须允许无延迟地进入。

⑤ 没有进程相对速度和数目的假设。

⑥ 进程进入到临界段中的时间有限。

这里举出 3 种实现互斥要求的方法。第一种方法是对并发进程不提供任何支持，因此，无论它们是系统程序或应用程序，进程都要同其他进程合作以解决互斥，它们从程序设计语言和操作系统得不到任何支持,这些称为软件方法。尽管软件方法容易引起较高的进程负荷和较多的错误,但它可使我们对并发的复杂性有较深刻的理解。第二种方法是使用特殊的机器指令,这可以降低开销。第三种方法是在操作系统中支持分级。下面就讨论这些方法。

3.2 互斥——用软件方法实现

软件方法可在共享主存的单处理机或多处理机系统中实现并发进程,这些方法通常假定基于内存访问级别的一些基本的互斥,即对内存中同一位置的同时访问(读/写)将被排序,而访问的顺序并不预先指定,除此之外不需要硬件、操作系统和程序设计语言的任何支持。

3.2.1 Dekker 算法

1. 第1种途径

Dekker 算法的优点在于它描述了并发进程发展过程中遇到的大部分共同问题。任何互斥都必须依赖于一些硬件上的基本约束,其中最基本的约束是任一时刻只能有一个进程访问内存中某一位置。下面以一个"小屋协议"为例来描述这个问题。

这个小屋本身和它的入口都非常小,以致在给定的任何时刻,只有一个人可以待在屋内,屋内有一块只能写一个号码的小黑板。

协议内容为,一个希望进入临界段的进程(P_0 或 P_1),进入小屋并查看黑板,若黑板上写着自己的编号,就离开小屋并去执行它的临界段,若黑板上写着他人的编号,它就离开小屋并等待,然后不时地进屋查看黑板,直至允许进入自己的临界段。这种做法称之为"忙-等"(busy-waiting)。因为等待进程在进入临界段之前没做任何有意义的工作,实际上它必须不断地"闲逛"并查看小黑板,故在等待进入临界段期间,它浪费了大量的处理机时间。

在进程进入其临界段并执行完临界段后,它必须返回小屋并在黑板上写上其他进程的编号。

如果我们将这一问题用程序形式描述,则可写成如下进程形式:

```
var turn: 0..1; {turn 为共享的全局变量}
```

两个进程的程序如下:

```
//PROCESS 0                          //PROCESS 1
     ⋮                                    ⋮
while turn≠0 do {nothing}            while turn≠1 do {nothing};
<critical section>;                  <critical section>;
turn:=1;                             turn:=0;
     ⋮                                ⋮
```

这种方法保证了互斥,但它也有两点不足:首先,进程必须严格地交替执行它们的临界段,因此,执行的速度由进程中较慢的一个决定,如果 P_0 每小时只进入临界段一次,而 P_1 每小时进入临界段 1000 次,则该协议将迫使 P_1 的工作节拍同 P_0 保持一致;一个更严重的问题是，如果一个进程发生意外(例如在去小屋的途中发生了意外)，则另一个进程会永远死锁，不管进程是否在其临界段中发生意外都将导致这种情况发生。

2. 第 2 种途径

第 1 种途径的主要毛病在于它只记住了允许哪个进程进入其临界段，但未记住每个进程的状态。事实上，每个进程都有进入临界段的钥匙，这样当其中一个发生意外后，另一个仍可进入自己的临界段；每一个进程都有自己的小屋，每一个进程都可以查看另一个的黑板，但不能修改。当一个进程想进入其临界段时，它将不时地查看另一个进程的黑板直到发现上面写着 false 为止，这就意味着另一进程并不在其临界段内，于是它迅速进入自己的小屋，将黑板上的 false 改为 true，进程现在就可以执行其临界段了，当进程执行完自己的临界段后，再将自己黑板上的 true 改为 false。

现在，共享的全局变量是：

```
var flag: array[0..1]of boolean;
```

它被初始化为 false，两个进程的程序如下：

```
//PROCESS 0                          //PROCESS 1
    ⋮                                    ⋮
while flag[1]do {nothing};           while flag[0]do {nothing};
flag[0]:=true;                       flag[1]:=true;
<critical section>;                  <critical section>;
flag[0]:=false;                      flag[1]:=false;
    ⋮                                    ⋮
```

这时，如果进程在临界段之外，包括置 flag 的代码发生意外，那么其他进程将不会被阻塞。事实上，其他进程只要想进入自己的临界段就可以进。因为另一进程的标志 flag 永远是 false。但是，如果进程在其临界段中发生意外，或在刚把 flag 置为 true 还未进入其临界段之前发生意外，那么其他进程将被永远地阻塞。

从某种意义上说，这种解决方法比第一种更差，因为它甚至不能保证互斥。考虑如下序列：

- P_0 进入 while 语句并发现 flag[1]＝false；
- P_1 进入 while 语句并发现 flag[0]＝false；
- P_0 置 flag[0]为 true 并进入临界段；
- P_1 置 flag[1]为 true 并进入临界段。

此时，所有进程都在它们的临界段中，程序发生错误。出现这个问题的原因在于，这种解决方法依赖于进程执行的相对速度。

3. 第 3 种途径

因为一个进程可以在其他进程检查状态后，且其他进程还未进入临界段之前可以改变自己的状态，所以第 2 种途径失败了，也许可以通过交换两行代码的次序来解决这个问题。例如，

```
//PROCESS 0                          //PROCESS 1
    ⋮                                    ⋮
```

```
flag[0]:=true;                        flag[1]:=true;
while flag[1] do {nothing};           while flag[0] do {nothing};
<critical section>;                   <critical section>;
flag[0]:=false;                       flag[1]:=false;
    ⋮                                     ⋮
```

如果一个进程在其临界段内,包括置 flag 的代码发生意外,则其他进程被阻塞,如果一个进程在其临界段外发生意外,则其他进程不会被阻塞。

先从进程 P_0 的角度来看看这种方法能否保证互斥,一旦 P_0 将 flag[0]置为 true,P_1 就不能进入自己的临界段直到 P_0 进入然后离开临界段。在 P_0 置 flag 时,P_1 可能已进入自己的临界段。在这种情况下,P_0 将被阻塞在 while 语句上,直到 P_1 离开临界段。从 P_1 的角度也可进行同样的推理。

这种方法保证了互斥但产生了另一个问题,如果所有的进程都置 flag 为 true,它们都认为对方已进入临界段,这就导致了死锁。

4. 第4种途径

在第3种途径中,一个进程在置自己的状态时,并不考虑其他进程的状态。由于每个进程都坚持要进入临界段,所以就出现了死锁。我们可以通过下面介绍的方法来解决这一问题。进程置自己的标志 flag 以表明想进入临界段,但它要时刻准备着按其他进程的状态来重置自己的标志 flag。

```
//PROCESS 0                           //PROCESS 1
    ⋮                                     ⋮
flag[0]:=true;                        flag[1]:=true;
while flag[1] do {nothing};           while flag[0] do {nothing};
begin                                 begin
  flag[0]:=false;                       flag[1]:=false;
  <delay for a short time>;             <delay for a short time>;
  flag[0]:=true;                        flag[1]:=true;
end;                                  end;
<critical section>;                   <critical section>;
flag[0]:=false;                       flag[1]:=false;
⋮                                         ⋮
```

这种方法已很接近正确解法,但仍有小缺陷,采用同第3种途径中相同的推理可证明它能保证互斥,然而在如下的事件序列中仍会产生问题:

P_0 置 flag[0]为 true　　　　P_1 置 flag[1]为 true
P_0 检查 flag[1]　　　　　　P_1 检查 flag[0]
P_0 置 flag[0]为 false　　　　P_1 置 flag[1]为 false
P_0 置 flag[0]为 true　　　　P_1 置 flag[1]为 true

这个序列可以一直扩展下去,并且任意一个进程都不能进入临界段。严格地说,这并不是死锁,因为两个进程执行的相对速度的任何改变都将打破循环并将允许其中一个进入临界段,尽管这种序列不可能保持很长,但它毕竟是一种可能的情况,因此,放弃第4种途径。

5. 一个正确的解决方法

通过数组 flag 可以观察到所有进程的状态，但这还是不够的，故应采取措施解决以上由于“互相礼让”产生的问题，第一种途径中的变量 turn 可用于此目的，这个变量可以指出哪个进程坚持进入临界段。

设计一个“指示”小屋，小屋内的黑板标明 turn，当 P_0 想进入其临界段时，置自己的 flag 为 true，这时它去查看 P_1 的 flag，如果是 false，则 P_0 就立即进入自己的临界段，反之 P_0 去查看“指示”小屋，如果 turn=0，那么它知道自己应该坚持并不时去查看 P_1 的小屋，P_1 将觉察到它应该放弃并在自己的黑板上写上 false，以允许 P_0 继续执行。P_0 执行完临界段后，它将 flag 置为 false 以释放临界段，并且将 turn 置为 1，将进入权交给 P_1。

下面给出了按上述思想设计的 Dekker 算法，其证明留做练习。

```
var flag: array[0..1]of boolean;
  turn: 0..1;
procedure P0;
begin
  repeat
    flag[0]:=true;
    while flag[1] do if turn=1 then
            begin
            flag[0]:=false;
              while turn=1 do {nothing};
            flag[0]:=true;
            end;
    <critical section>;
    turn:=1;
    flag[0]:=false;
    <remainder>
  forever
end;
procedure P1;
begin
repeat
flag[1]:=true;
while flag[0] do if turn=0 then
        begin
          flag[1]:=false;
            while turn=0 do {nothing};
          flag[1]:=true;
        end;
    <critical section>;
  turn:=0;
  flag[1]:=false;
    <remainder>
  forever
```

```
end;
begin
  flag[0]:=false;
  flag[1]:=false;
  turn:=1;
  parbegin
  P0; P1
  parend
end.
```

3.2.2 Peterson 算法

Dekker算法可以解决互斥问题,但是,其复杂的程序难于理解,其正确性难于证明。Peterson 给出了一个简单的方法。和上述方法一样,数组 flag 表示互斥执行的每一进程,全局变量 turn 用于解决同时产生的冲突,下面给出了两进程的 Peterson 算法。

```
var flag: array[0..1] of boolean;
  turn: 0..1;
procedure P0;
begin
  repeat
      flag[0]:=true;
      turn:=1;
      while flag[1] and turn=1 do {nothing};
      <critical section>;
      flag[0]:=false;
      <remainder>
  forever
end;
procedure P1;
begin
  repeat
flag[1]:=true;
    turn:=0;
    while flag[0] and turn=0 do {nothing};
    <critical section>;
  flag[1]:=false;
    <remainder>
  forever
end;
begin
  flag[0]:=false;
  flag[1]:=false;
  turn:=1;
  parbegin
```

```
    P0; P1
  parend
end.
```

容易证明这种方法保证了互斥。对于进程 P_0，一旦它置 flag[0]为 true，P_1 就不能进入其临界段。如果 P_1 已经在其临界段中，那么 flag[1]=true 并且 P_0 被阻塞进入临界段。另一方面，它也防止了相互阻塞，假设 P_0 阻塞于 while 循环，这意味着 flag[1]为 true，而且 true=1，当 flag[1]为 false 或 turn 为 0 时，P_0 就可进入自己的临界段了。下面是 3 种极端的情况。

① P_1 不想进入其临界段。这是不可能的，因为这意味着 flag[1]=true。

② P_1 等待进入临界段。这也是不可能的，因为若 turn=1，P_1 就能进入其临界段。

③ P_1 反复访问临界段，从而形成对临界段的垄断。这不可能发生，因为 P_1 在进入临界段前通过将 turn 置为 0，把机会让给了 P_0。

这是一个两进程互斥的简单解决方法，进一步可将 Peterson 算法推广到多个进程的情况。

3.3 互斥——用硬件方法解决

完全利用软件方法来解决进程互斥进入临界区的问题有一定的难度，且有很大局限性，因而现在已很少采用此方法。现在有许多计算机提供了一些可以解决临界区问题的特殊的硬件指令。

3.3.1 禁止中断

在单处理机中并发进程不能重叠执行，它们只能被插入，而且进程将继续执行直到它调用操作系统服务或被中断，所以，为保证互斥，禁止进程被中断就已足够。通过操作系统内核定义的禁止和允许中断的原语就可获得这种能力，进程可按如下方式实现互斥。

```
repeat
    <disable interrupts>;
    <critical section>;
    <enable interrupts>;
    <remainder>
forever
```

因为临界段不能被中断，互斥就得到保证。这种方法的代价较高，而且执行效率也会显著地降低，因为处理机受到不能插入的限制。第 2 个问题是这种方法不能用于多处理机系统。对于含有不止一个处理机的计算机系统，在同一时间通常有一个以上的进程在执行。在这种情况下，禁止中断亦不能保证互斥。

3.3.2 使用机器指令

1. 特殊的机器指令

在多处理机系统中，多个处理机共享一个主存，这里并没有主/从关系，也没有实现互斥的中断机制。

在硬件水平上,对同一存储区的访问是互斥执行的。以此为基础,设计者设计了几个机器指令以执行两个原子操作,例如,读/写或读测试,因为这些操作都是在一个指令周期内完成的,所以不会被其他指令打断。

本节将给出两个最一般的指令：test and set 指令和 exchange 指令。

test and set 指令可定义如下：

```
function testset (var i:integer):boolean;
begin
  if i=0 then
    begin
      i:=1;
      testset:=true
    end
  else testset:=false
end.
```

这个指令首先测试 i 的值。如果 i 的值为 0，则将 i 赋值为 1，并且返回 true。反之，i 的值不变并返回 false。这里将整个 testset 函数作为一个原语执行，即这里不存在中断。

test and set 指令给出了基于这种指令的互斥协议,共享变量 bolt 初始化为 0,发现 bolt 值为 0 的唯一进程可进入其临界段,所以其他想进入临界段的进程进入忙—等状态。当一个进程离开其临界段时,它重置 bolt 为 0。此时,处于等待状态的唯一的一个进程得到临界段的访问权。刚好紧接着执行 testset 指令的进程将被选中执行。

exchange 指令定义如下：

```
procedure exchange (var r: register; var m: memory);
var temp;
begin
    temp:=m;
    m:=r;
    r:=temp
end.
```

可以用这个指令交换寄存器和内存的内容。在此指令执行期间,任何访问同一内存地址的指令将被阻塞。

下面的 Exchange 指令给出了基于这个指令的互斥协议,共享变量 bolt 初始化为 0,发现 bolt 为 0 的唯一进程进入其临界段,它通过将 bolt 置为 1 排斥所有其他进程访问临界段。当一个进程离开临界段时,它重置 bolt 为 0 以使其他进程获得临界段的访问权。

```
Test and Set 指令
program mutualexclusion;
const n=…; (* number of processes * );
var bolt: integer;
procedure P(i:integer);
begin
```

```
Exchange 指令
program mutualexclusion;
const n=…; (* number of processes * );
var bolt: integer;
procedure P(i:integer);
var keyi: integer;
```

```
  repeat
    repeat {nothing} until testset
    (bolt);
    <critical section>;
    bolt:=0;
    <remainder>
  forever
end;
begin (*main program*)
  bolt:=0;
  parbegin
    P(1);
    P(2);
    ⋮
    P(n);
  parend
end.
```

```
begin
  repeat
key_i:=1;
repeat exchange (key_i, bolt) until key_i=0;
     <critical section>;
     exchange (key_i, bolt);
     <remainder>
  forever
end;
begin (*main program*)
  bolt:=0;
parbegin
     P(1);
     P(2);
     ⋮
     P(n);
  parend
end.
```

2. 机器指令方法的特性

使用特殊的机器指令实现互斥有许多优点：

- 可用于含有任意数量进程的单处理机或共享主存的多处理机；
- 比较简单，所以易于验证；
- 可支持多个临界段，每个临界段用各自的变量加以定义。

下面是这类方法的一些缺陷：

- 由于采用忙—等，所以在进程等待进入临界段时，将耗费处理机时间。
- 有可能产生饥饿。当一个进程离开临界段并且有多个进程等待时，等待进程的选择是随意的，因此，不可避免地出现某些进程得不到访问权的情况。
- 有可能产生死锁。在一个单处理机系统中，进程 P_1 执行特殊指令（如 testset, exchange)并进入其临界段，这时，拥有更高优先级的 P_2 执行并中断 P_1。如果 P_2 又要使用 P_1 占用的资源，那么互斥机制将拒绝该要求，这样，它就陷入忙—等循环，但 P_1 也永远不能终止，因为它比另一预备进程 P_2 的优先级低。

由于软件和硬件方法都存在缺陷，故需寻找其他机制。

3.4 信 号 量

现在寄希望于操作系统和程序设计语言提供对并发的支持。本节开始讨论信号量，后两节介绍管程和消息传递。

1965 年，Dijkstra 在关于并发进程的论文中论述了解决并发进程的主要好处，提出了一种卓有成效的进程同步工具——信号量机制。Dijkstra 将操作系统看做是并发进程集，并描述了支持合作的可靠机制，如果处理机或操作系统提供这些机制，那么用户就能容易地使用它们。在长期且广泛的应用中，信号量机制得到了很大的发展，它从整型信号量经记录型信号量，发展为“信号量集”机制。现在被广泛地应用于单处理机和多处理机系统以及计算机网络中。

基本的原则如下：两个或更多的进程可通过单一的信号量(semaphore)展开合作，即进程在某一特定的地方停止执行直到得到一个特定的信号量。通过信号量，任何复杂的合作要求都可被满足。为了使用信号量s发送一个信号，进程要执行原语signal(s)。为了得到一个信号，进程要执行原语wait(s)。如果没有得到相应的信号，进程将被挂起直到得到信号为止。

信号量是一种特殊的变量，它的表现形式是一个整型变量及相应的队列；除了设置初值外，对信号量只能施加特殊的操作：P操作和V操作，P操作和V操作都是不可分割的原子操作，因此也称为原语。P操作和V操作也可记为wait()和signal()，或者down()和up()。为加深印象，可将信号量看做一个整型变量，并且定义以下3种操作：

(1) 信号量的初始化值非负。

(2) wait操作减小信号量的值，如果信号量的值为负，则执行wait操作的进程被阻塞。

(3) signal操作增加信号量的值，如果信号量的值不为正数时，被wait操作阻塞的进程此时可以解除阻塞。

除了以上3种操作，再没有别的途径可以查看或操作信号量了。

下面给出较为正式的信号量原语定义。wait和signal都是原子操作，它们不能被中断。下面给出了二元信号量(binary semaphore)的定义，它的定义比一般信号量的定义更加严格。一个二元信号量仅能取值为0或1。二元信号量的实现更为简单，而且可以证明它与一般信号量具有同等的表达能力。

```
type semaphore=record
                  count:integer;
                  queue: list of process
                end;
var s: semaphore;
wait(s):
    s.count:=s.count - 1;
    if s.count<0
    then begin
        将该进程置入 s.queue 中;
        阻塞该进程
    end;
signal(s):
    s.count:=s.count+1;
    if s.count≤0
    then begin
      将进程 P 从 s.queue 中移出;
      将进程 P 置入就绪队列中
    end;
```

```
type binary semaphore=record
                          value: (0,1);
                          queue: list of process
                        end;
var s:binary semaphore;
waitB(s):
  if s. value=1
    then
      s.value=0
    else begin
        将该进程置入 s.queue 中;
        阻塞该进程
        end;
signalB(s):
    if s. queue 为空
    then
      s.value:=1
    else begin
        将进程 P 从 s.queue 中移出;
        将进程 P 置入就绪队列中
        end;
```

不论是采用一般信号量还是二元信号量，进程都将排队等候信号量，但这并不意味着进程移出的顺序与队列次序相同。一个最公平的规则是先进先出(FIFO)，阻塞时间最长的进程将最先从等待队列中移出。唯一的要求是进程不能在信号量队列中无限等待。

3.4.1 用信号量解决互斥问题

利用信号量可以方便地实现互斥临界区的管理要求。下面给出了一种使用信号量解决互斥问题的简明方法(与3.1.2节例子相比)。设用P(i)标识n个进程，wait(s)只在其临界段前执行。如果s的值为负数，则该进程被挂起。如果s的值为1，则其值减为0并且进程立即进入临界段，这时s的值不再为正数，所以其他进程就不能进入临界段。可以看出，一个进程要访问共享变量或共享资源(临界资源)时，可利用信号量保证正确。

```
program mutualexclusion;
const n=…; (* number of processes *);
var s:semaphore (:=1);
procedure P(i:integer);
begin
  repeat
  wait(s);
  <critical section>;
  signal(s);
  <remainder>
  forever
end;
```

```
begin (* main program *)
  parbegin
    P(1);
    P(2);
    ⋮
    P(n);
  parend
end.
```

信号量的初始值为1,因此第一个进程执行完wait操作后可以立即进入其临界段,并置s的值为0。其他任何欲进入临界段的进程将被阻塞并置s的值为−1,这类进程的每一次失败尝试都会使s的值减小。当最初进入临界段的进程离开时,s的值减小,并且一个被阻塞进程从阻塞于该信号量的队列中移出。在操作系统的下一次调度时,它将进入其临界段。

使用信号量的互斥算法也可以用小屋模型来描述。除了黑板外,小屋中还有一个大冰箱。某进程进入小屋后执行wait操作将黑板上的数减1,这时,如果黑板上的值非负,它就进入临界段;反之它就进入冰箱内冬眠。这时,就允许另一进程进入小屋。当一个进程完成其临界段后,它进入小屋执行signal,将黑板上的值加1,这时如果黑板上的值为非正数,它就从冰箱中唤醒一个进程。

事实上,不难看出,在任一时刻,s.count的值可以解释如下。

- s.count≥0:s.count是执行wait(s)操作而不会被阻塞的进程数(这期间没有执行任何signal(s)操作)。
- s.count<0:s.count是阻塞在s.queue队列中的进程数。

3.4.2 用信号量解决生产者/消费者问题

生产者/消费者问题是并发进程中最常见的问题。该问题可描述如下:一个或更多的生产者生产出某种类型的数据(记录、字符),并把它们送入缓冲区,唯一的一个消费者一次从缓冲区中取走一个数据,系统要保证缓冲区操作不发生重叠,即在任一时刻只能有一方(生产者或消费者)访问缓冲区。下面用几种方法来描述信号量的能力和问题。

首先,假定缓冲区是无限大的线性数组,生产者和消费者函数的定义如下:

```
producer:
repeat
  produce item v;
  b[in]:=v;
  in:=in+1
    forever.
```

```
consumer:
repeat
  while in≤out do {nothing};
  w:=b[out];
  out:=out+1;
  consume item w
forever.
```

图3.2给出了缓冲区b的结构,生产者按自己的节拍生产数据并将其存入缓冲区。每做一次,缓冲区的索引in的值增加一次,消费者也以同样的方式工作,但消费者不会读空缓冲区,所以消费者在消费时要先确认缓冲区是否为空,若缓冲区为空,则消费者必须等待。

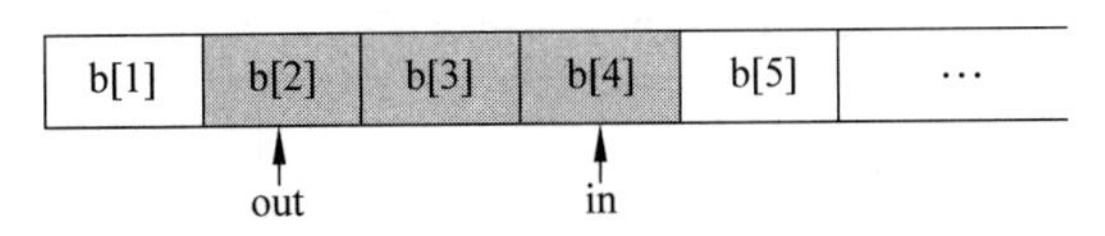

图 3.2　生产者/消费者问题的有限缓冲区

现在用二元信号量来解决此问题。下面所给的方法是首次尝试解决生产者/消费者问题,这里可以简单地用整型变量 n(=in - out)来记录缓冲区中的数据项数,这比 in 和 out 更为简明。信号量 s 用来实现互斥。在缓冲区为空时,用信号量 delay 强迫消费者等待。

```
program producerconsumer;
var n:integer;
    s:(* binary *)semaphore (:=1);
    delay: (* binary * ) semaphore (:=0);
procedure producer;
begin
  repeat
    produce;
    waitB(s);
    append;
    n:=n+1;
    if n=1 then signalB(delay);
      signalB(s)
  forever
end;
procedure consumer;
begin
  waitB(delay);
  repeat
    waitB(s);
    take;
    n:=n - 1;
    signalB(s);
    consume;
    if n=0 then waitB(delay)
  forever
end;
begin (* main program * )
  n:=0;
  parbegin
    producer; consumer
  parend
end.
```

这个方法简明易懂。在任何时候生产者都可向缓冲区中添加数据,在添加数据前,生产者执行 waitB(s),然后执行 signalB(s)以防止在添加过程中,别的消费者或生产者访问缓冲区。在进入到临界段时,生产者将增加 n 的值,如果 n=1 则在此次添加数据前缓冲区为空,于是生产者执行 signalB(delay)并将这个情况通知消费者。消费者最初执行 waitB(delay)来等待生产者生产出第一个数据,然后取走数据并在临界段中减小 n 的值。如果生产者总保持在消费者前面,那么消费者就不会因为信号量 delay 而阻塞,因为 n 总是正数,这样生产者和消费者都能顺利地工作。

这个方法也存在缺陷。当消费者消耗空缓冲区时,它必须重置信号量 delay,然后等待,直到生产者再往缓冲区中添加数据为止。这就是语句 if n=0 then waitB(delay)的用途。考虑表 3.2 所示的情况,在第 6 行消费者在执行 waitB 时发生意外,消费者的确已耗尽缓冲区并置 n 为 0(见表 3.2 的第 4 行),但是,由于生产者在第 6 行所示的消费者检测 n 之前已将 n 的值增加了,结果导致 signalB 没有与前面相对应的 waitB;第 9 行中 n 的值为−1 就意味着消费者消费了一个缓冲区中不存在的数据项,这并不仅仅是改变消费者临界段中相关条件的问题,这还有可能导致死锁(例如第 3 行)。

表3.2 程序中可能出现的情况

行号	动　　作	n	delay
1	初始化	0	0
2	Producer：critical section	1	1
3	Consumer：waitB(delay)	1	0
4	Consumer：critical section	0	0
5	Producer：critical section	1	1
6	Consumer：if n=0 then waitB(delay)	1	1
7	Consumer：critical section	0	1
8	Consumer：if n=0 then waitB(delay)	0	0
9	Consumer：critical section	−1	0

解决这个问题的一个方法是引入一个附加变量，它设置在消费者的临界段中。这样，就不会出现死锁了。例如：

```
program producerconsumer;
var n:integer;
    s:(* binary *) semaphore (:=1);
    delay: (* binary *) semaphore (:=0);
procedure producer;
begin
  repeat
    produce;
    waitB(s);
    append;
    n:=n+1;
    if n=1 then signalB(delay);
    signalB(s)
  forever
end;
procedure consumer;
  var m:integer; (* m为局部量 *)
begin
  waitB(delay);
  repeat
    waitB(s);
    take;
    n:=n-1;
    m:=n;
    signalB(s);
    consume;
    if m=0 then waitB(delay)
```

```
    forever
  end;
  begin (* main program *)
    n:=0;
    parbegin
      producer; consumer
    parend
  end.
```

使用一般信号量可以得到另一种解决方法，变量 n 是一个信号量，它的值等于缓冲区中的数据项数。现在假设对程序进行改动，交换 signal(s)和 signal(n)的位置，这就使 signal(n)在生产者的临界段中执行而不会被消费者或其他生产者中断。上述改动并不影响程序的正确性，因为在任何情况下，消费者在执行前都必须等候所有的信号量。例如：

```
  program producerconsumer;
  var n: integer (:=0);
      s: semaphore (:=1);
  procedure producer;
  begin
    repeat
      produce;
      wait(s);
      append;
      signal(s)
      signal(n)
    forever
  end;
  procedure consumer;
  begin
    repeat
      wait(n);
      wait(s);
      take;
      signal(s);
      consume;
    forever
  end;
  begin (* main program *)
    parbegin
      producer; consumer
    parend
    end.
```

如果再交换 wait(n)和 wait(s)的次序，这就会产生一个致命的错误，当缓冲区为空时(n.count=0)，如果消费者进入到临界段中，那么生产者就不能向缓冲区中添加数据，从而系统陷入死锁。这个例子说明了使用信号量要注意细节以及进行正确设计的困难性。

最后,给生产者/消费者问题添加一个新的也是现实的约束,即缓冲区有限。如图3.3所示,将缓冲区看做一个环,并且指针的值必须对缓冲区的容量取模。

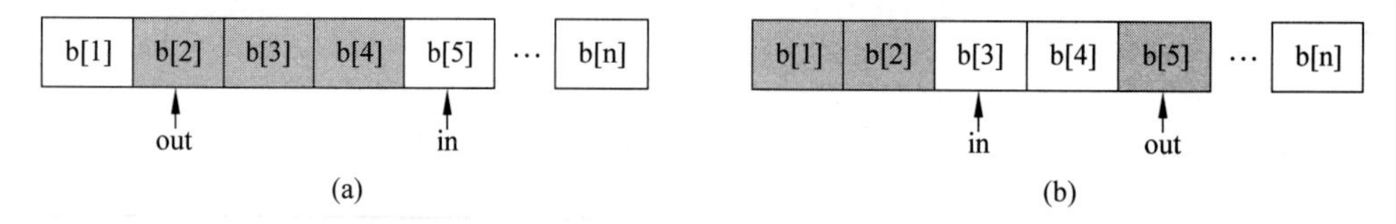

图3.3 生产者/消费者问题的有限环形缓冲区

生产者/消费者函数定义如下(其中in和out的初始值为0):

```
producer
repeat
  produce item v;
    while((in+1) mod n=out) do {nothing};
      b[in]:=v;
      in=(in+1) mod n
forever;
consumer:
  repeat
    while in=out do {nothing};
      w:=b[out];
      out:=(out+1) mod n;
      consume item w
forever;
```

下面给出了使用一般信号量解决互斥的方法。

```
program boundedbuffer;
const sizeofbuffer=…;
var s:semaphore (:=1 );
    n: semaphore (:=0);
    e:semaphore (:=sizeofbuffer);
procedure producer;
begin
  repeat
    produce;
    wait(e);
    wait(s);
    append;
    signal(s)
    signal(n)
  forever
end;
procedure consumer;
begin
  repeat
```

```
      wait(n);
      wait(s);
      take;
      signal(s);
      signal(e);
      consume
    forever
  end;
  begin (* main program *)
    parbegin
      producer; consumer
    parend
  end.
```

3.4.3 信号量的实现

wait 和 signal 操作都必须作为原子操作来实现。显然,用硬件方法或固件方法都可解决这一问题,而且还有其他解决方法。该问题本质也是一种互斥。在任一时刻只有一个进程可用 wait 或 signal 操作信号量,因此,诸如 Dekker 算法和 Peterson 算法等都可以用,另外,还可用机器指令支持的互斥实现,例如,下面的方法中使用了 test and set 指令,其信号量仍然是记录类型,只是增加了一个 s. flag 的分量。尽管 wait 和 signal 操作执行的时间较短,但因包含了忙—等,故忙—等占用的时间是主要的。

对单处理机系统而言,可以在 wait 和 signal 操作期间屏蔽中断,而且这些操作的执行时间相对较短,所以这种方法是可行的。例如:

```
Wait(s):
  repeat {nothing} until testset (s.
  flag);
  s.count:=s.count - 1;
  if s.count<0
  then begin
    将该进程置入 s.queue 中;
    阻塞该进程(同时置 s.flag 为 0)
    end
  else s.flag:=0;
signal(s):
repeat {nothing } until testset (s.
flag);
    s.count:=s.count+1;
    if s.count≤0
    then begin
      将进程 P 从 s.queue 中移出;
      将进程 P 置入就绪队列
      end
    s.flag:=0;
```

```
Wait(s):
    屏蔽中断;
    s.count:=s.count - 1;
    if s.count<0
    then begin
      将该进程置入 s.queue 中;
      阻塞该进程并允许中断
      end
    else 允许中断;
signal(s):
屏蔽中断;
    s.count:=s.count+1;
    if s.count≤0
    then begin
      将进程 P 从 s.queue 中移出;
      将进程 P 置入就绪队列
      end
  允许中断;
```

3.4.4 用信号量解决理发店问题

理发店问题是使用信号量实现并发的另一个例子,它同操作系统中的实际问题非常相似。假设理发店有3个理发椅,3个理发师和1个可容纳4个人的等候室,此外还有1个供其他顾客休息的地方,如图3.4所示,理发店中的顾客总数不能超过20位。顾客如果发现理发店中人已经满了(超过20位),就不进入理发店。在理发店内,顾客坐在沙发上,如果沙发坐满了,就站着。理发师一旦有空,就为在沙发上等候时间最长的顾客服务。这时,如果有站着的顾客,那么,站立时间最长的顾客就坐到沙发上。顾客理完发后,可向任何一个理发师付款,但理发店只有一本现金登记册,在任一时刻,只能记录一个顾客的付款。理发师的时间就用在理发、收款和在理发椅上睡眠以等候顾客这几件事情上。

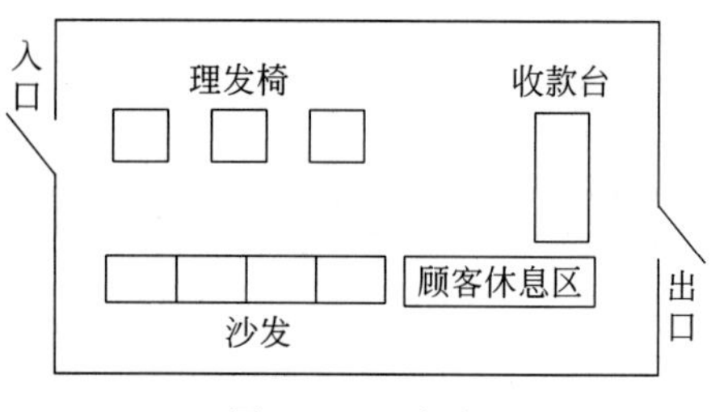

图3.4 理发店

1. 一个不公平的理发店

图3.5为采用信号量解决理发店问题的方法之一,这里假定所有的信号量队列都采用FIFO规则。

```
program barbershop1;
var max-capacity: semaphore (:=20);
    sofa: semaphore (:=4);
    barber-char, coord:semaphore (:=3);
    cust-ready, finished, leave-b-chair, payment, receipt: semaphore (:=0);
procedure customer;           procedure barber;              procedure cashier;
begin                         begin                          begin
  wait(max-capacity);           repeat                         repeat
  enter shop;                     wait(cust-ready);              wait(payment);
  wait(sofa);                     wait(coord);                   wait(coord);
  sit on sofa;                    cut hair;                      accept pay;
  wait(barber-chair);             signal(coord);                 signal(coord);
  get up from sofa;               signal(finished);              signal(receipt);
  signal(sofa);                   wait(leave-b-chair);         forever
  sit in barber chair;        signal(barber-chair);          end;
  signal(cust-ready);           forever
  wait(finished);             end;
  leave barber chair;
  signal(leave-b-chair);
  pay;
  signal(payment);
  wait(receipt);
  exit shop;
  signal(max-capacity)
end;
```

图3.5 一个不公平的理发店

```
begin (* main program * )
  parbegin
    customer; ...50 times; ...customer;
    barber; barber; barber;
    cashier
  parend
end.
```

图 3.5 （续）

程序中包含 20 位顾客、3 位理发师和收款过程。以下讨论不同的信号量操作的用途和位置。

① 理发店和沙发容量：理发店和沙发容量分别由信号量 max-capacity 和 sofa 表示，每进一位顾客，信号量 max-capacity 就减 1，每走一位顾客，就相应地加 1，如果顾客发现理发店已满，顾客进程就被 wait 函数挂起在信号量 max-capacity 上，同样 wait 和 signal 操作控制着顾客是坐进还是离开沙发。

② 理发椅的容量：这里有 3 个理发椅，1 个椅子上只准坐 1 个人，信号量 barber-chair 保证了在任一时刻理发室内正在理发的人数不会超过 3 个人。

③ 确认顾客在理发椅上：信号量 cust-ready 用来唤醒睡眠中的理发师，让顾客坐到理发椅上。没有这个信号量，理发师将永远不会醒，因而，也不可能给顾客理发。

④ 控制顾客坐在理发椅上：顾客一旦坐进理发椅就不能离开直到理发师用信号量 finished 告诉他，已经理完发。

⑤ 限制一个顾客到一个理发椅上：信号量 barber-chair 用来限制坐在理发椅上的顾客不超过 3 个，但 barber-chair 本身并不能完全做到这一点，当理发师理完发和执行 signal/finish 时，下一个顾客进入理发室，但前一顾客可能因与别人闲聊还未离开理发椅，信号量 leave-b-chair 解决了这一问题，它禁止新顾客进来直到前一顾客离开。

⑥ 付款和收款：顾客执行 signal(payment)表示已付款，然后执行 wait(receipt)等待开发票。

⑦ 理发师和收款过程：理发店为省钱而不设专门的收款员。每个理发师在不理发时就执行收款的任务，信号量 coord 保证了在任一时刻理发师只干一项工作。

表 3.3 总结了该程序中每个信号量的用途。

表 3.3　图 3.5 程序中信号量的用途

信号量	wait 操作	signal 操作
max-capacity	顾客等待进入理发店	有顾客离开表示等待的顾客可进入理发店
sofa	顾客等待坐上沙发	有顾客离开沙发表示等待的顾客可坐沙发
barber-chair	顾客等待空的理发椅	表示理发椅为空
cust-ready	理发师等待顾客来理发	顾客通知理发师可开始理发
finished	顾客等待理完发	理发师告诉顾客头发已理完
leave-b-chair	理发师等待直到顾客离开理发椅	顾客告诉理发师他已离开理发椅
payment	收款员等待顾客付款	顾客告诉收款员他已付款
receipt	顾客等待收款发票	收款员表示已收款
coord	等待理发师去理发或收款	表示理发师空闲

2. 一个公平的理发店

图3.5所示的解决方法仍旧留下了一些问题。本节将解决其中的一个问题,其余的留作练习。

图3.5所示的方法中有一个定时不合理的问题,使得顾客之间出现不平等。假设有3个顾客正坐在3个理发椅上,其余顾客在wait(finished)上等待,如果其中1个理发师干得非常快或1个顾客几乎秃顶,若以他们为定时标准,则有的顾客还未理完发就被赶出理发店,反之,先理完发的顾客又不得不在理发椅上等待。

解决这个问题要用到更多的信号量。如图3.6所示,给每一名顾客一个独一无二的顾客号,信号量mutexl保护着全局变量count以使顾客能取到唯一的一个顾客号。信号量finished重新定义为一个含20个信号量的数组。一旦顾客坐进理发椅,他就执行wait(finished[custnr])以等待各自的信号量。如果理发师已为顾客理完发,理发师就执行signal(finished[b-cust])来放走这位顾客。

```
program barbershop2;
var max-capacity: semaphore (:=20);
    sofa: semaphore (:=4);
    barber-char, coord:semaphore (:=3);
    mutex1,mutex2: semaphore (:=1);
    cust-ready, leave-b-chair, payment, receipt: semaphore (:=0);
    finished: array[1..20] of semaphore (:=0);
    count: integer;
procedure customer;
var custnr: integer;
begin
  wait(max-capacity);
  enter shop;
  wait(mutex1);
  count:=count+1;
  custnr:=count;
  signal(mutex1);
  wait(sofa);
  sit on sofa;
  wait(barber-chair);
  get up from sofa;
  signal(sofa);
  sit in barber chair;
  wait(mutex2);
  enqueue1(custnr);
  signal(cust-ready);
  signal(mutex2);
  wait(finished[custnr]);
  leave barber chair;

procedure barber;
var b-cust: integer;
begin
  repeat
    wait(cust-ready);
    wait(mutex2);
    dequeuel(b-cust);
    signal(mutex2);
    wait(coord);
    cut hair;
    signal(coord);
    signal(finished[b-cust]);
    wait(leave-b-chair);
    signal(barber-chair);
  forever
end;

procedure cashier;
begin
  repeat
    wait(payment);
    wait(coord);
    accept pay;
    signal(coord);
signal(receipt);
  forever
end;
```

图3.6 一个公平的理发店

```
signal(leave-b-chair);
pay;
signal(payment);
wait(receipt);
exit shop;
signal(max-capacity)
end;
begin (* main program *)
  count:=0;
  parbegin
    customer; …20 times; …customer;
    barber; barber; barber;
    cashier
  parend
end.
```

图 3.6 （续）

理发师是如何知道顾客号的呢？实际上，顾客在用信号量 cust-ready 通知理发师之前已将其号码放到队列 enqueuel 中，当理发师准备理发时，执行 dequeuel(b-cust)将队列头存放的号码放到了理发师的局部变量 b-cust 中。

3.5 管　　程

信号量为实现互斥和进程间的协调提供了一个功能强大而灵活的工具，然而，使用信号量来编制正确的程序是困难的。其困难在于 wait 和 signal 操作可能遍布于整个程序并且很难看出它们所引起的全部后果，还有可能会因同步操作的使用不当而导致系统死锁。

作为程序设计语言中的一种结构，管程(monitor)提供了与信号量相同的表达能力，但它更容易控制，Hoare 中给出了它的第一个正式定义。许多程序设计语言，例如，并发 pascal、pascal-plus、modula-2 和 modula-3 中，都已包含了管程结构。

3.5.1 带信号量的管程

管程是一种并发性的结构，它包括用于分配一个特定的共享资源或一组共享资源的数据和过程。由此可知，管程由三部分组成：

(1) 局部于管程的共享变量说明；

(2) 对该数据结构进行操作的一组过程；

(3) 对局部于管程的数据设置初始值的语句。

此外，还需为该管程赋予一个名字。

管程主要特点如下：

① 只能通过管程中的过程而不能用其他外部过程访问其局部数据变量。这称为信息掩蔽，它使得研制更可靠的软件系统变得更加便利。

② 进程通过调用管程的过程而进入管程。

③ 每一时刻只能有一个进程在管程中执行,任何其他调用管程的进程将被挂起直至管程可用为止。

前两个特点同对象在面向对象软件中的特性一样。事实上面向对象的操作系统或程序设计语言都可将管程看做是具有特殊性质的对象加以实现。

管程在任一时刻只允许一个进程调用,这样就具有实现互斥的能力,任一时刻管程中的局部数据也只能被一个进程访问。因此,一个共享的数据结构可以放在管程中加以保护,如果管程中的数据代表某种资源,那么,管程就支持对这种资源访问的互斥。

为了将管程用于并发进程中,管程必须拥有同步手段。管程可以使用条件变量支持同步,这些变量保存在管程中并且只能在管程内部访问。用以下两个函数操作条件变量。

① cwait(c):等待操作,调用进程在条件 c 上挂起,管程现在可被其他进程使用。

② csignal(c):发信号操作,在条件 c 上被 cwait 挂起的进程被再次执行。如果有这样的进程,就选择其中一个执行,否则就什么都不做。

注意:管程的 wait/signal 操作与信号量中的操作不同,如果在管程中的进程发信号并且没有一个任务等待条件变量,这个信号就丢失了。

图 3.7 给出了管程的结构,尽管进程可调用任一进程而进入管程,仍可将管程看做是单入口的,这样就保证了在任一时刻只有一个进程在管程中,其他欲进入管程的进程在等待管程的队列中挂起。一旦进程进入管程,就可以执行 cwait(x),在条件 x 上暂时挂起,然后被放入一个队列,等到条件改变后再进入管程。

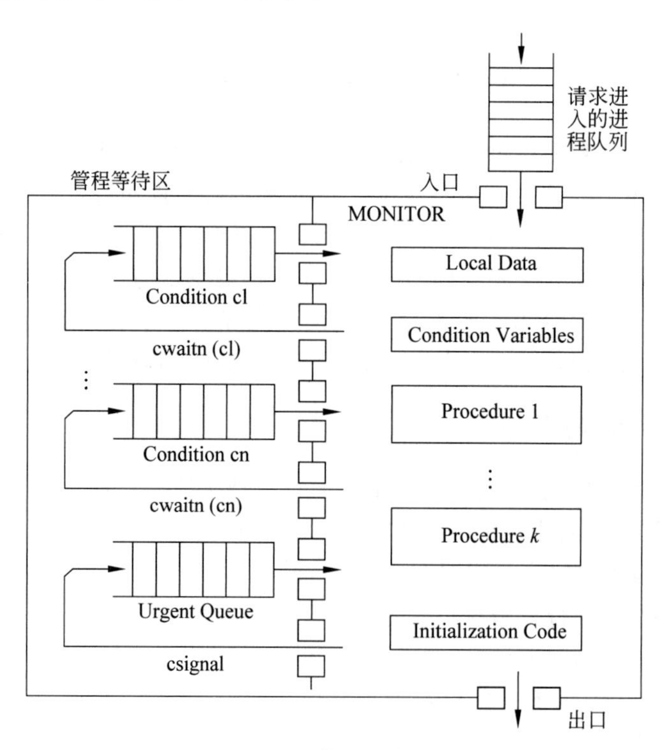

图 3.7 管理的结构

如果一个在管程中执行的进程检测到条件变量 x 已发生改变,就执行 csignal(x),通知相应的进程条件已改变。

3.5.2 用管程解决生产者/消费者问题

现在回过头来看看有限缓冲区生产者/消费者问题,下面给出了使用管程的解决方法。管程模块控制着缓冲区。管程包括两个条件变量:当缓冲区中还有空位置时,变量 notfull 为 true,如果缓冲区中至少有一个字符存在,则变量 notempty 为 true。

```
program producerconsumer
  monitor boundedbuffer;
    buffer: array [0..N] of char;                {N个数据项大小的缓冲区}
    nextin, nextout: integer;                    {缓冲区指针}
    count: integer;                              {缓冲区中数据项的个数}
    notfull, notempty: condition;                {用于同步}
  var i:integer;
  procedure append (x:char);
    begin
    if count=N then cwait(notfull);              {缓冲区满;避免上溢}
    buffer[nextin]:=x;
    nextin:=nextin+1 mod N;
    count:=count+1;                              {数据项数加 1}
    csignal(notempty);                           {唤醒等待的消费者}
  end;
procedure take (x:char);
  begin
    if count=0 then cwait(notempty);             {缓冲区空;避免下溢}
    x:=buffer[nextout];
    nextout:=nextout+1 mod N;
    count:=count - 1;                            {数据项数减 1}
    csignal(notfull);                            {唤醒等待的生产者}
  end;
  begin
    nextin:=0; nextout:=0; count:=0              {缓冲区初始化}
  end;
procedure producer;
    var x:char;
    begin
  repeat
    produce(x);
  append(x);
  forever
end;
procedure consumer;
var x:char;
begin
  repeat
    take(x);
    consume(x);
  forever
end;
begin (*main program*)
  parbegin
```

```
    producer; consumer
  parend
end.
```


生产者只能通过管程中的过程 append 向缓冲区添加字符,生产者不能直接访问缓冲区。生产者首先检查条件 notfull 来确定缓冲区中是否有空位置,如果没有进程就在这个条件上挂起。其他进程(生产者或消费者)就可以进入管程。当缓冲区出现空位置时,进程就从挂起队列中移出并继续执行。在缓冲区放入字符后,进程修改条件变量 notempty。消费者函数也可同样表述。

这个例子比较了管程和信号量。对于管程而言,其本身的结构就实现了互斥,生产者和消费者同时访问缓冲区是不可能的,然而为了防止进程向已满的缓冲区存数据或从空缓冲区中取数据,程序设计者必须在管程中使用类似于 cwait 和 csignal 的操作。对于信号量而言,实现互斥和同步都是程序设计者的责任。

3.6 消息传递

进程间的相互作用必须满足两个条件:同步和通信,进程需要同步来实现互斥,进程间的协同需要交换信息,一个能解决上述两个问题的方法是消息传递(message passing)。消息传递还有一个优点是,它的适应性很强,能在分布式系统、共享存储器的多处理机系统以及单处理机系统等不同系统中实现。

3.6.1 消息传递原语

消息传递系统设计所涉及的主要内容见表 3.4。实际的消息传递函数通常是成对的原语:send (destination, message)和 receive (source, message)。

表 3.4 消息传递系统设计所涉及的主要内容

通信和同步		
同步	寻址	消息格式
发送	直接	内容
阻塞	发送	长度
无阻塞	接收	固定
接收	明确	可变
阻塞	隐含	排队规则
无阻塞	间接	先进先出
测试到达	静态	优先权
	动态	
	所有权	

以上是进程进行消息传递所需的最小集,进程根据目的地址(destination)以消息的形

式向另一进程传递信息，进程通过执行 receive 原语接收信息，这些信息包括发送进程的源地址和消息内容本身。

3.6.2 用消息传递实现同步

两个进程间的消息通信就意味着其中包含某种程度的同步，这就是接收方在发送方发送信息之前，接收不到任何消息。下面讨论进程在执行发送和接收原语后的状态。

首先考虑 send 原语。进程在执行 send 原语时有两种可能：一种是发送进程被阻塞直到消息被接收，另一种是发送进程不被阻塞。

进程发出 receive 原语后也有两种可能：

(1) 如果消息已发送来，则消息被接收并继续执行；

(2) 如果没有发送来的消息，则进程或者被阻塞以等待消息或者放弃接收。

所以，无论是发送方还是接收方都可能被阻塞。下面有三种最一般的组合，任何特定系统都实现了其中的一种或两种：

(1) 阻塞发送，阻塞接收。这种情况主要用于进程之间紧密同步、发送进程和接受进程之间无缓冲区时。发送方和接收方都将被阻塞直到传递完消息，这种组合要求在进程间有严格的同步。这种同步方式称为会合。

(2) 无阻塞发送，阻塞接收。这是一种应用得最广、最有用的组合方式。发送方可持续发送消息，而接收方被阻塞直到接收到消息，它允许发送进程以尽可能快的速度向多个目的地发送消息，接收进程在消息到达前将被阻塞。

(3) 无阻塞发送，无阻塞接收。这也是一种较常见的组合形式。平时发送进程和接受进程都忙于处理自己的事情，仅当发生某事件，使它无法继续运行时，才把自己阻塞起来等待。

对许多并发任务而言，无阻塞发送是最自然不过的，例如，用此方法向打印机发请求，它允许请求进程不间断地向打印机发出请求。无阻塞发送的一个潜在危险是一些错误可能导致进程重复地产生消息，因为没有阻塞来约束该进程，这些消息将耗费大量的系统资源，包括处理机时间和缓冲区空间。另一方面，无阻塞发送加重了程序员确认消息是否收到的负担，进程必须发送应答消息确认已收到消息。

对于 receive 原语，无阻塞的形式看起来是并发任务的自然选择。一般来说，接收进程在继续执行前需要得到它所希望的消息，但是，如果一个消息丢失或发送进程在发送消息时发生意外，则接收进程将被阻塞。这个问题可以采用无阻塞的 receive 原语解决。这种方法的危险在于，当一个进程刚接收完一个消息后，另一消息又送到，这时，后一个消息将丢失。其他的方法允许进程在发出 receive 原语前检测是否有正在等待的消息，还可以在一个 receive 原语中标明多个发送方。

3.6.3 寻址方式

显然，发送原语必须标明哪一个进程将接收消息。同样，接收进程要通知发送进程消息已收到。标识进程的方法可分为两类：直接寻址和间接寻址。

1. 直接寻址

对直接寻址方式，send 原语中明确标明了目的进程。处理 receive 原语有两种方式：第一种方式接收进程预先知道发送消息的源进程，这对并发进程的协同是有效的；另一种方式则不可能预先知道源进程，例如，打印服务进程，它可从任何其他进程接收请求信息，对这种应用更有效的方法是隐含寻址。

2. 间接寻址

对间接寻址来说，消息并不是直接由发送方传给接收方，而是通过一个共享的数据结构，包括临时存放消息的队列，这种队列通常称为邮箱式端口。两个进程进行通信时，一个进程向邮箱式端口发送消息，而另一个进程则从邮箱式端口中取回消息，如图3.8所示。

这种方法有很大的灵活性。发送方和接收方的关系可以是一对一、多对一、一对多或者多对多。一对一关系允许在两个进程间建立私人信箱，这就将他们的相互作用同其他进程隔离开。多对一的关系允许有多个发送方和一个接收方，可用于客户/服务器模式。一对多关系允许有一个发送方和多个接收方，这对于广播应用是有益的。

进程与邮箱的关系可以是静态的或动态的，端口通常与一个特定的进程相关联，一个一对一关系常定义为静态的和永久的。当有多个发送方时，发送方与邮箱的联系就是动态的，这就要用到 connect 和 disconnect 原语。

端口通常由接收进程产生并为其所有，所以，当进程受损时，端口也要遭到破坏。一般的邮箱则由操作系统生成，当邮箱随进程的完成而取消时，邮箱可看作属于产生它们的进程。当邮箱要用命令取消时，邮箱的所有权就属于操作系统。

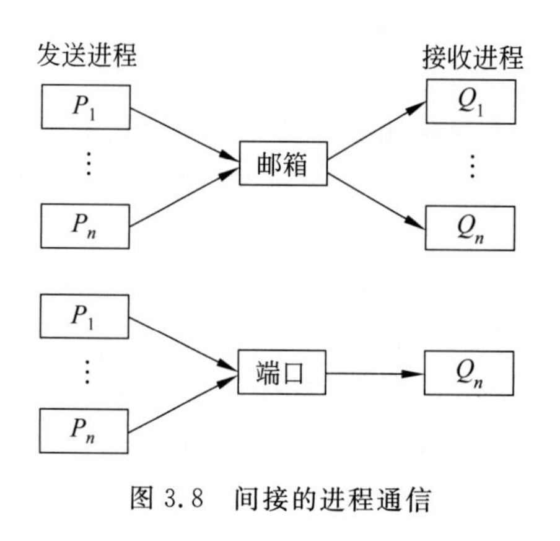

图3.8 间接的进程通信

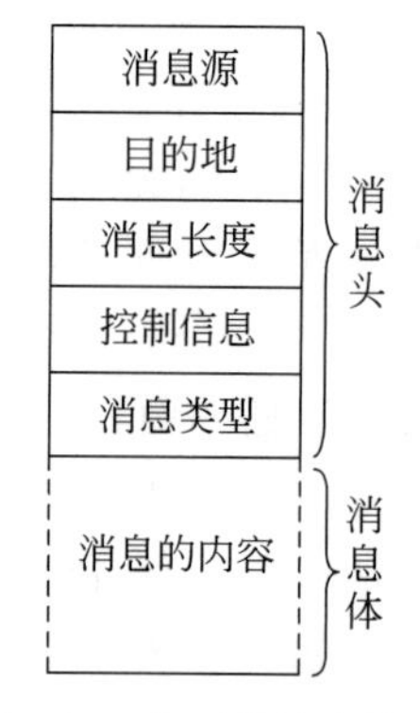

图3.9 典型的消息格式

3.6.4 消息格式

消息格式依赖于消息系统的用途和消息系统是在单个计算机上运行还是在分布式系统中运行，一些操作系统选择了较短的定长消息以减小处理和存储的开销，如果有大量的数据需要传递，那么可以将数据存入文件并把文件作为消息传递，一种更为灵活的方法是允许变长消息。

图3.9给出了支持变长消息的操作系统中的消息格式，消息分为两部分：消息头用来保存有关消息的信息，消息体保存着实际的消息内容。消息头中包含有源进程的标识，消息的目的地址，和用于描述不同类型消息的长度域和类型域，还可以有其他的控制信息。例如，用于创建消息链表的指针域、记录消息发送次序的序列号以及优先级域等。

3.6.5 排队规则

最简单的排队规则是先进先出，但这远远不够。例如，一些消息比另一些消息更紧迫。一个改进的方法是由发送方或接收方基于消息的类型标明消息的优先权；另一个改进方法是允许接收方检查消息队列并选择要接收的消息。

3.6.6 用消息传递实现互斥

假设使用阻塞 receive 原语和无阻塞 send 原语，并发进程集共享一个邮箱 mutex，将邮箱初始化为仅包含一个空消息，欲进入临界段的进程首先要接收相应的消息，如果邮箱为空则该进程被阻塞，一旦进程得到消息它就执行其临界段，然后再将消息放回邮箱，这样消息就如同令牌一样在进程之间传递。这种解决方法是，假设有多于一个进程并发执行 receive 操作，则有：

- 如果仅有一个消息，那么它只可传递给一个进程，其他进程将被阻塞。
- 如果邮箱为空，则所有的进程将被阻塞。当消息可用时，仅有一个阻塞进程被激活并得到消息。

几乎在所有的消息传递中都有这些假设。

下面给出了使用消息传递实现互斥的一种方法。

```
program mutualexclusion;
const n=N (*进程个数*);
procedure P(i:integer);
var msg:message;
begin
  repeat
    receive (mutex, msg);
    <critical section>;
    send (mutex, msg);
    <remainder>
      forever
end;
begin (*main program*)
  create-mailbox(mutex);
  send (mutex,null);
  parbegin
    P(1);
    P(2);
     ⋮
    P(n);
  parend
end.
```

下面给出了有限缓冲区生产者/消息者问题的一种解决方法，它是应用消息传递的又一个例子。

```
const
  capacity=…; {缓冲区大小}
  null=…; {空消息}
var i:integer;
procedure producer;
  var pmsg: message;
    begin
      while true do
        begin
        receive (mayproduce, psmg);
        pmsg:=produce;
        send (mayconsume, pmsg)
      end
    end;
procedure consumer;
  var csmg: message;
      begin
while true do
  begin
    receive (mayconsume, cmsg);
    consume (csmg);
    send (mayproduce, null)
  end
  end;
{父进程}
begin
  create mailbox (mayproduce);
  create mailbox (mayconsume);
  for i=1 to capacity do send (mayproduce, null);
  parbegin
    producer;
    consumer
  parend
  end.
```

利用与上述程序相似的算法并使用消息传递所支持的互斥就可以解决这一问题。实际上,上述程序还利用了信号量不具备的传递数据的能力。这里使用了两个邮箱。生产者将生产出的数据作为消息送到邮箱 mayconsume,只要邮箱中有消息,消费者就可以消费。mayconsume 就用做缓冲区,这个缓冲区中的数据组织成消息队列,缓冲区的大小由全局变量 capacity 确定。最初,邮箱 mayproduce 充满了与缓冲区容量相同数量的空消息,mayproduce 中的消息随生产者生产而减少,随消费者消费而增加。

这个方法非常灵活,可以允许有多个生产者和消费者,系统还可以是分布式的,在这种分布式环境中,所有的生产者进程和邮箱 mayproduce 在一个结点上,所有的消费者进程和邮箱 mayconsume 在另一个结点上。

3.7 读者/写者问题

为做好同步和并发的设计工作，需要将现实问题同经典问题联系起来，并根据其解决经典问题的能力来测试这些设计，有些问题是设计中的共同问题并含有极高的教学价值，这些问题比较常见而且重要，其中有已讨论过的生产者/消费者问题；还有将要介绍的另一经典问题：读者/写者(readers/writers)问题。

readers/writers问题的定义如下：一些进程共享一个数据区。数据区可以是一个文件、一块内存空间或一组寄存器。readers进程只能读数据区中的数据，而writers进程只能写。所谓读者/写者问题就是指保证一个writer进程必须与其他进程互斥地访问共享对象的同步问题。

解决该问题必须满足的条件如下：

- 任意多个readers可以同时读。
- 任一时刻只能有一个writers可以写。
- 如果writers正在写，那么readers就不能读。

首先从两个方面认清这个问题：一般的互斥问题和生产者/消费者问题。在readers/writers问题中，readers不能写数据，writers不能读数据。更一般的问题是，允许任何一个进程都可读或写数据。在这种情况下，可以将进程访问数据区的任何部分作为临界段，然后使用一般的解决互斥的方法。可以找到比解决一般问题的方法更为高效的解决办法。对于大部分问题，一般的方法速度太慢以至不可容忍，例如，假设共享数据区是图书馆的目录，一般读者可以查阅目录以找到所需要的书，一些图书管理员可以修改目录。对于一般解法，每一次对目录的访问都将当作临界段，在任一时刻只能有一个用户查阅目录，这显然是不能容忍的，同时还要防止writers互相干扰，而且在写的过程中要禁止读。

能否将生产者/消费者问题简单地看做是readers/writers问题在仅有一个writer和reader时的特例呢？答案是否定的，生产者并不仅仅是一个writer，它还要读队列指针以判断在哪里放置数据项，还要判断缓冲区是否已满，同样，消费者也不仅仅是reader，因为它还必须移动指针以表示它已从缓冲区中取走了一个数据。

下面讨论解决这个问题的两种方法。

3.7.1 读者优先

下面给出了使用信号量的解决方法，信号量wsem用来实现互斥，只要有writer在访问共享数据区，其他writers或readers就不能访问数据区。reader进程同样利用wsem实现互斥。为了适用于多个reader，当没有reader读时，第一个进行读的reader要测试wsem，当已经有reader在读时，随后的reader无须等待就可读取数据区，全局变量readcount用来记录reader的数目，信号量x用于保证readcount修改的正确性。

```
program readersandwriters;
var readcount: integer;
  x,wsem: semaphore (:=1);
procedure reader;
```

```
begin
  repeat
    wait(x);
      readcount:=readcount+1;
      if readcount=1 then wait(wsem);
    signal(x);
READUNIT;
    wait(x);
      readcount:=readcount-1;
      if readcount=0 then signal(wsem);
      signal(x)
        forever
end;
procedure writer;
begin
  repeat
    wait(wsem);
      WRITEUNIT;
    signal(wsem)
  forever
end;
begin
  readcount:=0;
  parbegin
    reader;
    writer
  parend
end.
```

3.7.2 写者优先

在前一种解法中,readers 优先,一旦有一个 reader 访问数据区,只要还有一个 reader 在进行读操作,reader 就可以保持对数据区的控制,这就容易导致 writers 饥饿。

下面给出了 writers 优先的解决方法。

```
program readersandwriters;
var readcount,writecount: integer;
    x,y,z,wsem,rsem: semaphore (:=1);
procedure reader;
begin
  repeat
    wait(z);
      wait(rsem);
        wait(x);
          readcount:=readcount+1;
```

```
            if readcount=1 then wait(wsem);
                signal(x);
        signal(rsem);
      signal(z);
      READUNIT;
      wait(x);
        readcount:=readcount-1;
        if readcount=0 then signal(wsem);
      signal(x)
  forever
  end;
  procedure writer;
  begin
    repeat
      wait(y);
        writecount:=writecount+1;
        if writecount=1 then wait(rsem);
      signal(y);
      wait(wsem);
        WRITEUNIT;
      signal(wsem);
      wait(y);
        writecount:=writecount-1;
        if writecount=1 then wait(rsem);
      signal(y);
    forever
  end;
  begin
    readcount, writecount:=0;
    parbegin
      reader;
      writer
    parend
  end.
```

只要有 writer 申请写操作，就不允许新的 readers 访问数据区。在以前定义基础上，writers 增加了以下的信号量和变量。

① 信号量 rsem 用于在有 writer 访问数据区时，屏蔽所有的 readers；

② 变量 writercount 控制 rsem 的设置；

③ 信号量 y 控制 writecount 的修改。

readers 也必须添加一个信号量，在信号量 rsem 上不允许有较长的排队等待，要不然，writers 就不能跳过这个队列，所以，只允许一个 reader 在 rsem 上排队，其余的 readers 在等待 rsem 之前先在另一信号量 z 上排队。表 3.5 总结了各种可能性。

表 3.5　进程队列的状态

状　　态	操　　作
系统中只有 readers	置 wsem;没有排队
系统中只有 writers	置 wsem 和 rsem;writers 在 wsem 上排队
存在 readers 和 writers 且 readers 优先	reader 设置 wsem;writer 设置 rsem;所有的 writers 在 wsem 上排队 只有一个 reader 在 rsem 上排队;其余 readers 在 z 上排队
存在 readers 和 writers 且 writers 优先	writer 设置 wsem;writer 设置 rsem;writers 在 wsem 上排队 只有一个 reader 在 rsem 上排队;其余 readers 在 y 上排队

另一种解决方法是使用消息传递。这个方法基于 Theaker 和 Brookes 论文中的算法。有一个可访问共享数据区的控制进程,其他欲访问数据区的进程向控制进程发请求消息,收到 OK 应答消息后就可访问,在访问完成后发出 finished 消息,控制进程拥有 3 个信箱,每个信箱装一种类型的消息。例如:

```
procedure readeri;
  var rmsg: message;
  begin
    repeat
      rmsg:=i;
      send(readrequest, rmsg);
      receive(mboxi, rmsg);
      READUNIT;
      rmsg:=i;
      send(finished, rmsg)
    forever
  end;
procedure writerj;
  var rmsg: message;
  begin
  repeat
    rmsg:=i;
    send(writerequest,rmsg);
    receive(mboxj,rmsg);
    WRITEUNIT;
    rmsg:=i;
    send(finished,rmsg)
  forever
end;
```

```
procedure controller;
  begin
    repeat
      if count>0 do begin
        if not empty(finished) then begin
          receive(finished,msg);
          count:=count+1
          end
          else if not empty (writerequest)
then begin
          receive(writerequest,msg);
          writer.id:=msg.id;
          count:=count-100
          end
           else if not empty (readrequest)
then begin
          receive(readrequest,msg);
          count:=count-1
          send(msg.id,"OK")
          end
    end;
    if count=0 do begin
      send(writer.id,"OK");
      receive(finished,msg);
      count:=100
    end;
    while count<0 do begin
      receive(finished,msg);
      count:=count+1
    end
  forever
end.
```

控制进程通过在读请求之前先为写请求服务将优先权给 writers，另外为实现互斥，要使用变量 count 并将其初始化为比最大可能的 readers 数还大的数，这里取值为100。

控制进程的行为如下：

① 如果 count>0，则没有正在等待的 writer，可能有也可能没有已激活的 reader。先为所有的 finished 消息服务，以清除活跃的 reader，然后依次为写请求和读请求服务。

② 如果 count=0，则唯一的请求代表一个写请求，允许进行写操作并等待 finished 消息。

③ 如果 count<0，则一个 writer 已发出请求并正在等待清除所有的活跃 readers，所以只为 finished 消息服务。

3.8 系统举例

3.8.1 UNIX System V

UNIX 提供了许多机制来进行进程间通信和同步。这里讨论其中最重要的机制：管道、消息(message)、共享内存(shared memory)、信号量(semaphore)和信号(signal)。

管道、消息和共享内存提供了一种在进程间交换数据的方法，而信号量和信号用来触发某些行为。

1. 管道

UNIX 对操作系统的发展最有意义的贡献之一就是管道。所谓管道，是指能够连接一个写进程和一个读进程的，并允许它们以生产者/消费者方式进行通信的一个共享文件，又称 pipe 文件。因此，它是一个先进先出队列，由一个进程写，从管道的入端将数据写入管道；另一个进程读，从管道的出端读出数据。

当产生一个管道时，它被给予固定的字节大小，一个进程要写管道时，如果有足够的空间，写要求就立即被执行；否则，该进程被阻塞。类似地，一个读进程要读比当前管道中多的字节时，它也被阻塞；否则，读要求立即被执行。操作系统实施互斥机制，就是说一次只有一个进程能访问管道。

2. 消息

消息是一个格式化的可变长信息单元。消息机制允许由一个进程给其他任意的进程发送一个消息。当一个进程收到多个消息时，可将它们排成一个消息队列。UNIX 提供 msgend 和 msgrw 操作来请求进程传递消息，每个进程都带有一个消息队列，相当于一个邮箱。

消息发送者检查每个发送消息的消息类型，这可被接收者用来作为选择标准。接收者可按 FIFO 顺序或按类型来检索消息，一个进程向一个满队列发送消息时，它就被挂起。进程读空队列时也会被挂起。不过，若一个进程要读某一类型的消息而失败了，它不会被挂起。

3. 共享内存

UNIX 中进程通信的最快方法是通过共享内存，它是一个被大量进程共享的虚拟内存块。该机制可使若干进程共享主存中的某个区域,且使该区域出现在多个进程的虚地址空间中。进程就像读/写其他虚拟内存空间一样,用同样的机器指令来读/写共享内存,是否允许进程只读或读/写共享内存,这要根据每个进程来决定,互斥的限制不是共享内存的一部分,而必须由使用共享内存的进程来提供。

4. 信号量

UNIX中的信号量系统请求是本章中定义的wait和signal原语的一般化,因此,可以同时执行几个操作,并且增减值可以大于1。

一个信号量由以下元素组成:

① 信号量的当前值;

② 操作信号量的上一个进程的进程ID;

③ 等待信号量值增加的进程的数量;

④ 等待信号量值为0的进程的数量。

挂起在该信号量上的进程队列也被包括在该信号量的信息中。

实际上信号量以集合的形式产生,一个信号量集包含一个或多个信号量,semctl系统请求允许同时设置集合内所有信号量值,sem-op系统请求带有一个信号量操作列表,每一个操作对应集合内的一个信号量。当请求时,内核一次执行一个所指示的操作。对每个操作,其实际功能由sem-op值决定,有以下几种可能:

① 若sem-op为正数,则内核增加信号量的值,并唤醒所有等待信号量值增加的进程。

② 若sem-op为0,内核就检查信号量值。如果信号量值为0,就继续执行其他操作,否则,它将等待该信号量的进程数置为0,挂起信号量值为0的事件的进程。

③ 若sem-op为负数,并且其绝对值小于或等于信号量值,内核就将sem-op(负数)加到信号量值上,如果结果为0,内核就唤醒所有等待信号量值为0的进程。

④ 若sem-op为负数,并且其绝对值大于信号量值,内核就将信号量值增加的事件的进程挂起。

信号量在进程同步和合作方面相当灵活。

5. 信号

信号就是告诉一个进程发生了同步事件的软件机制。信号类似于硬件中断,但没有优先级。也就是说,所有信号被同等处理;同时发生的信号一次一个的发送给进程,而没有特定的顺序。

进程可相互间发送信号,内核可以在内部发送信号。一个信号的传送,是通过对信号的目的进程的进程表中的一个域进行修改来完成的。由于每个信号都被看做一个单位,给定类型的信号不能排队,而是在进程被唤醒后才处理信号,或者是在进程要从系统请求返回时进行处理。进程可以执行一些错误行为(如终止)来响应信号,也可以仅仅是忽略该信号。

表3.6列出了UNIX中所定义的信号。

表 3.6 UNIX 的信号

值	名	描述
01	SIGHUP	挂起;内核认为某进程的用户正在做无用的工作时就发送此信号给该进程
02	SIGINT	中断
03	SIGQUIT	退出;由用户发送,用来中止进程和转储内存信息
04	SIGILL	非法指令
05	SIGTRAP	跟踪;触发进程跟踪代码的执行
06	SIGIOTIOT	IOT 指令
07	SIGEMTEMT	EMT 指令
08	SIGFPT	浮点异常
09	SIGKILL	杀死;终止进程
10	SIGBUS	总线错误
11	SIGSEGV	违反分段;在某进程想要访问超出其虚拟地址空间的位置时就发出
12	SIGSYS	系统请求的坏变元
13	SIGPIPE	写没有读进程的管道
14	SIGALARM	警钟;在一个进程想要在一段时间后接收一个信号时发出
15	SIGTERM	软件终止
16	SIGUSR1	用户定义信号 1
17	SIGUSR2	用户定义信号 2
18	SIGCLD	一个后代被杀死
19	SIGPWR	电源故障

3.8.2 Windows NT

Windows NT 将线程的同步作为对象结构的一部分。Windows NT 用来实现同步的机制是同步对象家族,包括:进程、线程、文件、事件、事件对、信号、计时器和变体(Mutant)。前 3 个对象类型除用来同步外,还有其他用途。剩下的对象类型是专门为支持同步而设计的。

每个同步对象都可以处于信号态,或者是非信号态。线程可挂起在对象的非信号态;当对象进入信号态时,该线程被释放,其机制非常简单:一个线程通过对象处理向 Windows NT 发出一个等待请求。当一个对象进入信号态时,Windows NT 就释放所有等待该同步对象的线程对象。

表 3.7 总结了引起每个对象类型进入信号态的事件及其对等待线程的影响,事件对是与客户/服务器相互作用相关的对象,它只能被该客户线程和该服务器线程访问。客户或服务器可以将对象置为信号态,从而引起其他线程产生信号的传送。对其他所有的同步对象,可以有大量线程等待在该对象上。

变体对象用来实现对资源访问的互斥,它一次只允许一个线程对象访问资源,因此,它就像一个二元信号量。当变体对象进入信号态时,只释放一个等待该变体的进程,在其进入同步态时释放所有等待线程。

表3.7 Windows NT 同步对象

对象类型	定 义	置为信号态的时间	对等待线程的影响
进程	一个程序调用,包括运行该程序所需的地址空间和资源(数据等)	上一个线程终止时	释放所有等待线程
线程	进程内一个可执行的实体	线程终止时	释放所有等待线程
文件	一个打开文件或I/O设备的例示	I/O操作完成时	释放所有等待线程
事件	对一个系统事件已发生的通知	线程设置事件时	释放所有等待线程
事件对	通知一个专用客户线程已将一个消息复制到Win32服务器上或相反	专用客户或服务器设置事件时	释放其他专用线程
信号	用来调整使用一个资源的线程数的计数器	信号值降为0时	释放所有等待线程
计时器	记录时间的计数器	设置到达时间或期望时间片时	释放所有等待线程
变体	在Win32和OS/2环境中提供互斥的机制	所属线程或其他线程释放变体时	释放一个线程

小　　结

现代操作系统的中心问题是多道程序、多进程和分布式进程,并发是这些问题的基础,同时也是操作系统设计的基础,当多个进程并发执行时,无论是在多处理机系统还是在单处理机系统中都需要有解决冲突和实现进程间协同的方法。

并发进程可通过多种方式相互作用,互相透明的进程要为使用资源展开竞争。这些资源包括处理机时间、I/O设备的访问权等。当共享某一对象时,进程就间接地觉察到对方的存在,例如,共享一块内存或一个文件,进程也可直接认识对方并通过交换信息进行协同,在这些相互作用中的主要问题是互斥和死锁。

对于并发进程,互斥是一个必要的条件,在任一时刻,只能有一个进程可以访问某一给定的资源或执行某一给定的函数,互斥可用来解决一些冲突,例如,竞争资源;也可用于进程同步以使它们能协同工作,例如,生产者/消费者模型,一个进程向缓冲区添加数据,另一些进程则从缓冲区取走数据。

现在已有了不少解决互斥问题的算法,其中最著名的是Dekker算法。软件方法开销较大,出错的几率高;另一种方法是使用特殊的机器指令解决互斥问题,这种方法虽然减小了开销,但仍有不足,因为它用到了忙-等技术。

还有一种解决互斥的方法是在操作系统内部提供支持,比较常用的技术是信号量、管程和消息传递。信号量、管程和消息传递都能方便地实现互斥,而消息传递还可用于进程间通信。

习　　题

3.1　一个并发程序拥有两个进程 P 和 Q,其中 A、B、C、D 和 E 是原语:

```
procedure P;
begin
  A;
  B;
      C;
end.
```

```
procedure Q;
begin
  D;
  E;
end.
```

试给出该程序在并发执行时所有可能的执行路径(参照图 3.1)。

3.2　是否在任何情况下忙—等都比阻塞等待方法的效率低? 试解释之。

3.3　以下程序并发执行,且数据只有在调入寄存器后才能加 1。

```
const n=50;
var tally: integer;
    procedure total;
var count:integer;
begin
  for count:=1 to n do tally:=tally+1
end;
begin (* main program * )
  tally:=0;
  parbegin
  total;total
  parend;
writeln(tally);
end.
```

(1) 给出该并发程序输出的 tally 值的下限和上限。

(2) 假定并发执行的进程数为任意一个,(1)中的结果会作何变化?

3.4　证明 Dekker 算法的正确性:

(1) 证明它可以实现互斥。

(2) 证明它可以避免死锁。

3.5　面包店算法(bakery algorithm)如下,它是解决互斥问题的另一软件方法。

```
var choosing: array [0..n - 1] of boolean;
    number: array [0..n - 1] of integer;
repeat
  choosing[i]=true;
  number[i]:=1+max(number[0],number[1],…,number[n - 1]);
  choosing[i]:=false;
for j:=0 to n - 1 do
  begin
```

```
    while choosing[j] do {nothing};
    while number[j]≠0 and (number[j],j)<(number[i],i) do {nothing};
end;
    <critical section>;
    number[i]:=0
     <remaider>;
forever.
```

数组 choosing 和 number 的初始值分别为 false 和 0,每个数组中的第 i 个元素只能由进程 i 进行读/写,而其他进程只能读。(a,b)<(c,d)的定义为:(a<c) or (a=c and b<d)

(1) 用自然语言描述该算法。

(2) 该算法是否能避免死锁?为什么?

(3) 该算法是否能实现互斥?为什么?

3.6 证明 bakery 算法(面包店算法)和 peterson 算法并不依赖于存储器访问一级的互斥执行。

3.7 在 3.4.2 节最后的程序中将以下语句进行交换会产生什么后果?

(1) wait(e); wait(s)

(2) signal(s); signal(n)

(3) wait(n); wait(s)

(4) signal(s); signal(e)

3.8 在本章的生产者/消费者问题中,只允许缓冲区中最多有 $n-1$ 个数据项。

(1) 为什么要这个限制?

(2) 修改该算法以消除该限制。

3.9 回答以下与公平的理发店问题相关的问题(见图 3.6):

(1) 理发师是否必须亲自向其服务的顾客收款?

(2) 理发师是否一直使用同一理发椅?

3.10 证明管程与信号量的功能等价:

(1) 用信号量实现管程。

(2) 用管程实现信号量。

第 4 章 死锁处理

本章讨论支持并发进程的两个问题：死锁(Deadlock)和饥饿(Starvation)。首先讨论死锁和饥饿的基本概念，然后讨论解决死锁的 3 种途径：死锁预防、死锁避免、死锁检测和恢复，最后讨论同步和死锁的经典问题——哲学家用餐问题的解决方法。

4.1 死锁问题概述

进程管理是操作系统的核心，在进程管理的实现中，如果设计不妥，会出现一种尴尬的局面——死锁。死锁是指多个进程的永久性阻塞现象，产生的原因主要有两个：进程间竞争资源；进程推进顺序非法。系统发生死锁，是指一个或多个进程处于死锁状态。和并发进程管理中的其他问题不同，死锁没有一个通行的解决方法。

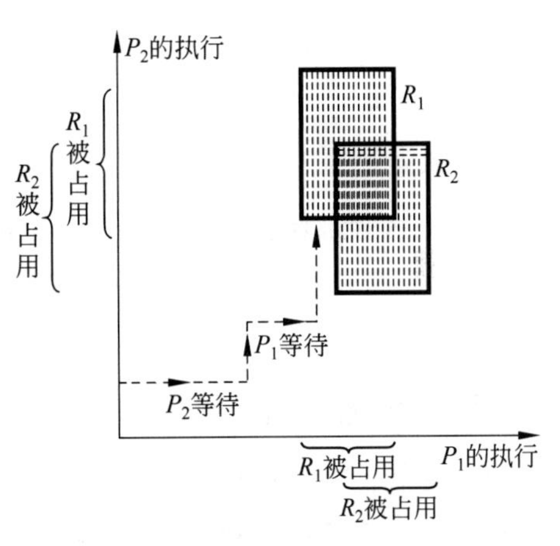

图 4.1 进程 P_1 和 P_2 的执行

所有的死锁都涉及到两个或更多的进程由于竞争资源引起的冲突。图 4.1 以抽象的形式描述了两个进程和两个资源之间的冲突。图中的纵横坐标轴分别代表两个进程的执行情况，水平虚线或垂直虚线代表了唯一正在执行的进程占用的时间段。假设进程在执行过程中的某一时刻需要与其他进程互斥地使用 R_1 和 R_2。例如，在某一时刻进程 P_1 占用了资源 R_1，进程 P_2 占用了资源 R_2，而且每个进程都请求得到另一资源，这时就出现死锁。

4.1.1 可重用资源

资源可分为两大类：可重用资源和消耗型资源。可重用资源在任一时刻只能由一个进程使用而且使用后的资源完好如初，可被重新使用。可重用资源包括处理机、I/O 通道、存储器、设备和文件、数据库和信号量等数据结构。

下面是一个使用可重用资源而发生死锁的例子。两个进程 P_1 和 P_2 竞争必须互斥访问的磁盘文件 D 和磁带机 T，程序重复地执行以下操作：

```
    P1                          P2
repeat                      repeat
  ⋮                           ⋮
  Request(D);                 Request(T);
  ⋮                           ⋮
  Request(T);                 Request(D);
  ⋮                           ⋮
  Release(T);                 Release(D);
  ⋮                           ⋮
  Release(D);                 Release(T);
  ⋮                           ⋮
  forever                     forever
```

如果每个进程都占有一个资源并同时请求得到其他资源就会发生死锁,表面看起来这是程序错误而不是操作系统设计的问题,然而并发程序设计极具挑战性,其复杂的程序逻辑将产生死锁问题,解决死锁的一个方法是在系统设计中给资源定序。

另一个死锁的例子与内存分配相关,假设系统的可用空间为200KB,并有以下请求序列:

```
    P1                          P2
⋮                           ⋮
申请 80KB                    申请 70KB
⋮                           ⋮
申请 60KB                    申请 80KB
```

当两个进程都执行到它们的第2个申请时就发生死锁,如果事先不知道要申请的内存空间数量,而要通过在系统设计时添加限制的方法解决这类问题是很困难的。事实上解决这个问题的最佳选择是使用虚拟存储器。

4.1.2 消耗型资源

消耗型资源是可以生产和消耗掉的资源,通常对某一特定类型的消耗型资源并没有数量的限制。当资源被进程占用后,它就不存在了。消耗型资源包括中断、消息、I/O缓冲区中的信息等。

下面是使用消耗型资源而发生死锁的例子:

```
    P1                          P2
⋮                           ⋮
Receive(P2,M);              Receive(P1,Q);
⋮                           ⋮
Send(P2,N);                 Send(P1,R);
```

如果Receive阻塞就会发生死锁。同样是由设计错误导致的死锁,这样的错误可能细小并且难于检测。实际应用中导致死锁的事件组合很少出现,所以一个程序在运行相当长的时间(甚至几年),问题才会出现。

解决各种类型的死锁并没有一个通用的有效方法。表4.1总结了解决死锁方法的关键部分：死锁预防、死锁避免、死锁检测以及死锁恢复。

表 4.1 解决死锁的方法

解决方法	资源分配策略	不同的方案	主要优点	主要缺点
死锁预防	保守，对资源严加限制	一次申请所有的资源	• 在进程的活动较为单一时性能较好 • 无须抢占	• 效率低 • 启动进程慢
		抢占	• 对那些状态易于保存和恢复的资源较为方便	• 导致过多的不必要的抢占 • 容易导致循环重启
		资源定序	• 易于实现在编译期间的检查 • 无须执行时间，在系统设计阶段问题就已解决	• 无用抢占 • 不允许增加资源请求
死锁检测	非常自由，只要有可能就会满足资源请求	周期地执行以检测死锁	• 不会推迟进程的启动 • 在线处理比较便利	• 丢失了固有的抢占
死锁避免	介于死锁预防和死锁检测之间	寻找到至少一个安全路径	• 无须抢占	• 必须知道下一步的资源请求 • 进程可能被长时间阻塞
死锁恢复	当死锁产生时能检测出死锁，并有能力实现恢复	剥夺	允许死锁产生，较为大胆	• 失去了已有的资源 • 需多次调用检测算法，运行时间上有一定的损失

4.1.3 产生死锁的条件

产生死锁的主要原因是供共享的系统资源不足，资源分配策略和进程的推进顺序不当，系统资源既可能是可重用资源，也可能是消耗型资源。关于可重用资源产生死锁存在以下4个必要条件：

(1) 互斥条件：又称独占条件，即任一时刻只能有一个进程使用某一资源。

(2) 占用并等待条件：又称部分分配条件，即进程占用部分资源后还在等待分配其他的资源。

(3) 非抢占条件：进程已获得的资源，不经进程自愿释放，不能剥夺这个资源。然而，在许多情况下又非常需要以上条件。例如，为保证结果的一致性和数据库的完整性就需要互斥，一般情况下资源不能随意被抢占，特别是数据资源。抢占还必须有撤回恢复机制的支持，以使进程能回到原始状态并重新执行。

(4) 循环等待条件：在一个进程链中，每个进程至少占有一个其他进程所必需的资源，从而形成一个等待链，如图 4.2 所示。

前 3 个条件是导致死锁的必要而非充分条件，可能 3 个条件都成立，但系统中并无死锁。事实上前 3 个条件也潜藏着第 4 个条件。如果存在前 3 个条件，就可能有一系列事件形成不可解除的循环等待。这种不可解除的循环等待事实上就是死锁。

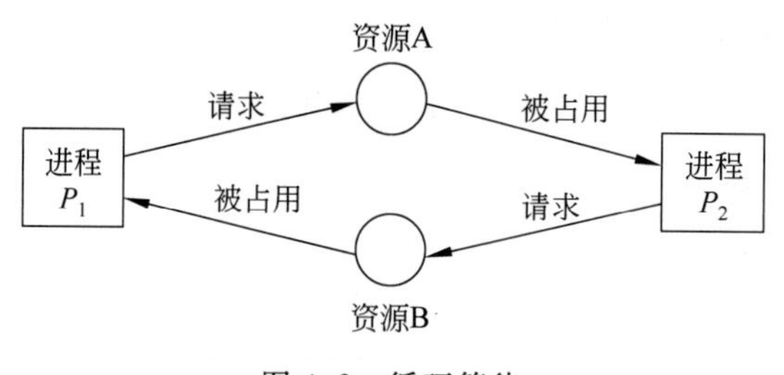

图 4.2 循环等待

4.2 死锁处理

为了使系统不发生死锁,必须设法破坏产生死锁的四个必要条件之一,或者允许死锁产生,但当死锁发生时能检测出死锁,并有能力实现恢复。

所以,归纳起来,我们可以采用如下的策略之一来解决死锁问题:

- 采用静态分配方法来预防死锁;
- 采用有控分配方法来避免死锁;
- 当死锁发生时检测出死锁,并设法恢复。

4.2.1 死锁预防

死锁预防就是预先防止死锁发生的可能性。预防死锁的方法可分为两类:间接方法和直接方法。间接方法是防止出现产生死锁的前3个条件,直接方法是防止第4个条件即循环等待的出现。下面分别讨论与这4个条件相关的技术。

1. 互斥

一些资源(例如文件)允许多个读访问,只有写操作是互斥执行的。在这种情况下如果有多个进程要进行写操作,也将会产生死锁。可用第3章介绍的解决互斥问题的思想和技术来解决有关由于互斥条件不满足而产生的死锁问题。

2. 占用并等待

为了破坏占用并等待条件,进程在执行前请求分配其所需的资源,并且阻塞该进程直至所有请求同时满足。这个方法有两点不足,首先进程被延迟运行,进程需要等待很长时间才能使其所有的资源请求都被满足。但事实上,很多情况下只需其中一部分资源进程就可执行;其次资源严重浪费,分配给一个进程的资源可能在相当长的时间内不被使用,而在此期间其他进程也无法使用。

3. 非抢占

有几种破坏非抢占条件的方法。一种方法是,拥有某种资源的进程在申请其他资源遭到拒绝时,它必须释放其占有的资源,如果以后有必要,它可再次申请上述资源。另一种方法为,当一进程申请的资源正被其他进程占用时,可通过操作系统抢占这一资源,但当两个进程的优先级相同时,这个方法不能防止死锁。在实践中,后一种方法仅适于那些状态容易保留和恢复的资源,例如,处理机。此外,这种策略还可能因为反复地申请和释放资源,而使进程的执行无限地推迟,不仅延长了进程的周转时间,还增加了系统开销,降低了系统吞吐量。

4. 循环等待

通过将不同类型的资源定序可破坏循环等待条件。如果一个进程已得到类型为 R 的资源,那么以后它只能申请在 R 次序之后的资源。

为了解其具体工作过程,为每种资源类型建立索引,于是,如果 R_i 在 R_j 之前,那么 $i<j$。假设有两个进程 A 和 B,A 申请 R_i 和 R_j,并且 B 申请 R_j 和 R_i,那么,这种情况下死锁不会发生,即 A 和 B 的请求不会被同时接受。因为如果 A 和 B 的申请都被接受,就意味着 $i<j$ 且 $j<i$,这显然是矛盾的。

这种预防死锁的策略与前三种策略比较,其资源利用率和系统吞吐量都有较明显的改善,但也存在些问题:限制了新设备类型的增加;进程使用各类资源的顺序与系统规定的顺序不同而造成资源的浪费;限制了用户简单、自主地编程。

4.2.2 死锁避免

另一个只在细节上与死锁预防方法不同的途径是死锁避免。死锁预防是通过限制对资源的申请至少破坏死锁4个条件中的一个来实现的。这可以通过防止前3个必要条件(互斥,占用并等待,非抢占)中的任一个产生来实现,也可以直接地防止出现循环等待。但此方法同时使资源利用率和进程执行效率大大降低。死锁避免虽然允许出现3个必要条件,不对用户进程的推进顺序加以限制,但是,它是通过有效的选择来确保系统不出现死锁的,死锁避免比死锁预防允许更多的进程并发执行。死锁避免的方法对资源分配的判断是动态的,这就有出现死锁的潜在危险,所以,死锁避免需要知道未来的资源请求信息,在进程申请资源时先判断这次分配是否安全(安全意味着全部进程都可完成),如果安全才实施分配。

死锁避免有以下两种方法:

① 如果进程对资源的申请可能导致死锁,就不启动这个进程。

② 如果进程对资源的申请可能导致死锁,就不给进程分配该资源。

1. 避免启动新进程

对于一个有 n 个进程和 m 个不同类型资源的系统,定义以下向量和矩阵:

$$\text{Resource} = \begin{bmatrix} R_1 \\ \vdots \\ R_m \end{bmatrix} \text{(该向量表示系统拥有的资源数量)}$$

$$\text{Available} = \begin{bmatrix} AV_1 \\ \vdots \\ AV_m \end{bmatrix} \text{(该向量表示系统当前可供使用的资源数量)}$$

$$\text{Claim} = \begin{bmatrix} C_{11} & \cdots & C_{n1} \\ \vdots & & \vdots \\ C_{1m} & \cdots & C_{nm} \end{bmatrix} = (C_{1*} \cdots C_{n*})$$

$$\text{Allocation} = \begin{bmatrix} A_{11} & \cdots & A_{n1} \\ \vdots & & \vdots \\ A_{1m} & \cdots & A_{nm} \end{bmatrix} = (A_{1*} \cdots A_{n*})$$

矩阵 Claim 给出了每个进程对每类资源需求的最大数量,即 C_{ij} 表示"进程 i 对资源 j 的需求量"。这个信息必须预先通知死锁避免算法。矩阵 Allocation 给出了当前分配给每个进程的每类资源的数量。其中,元素 A_{ij} 表示"当前分配给进程 i 的资源 j 的数量"。于是,有以下关系:

① $\sum_{k=1}^{n} A_{k*} + \text{Available} = \text{Resource}$,即所有资源要么为空,要么已分配。

② 对所有的 k,$C_{k*} \leqslant \text{Resource}$,即任一进程都不能申请超出系统拥有的资源数量。

③ 对所有的 k,$A_{k*} \leqslant C_{k*}$,即进程实际分配的资源数量不能超过它原先声明的需求量。

有了以上定义,下面给出死锁避免的规则:

执行一个新进程 P_{n+1},当且仅当 $\text{Resource} \geqslant \sum_{k=1}^{n} C_{k*} + C_{(n+1)*}$,即当且仅当当前所有进程和新进程的最大资源需求量之和能被系统满足时,才能启动一个新的进程。这个方法并不是最优的,因为它考虑的是最坏的情况,即所有的进程都使用它们最大的资源需求量。这会导致很多实际上可以运行的进程被剥夺了运行的权利。

2. 避免分配资源

避免分配资源也称作 Banker(银行家)算法,该算法最先由 Dijkstra 提出。我们首先定义状态和安全状态两个概念。设有一个有固定进程资源数的系统,系统的状态是指资源分配给进程的情况,故状态包括 Resource 和 Available 两个向量,Claim 和 Allocation 两个矩阵。安全状态是指进程至少能以一种顺序执行完毕而不会导致死锁的状态。

下面的例子说明了这些概念。图 4.3(a)给出了一个包含 4 个进程和 3 种资源的系统的状态。资源 R_1,R_2 和 R_3 分别含有 9、3 和 6 个例示。当前,资源已分配给 4 个进程,只有 R_2 和 R_3 有 1 个空闲例示,问题在于这个状态安全吗?为解答这个问题先来看一个更深入

Claim

	P_1	P_2	P_3	P_4
R_1	3	6	3	4
R_2	2	1	1	2
R_3	2	3	4	2

Allocation

	P_1	P_2	P_3	P_4
R_1	3	6	3	4
R_2	2	1	1	2
R_3	2	3	4	2

Available

R_1	0
R_2	1
R_3	1

(a)

Claim

	P_1	P_2	P_3	P_4
R_1	3	0	3	4
R_2	2	0	1	2
R_3	2	0	4	2

Allocation

	P_1	P_2	P_3	P_4
R_1	1	0	2	0
R_2	0	0	1	0
R_3	0	0	1	0

Available

R_1	6
R_2	2
R_3	3

(b)

Claim

	P_1	P_2	P_3	P_4
R_1	0	0	3	4
R_2	0	0	1	2
R_3	0	0	4	2

Allocation

	P_1	P_2	P_3	P_4
R_1	0	0	2	0
R_2	0	0	1	0
R_3	0	0	1	2

Available

R_1	7
R_2	2
R_3	2

(c)

Claim

	P_1	P_2	P_3	P_4
R_1	0	0	0	4
R_2	0	0	0	2
R_3	0	0	0	2

Allocation

	P_1	P_2	P_3	P_4
R_1	0	0	0	0
R_2	0	0	0	0
R_3	0	0	0	2

Available

R_1	9
R_2	3
R_3	4

(d)

图 4.3 安全状态的判定

的问题：利用现有资源，这4个进程都能执行完毕吗？显然 P_1 不可能，P_1 只占有 R_1 的1个例示，却申请 R_1 的两个例示，R_2 的两个例示和 R_3 的两个例示。然而将 R_3 的1个例示分配给 P_2，则 P_2 分配到最大需求，于是 P_2 可以完成。P_2 完成后它所占用的资源将成为可用资源，这时的状态如图4.3(b)所示。现在每个进程就都能执行完毕了。假设先执行 P_1，P_1 完成后状态如图4.3(c)所示，下一步完成 P_3 后状态如图4.3(d)，最后完成 P_4。所以图4.3(a)中的状态是安全状态。

死锁避免方法保证了系统永远处于安全状态。具体方法如下，当进程发出资源请求时，假设满足其请求并相应修改系统状态，再判断系统是否处于安全状态，如果是就满足该请求，如果不是就阻塞该进程，直到满足其请求后系统仍处于安全状态为止。

考虑图4.4(a)定义的系统状态。假设 P_2 申请 R_1 的1个例示和 R_3 的1个例示，且系统满足其要求，于是有状态如图4.4(a)所示，这是一个安全状态，所以满足这个请求是安全的。回到图4.4(a)所示的状态，假定 P_1 申请 R_1 和 R_3 各一个例示，且满足该申请，于是有状态如图4.4(b)所示。这个状态是不安全的，因为每个进程都还要 R_1 的1个例示，而这是不能满足的。因此，根据死锁避免规则，P_1 的要求被拒绝而且 P_1 被阻塞。

需要指出的是，图4.4(b)所示的状态并不是死锁状态，它仅仅有发生死锁的潜在危险。例如，P_1 在需要这些资源之前可能先释放 R_1 的1个例示和 R_3 的1个例示，这时系统就会进入安全状态。所以，死锁避免仅仅是在某种程度上预防死锁的发生。

Claim

	P_1	P_2	P_3	P_4
R_1	3	6	3	4
R_2	2	1	1	2
R_3	2	3	4	2

Allocation

	P_1	P_2	P_3	P_4
R_1	1	5	2	0
R_2	0	1	1	0
R_3	0	1	1	2

Available

R_1	1
R_2	1
R_3	2

(a) 安全状态

Claim

	P_1	P_2	P_3	P_4
R_1	3	6	3	4
R_2	2	1	1	2
R_3	2	3	4	2

Allocation

	P_1	P_2	P_3	P_4
R_1	2	5	2	0
R_2	0	1	1	0
R_3	1	1	1	2

Available

R_1	0
R_2	1
R_3	1

(b) 不安全状态

图4.4 非安全状态的判定

图4.5所示的算法是由Krakowiak和Beeson给出的。系统状态由数据结构state描述，request[*]是用于定义进程 i 所需资源例示数的向量。首先，进行检查以确认资源申请没有超过进程最初声明的需求量。如果资源申请合法，下一步就决定是否满足该申请，即是否有足够的可用资源。如果没有，则进程将被挂起。如果有，则最后一步检查满足该请求后系统是否是安全的。为此，资源将暂时分配给进程 i，于是就可以用图4.5(c)所示的算法检测其安全与否。

死锁避免的优点在于它不像死锁检测那样必须抢占并撤回进程，而且它比死锁预防的限制少。然而死锁避免也有不少缺点和限制：

① 进程要预先声明资源的最大需求量，而且在系统运行过程中，考查每个进程对各类资源的申请需花费较多的时间。

```
type state=record
        resource, available: array [0..m - 1] of integer;
        claim, allocation: array [0..n - 1,0..m - 1] of integer
      end
```

(a) 全局数据结构

```
if allocation [i, * ]+request [ * ]>claim [i, * ] then
<error>       {total request>claim}
else
  if request [ * ]>available [ * ] then
  <suspend process>
else
  <define newstate by:
  allocation [i, * ]:=allocation[i, * ]+request[ * ]
  available[ * ]:=available[ * ] - request[ * ]>
end;
if safe (newstate) then
  <carry out allocation>
else
    <restore original state>;
    <suspend process>
  end
end
```

(b) 资源分配算法

```
function safe (state:S):boolean;
    var currentavail: array[0..m - 1] of integer;
        rest: set of process;
    begin
    currentavail:=available;
    rest:={all processes};
    possible:=ture;
    while possible do
      find a Pk in rest such that
        claim[k, * ] - allocation [k, * ]<currentavail;
      if found then {simulate execution of P}
    currentavail:=currentavail+allocation[k, * ];
        rest:=rest - {Pk}
      else
        possible:=false
      end
    end;
    safe:=(rest=null)
end.
```

(c) 银行家算法

图 4.5　死锁避免算法

② 进程必须是独立的，即进程的执行顺序不受同步要求的约束。

③ 资源和进程的数目必须固定。

4.2.3 死锁检测

死锁预防的方法是非常保守的。它们是通过限制对资源的访问和对进程加以种种约束来解决死锁问题的。死锁检测则走向另一个极端。它对访问资源和进程没有任何约束，只要有可能资源就分配给发出请求的进程。操作系统只是周期地执行检测循环等待条件的算法。

为此，系统必须保存有关资源的请求和分配信息以及提供一种算法，利用这些信息来检测系统是否已进入死锁状态。

可以在每次申请资源时进行死锁检测，也可以少检测一些，这取决于系统发生死锁的频繁程度。每次在申请资源前进行死锁检测有两个好处，它可以更早检测到死锁，而且其算法相对简单。但是，这种频繁的检测也耗费了相当多的处理机时间。只有在可接受的、恢复能够实现的前提下，死锁的检测才是有价值的。

死锁的检测采用资源请求分配图的化简来判断是否发生了不安全状态。资源分配图是一种有向图，表示进程与资源之间的关系。图中进程用圆圈表示，资源用方框表示。由资源指向进程的有向边表示该资源已分配给此进程(称为分配边)，由进程指向资源的有向边表示进程正申请此资源(称为请求边)。

检测死锁算法的基本思想是：在某时刻 t，求得系统中各类可利用资源的数目向量 $w(t)$，对于系统中的一组进程 $\{p_1, p_2, \cdots, p_i, \cdots, p_n\}$，找出那些对各类资源请求数目均小于系统现在所拥有的各类资源数目的进程。我们可以认为这样的进程能够获得它们所需要的全部资源并运行结束。当它们运行结束后释放所占有的全部资源，从而使可用资源数目增加，这样的进程加入到可运行结束的进程序列 L 中，然后对剩下的进程再作上述考查。如果一组进程 $\{p_1, p_2, \cdots, p_n\}$ 中有几个进程不属于序列 L 中，那么它们会被死锁。

死锁的检测是在需要的时刻执行的，通常的方法是在 CPU 的使用率下降到一定的阈值时实施检测。当发现系统处于不安全状态时，就要执行死锁的恢复策略。

4.2.4 死锁恢复

一旦检测到死锁，就要有恢复的方法，恢复死锁的基本方法是剥夺。以下是一些可能的方法，它们以复杂度增加的次序排列：

(1) 杀死所有的死锁进程。这是操作系统中最常用的方法。

(2) 所有的死锁进程都退回到原来已定义的检测点，然后重新执行它们。这要求系统有撤回和重启机制。这种方法的危险性在于原来的死锁可能再次出现，而并发进程的不确定性常常使死锁可能不再发生。

(3) 逐个杀死死锁进程直至死锁消除。杀死进程的顺序根据开销最小的原则确定。每杀死一个进程后都要调用检测算法检测死锁是否存在。

(4) 逐个抢占其他进程的资源直到死锁不再存在。同第(3)点一样也要根据开销来选择抢占哪个进程的资源，然后在每次抢占之后执行检测算法。资源被抢占的进程必须撤回到它拥有该资源之前的某一点。

第(3)点和第(4)点中的选择标准如下:

- 已耗用处理机时间最少的进程;
- 已产生的输出最少的进程;
- 为执行完毕还需时间最长的进程;
- 已分配的资源最少的进程;
- 最低优先级的进程。

上述标准中,有些标准难于度量,预测进程还需要多长时间才能完成尤其困难,而且除了优先级以外,对整个系统而言,开销的大小也不明确。

实际中对死锁的检测常常由计算机操作员来处理,而不是由系统本身来完成,操作员最终将注意到一些进程处于阻塞状态,经进一步观察,将察觉死锁已产生。通常恢复方法是人工抽去一些作业,释放它们占有的资源,再重新启动系统。

4.2.5 处理死锁的综合方法

如表4.1所示,处理死锁的方法各有其优点和缺点,在不同的环境中使用不同的方法就比只用一种方法要好得多,例如:

(1) 对资源进行分类。

(2) 对不同类的资源使用资源定序的方法,这样可以防止不同资源类因循环等待而出现的死锁。

(3) 对每一类资源,分别使用其最佳的处理方式。

例如,可将资源作如下分类:

- 可交换空间。每个用户作业的辅助存储空间。
- 作业资源。可分配的设备和文件。
- 主存。以页/段的形式给用户作业分配内存。
- 内部资源。系统使用的资源,如I/O通道等。

利用混合方法对每一类资源处理如下:

- 可交换空间。由于最大存储空间的请求通常是知道的,因此,可使用死锁避免中的预分法。
- 作业资源。由于从进程控制块中可获取资源请求的信息,所以,可以采用死锁避免的方法。通过资源定序来预防死锁也是一个可行的方法。
- 主存。由于作业总可以被交换出来,而且主存可以抢占,因而可以采用抢占主存的方法防止死锁。
- 内部资源。使用资源定序的方法预防死锁。

4.3 哲学家用餐问题

哲学家用餐问题可以描述如下:5个哲学家聚在一起思考问题和用餐。他们共用一个由5把椅子围起的圆桌,每把椅子归一个哲学家使用。桌子中间是一些饭菜,桌子上还有5个碟子和5根筷子。当一个哲学家思考问题时,他并不影响他的同事。当哲学家需用餐时,就去拿最靠近他的两根筷子,一个哲学家一次只能拿一根筷子,当然不能拿已在邻近位置上同事手中的筷子。当一个哲学家拿到两根筷子后，他就用餐而不放下筷子。当用餐完毕后，就把手中的筷子放回原处后再思考问题，如图 4.6 所示。

这个问题最早由 Dijkstra 提出并解决的，它是一个死锁和饥饿的典型问题，也是一大类并发控制所面临的问题。

下面给出了使用信号量解决此问题的一种方法。每个哲学家先拿其左边的筷子然后再拿右边的筷子。哲学家用完餐后再将筷子放回原来的位置。这种解决方法将导致死锁。例如，当所有的哲学家都想用餐时，他们都会拿起各自左边的筷子。这时他们的右边就不再有筷子，于是所有的哲学家只有挨饿。

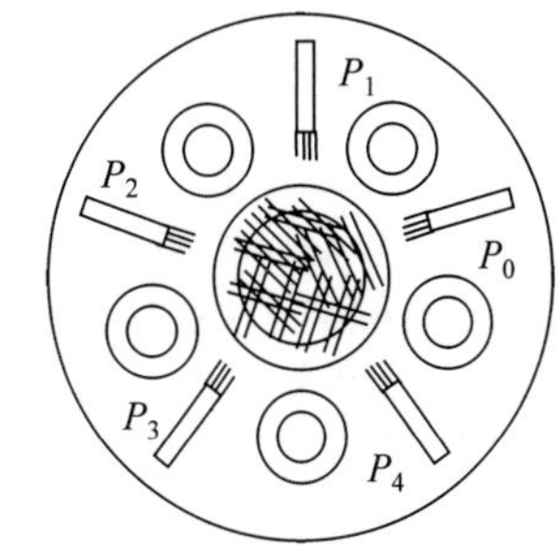

图 4.6 哲学家用餐问题

```
program diningphilosophers;
var fork: array[0..4] of semaphore (:=1);
       i:integer;
procedure philosopher (i:integer);
begin
  repeat
    think;
    wait (fork[i]);
    wait (fork[(i+1) mod 5]);
    eat;
    signal (fork [(i+1) mod 5]);
    signal (fork[i])
  forever
end;
begin
  parbegin
  philosopher (0);
  philosopher (1);
  philosopher (2);
  philosopher (3);
  philosopher (4);
  parend
end.
```

为避免死锁，可以只允许不超过 4 个哲学家同时用餐。这样就至少有一个哲学家可以得到两根筷子。下面给出了另一种使用信号量的解决方法。这个方法可避免死锁和饥饿。

```
program diningphilosophers;
var fork: array[0..4] of semaphore(:=1);
       room:semaphor(:=4);
       i:integer;
procedure philosopher (i:integer);
begin
  repeat
    think;
```

```
    wait (room);
    wait (fork[i]);
    wait (fork [(i+1) mod 5]);
    eat;
    signal (fork [(i+1) mod 5]);
    signal (fork [i]);
    signal (room)
  forever
end;
begin
  parbegin
    philosopher (0);
    philosopher (1);
    philosopher (2);
    philosopher (3);
    philosopher (4);
  parend
end.
```

小 结

死锁是由于进程间相互竞争系统资源或因进程间通信而引起的一种阻塞现象。如果操作系统不采取特别的措施,这种阻塞将永远存在。死锁可能涉及到可重用资源和消耗型资源,消耗型资源在被进程占用时即消失。可重用资源是不因使用而受到破坏的资源。

处理死锁的方法通常有3种:死锁预防、死锁避免、死锁检测和恢复。死锁预防通过破坏产生死锁的4个必要条件而保证不会出现死锁。死锁避免是通过对资源请求是否有可能导致死锁的分析来避免发生死锁的可能性。在操作系统随时满足资源请求时就要用到死锁检测。操作系统检测到死锁并采取措施消除死锁。

习 题

4.1 设当前的系统状态如下:

available

R_1	R_2	R_3	R_4
2	1	0	0

process	current allocation				maximum demand				still needs			
	R_1	R_2	R_3	R_4	R_1	R_2	R_3	R_4	R_1	R_2	R_3	R_4
P_1	0	0	0	2	0	0	1	2				
P_2	2	0	0	0	2	7	5	0				
P_3	0	0	3	4	6	6	5	6				
P_4	2	3	5	4	4	3	5	6				
P_5	0	3	3	2	0	6	5	2				

(1) 计算各个进程的 still needs。

(2) 系统是否处于安全状态？为什么？

(3) 系统是否死锁？为什么？

(4) 哪些进程可能死锁？

4.2 (1) 假设3个进程共享4个资源，每个进程一次只能预定或释放一个资源，每个进程最多需要两个资源，证明这样做不会发生死锁。

(2) 假设 N 个进程共享 M 个资源，每个进程一次只能预定或释放一个资源，每个进程最多需要 M 个资源，所有进程总共的需求少于 $M+N$ 个资源，证明此时不会发生死锁。

4.3 假设有两种类型的哲学家，一种类型的哲学家总是首先拿其左边的筷子，称为 lefty，另一种总是首先拿其右边的筷子，称为 righty，lefty 的行为已在4.3节中定义过，righty 的行为定义如下：

```
beign
  repeat
    think;
    wait (fork [(i+1) mod 5]);
    wait (fork [i]);
    eat;
    signal (fork [i]);
    signal (fork [(i+1) mod 5])
  forever
end;
```

证明以下结论(在餐桌上至少各有一名 lefty 和 righty 型的哲学家)：

(1) 任何一种座位排列都能避免死锁。

(2) 任何一种座位排列都能避免饥饿。

第5章 内存管理

冯·诺依曼的存储机制要求任何一个程序必须装入内存才能执行，现代计算机系统就是基于这种机制的。在计算机系统中，内存管理在很大程度上影响着这个系统的性能，这使得存储管理成为人们研究操作系统的中心问题之一。

现代计算机系统中的存储器通常由内存（primary storage）和外存（secondary storage）组成。CPU 直接存取内存中的指令和数据，内存的访问速度快，但容量小、价格贵；外存不与 CPU 直接交互，用来存放暂不执行的程序和数据，但可以通过启动相应的 I/O 设备进行内、外存信息的交换，外存的访问速度慢，但容量大大超过内存的容量，价格便宜。虽然随着硬件技术和生产水平的迅速发展，内存的成本急速下降，但是，内存容量仍是计算机资源中最关键且最紧张的资源。因此，对内存的有效管理仍是现代操作系统中十分重要的问题。

5.1 概　　述

5.1.1 基本概念

CPU 能直接存取指令和数据的存储器是内存，也称主存、实存，它的结构和实现方法将很大程度地决定整个计算机系统的性能，内存的大小由系统硬件决定，是实实在在的存储，它的存储容量受到实际存储单元的限制。它是现代计算机系统操作的中心。如图 5.1 所示，CPU 和 I/O 系统都要和内存打交道。

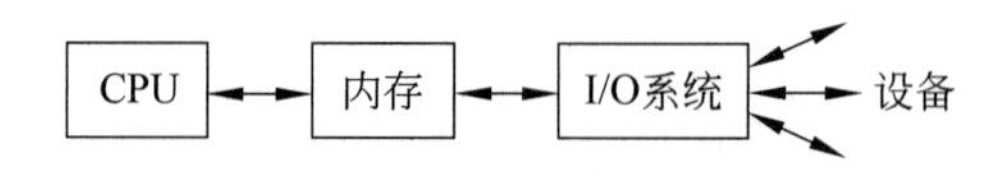

图 5.1　内存在计算机系统中的地位

内存用来存放内核、程序指令和数据，计算机当前要用到的每一项信息都存放在内存的特定单元中。内存是一个由字或字节构成的大型一维数组，每一个单元都有自己的地址，通过对指定地址单元进行读/写操作来实现对内存的访问。

1. 存储器的层次

尽管内存的访问速度大大高于外存，还是不能与高速的 CPU 相匹配，从而影响整个系统的处理速度。为此，往往把存储器分为 3 级，采用高速缓存器来存放 CPU 近期要用的程序和数据，如图 5.2 所示。高速缓存器由硬件寄存器构成，其存取速度比内存快，但成本远远高于内存，因此，在一个实际系统中的高速缓存器的容量不会很大。往往把某段程序或数据预先从内存调入高速缓存，CPU 直接访问高速缓存，从而减少 CPU 访问内存的次数，提高系统处理速度。

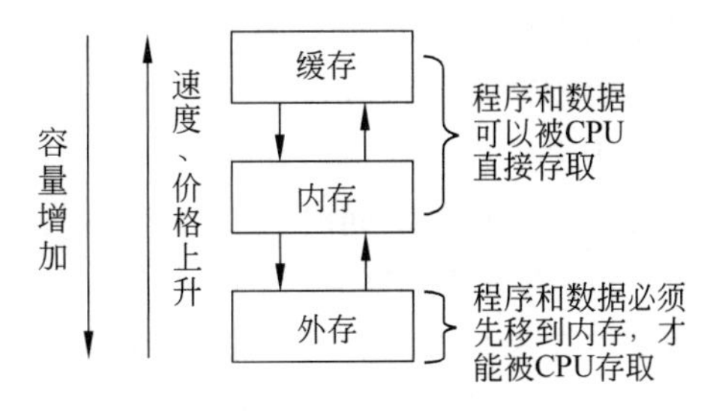

图 5.2 3 级存储器结构

在图 5.2 所示的 3 级存储器结构中，从高速缓存到外存，其容量愈来愈大，如缓存的容量为 128KB～256KB，而内存可达到 256MB；访问数据的速度则愈来愈慢，价格也愈来愈便宜，如 IBM 缓存的最大传输速度为每字 120ns～225ns，内存的传输速度为每字 1μs。由于本章主要介绍内存管理，因此，不对缓存作详细介绍。

2. 存储管理

系统中内存的使用一般分为两部分：一部分为系统空间，存放操作系统本身及相关的系统数据；另一部分为用户空间，存放用户的程序和数据。在单道程序系统中，内存一次只调入一个用户进程，并且该进程可以使用除操作系统占用外的所有内存空间，存储管理就是分配和回收内存区。

在多道程序系统中，多个作业可以同时装入内存，因而对存储管理提出了一系列要求：如何有效地将内存分配给多个作业，如何共享和保护内存等，存储管理既要提高存储资源的利用效率，同时又要方便用户使用，因此要求存储管理具有内存空间管理、地址转换、内存扩充、内存共享和保护等功能。

(1) 内存空间管理

内存空间管理负责记录每个内存单元的使用状态，负责内存的分配与回收。内存分配有静态分配和动态分配两种方式。静态分配不允许作业在运行时再申请内存空间，在目标模块装入内存时就一次性地分配了作业所需的所有空间；而动态分配允许作业在运行时再请求分配附加空间，在目标模块装入内存时只分配了作业所需的基本内存空间。

采用动态分配方法的系统中，常使用合并自由区的方法，使一个空区尽可能地大。

(2) 地址转换

程序在装入内存执行时对应一个内存地址，而用户不必关心程序在内存中的实际位置。用户程序一旦编译之后每个目标模块都以 0 为基地址进行编址，这种地址称为相对地址或逻辑地址，而内存中各个物理存储单元的地址是从统一的基地址顺序编址，此地址又称为绝对地址或物理地址。当内存分配确定后，需要将逻辑地址转换为物理地址，这种转换过程称为地址转换，也叫重定位。

(3) 内存扩充

内存的容量是受实际存储单元限制的，而运行的程序又不受内存大小的限制，这就需要用有效的存储管理技术来实现内存的逻辑扩充。这种扩充不是增加实际的存储单元，而是通过虚拟存储、覆盖、交换等技术来实现的。内存扩充后，就可执行比内存容量大得多的程序。存储扩充需要考虑放置策略、调入策略和淘汰策略。

(4) 内存的共享和保护

为了更有效地使用内存空间，需要共享内存。共享指共享在内存中的程序或数据。例如,当两个进程都要调用C编译程序时,操作系统只把一个C编译程序装入内存,让两个进程共享内存中的C编译程序,这样可以减少内存空间占有,提高内存的利用率。再者,内存共享可实现两个同步进程访问内存区。

由于多道程序共享内存,每个程序都应有它单独的内存区域,各自运行,互不干扰。当多道程序共享内存空间时,就需要对内存信息进行保护,以保证每个程序在各自的内存空间正常运行;当信息共享时,也要对共享区进行保护,防止任何进程去破坏共享区中的信息。常用的内存保护方法有硬件方法、软件方法和软硬件结合方法。硬件方法包括界地址保护法和存储访问键方法。界地址保护法是为每个进程设置上下界地址。存储访问键法为每一个受保护的存储块分配一个保护键,不同的进程有不同的权限代码,仅当权限代码和存储保护键匹配时才允许访问。

5.1.2 虚拟存储器

在实存储器存储管理方式中,要求作业在运行前先全部装入内存,这是一种对内存空间的严重浪费,因为实际上有许多作业在每次运行时,并非用到其全部程序。再者,作业装入内存后,就一直驻留在内存中直到作业运行结束,其中有些程序运行一次后就不再需要运行了,却长期占据着内存资源,使得一些需要运行的作业无法装入内存运行,从而降低了内存的利用率,减少了系统的吞吐量,为此,引入了虚拟存储器。

虚拟存储器并不是以物理方式存在的存储器,而是具有请求调入和交换功能、能从逻辑上对内存容量进行扩充、给用户提供了一个比真实的内存空间大得多的地址空间,在作业运行前可以只将一部分装入内存便可运行的、以逻辑方式存在的存储器。虚拟存储器并不是实际的内存,这样的存储器实际上并不存在,只是由于系统提供了自动覆盖功能后,给用户造成的一种幻觉,仿佛有一个很大的内存供他使用一样。虚拟内存的容量比实际内存空间大得多,其逻辑容量由内存和外存容量之和所决定,其运行速度接近于实际内存速度,而每位的成本都又接近外存。虚拟存储技术将内存和外存有机地结合起来,把用户地址空间和实际的存储空间区分开来,在程序运行时将逻辑地址转换为物理地址,以实现动态定位,所以实现虚拟存储技术的物质基础是:

- 有相当容量的辅助存储器以存放所有并发作业的地址空间;
- 有一定容量的内存来存放运行作业的部分程序;
- 有动态地址转换机构(DAT),实现逻辑地址的转换。虚拟存储器的核心,实质上是让程序的访问地址和内存的可用地址相脱离。

具体实现和管理虚拟存储器的技术主要有:分页(paging)、分段(segmentation)以及段页式(segmentation with paging)存储管理技术等。

虚拟存储器最显著的特点是虚拟性,在此基础上它还有离散性、多次性和交换性等基本特征。

(1) 虚拟性

虚拟性是指在逻辑上扩大了内存容量,使得用户所看到的内存地址空间远大于实际内存的容量。例如,实际内存只有4MB,而用户程序和数据所用的空间都可以达到20MB或者更多。这是虚拟存储器所表现出来的最重要的特征,也是实现虚拟存储器的最重要目标。

(2) 离散性

离散性是指内存在分配时采用的是离散分配方式。一个作业分多次装入内存，在装入时占用的内存也不是彼此连续的，而有可能是散布在内存的不同地方，从而避免内存空间的浪费。如将作业装入一个连续的内存区域中，就会需要事先为它一次性地申请足够大的内存空间，就会使一部分内存空间暂时处于空闲状态，而采用离散分配方式，在需调入某些程序和数据时再申请内存空间，就避免了内存空间的浪费。

(3) 多次性

多次性是指一个作业不是全部一次性地装入内存，而是分成若干部分，当作业要装入时，只需将当前运行的那部分程序和数据装入到内存，以后运行到其他部分时，再分别把它们从外存调入内存。这是任何其他存储管理方式都不具备的特征。因此，可以认为虚拟存储器是具有多次性特征的存储器系统。

(4) 交换性

交换性是指在一个进程运行期间，允许将那些暂不使用的程序和数据，从内存调至外存的交换区，以腾出尽量多的内存空间使其他运行进程调入内存使用，并且被调出的程序和数据在需要时再调入内存中。这种换出、换进技术能有效地提高内存利用率。

5.1.3 重定位

内存有物理内存和逻辑内存两个概念。物理内存由系统实际提供的存储单元所组成，相应的，由内存中的一系列存储单元所限定的地址范围称为内存空间，也称物理空间或绝对空间；而逻辑内存不考虑物理内存的大小和信息存放的实际地址，只考虑相互关联的信息之间的相对位置，其容量只受计算机地址位的限制。若处理器有 32 位地址，则它的虚拟地址空间为 2^{32}，约 4000MB，程序中的逻辑地址范围叫做逻辑地址空间，也称为地址空间。

在多数情况下，一个作业在装入时分配到的存储空间和它的地址空间是不一致的，因此，作业在 CPU 上运行时，其所要访问的指令和数据的实际地址与地址空间的地址不同，这种把地址空间中使用的逻辑地址转换为内存空间中的物理地址的地址转换叫做重定位，也称为地址映射或地址映像。

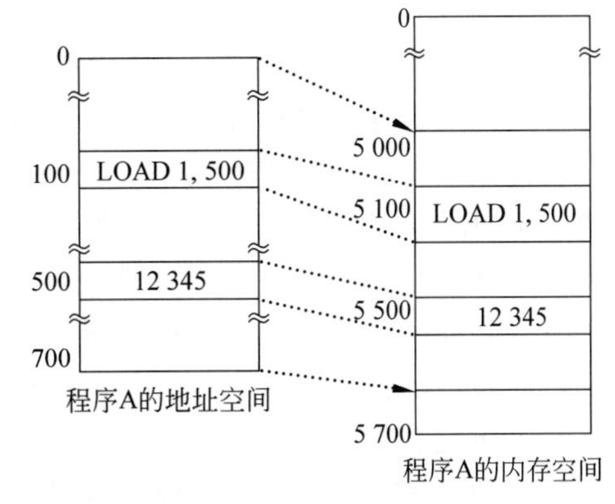

图 5.3 程序装入内存时的情况

用户程序和数据装入内存时，需要进行重定位。图 5.3 表示了程序 A 装入内存前后的情况。在地址空间 100 号单元处有一条指令 LOAD 1, 500，它实现把 500 号单元中的数据 12345 装到寄存器 1 中去。如果现在将程序 A 装入到内存单元 5 000～5700 的空间中，而不进行地址转换，则在执行内存中 5100 号单元中的“LOAD 1,500”指令时，系统仍然会从内存的 500 号单元中取出数据，送到寄存器 1 中，很显然，数据出了错。

由图 5.3 可以看出，程序 A 的起始地址 0 不是内存空间的物理地址 0，它与物理地址 5000 相对应。同样，程序 A 的 100 号单元中的指令放在内存 5100 号单元中，程序 A 的 500

号单元中的数据放在内存5500号单元中。因此,正确的方法是,CPU执行程序A在内存5100号单元中的指令时,要从内存的5500号单元中取出数据(12345)送至寄存器1中,就是说,程序装入内存时要进行重定位。

根据地址转换的时间及采用技术手段的不同,把重定位分为静态重定位和动态重定位两种。静态重定位是在目标程序装入到内存区时由装配程序来完成地址转换;而动态重定位是在目标程序执行过程中,在CPU访问内存之前,由硬件地址映射机构来完成将要访问的指令或数据的逻辑地址向内存的物理地址的转换。

1. 静态重定位

静态重定位是由专门设计的重定位装配程序来完成的。对每个程序来说,这种地址转换只在装入时一次完成,在程序运行期间不再进行重定位。如果物理地址要发生改变,则需要进行重新装入。假设目标程序分配的内存区起始地址为FA,每条指令或数据的逻辑地址为LA,则该指令或数据映射的内存地址MA=FA+LA。例如,经过静态重定位,原100号单元中的指令放到内存5100号单元,该指令中的相对地址500相应变成5500,以后程序A执行时,CPU是从绝对地址5500号单元中取出数据12345,装入到寄存器1中。如果程序A被装入到8000~8700号内存单元中,那么,上述那条指令在内存中的形式将是LOAD 1,8500。依此类推,程序中所有与地址有关的量都要作相应变更。

这种静态重定位方式的优点是,无须增加地址转换机构,在早期的多道程序系统中大多采用此方案。它的主要缺点是,程序的存储空间是连续的一片区域,程序在执行期间不能移动,因而就不能实现重新分配内存,这不利于内存的利用;其次,用户必须事先确定所需的存储量,若所需的存储量超过可用存储空间时,则必须采用覆盖技术;其三,每个用户进程很难共享内存的同一程序的副本,需各自使用一个独立的副本。

2. 动态重定位

动态重定位是靠硬件地址转换来完成的。通常由一个重定位寄存器(RR)和一个逻辑地址寄存器LR组成,其中,RR存放当前程序分配到存储空间的起始位置;LR中存放的是当前被映射的逻辑地址,映射得到的物理地址MA=LR+RR。动态映射过程如图5.4所示,只要改变LR的内容,就可以改变程序的内存空间,实现程序在内存中移动。由于这种地址转换是在作业执行期间随着每条指令的数据访问自动地、连续地进行的,所以称之为动态重定位。

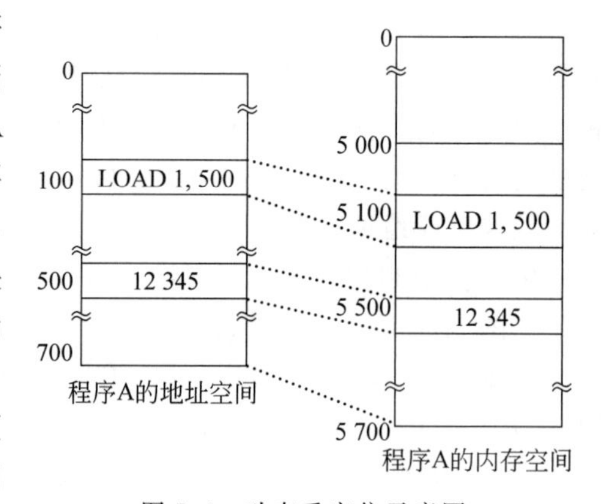

图5.4 动态重定位示意图

动态重定位的优点主要是,内存的使用更加灵活有效,几个作业共享一程序段的单个副本比较容易,并且有可能向用户提供一个比内存空间大得多的地址空间,因而无须用户干预,而由系统负责全部的存储管理,但它需附加硬件支持,且实现存储器管理的软件比较复杂。

5.2 存储管理的基本技术

最基本的4种存储管理技术是分区法、可重定位分区法、覆盖技术、交换技术，下面对它们作简要介绍。

5.2.1 分区法

分区管理是满足多道程序设计的一种最简单的存储管理方法。内存划分成若干个大小不同的区域，除操作系统占用一个区域之外，其余由多道环境下的各并发进程共享。其基本原理是给每一个内存中的进程划分一块适当大小的存储块，以连续存储各进程的程序和数据，使各进程能并发进行。按照分区的划分方式，又分为两种常见的分配方法：固定分区法和动态分区法。

1. 固定分区法

固定分区法就是把内存固定划分为若干个不等的区域，划分的原则由系统决定。在整个执行过程中保持分区长度和分区个数不变。

图5.5为固定分区管理的示意图。为了便于内存分配，系统对内存的管理和控制采取分区说明表这样的数据结构，每一分区对应表中的一位，其中包括分区号，分区大小，起始地址和分区状态，并且内存的分配与释放、内存保护以及地址转换等都通过分区说明表来进行。

当某个用户程序装入内存时，就向系统提出要求分配内存的申请，以及需要多大内存空间，这时系统按照用户的申请去检索分区说明表，从中找出一个满足条件的空闲分区给该程序，并修改分区说明表中的状态栏，将状态置为“已分配”；如果找不到足够的分区，则拒绝为该用户程序分配内存。

当一个用户程序执行完后，就不再使用分给它的分区，于是释放相应的内存空间，系统根据分区的起始地址或分区号在分区说明表中找到相应的表项，并将其状态置为“空闲”。

固定分区法管理方式虽然简单，但内存利用率不高。如图5.5(b)所示，若有作业D提出内存申请，需要64KB空间，系统将分区4分给它，这样，分区4就有64KB的空间浪费了，因为作业D占用这个分区后，不管还有多大的剩余空间，都不能再分配给别的作业使用了。

分区号	大小	起址	状态
1	20KB	20KB	已分配
2	32KB	32KB	已分配
3	64KB	64KB	已分配
4	128KB	128KB	未分配

(a) 分区说明表

地址	内容
0	操作系统
20KB	作业A
32KB	作业B
64KB	作业C
128KB	
256KB	

(b) 存储空间分配情况

图5.5 固定分区的存储分配

2. 动态分区法

动态分区分配是根据进程的实际需要，动态地为它分配连续的内存空间，就是说，各个分区是在相应作业装入内存时建立的,其大小恰好等于作业的大小。为了实现分区分配,系统中设置了相应的数据结构来记录内存的使用情况,常用的数据结构形式有以下两种:

(1) 空闲分区表

图5.6给出了空闲分区表的例子。内存中每一个未被使用的分区对应该表的一个表项,一个表项中包括分区序号、分区大小、分区的起始地址以及该分区的状态。当分配内存空间时,就从中进行查找,如找到合乎条件的空闲区就分配给作业。

序号	分区大小	分区始址	状态
1	64KB	44KB	空闲
2	24KB	156KB	空闲
3	48KB	200KB	空闲
4	30KB	300KB	空闲
5	40KB	480KB	空闲
⋮	⋮	⋮	⋮

图5.6　空闲分区表

(2) 空闲分区链

空闲分区链是使用链指针把所有的空闲分区链接成一条链,为了实现对空闲分区的分配和链接,在每个分区的起始部分设置状态位、分区大小和链接各个分区的前向指针,由状态位指示该分区是否分配出去了;同时,在分区尾部还设置有一后向指针,用来链接后面的一个分区;分区的中间部分是用来存放作业的空闲内存空间,当该分区分配出去后,状态位就由“0”置为“1”,如图5.7所示。

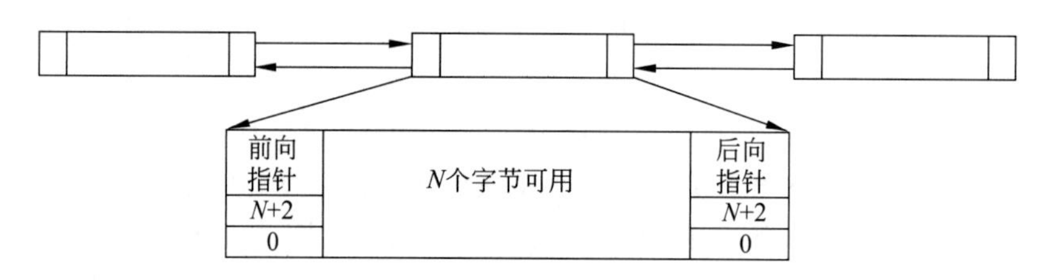

图5.7　空闲分区链结构

采取动态分区法时,开始整个内存中只装有操作系统,当作业申请内存时,系统就查表找一个空闲区,该空闲区应足以放下这个作业,如果大小恰好一样,则把该分区分给这个作业使用,然后在空闲分区表或空闲链中再做相应的修改;如果这个空闲区比作业需要的空间大,则将该区分为两部分,一部分给作业使用,另一部分设置为较小的空闲区,当作业完成后就释放占有的分区,系统会设法将它和邻接的空闲区合并起来,使它们成为一个连续的更大的空闲区。

5.2.2 可重定位分区法

不管是使用固定分区法还是动态分区法,都必须把一个系统程序和用户程序装入一个连续的内存空间中。虽然动态分区法比固定分区法的内存利用率要高,但由于各作业申请和释放内存的结果,在内存中经常可能出现大量分散的小空闲区。内存中这种容量太小、无法被利用的小分区称做“碎片”或“零头”，大量碎片的出现减少了内存中作业的道数，还造成了内存空间的大量浪费。为了使分散、较小的空闲区得到合理的使用，可以定时或在分配内存时就把所有的碎片合并成为一个连续区，也就是说移动某些已分配区的内容，使所有作业的分区紧凑地连在一起，而把空闲区留在另一端，这就是“紧凑”技术。

紧凑过程中作业在内存中要移动，因而所有关于地址的项均得做相应的修改，如基址寄存器、访问内存的指令、参数表和使用地址指针的数据结构等，采用动态重定位技术可以较好地解决这个问题。

动态重定位经常是用硬件来实现的。硬件支持包括一对寄存器，其中一个用于存放用户程序在内存中的起始地址，即基址寄存器；另一个用于表示用户程序的逻辑地址的最大范围，即限长寄存器。如图 5.8 所示，开始时作业 3 的起始地址是 64KB，其作业大小是 24KB，当执行作业 3 时，系统就把它的起始地址放入基址寄存器中，把其作业大小放入限长寄存器中。由于系统对内存进行了紧凑，作业 3 移动到新位置，起始地址变为 28KB。再执行作业 3 时，就把 28KB 和 24KB 分别放入基址寄存器和限长寄存器中。

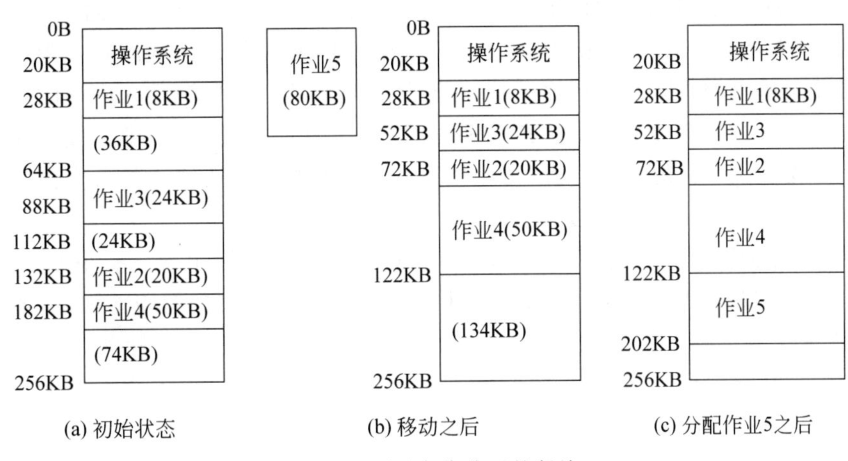

图 5.8 可重定位分区的紧缩

动态重定位的实现如图 5.9 所示。从图中可以看出，作业 3 装入内存后，其内存空间中的内容与地址空间中的内容是一样的，就是说，将用户的程序和数据完全地装入内存中。当调度该作业在 CPU 上执行时，操作系统就自动将该作业在内存的起始地址(64KB)装入基址寄存器，将作业的大小(24KB)装入限长寄存器。当执行 LOAD 1,3000 这条指令时，操作对象的相对地址首先与限长寄存器的值进行比较，如果前者小于后者，则表示地址合法，在限定范围内；然后，将相对地址与基址寄存器中的地址相加，所得的结果就是真正访问的内存地址，如果该地址大于限长寄存器的内容，则表示地址越界，激发相应中断，并进行处理。

动态重定位分区分配算法，与动态分区分配算法基本上相同；差别仅在于：在这种分配算法中，增加了“紧凑”功能，通常是在找不到足够大的空闲分区来满足用户需求时，进行紧凑处理。

5.2.3 覆盖技术

覆盖技术主要用在早期的操作系统中，因为在早期的单用户系统中内存的容量一般少

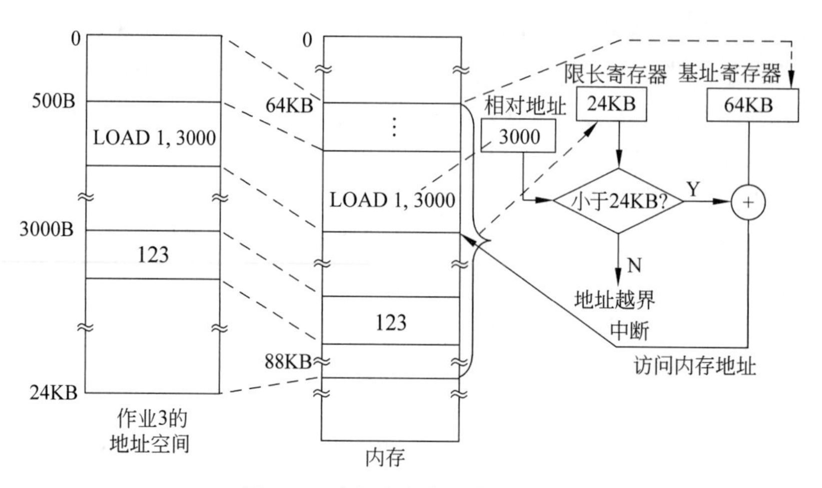

图 5.9　动态重定位的实现过程

于 64KB，可用的存储空间受到相当限制，某些大作业不能一次全部装入内存中，这就发生了大作业和小内存的矛盾。为此，引入"覆盖"管理技术，就是把大的程序划分为一系列的覆盖，每个覆盖是一个相对独立的程序单位，把程序执行时不需要同时装入内存的覆盖构成一组，称之为覆盖段。这个覆盖段中的覆盖都分配到同一个存储区域，这个存储分配区域称为覆盖区，它与覆盖段一一对应。并且，为了使覆盖区能被相应覆盖段中的每个覆盖在不同时刻共享，其大小应由其中最大的覆盖来确定。

覆盖技术要求程序员必须把一个程序划分成不同的程序段，并规定好它们的执行和覆盖顺序，操作系统根据程序员提供的覆盖结构来完成程序段之间的覆盖。因此，要求用户明确地描述作业中各个程序模块间的调用关系，这将加重用户负担。这种覆盖技术的例子如图 5.10 所示。从图中可以看出，程序段 B 不会调用 C，程序段 C 也不会调用 B，因此，程序段 B 和 C 不需要同时驻留在内存，它们可以共享同一内存区；同理，程序段 D、E、F 也可共享同一内存区。整个程序段被分为两个部分，一个是常驻内存部分，称为根程序，它与所有的被调用程序段有关，因而不能被覆盖，图中的程序 A 是根程序；另一部分是覆盖部分，被分为两个覆盖区，一个覆盖区由程序段 B、C 共享，其大小为 B、C 中所要求容量大者，另一个覆盖区为程序段 D、E、F 共享，两个覆盖区的大小分别为 50KB 与 40KB。这样，虽然该进程正文段所要求的内存空间是 190KB，但由于采用了覆盖技术，只需 110KB 的内存空间就可执行。

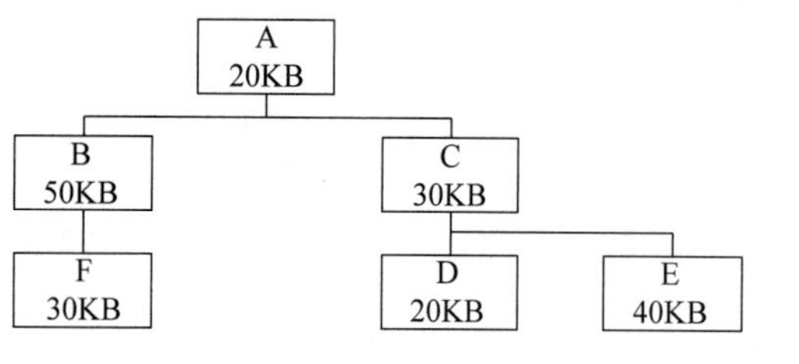

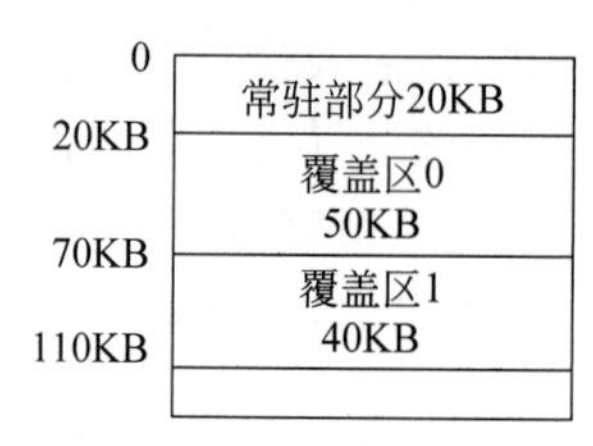

图 5.10　覆盖示例

5.2.4 交换技术

交换技术就是把暂时不用的某个程序及数据的一部分或全部从内存移到外存中去，以便腾出必要的内存空间，或把指定的程序或数据从外存读到相应的内存中，并将控制权转给它，让其在系统上运行的一种内存扩充技术。实际上这是用外存作缓冲，让用户程序在较小的存储空间中，通过不断地换出/换进作业或进程来执行较大的程序。与覆盖技术相比，交换不要求程序员给出程序段之间的覆盖结构。交换主要是在进程或作业之间进行的，而覆盖则主要在同一个作业或进程中进行，而且其只能覆盖与覆盖程序段无关的程序段。

交换进程由换出和换进两个过程组成，换出是把内存中的数据和程序换到外存的交换区，而换进则是把外存交换区中的数据和程序换到内存的分区中。

交换技术是一种很有效的管理技术，通常可以解决如下问题：

- 作业要求增加存储空间，而分配请求受到阻塞。
- CPU 时间片用完。
- 作业等待某一 I/O 事件发生，如等待打印机资源等。
- 紧凑存储空间，需把作业移动到存储空间的新位置上。

交换技术最早被用在 MIT 的兼容分时系统(CTSS)中，任何时刻在该系统的内存中只有一个完整的用户作业，当其运行一段时间后，或由于分配给它的时间片用完，或由于需要其他资源而等待，系统就把它交换到外存上，同时把另一个作业调入内存让其运行。这样，可以在存储容量不大的小型机上实现分时运行，早期的一些小型分时系统多数都是采用这种交换技术。

5.3 分页存储管理

无论是分区技术还是交换技术均要求作业存放在一片连续的内存区域中，这就造成了内存中的碎片问题。可以通过移动信息，利用紧缩法使空闲区变成连续的较大一块来解决问题。这种方法的实质是让存储器去适应程序对连续性的要求，以花费 CPU 时间为代价。另外，分页管理也是解决碎片问题的一种有效办法，它允许程序的存储空间是不连续的，用户程序的地址空间被划分为若干个固定大小的区域，称为“页”。页面的典型大小为 1KB；相应的，也可将内存空间分成若干个物理块，页和块的大小相等。这样，可将用户程序的任一页放在内存的任一块中，实现了离散分配。这时内存中的碎片大小显然不会超过一页。

5.3.1 基本概念

1. 页面和物理块

在分页存储管理中，将一个进程的逻辑地址空间划分成若干个大小相等的部分，每一部分称为页面或页，并且每页都有一个编号，即页号，页号从 0 开始依次编排，如 0，1，2，…。同样，将内存空间也划分成与页面大小相同的若干个存储块，即为物理块或页框。相应地，它们也进行了编号，块号从 0 开始依次顺序排列为 0 号块、1 号块、2 号块……在为进程分配内存时，以块为单位将进程中的若干页分别装入多个可以不相邻的块中。由于进程的最后一页经常装不满一块，而形成不可利用的碎片，称为页内碎片。

页面和物理块的大小是由硬件即机器的地址结构所决定的。在确定地址结构时，若选择的页面较小，一方面可使内存碎片小，并减少了内存碎片的总空间，有利于提高内存的利用率；另一方面，也会使每个进程要求较多的页面，从而导致页表过长，占用大量内存；此外，还会降低页面换出换进的效率。若选择的页面较大，虽然可减少页表长度，提高换进换出的效率，但又会使页内碎片增大。因此，页面的大小应该选择适中，通常页面的大小是2的次幂，大约在512B～4MB之间。

在分页存储管理中，表示地址的结构如图5.11所示。它由两部分组成，前一部分表示该地址所在页面的页号P，后一部分表示页内位移d，即位移量。地址长度为32位，其中0到11为位移量，即每页的大小为4KB，12～31位为页号，表示地址空间最多允许容纳2^{20}个页面。对于某一特定机器来说，它的地址结构是一定的，如果给定的逻辑地址空间中的地址是A，页面大小为L，则页号和位移量d可按下式求得：

$$P = \text{INT}\lfloor A/L \rfloor$$

$$d = [A] \text{ MOD } L$$

其中，INT是向下整除的函数，MOD是取余函数，例如，设某系统的页面大小为1KB，$A=3456$，则$P=3$，$d=384$，用一个数对(P,d)来表示，就是$(3,384)$。

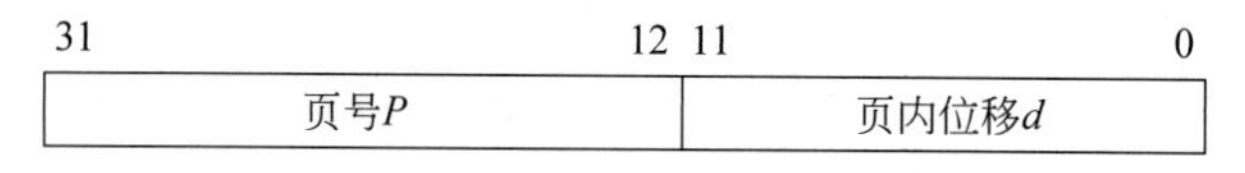

图5.11　分页技术的地址结构

2. 页表

在分页系统中，允许将进程的各个页面离散地装入内存的任何空闲块中，这样，就出现作业的页号连续而块号不连续的情况，但应能在内存中找到每个页面所对应的物理块，为此，系统又为每个进程设立一张页面映像表，简称页表。在进程地址空间内的所有页(0～$n-1$)依次在页表中有一个页表项，其中记载了相应页面在内存中对应的物理块号。进程执行时，按照逻辑地址中的页号去查找页表中对应项，可找到该页在内存中的物理页号。如图5.12所示，页表的作用是实现从页号到物理块号的地址映射，页号2对应内存的5号块。

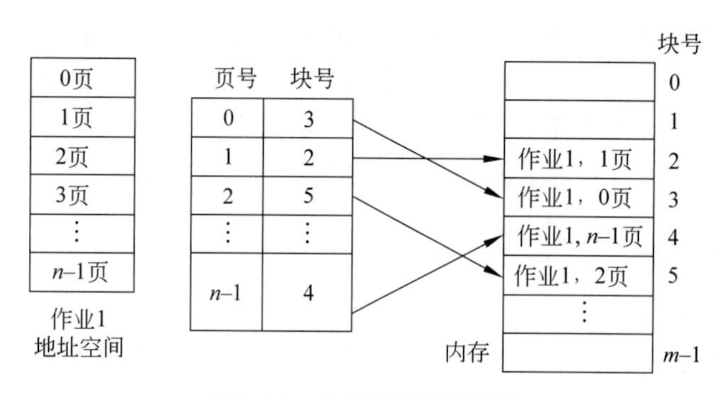

图5.12　分页存储管理系统

另外，页表的表项中常设置一存取控制字段，用于对该存储块中的内容进行保护。如果要利用分页系统去实现虚拟存储器，还需要增加另外的数据项。

3. 分页系统中的地址转换

分页系统最基本的任务是实现逻辑地址到物理地址的转换，由于页内地址与物理地址是一一对应的，因此，地址转换机构实际上只是将逻辑地址中的页号转换为内存中的物理块号；又因为页面映射表的作用就是用于实现从页号到物理块号的转换，因此，地址转换任务是借助于页表来完成的，所以人们有时也把页表称为地址变换表或地址映像表。

(1) 基本的地址转换

通常，页表都放在内存中，页表的功能可以由一组专门的寄存器来实现，一个页表项用一个寄存器。由于寄存器具有很高的访问速度，因而有利于提高地址转换的速度。但由于寄存器成本很高，故只适用于较小的系统中。大多数现代计算机的页表都可能很大，页表项的总数可达到几千到几十万个，显然不可能都使用寄存器来实现，因此，页表大多数驻留在内存中。在系统中设置一个页表寄存器 PTR，用来存放页表在内存中的起始地址和页表的长度。一般进程在没执行时，页表的起始地址是存放在本进程的 PCB 中的，当调度程序调度到某一进程时，才将它们装入到页表寄存器。因此，在单处理机环境下，虽然系统中可以运行多个进程，但只需一个页表寄存器。

当进程要访问某个逻辑地址中的数据时，分页地址转换机构会自动地将相对地址分为页号和页内地址两部分，然后再以页号为索引去检索页表。查找操作由硬件执行，在执行检索之前，先将页号与页表长度进行比较，如果页号大于或等于页表长度，则表示本次所访问的地址已超越进程的地址空间，这一错误将产生一地址越界中断，若未出现错误，则将页表始址与页号和页表长度的乘积相加，便得到该表项在页表中的位置，从而得到该页的物理块号，将物理块号装入物理地址寄存器中，与此同时，再将有效地址寄存器中的页内地址直接送入物理地址寄存器的块内地址字段中。这样，便完成了从逻辑地址到物理地址的转换。图 5.13 给出了分页系统的地址转换机构。

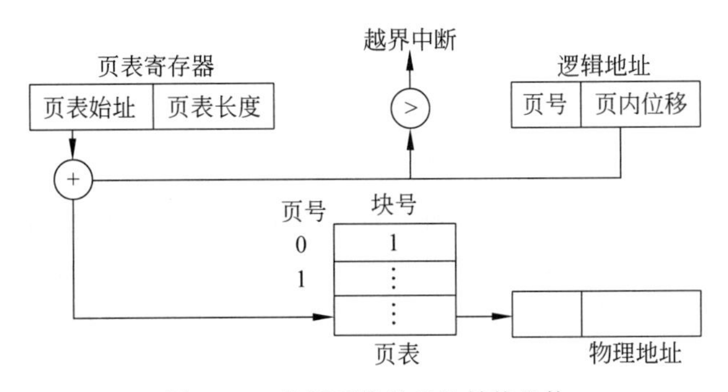

图 5.13　分页系统的地址转换机构

(2) 快表的地址转换

页表存放在内存中，使得 CPU 每要存取一个数据，都要两次访问内存。第 1 次是访问内存中的页表，从中找到该页的物理块号，由此块号与页内位移量 d 形成物理地址；第 2 次访问内存时，才是从第一步所得地址中读/写数据。这将使计算机的处理速度降低近 1/2。为了提高地址转换速度，可在地址转换机构中增设一个具有并行查寻能力的特殊高速缓冲存储器，又称“联想存储器”或“快表”。在 IBM 系统中名为 TLB(Translation Lookaside Buffer)，用以存放当前访问最频繁的那些少量页表项。此时的地址转换过程是，在 CPU 给出有效地址后,由地址转换机构自动地将页号送入高速缓冲存储器,并将此页号与高速缓冲存储器中的所有页号进行比较,若其中有与此相匹配的页号,则表示所要访问的页表项在快表中,就直接读出该页所对应的物理块号,并送物理地址到寄存器中;如对应的页表项不在快表中,还需要再访问内存中的页表,待找到所要访问的页表后,再把页表项中读出的物理地址送入地址寄存器中,同时,还得重新修改快表,将此页表项存入快表中的一个寄存器单元中。但是,如果联想寄存器已满,则操作系统必须找到一个老的并且已被认为不再需要的页表项将它换出。通常联想存储器的命中率为80%～90%。图5.14示出了具有快表的地址转换机构。

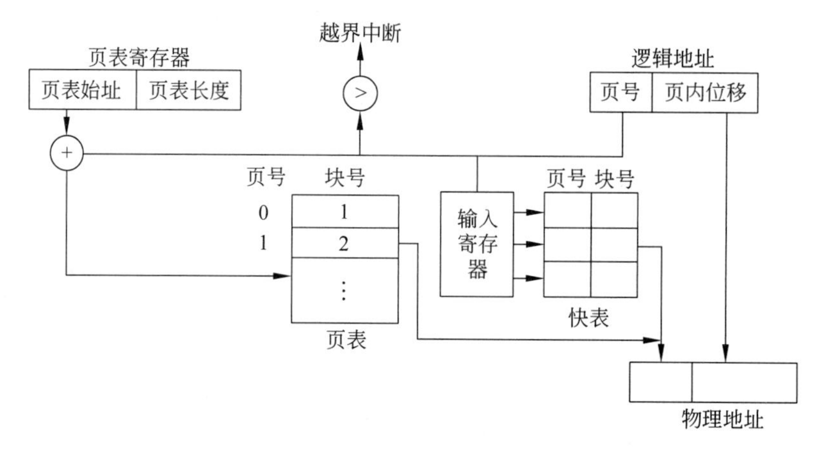

图5.14 具有快表的地址转换机构

一般情况下,使用一组快表仅能装下一个进程所使用的整个页表的一小部分。同时,当一个进程退出CPU而保护CPU现场时,也应保护它的快表内容;当某进程被选中运行而恢复其CPU现场时,同时也恢复它的快表。

5.3.2 纯分页系统

分页存储管理中,以物理块为单位给作业分配存储空间。例如,一个作业的地址空间有m页,那么,只要分配给它m个物理块,每一页分别装入一个物理块内即可,并不需要这些物理块是相互邻接的。所谓纯分页系统就是指在调度一个作业时,必须把它的所有页一次装入到内存的物理块中,如果当时物理块不足,则该作业必须等待,直到有足够的物理块为止,这时系统可再调度另外的作业。

在分页系统中,作业的一页可以分配到存储空间中的任何一个可用的物理块中,作业的地址空间原本是连续的,分页并装入内存后存放在不相邻接的页框内,为了系统的正确运行,在执行每条指令时进行了从逻辑地址到物理地址的转换。为此,利用页表指出该页在内存中的页号。在多道程序设计系统中,为了便于管理和保护,系统为每个装入内存的作业建立一张相应的页表,它的起始地址及大小装入特定的页表寄存器中。除此之外,根据每页内容的不同,可以设置不同的存取限制。所以,在页表的表项中除了包含指向所在页框的指针外,还包含一个存取控制字段,这个表项通常也被称为页描述子。

为了将逻辑地址转换为物理地址,地址转换机构由两部分组成,页号和页内位移,这也组成了逻辑地址。这个页号首先和页表寄存器表中的当前页表大小比较,如果页号太大,则表明其访问越界,系统产生相应中断。如果页访问是合法的,则先由页表的起始地址和页号计算出该表项在页表中的位置(也就得到了该页的物理块号);然后校验其存取控制字段,以保证这次访问是合法的;最后,将页表项中的页框号与逻辑地址中位移相拼,形成最终访问内存的物理地址。图 5.15 给出了纯分页系统中由逻辑地址转换成物理地址的过程和一个作业的分配情况及相应页表的内容。

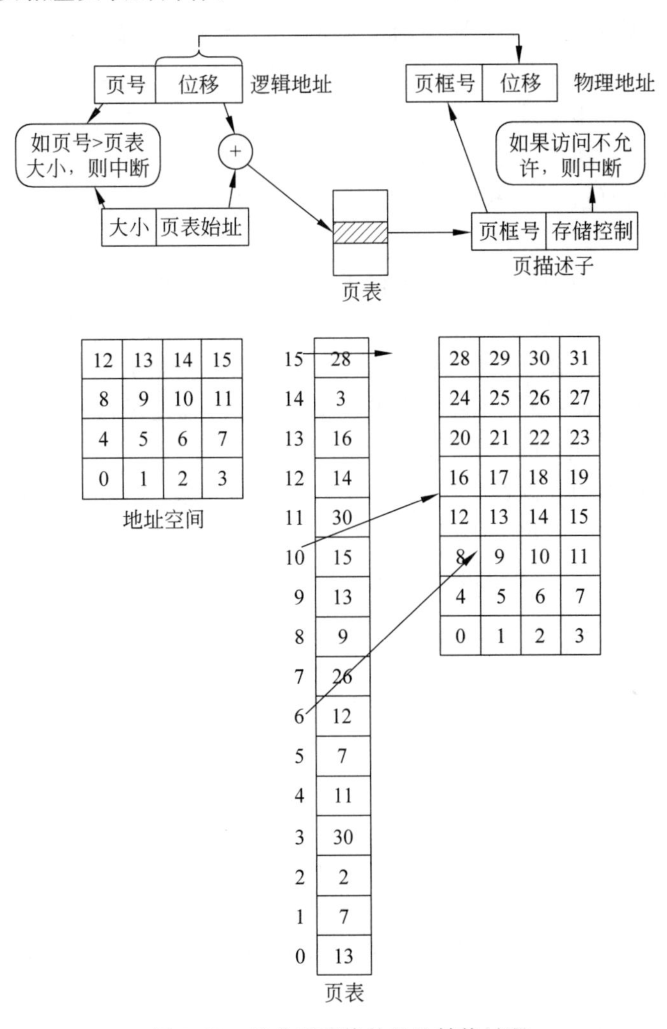

图 5.15　纯分页系统的地址转换过程

这也是 5.3.2 节地址转换机构中基本的地址转换,为了提高系统的性能,同样在纯分页系统中可以利用快表的地址转换,前面已经提及,不再赘述。

5.3.3　请求式分页系统

在纯分页系统中,要求运行的作业必须一次性全部装入内存。实际上,在许多系统中,可用的存储空间往往并不总能同时满足所有就绪作业对内存的要求。为此,在纯分页技术的基础上提出了请求式分页系统(Requested Paging System),是目前常用的一种实现虚拟存储器的方式。其基本思想是,作业在运行之前,只把当前需要的一部分页面装入内存,当需要其他页面时,才自动选择一些页交换到辅存,同时调入所需的页到内存中。这样,减少了交换时间和所需内存的容量,能支持比内存容量大的作业在系统中进行。虚拟存储器在实现上是有一定难度的,既需一定的硬件支持,又需较多的软件支持,但请求分页管理方式相对容易,因为它换进、换出的基本单位是固定长的页面。

自动选择页面交换的机构,称之为虚拟存储系统(virtual memory system),此系统把内存和外存两级存储器结合成一个统一的整体,称为一级存储器,如图5.16所示,现在每个作业可用的存储器通常只受到计算机的最大虚拟地址空间的限制。

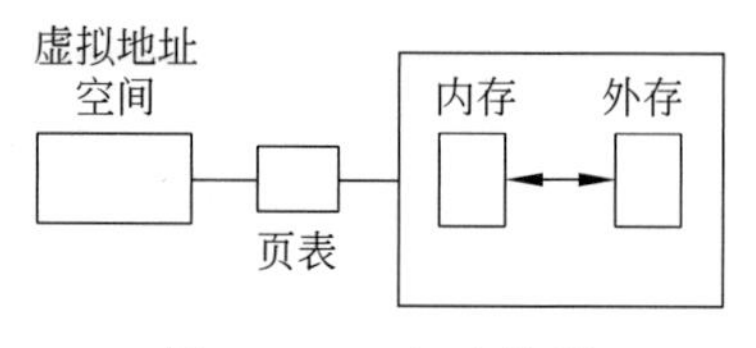

图5.16 一级存储器

在虚拟存储系统中所用页表的页描述子有了新的扩充,其中包括3个标识位,分别表示页面是否存在于内存中、是否被访问过和被修改过。

在请求式分页系统中,其地址转换类似于纯分页系统的地址转换,如果访问的页已在内存中,则与纯分页系统的地址转换过程类似;如果发现缺页,则首先将逻辑地址分为页号和页内位移。开始假设页描述子在快表中,同时根据页表寄存器来确定当前页表的始址,并计算出相应页描述子的地址;如果在快表中没有找到这个页描述子,则通过访问内存中的页表来提取它,如果页描述子中页面存在位为1,则表示该页在内存中,否则必须确定它在外存的位置并把它从外存中调入内存。然而,由于内存空间有限,它往往已被页面占满,这就要求把其他的页从内存中交换出去,这是一个很复杂的过程,通常的作法是一旦发生缺页,由硬件发出中断信号,再由操作系统的相应软件负责调入其所缺的页面。

5.3.4 硬件支持及缺页处理

为了实现请求式分页,系统必须有一定的硬件支持,这包括页表、快表硬件设施,除此之外,还需要依赖内存管理单元来完成地址转换的任务,并且当出现缺页时,在硬件方面,还需增加缺页中断响应机构。

1. 页表

分页系统中从逻辑地址到物理地址的转换是通过页表来实现的。页表是数组,每一表目对应进程中的一个虚页,页表表目通常为32位,它不仅包含该页在内存的基地址,还包含有页面、内存块号、改变位、状态位、引用位和保护权限等信息。当改变位为0时,表示页面没有被修改过,可以淘汰该页;当改变位为1时,表示相应的页面中内容已被修改过,且淘汰该页时,必须写回磁盘的交换区或相应的文件中。状态位为0表示相应的页面不在内存中;为1表示相应的页面在内存中。引用位为1表示该页被访问过;该位为0表示该页尚未被访问。保护权限允许该页进行任何类型的访问,如果该项只有1位,则该位为0表示该页可读/写,该位为1表示只读、不可写,如果该项有3位,则每一位分别说明读、写、执行的权限。

2. 快表

快表是为了加快地址转换速度而使用的一个联想高速缓存,使用快表进行地址转换的速度比页表要快很多倍。快表由硬件实现,每个表目对应一个物理页框,包含如下信息:页号、物理块号、数据快表、指令快表和保护权限。

3. 内存管理单元

内存管理单元 MMU 主要是用来完成地址转换，它具有如下功能：将逻辑地址分为页号和页内位移，在页表中先找到与该页对应的物理块号，再将其与页内位移一起组成物理地址；管理硬件的页表地址寄存器；当页表中的状态位为 0 时，即该页不在内存中，或页面访问越界，或出现保护性错误时，内存管理单元会出现页面失效异常，并将控制权交给操作系统内核的相应程序处理；设置页表中相应的引用位、改变位、状态位和保护权限等。

4. 缺页中断机构

当发现要访问的页面不在内存中时，则立即产生中断信号，这时缺页中断机构将响应中断进行相应处理。

由于页面中断的独特性，缺页中断的处理过程是由硬件和软件共同实现的。系统中提供硬件寄存器或其他机构，在出现页面中断时，要保存 CPU 状态，并且还需要使用返回指令，在出现页面中断处恢复该指令的处理，图 5.17 为中断处理算法流程图。

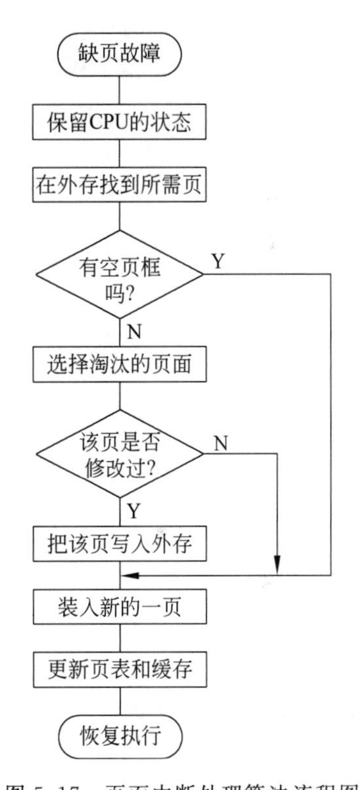

图 5.17　页面中断处理算法流程图

缺页中断是一种特殊的中断，它与一般的中断相比，有着明显的区别：

(1) 在指令执行期间产生和处理中断信号；

(2) 一条指令在执行期间，可能产生多次缺页中断。

采用虚拟存储技术要注意缺页中断的特殊性和频繁性，如果出现缺页中断的频率太高，则 CPU 花在页面交换的时间会很多，将使系统的性能急剧下降，这就是所谓的系统"抖动 (thrashing)"现象。

5.3.5　页的共享和保护

数据共享在多道程序系统中是很重要的，分页存储管理技术使每个作业分别存储在内存的不连续的存储块中，这种灵活性允许两个或多个作业共享程序库中的例程或公共数据段的同一副本，共享的方法是使这些相关进程的逻辑空间中的页指向相同的内存块。

对于数据页面的共享，实现起来比较简单，因为这个共享的数据页面可以在作业地址空间中的任一页面上，然而，对于库例程的共享却不是这样的，它必须把共享的例程安排到所有共享它的作业地址空间中相同页号的页面中，因为一个作业在运行前必须链接好，而链接后一个例程所占的页号就确定了。如果其他作业要共享该例程，则必须具有与该例程相同的页号才能正常运行。

实际上，并非所有页面都可共享，故实现信息共享的前提是提供附加的保护措施，对共享信息加以保护。例如，某一子程序为一个用户所专有，其他用户只能执行而不能读/写。页面保护是分页系统中必须小心处理的一个问题，即使在纯分页系统中，也常在页表的表格中设置存取控制字段，以防止非法访问，一般设置只读(R)、读写(RW)、读和执行(RX)等权限。如果一进程试图去执行一个只允许读的内存块,就会引起操作系统的一次非法访问性中断,系统会拒绝进程的这种尝试,从而保护该块的内容不被破坏。

分页存储管理可以实现对内存进行离散式分配,是目前大型机操作系统中广泛应用的一种存储管理技术。对于纯分页系统而言,它有效地解决了内存的碎片问题,由于分页存储管理中作业的程序段和数据可以在内存中不连续存放,从而可以充分利用内存的每一帧,这有可能让更多的作业同时投入运行,提高处理机和存储器的利用率。但是,由于纯分页系统要求运行的作业必须一次全部装入内存,当作业要求的存储空间大于当前可用的存储空间时,作业只有等待,这使作业地址空间受到内存实际容量的限制,并且要对每个作业建立和管理相应的页表,还要增加硬件实现地址转换,这些都增加了系统时间和空间上的开销。对于请求式分页系统而言,它与纯分页系统一样,消除了内存碎片,同样增加了系统时间和空间的开销,但是,由于每个作业只要求部分装入就可以投入运行,这就大大增加了作业的利用空间,提高了内存的利用率,使作业地址空间不受内存容量大小的限制,但由于缺页时要进行页面交换,因此也会引起系统“抖动”。

5.4 分段存储管理

用户一般希望把信息按其内容或函数关系分成段,每段有其自己的名字,且可以根据名字来访问相应的程序或数据段,为此形成了分段存储管理。它把程序的地址空间分成若干个不相等的段,每段可以定义一组相对完整的逻辑信息,在进行存储分配时以段为单位,这些段在内存中可以离散分配。这种存储管理方式已成为当今所有存储管理方式的基础。

5.4.1 基本概念

1. 分段

在分段存储管理方式中,段是一组逻辑信息的集合。例如,把作业按照逻辑关系加以组织,划分成若干段,并按这些段来分配内存。这些段是主程序段 MAIN、子程序段 P、数据段 0 和堆栈段等。从逻辑上讲,段具有完整意义。

每个段都有自己的名字和长度,为了实现简单,通常用一个段号来代替段名,每个段都从 0 开始编址,并采用一段连续的地址空间,段的长度由相应的逻辑信息组的长度决定,所以各段长度可以不同。

分段系统中的逻辑地址由段号 s 和段内地址 d 组成,其地址结构如图 5.18 所示。在该地址结构中,允许一个作业最多有 64K 个段,每段的最大长度为 64KB。通常,规定每个作业的段号从 0 开始顺序编排:如 0 段、1 段、2 段……

32 16	15 0
段号s	段内地址d

图 5.18 分段系统中的地址结构

不同机器中指令的地址部分有些差异,如有些机器指令的地址部分占 24 位,段号占 8 位,段内地址占 16 位。

2. 分页和分段的主要区别

分页和分段存储管理系统虽然在很多地方有相似之处,例如,它们在内存中都是离散的,都要通过地址映射机构将逻辑地址映射到物理内存中,但二者在概念上完全不同,主要有以下几点:

(1) 页是信息的物理单位,分页是为了实现离散分配,以减少内存的外零头,提高内存利用率,便于系统管理;而段是信息的逻辑单位,每一段在逻辑上是相对完整的一组信息,如一个函数、过程、数组等,分段是为了更好满足用户需要。

(2) 分页式存储管理的作业地址空间是一维的,地址编号从0开始顺次递增一直排到末尾;而分段式存储管理作业地址空间是二维的,要标识一个地址,除给出段内地址外,还必须给出段号。

(3) 页的长度由系统确定,是等长的;而段的长度由具有相对完整意义的信息长度确定,是不固定的。

5.4.2 基本原理

所谓分段管理,就是管理由若干段组成的作业,并且按分段来进行存储分配,由于分段的作业地址空间是二维的,所以分段的关键在于如何把分段地址结构变成一维的地址结构。和分页管理一样,可以采用动态重定位技术来进行地址转换。起初,系统作业建立一张段表,每个表目至少有4个数据:段号、段长、内存始址和存取控制。其中,段长指明段的大小,内存始址指出该段在内存中的位置,存取控制说明对该段访问的限制(RWX)。

段地址转换和分页地址转换的过程基本相同,其大致过程如图5.19所示。

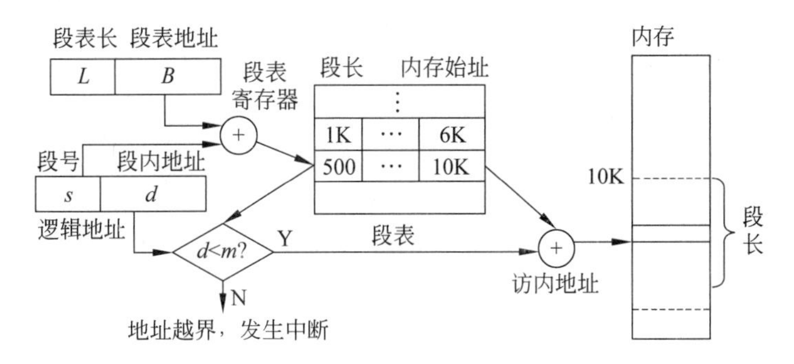

图5.19 分段地址转换

(1) 将逻辑地址分为两部分,段号 s 和段内地址 d。

(2) 将该进程的段表地址寄存器中的段表内存地址 B 与段号 s 相加,得到该进程在段表中相应表项的索引值,从该表项中得到该段的长度以及该段在内存中的起始地址。

(3) 将段内地址 d 与段长 m 进行比较,如果 d 大于等于 m,则表示越界,系统将发出越界中断,进而终止程序执行;如果小于 m 则表示地址合法,从而将段内地址 d 与该段的内存始址相加得到所要访问单元的内存地址。

5.4.3 硬件支持和缺段处理

和分页系统一样,为了实现分段式存储管理,系统必须有一定的硬件支持,以完成快速请求分段的功能,这包括段表机制、地址转换机构。同样当出现缺段的问题时,需要有缺段中断机构来进行及时地处理。

1. 段表机制

在分页系统中的主要数据结构是页表,相应地,在请求分段管理中是段表,在段表项中,

除了段号(名)、段长、段在内存的始址外,它还包含下列信息:

(1) 存取方式。用于说明本段的存取属性是只读,还是可读/写,可执行;

(2) 访问字段。用于记录该段被访问的频繁程度;

(3) 改变位。用于表示该段进入内存后,是否被修改过;

(4) 状态位。用于表示该段是否调入内存;

(5) 增补位。用于表示本段在运行过程中,是否允许扩展,如该段已被增补,则在写回外存时,务必要另外选择外存空间,这是请求分段式管理中所特有的字段;

(6) 外存起址。用于表示本段在外存中的起始地址,也就是起始盘的块号。

段表可以存放在一组寄存器中,这样有利于提高地址转换速度,但更常见的是将段表放在内存中。在配置了段表后,执行中的进程可通过查找段表,找到每个段所对应的内存区。

2. 地址转换机构

图5.20为分段存储管理中从逻辑地址到物理地址转换的流程图。由于被访问的段并非都在内存中,所以在进行地址转换时,当发现缺段时就必须先把所缺的段调入内存,然后修改段表,再利用段表进行地址转换,并且在进行地址转换过程中,如发现分段越界则进行相应的处理等。所以,在地址转换机制中又增加了缺段中断处理,分段越界中断处理和分段保护中断处理等。

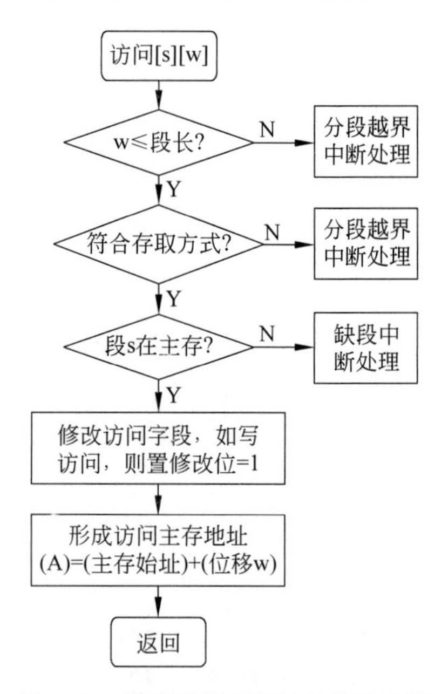

图5.20 请求分段式的地址转换过程

和分页系统一样,当段表放在内存中时,每当访问一个数据,都需两次访问内存,从而降低了计算机的速率。解决方法和分页系统类似,增设一个快表,用于保存最近常用的段表项。因为段表项的数目比页表项的数目少,所以所需的快表页相对较小,可以显著地减少存取数据的时间。

3. 缺段中断机构

在请求分段系统中,每当进程要访问的段还没有调入内存时,就由缺段中断机构产生一个缺段中断信号,然后,操作系统将通过缺段中断处理程序把所需的段调入内存。与缺页中断机构一样,缺段中断机构在一条指令的执行期间产生和处理中断,并且在一条指令执行期间可能产生多次缺段中断。与页不同,段是不定长的,故对缺段中断的处理将比缺页中断的处理复杂得多。请求分段系统中的中断处理过程如图5.21所示。

5.4.4 段的共享和保护

段是按逻辑意义来划分的,可以按名存取,所以,段式存储管理可以方便地实现内存信息共享,并进行有效的内存保护。

1. 段的共享

段的共享是指两个以上的作业,使用某个子程序或数据段,而在内存中只保留该信息的一个副本。具体地说,只需在每个进程的段表中,用相应的表项来指向共享段在内存的起始

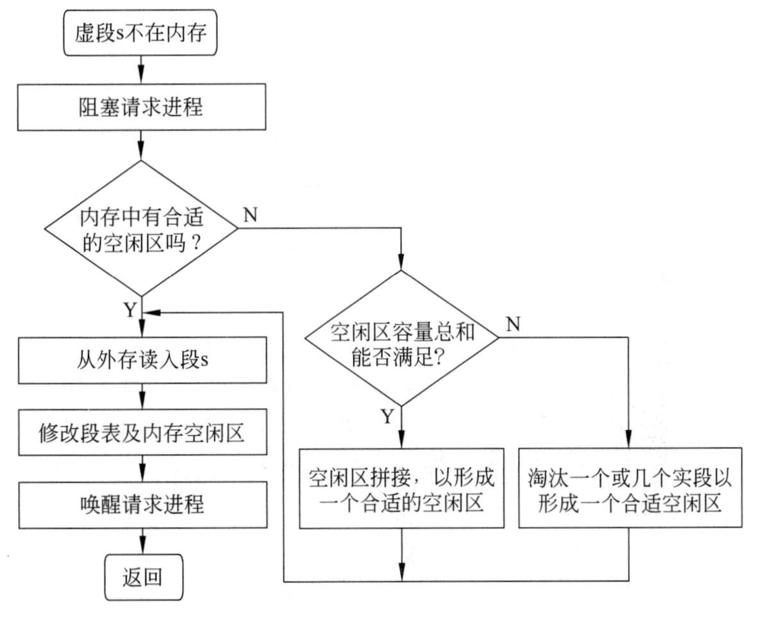

图 5.21　请求分段系统中的中断处理过程

地址即可。图 5.22 给出分段系统中共享段的例子。如果用户进程或作业需要共享内存中的某段数据或程序，则只要用户使用相同的段名，就可在新的段表中填入已在内存中段的起始地址，并设置一定的访问权限，从而实现段的共享。为此，系统应建立一张登记共享信息的表，该表中有共享段段名、装入标志位、内存始址和当前使用该共享段的作业等信息。在作业需要共享段时，系统首先按段名查找共享段信息表，若该段已装入内存，则将内存始址填入该作业的段表中，实现段的共享。

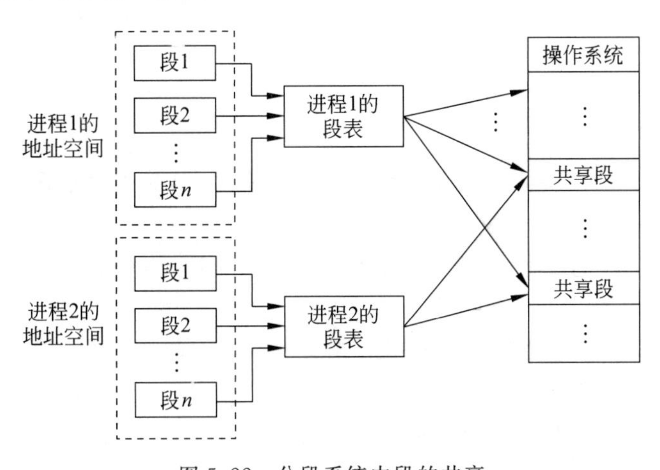

图 5.22　分段系统中段的共享

当共享此段的某进程不再需要它时，应将该段释放，取消在该进程表中共享段所对应的表项。

2. 段的保护

在分段系统中，由于每个分段在逻辑上是独立的，因而比较容易实现信息保护。段的保护是为了实现段的共享和保证作业正常运行的一种措施。分段存储管理中的保护主要有地址越界保护和存取方式控制保护。地址越界保护是利用段表中的段长和逻辑地址中的段内相对地址相比较,如段内地址大于段长,则发出地址越界中断,系统便会对段进行保护。这样,各段都限定了一定的空间,并且每个作业也只在自己的地址空间中运行,不会发生一个用户作业破坏另一个用户作业空间的危险。不过,有的系统中允许段动态增长,在此系统中段内相对地址大于段长是允许的,为此,段表中设置相应的增补位,以指示该段是否允许动态增长。

分段式存储管理与前面介绍的页式存储管理相比,具有许多优点:

(1) 提供了内外存统一管理的虚存,与请求式分页管理一样,只把当前使用的段调入内存,而其余信息存储在外存,这样可为用户提供超过内存容量的地址空间。不同的是,段式虚存每次调入的是一段有意义的信息,而页式虚存只是调入固定大小的页,这页的信息并不一定完整,从而需要调入多个页面才能把所需完整信息调入内存。

(2) 段式管理中允许段长动态增长,这对不断增长新数据的段来说具有很大的优越性。

(3) 分段式存储管理便于对具有完整逻辑功能的信息段进行共享。

(4) 便于实现动态链接。

尽管分段存储管理具有很多优点,但是,它比其他方式需要更多的硬件支持,并且包括段的长度不等、段的共享、链接与动态增长等在内的诸多功能会使系统的复杂性大大增加;另外,段的长度还受内存可用区大小的限制;还有一个缺点就是与分页管理一样,若替换算法选择不恰当就有可能产生“抖动”现象。

5.5 段页式存储管理

分页存储管理能有效地提高内存的利用率,分段存储管理能很好地满足用户的需要,段页式存储管理则是分页和分段两种存储管理方式的结合,它同时具备了两者的优点。

5.5.1 基本概念

段页式存储管理既方便使用又提高了内存利用率,是目前用得较多的一种存储管理方式,它主要涉及如下基本概念:

(1) 等分内存。它把整个内存分成大小相等的内存块,称为页,并从0起依次编号,称为页号。

(2) 作业或进程的地址空间。这里采用分段的方式,按程序的逻辑关系把进程的地址空间分成若干段,每一段有一个段名。

(3) 段内分页。按照内存页的大小把每一段分成若干个页,每段都从零开始为自己段的各页依次编以连续的页号。

(4) 逻辑地址结构。一个逻辑地址的表示由3部分组成,段号 s、页号 p 和页内地址 d,记作 $v=(s,p,d)$,如图5.23所示。

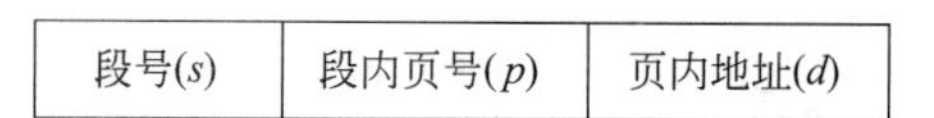

图5.23 段页式存储管理中的逻辑地址结构

(5) 内存分配。内存以页为单位分配给每个进程。

(6) 段表、页表和段表地址寄存器。为了实现从逻辑地址到物理地址的转换，系统要为每个进程或作业建立一个段表，并且还要为该作业段表中的每一段建立一个页表。这样，作业段表的内容是页表长度和页表地址，为了指出运行作业的段表地址，系统有一个段表地址寄存器，它指出作业的段表长度和段表起始地址。图 5.24 给出了段表、页表和内存的关系。

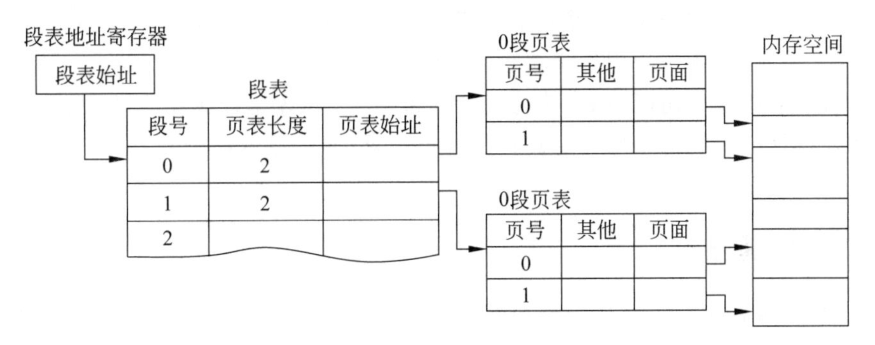

图 5.24　段表、页表与内存的关系

在段页式存储管理系统中，面向物理实现的地址空间是页式划分的，而面向用户的地址空间是段式划分的，也就是说，用户程序被逻辑划分为若干段，每段又分成若干页面，内存划分成对应大小的块，进程映像交换是以页为单位进行的，从而使逻辑上连续的段存入在分散内存块中。

5.5.2　地址转换

在段页式系统中，一个程序首先被分成若干程序段，每一段赋予不同的分段标识符，然后，将每一分段又分成若干个固定大小的页面。段页式系统中地址转换过程如图 5.25 所示。

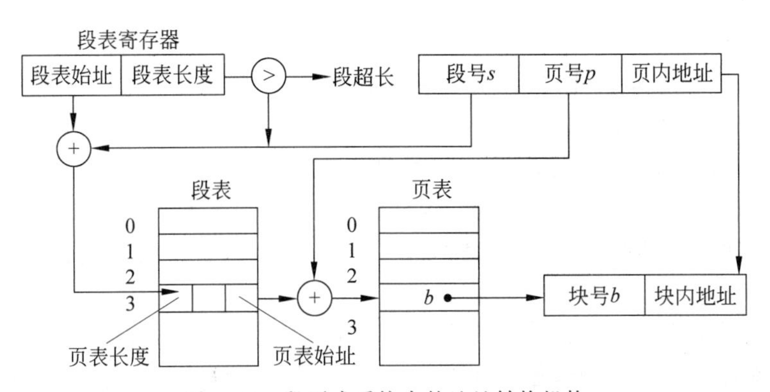

图 5.25　段页式系统中的地址转换机构

段页式系统中的地址转换过程大致如下：

(1) 首先利用段号 s，将它与段表长度 TL 进行比较，若 s<TL，表示未越界。于是地址转换硬件将段表地址寄存器的内容和逻辑地址中的段号相加，得到访问该作业段表的入口地址。

(2) 将段表中的页表长度与逻辑地址中的页号 p 进行比较，如果页号 p 大于页表长度，则发生中断,否则正常进行。

(3) 将该段的页表基地址与页号 p 相加,得到访问段 s 的页表和第 p 页的入口地址。

(4) 从该页表的对应的表项中读出该页所在的物理块号 f,再用块号 f 和页内地址 d 组成访问地址。

(5) 如果对应的页不在内存,则发生缺页中断,系统进行缺页中断处理,如果该段的页表不在内存中,则发生缺段中断,然后由系统为该段在内存建立页表。

在段页式系统中,为了获得一条指令或数据,需要三次访问内存。第一次是访问段表,取得页表始址;第二次是访问页表,获得物理地址;第三次才是取出指令或数据。为了提高访问速度,在地址变换机构中增设一高速缓冲寄存器,它的基本原理与分页及分段时的情况相似。

5.5.3 管理算法

在地址转换过程中,软、硬件应密切配合,这在分页和分段式存储管理中已体现出来,段页式存储管理也是如此,如图 5.26 所示,其中的中断处理模块的主要功能如下:

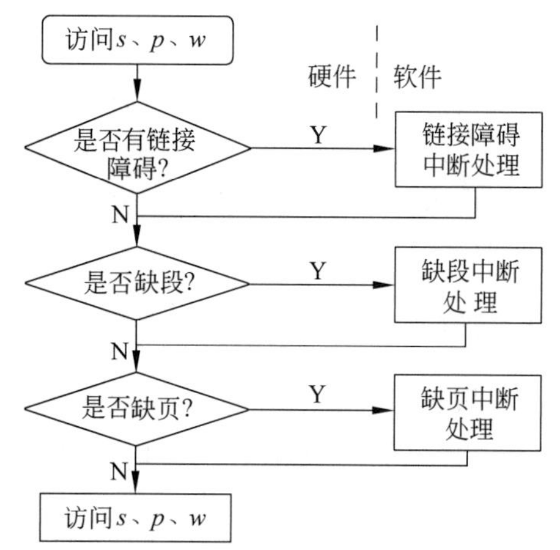

图 5.26 地址转换过程中硬、软件的相互作用

(1) 链接障碍中断。这个模块的功能是实现动态链接,即给每个段一个段号,在相应段表和现行调用表中,为其设置表目,并利用段号改造链接间接字;

(2) 缺段中断。这个模块的功能是在系统的现行分段表中建立一个表目,并为调进的段建立一张页表,在其段表的相应表目中登记此页表的始址;

(3) 缺页中断。这个模块的功能是在内存中找出空闲的存储块,如果没有找到,则调用交换算法,交换内存中的一页到外存,然后调进所需页面到内存,并修改相应的页表表目。

段页式存储管理是分段技术和分页技术的结合,因而,它具备了这些技术的综合优点,即提供了虚存的功能;又因为它以段为单位分配内存,所以无紧缩问题,也没有页外碎片的存在;另外,它便于处理变化的数据结构,段可以动态增长;它还便于共享和控制存取访问权限。

但是,它也有缺点,段页式存储管理增加了软件的复杂性和管理开销,也增加了硬件成本,需要更多的硬件支持;此外,各种表格要占用一定的存储空间;并且与分页和分段一样存在着系统"抖动"现象;还有,和分页管理一样仍然存在着页内碎片的问题。

5.6 虚拟内存的置换算法

在进程运行过程中若发生缺页,而此时内存中又已无空闲空间时,为了保护系统的正常运行,系统必须从内存中调整一个页面到交换区中,如果此时这个页面已经被修改过,则它在磁盘上的副本已是最新的，因此，不需要写回，调入的页可以直接覆盖被淘汰的页。虽然可以随机选取一个页面淘汰，但是，如果一个经常被使用的页面被淘汰掉了，就带来了不必要的额外开销，所以，一个好的页面置换算法应具有较低的页面更换频率，从理论上讲，应将那些以后不会再访问的页面换出，或把那些在较长时间内不再访问的页面调出，下面介绍几种常用的置换算法。

5.6.1 先进先出页面置换算法

最早最简单的页面置换算法是先进先出(FIFO)算法，这种算法的实质是，总是选择在内存中停留时间最长的页淘汰，即先进入内存的页先被换出内存。该算法实现简单，只需把一个进程已调入内存的页面，按先后次序链接成一个队列，并设置一个指针，使它总是指向最老页面，每次淘汰的均是这个最老的页面。

假定系统为某进程分配了 3 个物理块，并考虑有以下的页面走向：7,0,1,2,0,3,0,4,2,3,0,3,2,1,2,0,1,1,7,0,1。对于这个给定的页面走向，设有 3 个内存块，最初都是空的。下面访问 2，发生缺页，因为 3 个内存块中都有页面，所以要淘汰最先进入的页面 7，接着对页面 0 的访问，由于它已在内存，所以不发生缺页。这样顺次做下去，就产生图 5.27 所示的情况，每出现一次缺页，就示出淘汰后的情况，总共有 15 次缺页。

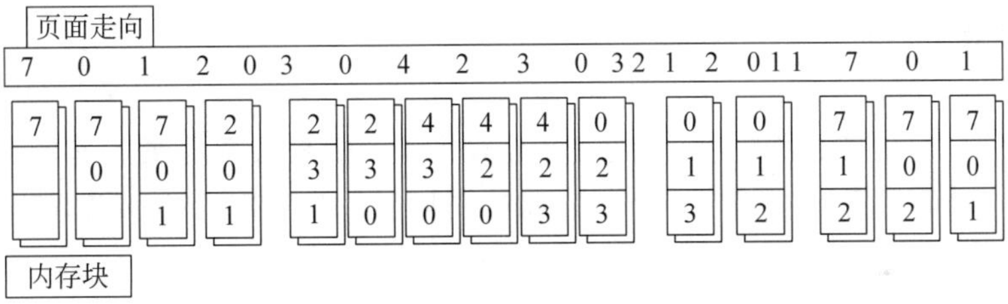

页面走向

7 0 1 2 0 3 0 4 2 3 0 3 2 1 2 0 1 1 7 0 1

7	7	7	2	2	2	4	4	4	0	0	0	7	7	7
	0	0	0	3	3	3	2	2	2	1	1	1	0	0
		1	1	1	0	0	0	3	3	3	2	2	2	1

内存块

图 5.27　利用 FIFO 页面置换算法时的置换图

FIFO 页面置换算法容易理解且容易进行程序设计，然而它的性能并非总是很好，与进程实际运行的规律不一定相适应，因为在进程中，有些页面经常被访问，也很有可能淘汰立即要使用的页。另外，使用此算法时，有时会出现给予进程的页面数越多，缺页次数反而增加的异常现象，这称为 Belady 现象。

5.6.2 最佳页面置换算法

最佳(Optimal,OPT)页面置换算法是 1966 年由 Belady 在理论上提出的一种算法。它的实质是，当调入一个新的页面必须预先淘汰某个老页面时，所选择的老页面应是将来不再被使用，或者是在很久以后才被使用的页面。采用这种页面置换算法，理论上能保证有最少的缺页率，但无法实现，因为它需要人们预先知道作业整个运行期间的页面走向情况。此算法常用于置换算法的比较。例如，对于上面给定的页面走向来说，最佳页面置换算法仅出现 9 次缺页中断，如图 5.28 所示。

5.6.3 最近最少使用页面置换算法

由于 FIFO 页面置换算法所依据的条件是各个页面调入内存的时间，实际上，页面调入

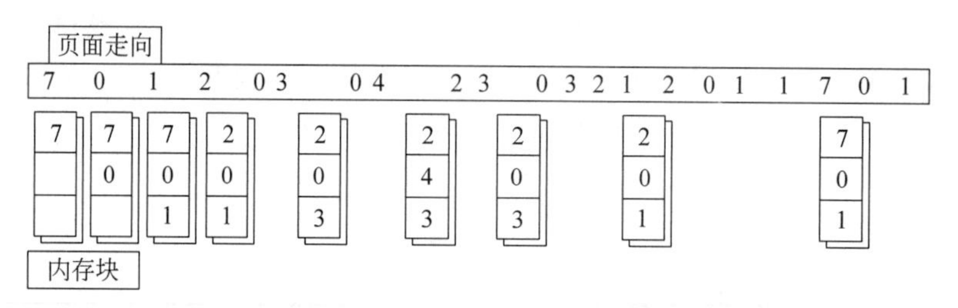

图 5.28 利用 OPT 页面置换算法时的置换图

的先后并不能反映页面的使用情况，所以，FIFO 页面置换算法的性能较差，而最近最少使用(Least Recently Used，LRU)页面置换算法则是根据页面调入内存后的使用情况，选择最近最少使用的页面予以淘汰。该算法的主要出发点是，如果某页被访问了，则它可能马上又要被访问；反之，如果某页长时间未被访问，则它在最近一段时间内不会被访问。

LRU 算法与每个页面最后使用的时间有关，该算法赋予每个页面一个访问字段，用来记录一个页面自上次被访问以来所经历的时间 t，当要淘汰一个页面时，就选择现有页面中 t 值最大的那个页面，这种算法需要实际硬件的支持，一般利用一个寄存器记录该页面最后被访问的时间，在淘汰页面时，选择该时间值最大的页面；也可以用一个栈来保留页号，每当访问一个页面时，便将该页面找出放在栈顶，这样，栈顶总是放有目前刚使用过的页，而栈底放着目前用得最少的页。

在图 5.29 中，应用 LRU 算法产生 12 次缺页，其中，前 5 次缺页情况和 OPT 算法一样。因为 OPT 是依据以后各页面的使用情况，而 LRU 算法则是根据各页以前的使用情况来判断，访问到第 4 页时，LRU 算法就与 OPT 算法不同。LRU 算法和 OPT 算法都不会发生 Belady 异常现象。

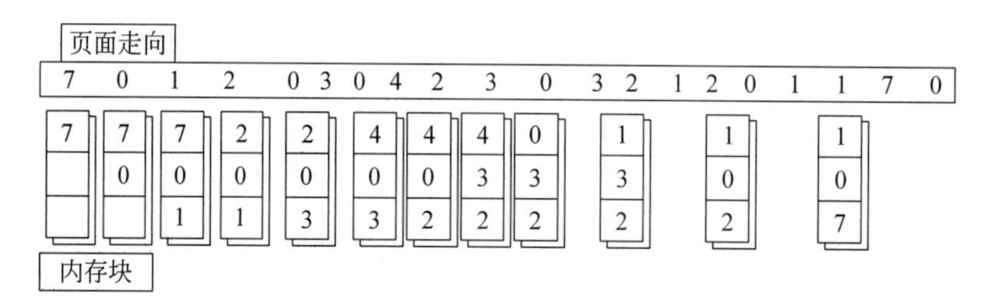

图 5.29 利用 LRU 页面置换算法时的置换图

5.6.4 第 2 次机会页面置换算法

FIFO 算法可能会把经常使用的页面置换出去，为此，对该算法做一个简单的修改，对最老页面的 R 位进行检查。如 R 位是 0，那么这个页既老又没用，可以被立刻置换掉，如果是 1，就清除掉这个位，并将该页放到链表的尾端，修改它的装入时间使它就像刚装入一样，然后继续搜索。这就是第 2 次机会(second chance)页面置换算法，如图 5.30 所示。图中，页面 1～8 按照进入内存的时间顺序保存在链表中。

假设在时间 25 发生了一次缺页，此时最老的页面是时间 0 进入内存的页面 1，如果该页面 1 的 P 位是 0，则将它淘汰出内存，或者把它写回磁盘；如果 P 位为 1，则将页面 1 放在链表尾部并重新设置“装入内存时间”为 25，然后清除 R 位，这时对页面的搜索将从页面 2

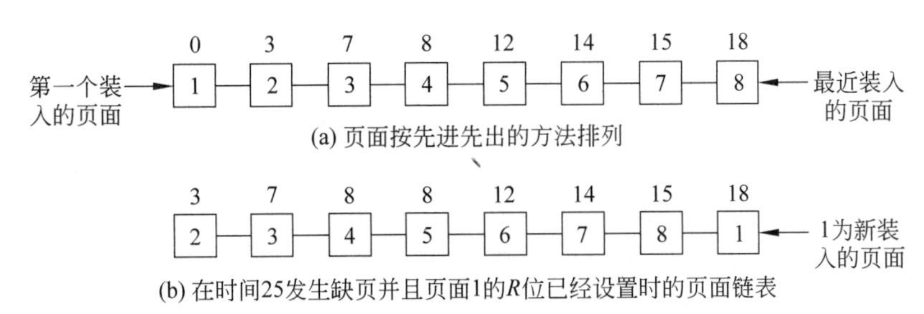

图 5.30 利用第二次机会算法的置换图

处开始。

第 2 次机会算法所做的是寻找一个从上一次对它检查以来没有被访问过的页面，如果所有的页都被引用了，就是 FIFO 算法。并且设想所有页面的 R 位均为 1，操作系统将一个接一个地把各个页移到链表尾部，与此同时清除这些页的 R 位，最后又回到页 1，这时它的 R 位已为 0 了，因此，页面 1 将被淘汰，这个算法就结束了。

5.6.5 时钟页面置换算法

由于第 2 次机会算法经常要在链表中移动页面，既降低了效率，又引起许多不必要的操作。一个更好的办法是把所有的页面保存在一个类似钟表面的环形链表中，用一个指针指向最老的页面，就如表针指向某一时刻一样，如图 5.31 所示。

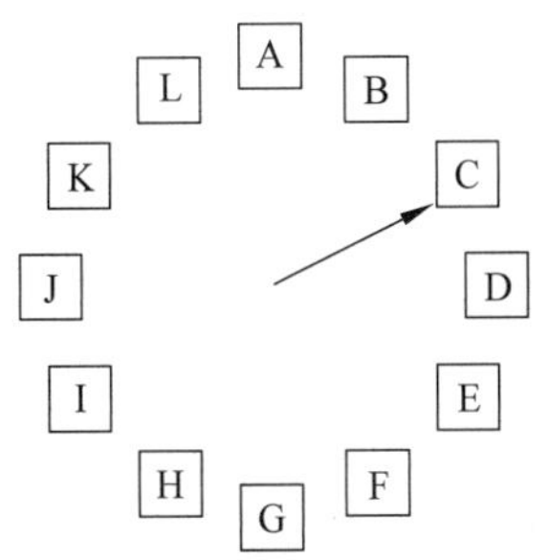

图 5.31 利用时钟页面替换算法的置换图

当发生缺页中断时，算法首先检查表针指向的页面，如果该页面的 R 位是 0 就淘汰掉这页，并把新页插入这个位置，再把表针前移一个位置；如果 R 位是 1 就清除 R 位并把表针前移一个位置，重复这个过程直到找到一个 R 位为 0 的页为止，它和第二次机会算法的区别仅是实现的方法不同。

5.6.6 其他页面置换算法

还有许多用于页面置换的算法，如最近未使用(Not Used Recently，NUR)页面置换算法，页面缓冲算法(Page Buffering Algorithm)，这里对它们仅作简要介绍。

1. 最近未使用置换算法

NUR 算法与 LRU 算法类似，它较 LRU 算法而言，易于实现，开销也比较少。实质是在存储分块表的每一表项中增加了一个引用位，操作系统定期地将它们置为 0，当某一页被访问时，由硬件将该位置 1，在一段时间之后，通过检查这些位可确认自上次置换后哪些页面已被使用过，哪些页面还没有使用过，并把该位是 0 的页淘汰，该算法只有一位访问位，只能用它表示该页是否已经使用过，而置换时是将未使用过的页面换出去。其算法流程如图 5.32 所示。

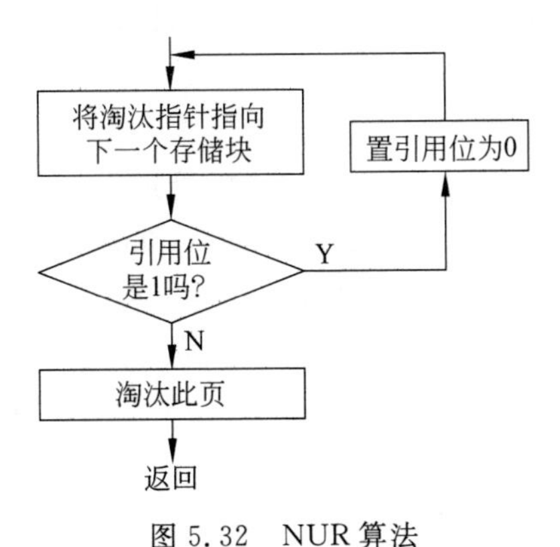

图 5.32 NUR 算法

2. 页面缓冲算法

虽然LRU和时钟算法都比FIFO算法好,但它们都需一定的硬件支持,开销较大,而且置换一个已修改的页比置换未修改的页的开销要大,而页面缓冲算法则既可改善系统的性能,又可采用一种较简单的置换策略。VAX/VMS操作系统就采用了页面缓冲算法。该算法规定将一个被淘汰的页放入两个链表中的一个,即如果页面未被修改,就将它直接放入空闲链表中,否则便放入已修改页面的链表中。

注意:这时页面在内存中并不做物理上的移动,而只是将页表中的表项移到上述两个链表之一中。

空闲页面链表实际上是一个空闲物理链表,其中的每个物理块都是空闲的,因此,可装入程序或数据。当需要读入一个页面时,便可利用空闲物理块链表中的第一个物理块来装入该页,当换出一个未被修改的页时,实际上并不将它换出内存,而是把它所在的物理块挂在自由页链的末尾。类似地,在置换一个已修改的页面时,也将其所在的物理块挂在修改页面链表的末尾。利用这种方式可使已被修改的页面和未被修改的页面都留在内存中,当该进程以后再次访问这些页面时,只需花费较小的开销,就可使这些页面又返回到该进程的驻留集中,当被修改页面达到一定数量时,例如,64个页面,再将它们一起写回到磁盘,从而显著地减少了磁盘I/O的操作次数。

5.7 系统举例

5.7.1 UNIX系统中的存储管理技术

UNIX采用了请求分页存储管理技术和交换技术,内存空间的分配和回收均以页为单位进行。当进程运行时不必将整个进程的映像都保留在内存中,而只需保留当前要用的页面,当进程访问到某些尚未在内存的页面时,系统把这些页面装入内存,这种策略使进程的逻辑地址空间映射到机器的物理地址空间具有更大的灵活性。下面将简要介绍UNIX的交换技术和请求分页技术。

1. 交换

在UNIX系统中,内存资源十分紧张,为此引入了交换策略,将内存中处于睡眠状态的某些进程调到外存交换区中,而将交换区中的就绪进程重新调入内存,为实现此种策略,系统内核应具有交换空间的管理、进程换出和进程换入这三个功能。

(1) 交换空间的管理

由于进程在交换区驻留的时间很短,交换操作很频繁,因此,在交换空间的管理中,速度是关键。为此内核应为被换出的进程分配连续空间,而较少考虑存储空间的碎片问题。在UNIX系统中分配交换空间使用的数据结构是驻留在内存的交换映射表,此映射表是一个结构数组,每一个结构都包含两个信息(空闲区的始址和空间区的大小),映射表中的表项按照空闲区的地址从小到大的顺序排列,采用一定的算法对交换空间进行分配,如采用最优适应算法,此算法的空闲区是按位置排列的,空闲块地址小的,在表中的序号也小。当一个进程要换出内存并需在交换区分配一片空间时,便在各空闲区中找一个大小可以满足要求的空闲区。只要找到第一个足以满足要求的空闲区就停止查找(首次适配),并把它分配出去。

当进程换入内存并释放所用的交换区时，要在 map 表的合适位置进行登记，保证表项是按地址排列的。如果该释放区与前面或后面的空闲区相邻接，则把它们合并成一个大区，并修改相应表目。

（2）进程的换出

如果内核需要内存空间，就可以把一个进程换到交换区中，当内核决定一个进程适合换出时，先将该进程的每个区的引用计数减 1，然后选出其值为 0 的进程换出。再者，内核还须调用 malloc 过程来申请交换空间，并对该进程加锁，以避免交换进程再次选中该进程予以换出。此后便可开始用户地址空间和交换空间之间的数据传送，交换进程不必将进程的全部虚地址空间写到交换区上，而只需将已分配给该进程的那部分内存中的内容拷贝到交换区上，如图 5.33 所示。若数据传送过程中未出现错误，则调用 mfree 过程释放进程所占内存，并对该进程的进程表项做相应的修改。

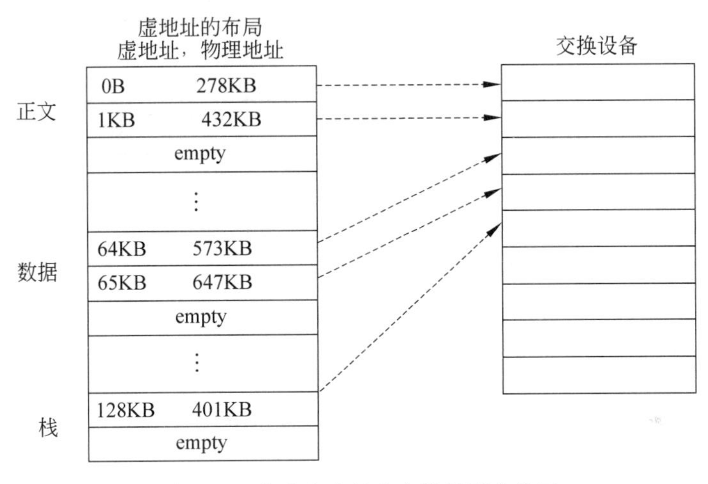

图 5.33　将内存中的内容拷贝到交换区

（3）进程的换入

引用计数为 0 的进程即为交换进程。每当睡眠进程被唤醒去执行换入操作时，便去查看进程表中所在进程的状态，从中找出“就绪且换出”状态的进程，把其中换出时间最久的进程作为换入进程，再根据该进程的大小，调用 malloc 为其申请内存，当申请内存成功时，直接将进程换入，否则需先将内存中的某些进程换出，腾出足够的内存空间后再将进程换入。当交换进程成功地换入一个进程后，又重复上述被唤醒的过程，陆续地将一些进程换入，直到所有的“就绪且换出”的进程已被全部换入或者已无法获得足够的内存来换入进程为止。

2. 请求分页

UNIX 系统中采用的请求式分页存储管理方式与前面讲过的原理相同。为实现请求分页存储管理，UNIX 系统配置了 4 种数据结构，现对这些数据结构作一简单介绍。

（1）页表

页表用于将逻辑页号映射为物理页号，页表项包含该页的内存地址、读/写或执行的保护位和一些附加信息位，如有效位、访问位、修改位、复制写位和年龄位。有效位指示该页内容是否有效；访问位指示该页最近是否被进程访问过；修改位说明该页内容是否被修改过；年龄位用于指示该页在内存中最近已有多少时间未被访问；复制写位说明修改该页时，是否已为之建立一新的拷贝。

(2) 磁盘块描述字

每一个页表项对应一个磁盘块(简称盘块)描述字,其中记录了进程不同时候所在的各虚拟页的磁盘拷贝的块号。当进程在运行中发现缺页时,可通过查找该页而找到所需调入的页面的位置。磁盘块描述字对逻辑页面的磁盘副本进行说明,如图 5.34 所示,由图中可以看出,共享一个分区的诸进程可存取共同的页表项和磁盘块描述字,页面内容可以在交换设备的特定块,或者是可执行文件中,也可以不在交换设备上。如果页面在交换设备上,则磁盘块描述字包括该逻辑设备号和页面所在的盘块号;如果页面在一个可执行文件中,则磁盘块描述字包括该页在文件中的逻辑块号。

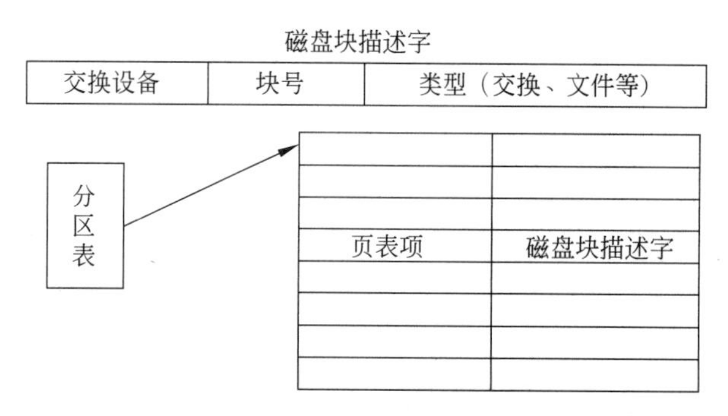

图 5.34 页表项和磁盘块描述字

(3) 页面数据表

页面数据表用于描述每个物理页,通过页号进行索引,数据表的内容包含页面状态,访问该页面的进程数目,逻辑设备和该页所在的盘块号以及一些指针,这些指针指向在空闲页面链表上和在页面散列队列中的其他页框数据表项。

(4) 交换使用表

交换使用表描述了交换设备上每一页的使用情况,每个在交换设备上的页面在交换使用表中都占用一项,该项表明了有多少表指向交换设备上的一个页面。

图 5.35 示出页表项、磁盘块描述字、页面数据表和交换用计数表之间的关系。其中,一个进程的虚拟地址 1493KB 映射到一个页表项,它指向物理页面 794;该页表项的磁盘块描述字说明该页的副本存于交换设备 1 的 2743 块中。与物理页面 794 对应的页框数据表项也说明了该页存于交换设备 1 的 2743 块中。该虚拟页面的交换用计数值为 1,说明只有一

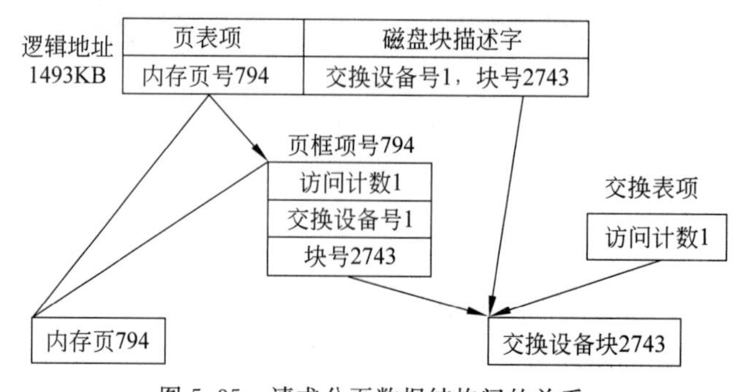

图 5.35 请求分页数据结构间的关系

个页表项指向它在盘上的交换副本。

3. 换页进程

为了支持请求式分页存储管理算法，UNIX 系统设置了一个核心进程，即换页进程，该进程的主要任务是增加内存中所有有效页的年龄和将内存中长期不用的页换出。

(1) 增加有效页的年龄

计算内存页年龄是指每当内存空闲页数低于某个规定的下限时，内核便唤醒换页进程，后者检查内存中每一个活动的、非上锁的区，增加所有有效页的年龄。一个页可计数的最大年龄取决于它的硬件设施。内存中的页有不可换出和可换出两种状态，前者指该页在内存中的年龄尚未到达规定值，后者指年龄已到规定值。一个页可计数的最大年龄取决于具体的实现方法，对于只设置了两位的年龄域，其年龄只能取值 0、1、2 和 3，当有效页的年龄到达时，便可将它换出内存。每当有进程访问了某个页面时，便将该页的年龄置 0。因此，仅当一个页面被连续检查了 3 次，且中间未曾被访问过时，其年龄才可能增至 3，而成为可被换出的页，一个有效页同时被进程访问和被换页进程检查的情况如图 5.36 所示。图中的数字表明，该页的年龄在被换出进程检查两次后，因又被进程访问而为 0，后又被检查一次又因进程访问而降为 0，最后换出进程查得该页已被连续检查三次而将其换出。

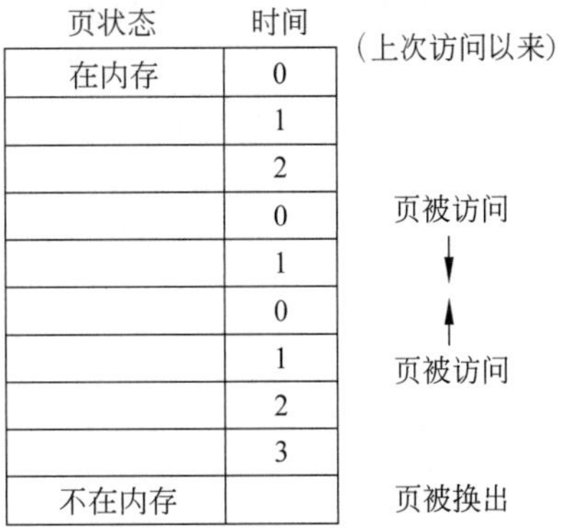

页状态	时间	(上次访问以来)
在内存	0	
	1	
	2	
	0	页被访问
	1	
	0	页被访问
	1	
	2	
	3	
不在内存		页被换出

图 5.36　某有效页的年龄变化

(2) 将内存长期不用的页换出

如果多个进程共享一个分区，则相应页面可被多个进程同时使用，只要页面被进程使用，它就应留在内存中，仅当它不被任何进程使用时，它才适于换出。换页进程分两步将页面换出，第一，由换页进程从内存有效页中找出应被换出的页，并将它们链入要换出的页面表中；第二，当换出页面链表已满时，换页进程将它们一起换到设备上。

4. 缺页

在 UNIX 系统中可出现两类缺页，有效缺页和保护性缺页。当出现缺页时，缺页处理程序可能要从盘上读一个页面到内存，并在 I/O 执行期间睡眠。

(1) 有效缺页处理

有效缺页处理，对于进程虚拟地址空间之外的页面和虽在其虚拟地址空间内但当前未在内存的页面，它们的有效位是 0，表示缺页。如果一个进程试图存取这样的一个页面，则导致有效缺页，内核调用有效缺页处理程序，进行相应处理。

其大致处理工作是，如果页面地址在虚拟地址空间之外，则向被中断进程发“段越界”信号，如果访问的页面不在内存中，则按常规缺页中断处理，为该页分配内存页，把它调入内存。

(2) 保护性缺页处理

第 2 种类型的缺页是保护性缺页，它是由进程对有效页面存取的权限不符合规定而引起的。例如，某进程试图对正文段进行改写。导致保护性缺页的另一个原因是一个进程想写一个页面,而该页面的复制写位在执行fork期间已经置上。内核必须确定导致保护性缺页的原因是上述哪一种。当发生保护性缺页事件后,硬件向其处理程序提供发生事件的虚拟地址,然后由处理程序进行处理,其主要处理工作是,如果与其他进程共享该内存页,则重新分配一个内存页,并把它复制过来,如果没有进程在使用该页,则淘汰它。

5.7.2 Linux系统中的存储管理技术

Linux是多用户多任务操作系统,存储资源可被多个进程有效共享。Linux的内存管理主要体现在对虚拟内存的管理上,而对虚拟内存管理又体现在大地址空间、进程保护、内存映射、物理内存分配和共享虚拟内存上。Linux为了实现虚拟内存的这些功能需要各种机制的支持,如地址映射机制,内存分配和回收机制,缓存和刷新机制,请页机制和交换机制,以及内存共享机制等,这几种机制的关系如图5.37所示。

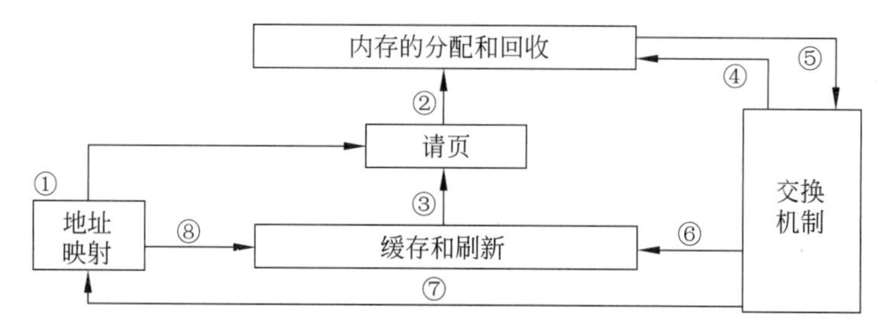

图5.37 虚存实现机制间的关系

内存管理程序首先通过映射机制把用户程序的逻辑地址映射到物理地址,在用户程序运行时,如果发现程序中要用的虚地址没有对应的物理内存时,就发出请页要求①;如果有空闲的内存可供分配,就请求分配内存②(用到了内存的分配和回收)、并把正在使用的物理页记录在页缓存中③(使用了缓存机制)。如果没有足够的内存可供分配,那么就调用交换机制,腾出一部分内存④、⑤。另外在地址映射中要通过TLB(翻译后援存储器)来寻找物理页⑧,交换机制中也要用到交换缓存⑥,并且把物理页内容交换到交换文件中以后,也要修改页表来映射文件地址⑦。

Linux中存储管理技术采用的是段页式虚存技术。它将一个进程中的程序、数据、堆栈分成若干"段"来处理,每段有一个8字节的段描述符,指出该段的起始地址、长度和存取权限等,这些段描述符的集合,构成段表,在CPU中通过一个寄存器,指出段表的起始位置。

为了便于段长的动态变化,避免段长动态增加时造成周围段内容的移动,Linux内存管理采用请求页式技术实现。每段又分为若干页,将需要的内容以页面为单位调入内存块中,暂不执行的页面仍留在外存交换区内,以保证比实际内存需求大得多的进程使用内存。

Linux把指令代码的正文段、数据、堆栈分为若干段,这些段都各有含义。它们符合程序本来的二维结构,为了有效地扩充内存,使进程能在内外存交换,而采用了请求式分页存储管理技术。这样既满足了小内存运行大程序的要求,还便于段的增长。因为一段分为若干页后,一段就不必占用一个连续的内存区,而可以把页面见缝插针地放入其内存块中。但是段页式虚存技术的地址转换需要查找段表和页表,势必使读/写速度降低。为了弥补这一缺点,Linux还采用了"快表"的方法,把页表内容放在高速缓存cache中,可以加快地址转换的过程。

除此之外，Linux存储管理还具有如下特点，系统中新建子进程只占两页的内存，一页作新进程的PCB，一页作新进程的核心栈，此外新建子进程从父进程处仅复制页表；并且Linux对数据段和堆栈段采用写时复制的方法。

5.7.3 Windows NT系统中的存储管理技术

Windows NT(简称NT)中存储管理技术采用的是请求分页的虚拟存储管理技术。NT的虚拟存储管理技术(Virtual memory Manager)是NT执行体的主要组成部件之一，它是NT的基本存储管理系统。NT所支持的面向不同应用环境的各环境子系统中的存储管理也都是基于NT的虚拟存储管理系统的。NT的存储管理舍弃了所有基于Intel芯片的早期个人计算机都使用的分段模式，而采用与主存实际结构更吻合的线性模式，对传统操作系统的存储管理技术作了很大的改进，如采用了二级页表地址变换机构，用创建段对象的方法来实现主存共享，允许程序员创建和运行的程序所要求的内存比计算机上现有的更大。系统中每一个NT的进程都有4GB大的虚拟地址空间，在这4GB空间中，应用程序可寻址低端的2GB空间(用户存储区)，而高端的2GB则保留给系统使用(系统存储区)，并且其中有的部分可由所有正在运行的进程共享。

NT采用虚拟分页技术，页面的大小为4KB，NT虚拟分页技术的实现包括两个方面：地址变换机构和页面调度策略，其地址变换机构不同于传统的页面地址变换机构，它是采用一种称为两级页表结构的技术。为了将虚拟地址转换成以页为单位的结构，Windows将一个32位的虚拟地址解释为三个独立的部分：页目录索引(page directory index)、页表索引(page table index)和字节索引(byte index)。如图5.38所示。页目录索引用10个地址位表示，用于定位虚拟地址所对应的页表，页表索引用10个地址位表示，用于定位该虚拟地址对应的页表入口，字节索引用12个地址位表示，用于确定该地址在对应的物理页上的具体位置(因为页面大小为4K，刚好用12个地址位可以表示)。

31　　　　22	21　　　　12	11　　　　0
页目录索引	页表索引	字节索引

图5.38　虚拟地址的页索引结构

虚拟地址通过页目录和页表进行地址转换的过程如图5.39所示。

(1) 每一个进程都对应一个页目录，当操作系统开始执行某一进程时，系统会设置当前进程所对应的页目录。

(2) 一个进程可以有多个页表，通过页目录索引，内存管理器可以定位相应的虚拟地址所对应的页表。

(3) 通过页表和页表索引，内存管理器可以定位虚拟地址对应的物理页框号。

(4) 当定位了物理页框号后，通过字节索引可以正确地判断虚拟地址对应的物理地址。

每一个进程都有单一页目录，它将该进程所有的页表都映射到一个页上。页表由一组页表入口构成，对32位的Windows来说，需要1024个页表来映射4GB的虚拟地址空间。NT为了避免把所有主存都消耗在页表上，它的虚拟存储管理程序不把这些页表放在主存，而是根据需要把这些页表换入换出主存。要存取主存中的数据，系统需三次访问主存，第一次查页目录，第二次查页表，第三次才从主存中存取数据。采用两级页表结构会带来主存访问速度变慢的问题,但实际上NT访问主存的速度不但不慢,相对来说还比较快,这是因为它采取了两个有力措施:使用快表和使用高速缓冲存储器,这使得系统性能大为提高,系统存取数据和指令的速度与处理器的处理速度完全匹配。

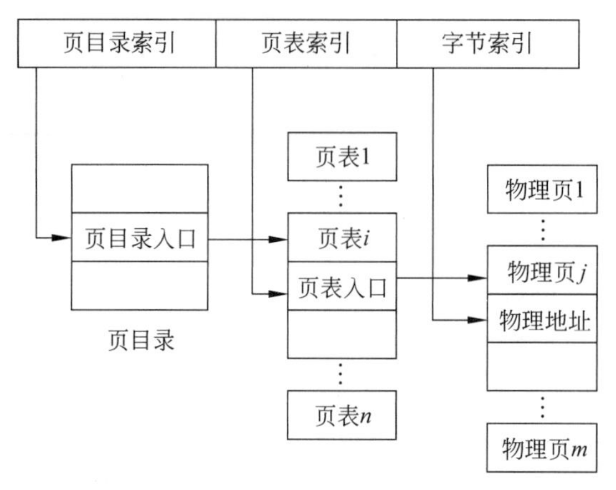

图5.39　虚拟地址转换过程

NT的页面调度采用的是请求式簇调度策略,即当线程产生缺页错误时,内存管理器如果判断该页不在物理内存中,它会将被请求的页面以及和它相邻的一些页面调入内存。当缺页处理需要调入新的页,而物理内存全部被占用时,NT采用"最久未使用"策略来决定哪些虚拟页需要从内存中移出去。

小　　结

存储管理在操作系统中占有重要地位,其目的是方便用户和提高内存的利用率。存储管理的基本任务是管理内存空间;进行虚拟地址到物理地址的转换;实现内存的逻辑扩充;完成内存的共享和保护。随着计算机技术的逐步发展,存储器的种类越来越多,按照其容量、存取速度以及在操作系统中的作用,可分为3级存储器:高速缓存、内存和外存。

存储管理技术各具特点,在存储分配方式上有静态和动态、连续和非连续之分。所谓静态重定位是指在目标程序运行之前就完成了存储分配,如分区式存储管理和静态分页管理。动态重定位是指在目标程序运行过程中再实现存储分配,如动态分页管理、段式和段页式管理。连续性存储分配要求给作业分配一块地址连续的内存空间,非连续性的分配是指作业分得的内存空间可以是离散的、地址不连续的内存块,如分页式管理。在将逻辑地址转换成物理地址时,固定分区采用的是静态重定位,其他采用的是动态重定位。静态重定位是由专门设计的重定位装配程序来完成的;而动态重定位是靠硬件地址转换机构来实现的。在实现内存的逻辑扩充方面,分区和静态分页管理采用的覆盖技术和交换技术,请求式分页、段式和段页式管理采用的是虚拟存储技术。覆盖技术就是让不会同时调用的子模块共同使用同一内存区;交换技术就是将作业不需要或暂时不需要的信息交换到外存,腾出内存空间供调入其他所需信息使用;虚拟存储技术是通过请求调入和置换功能,对内外存进行统一管理,为用户提供了似乎比实际内存容量大得多的存储器,这是一种性能优越的存储管理技术。在完成信息共享和保护方面,分区管理不能实现共享,分页管理实现共享较难,但是,分段和段页式管理就能容易地实现共享。分区管理采用的是越界保护技术，其他的均采用越界保护和存取权控制保护相结合的方法。

在进程运行过程中，当实际内存不能满足需求时，为释放内存块给新的页面，需要进行页面置换，有很多种页面置换算法供使用。FIFO 是最容易实现的，但性能不是很好；OPT 仅具有理论价值；LRU 是 OPT 的近似算法，但是实现时要有硬件的支持和软件开销。多数页面置换算法，如最近未使用置换算法等都是 LRU 的近似算法。

在大型通用系统中，往往把段页式存储管理和虚拟存储技术结合起来，形成带虚拟存储的段页式系统，它兼顾了分段存储管理在逻辑上的优点和请求式分页存储管理在存储管理方面的长处，是最通用、最灵活的系统。

UNIX 采用了交换和请求式分页存储管理的技术，页面淘汰采用 LRU 算法，为了实现交换和请求式分页，系统设立了很多数据结构，便于各分区的共享和保护。Linux 操作系统则采用的是段页式虚拟存储技术。Windows NT 采用的是请求分页的虚拟存储管理技术。

习　　题

5.1　解释下列概念：物理地址、逻辑地址、逻辑地址空间、内存空间。

5.2　什么叫重定位？区分静态重定位和动态重定位的根据是什么？

5.3　什么是虚拟存储器？它有哪些基本特征？

5.4　什么是分页？什么是分段？二者有何主要区别？

5.5　纯分页技术和请求式分页技术之间的根本区别是什么？

5.6　请画出页式动态地址转换机构，并说明地址转换过程。

5.7　某虚拟存储器的用户编程空间共 32 个页面，每页为 1KB，内存为 16KB，假定某时刻一用户页表中已调入内存页面的页号和物理块号的对照表如表 5.1 所示。

表 5.1　题 5.7 的对照表

页号	物理块号
0	7
1	10
2	4
3	5

则逻辑地址 OA5C(H)所对应的物理地址是多少？

5.8　何谓系统的“抖动”现象？你认为应该采取何种措施来加以避免？

5.9　为什么与分页技术相比，分段技术更容易实现程序和数据的共享和保护？

5.10　考虑下述页面走向：4,3,2,1,4,3,5,4,3,2,1,5。当内存块数量分别为 3 和 4 时，试问 LRU、FIFO、OPT 这 3 种置换算法的缺页次数各是多少(假设所有内存块起初为空)？

第6章 处理机调度

在一个多道程序系统中，主存里同时存在多个进程。每个进程在两种状态之间转换：要么占用处理机，要么等待I/O执行或等待其他事件发生。处理机忙于执行一个进程时其他进程只有等待。

调度是多道程序的关键。事实上，有4种类型的调度：长程调度、中程调度、短程调度和I/O调度。其中，I/O调度将在第7章讨论。另外3种就是处理机调度。本章先对这3种处理机调度进行分析。其中，长程调度和中程调度主要取决于多道程序的度，本章只集中讨论短程调度。然后，介绍短程调度中用到的各种算法，再讨论多处理机调度，并介绍在设计多处理机线程调度时有什么不同之处。最后将讨论实时调度，介绍实时进程的特性，以及进程调度的本质及实时调度的方法。

6.1 调度类型

调度有4种类型，如表6.1所示。

表6.1 调度类型

调度类型	调 度 内 容
长程调度	决定欲增加执行的进程池
中程调度	决定增加部分或全部位于内存中的进程数
短程调度	决定哪个就绪进程被处理机执行
I/O调度	决定哪个进程未完成的I/O请求被可用I/O设备处理

处理机调度问题就是处理器的分配问题，它的目的是使处理机在满足系统要求的响应时间、吞吐量和处理机利用率的前提下及时地运行进程。在许多系统中，调度被分成3种：长程、中程和短程调度。

图6.1是进程状态转换图。当产生一个新进程时，就执行长程调度，将新进程加到一组活动进程中。中程调度是替换功能的一部分，它将一个新进程的部分或全部调入内存以便执行。短程调度真正决定哪一个就绪进程将在下次执行。图6.2是重新组织了的进程状态转换图，它可以说明调度作用的嵌套关系。

由于调度决定了哪些进程将等待、哪些进程被执行，所以直接影响到系统的执行效率。图6.3给出了一个进程在状态转换中所涉及的队列。从根本上讲，调度就是要使队列延迟

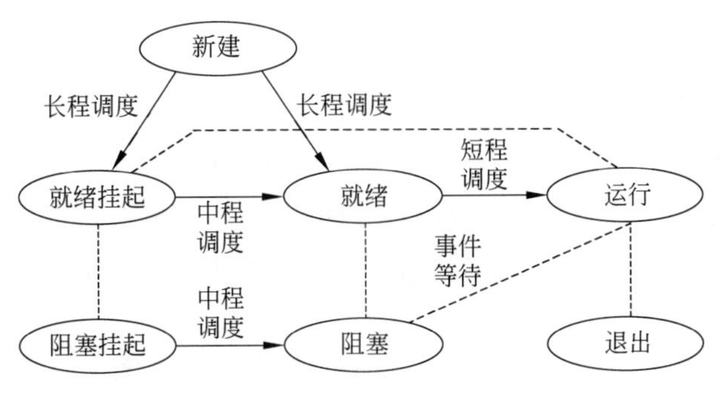

图 6.1　调度和进程状态转换

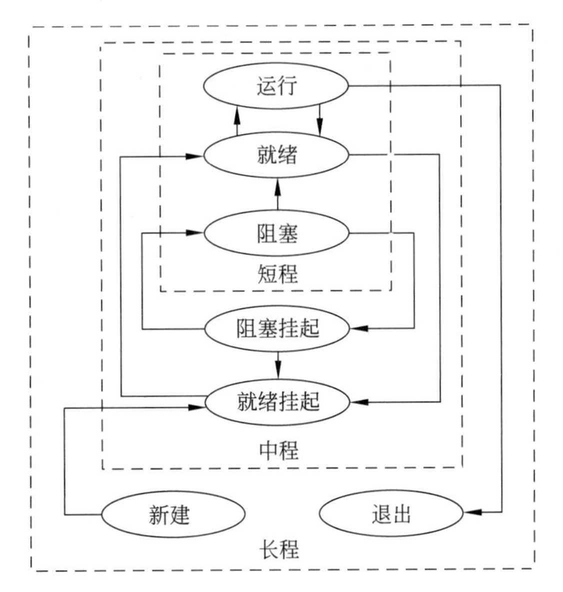

图 6.2　调度层次

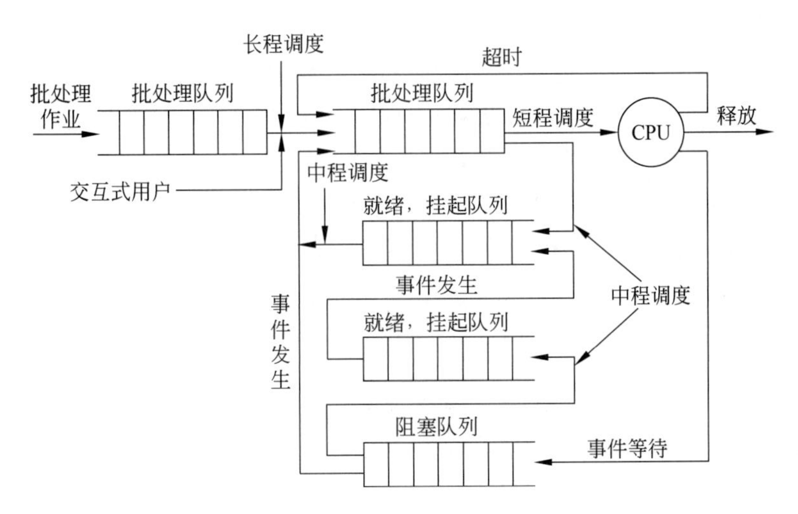

图 6.3　调度排队

最小,并优化系统的执行效率。

6.1.1 长程调度

长程调度又称为作业调度或高级调度。长程调度决定哪些程序被系统接纳处理,因此,它控制多道程序的度。一旦一个作业或用户程序被接纳,就成为一个进程并被加到短程调度的队列中。在有些系统中,一个新创建的进程开始就处于换出状态,于是它就被加到中程调度的队列中。

在一个批处理系统或一个一般操作系统的批处理部分,新递交的作业先驻留在磁盘上,进入批处理队列。需要时,长程调度就会从该队列中创建进程。与此同时,长程调度还必须决定系统能承担一个还是多个进程,哪一个或哪一些作业被接纳并且变成进程。

什么时候创建新进程主要取决于多道程序的度。创建的新进程越多,每个进程执行时间所占百分比就越小。因此,长程调度限制多道程序的度以便为当前进程提供满意的服务。每当一个作业结束,调度程序会决定增加一个或多个新作业。另外,当处理机空闲时间超过阈值时,也会执行长程调度。

决定接纳哪个作业可用简单的先来先服务算法,同时它可用来管理系统运行。最常用的是短作业优先调度算法,即将外存上最短的作业最先调入内存。此外,还有基于作业优先权的调度算法、响应比高者优先的调度算法等。

在一个分时系统交互式程序中,用户被接纳进入系统时就会产生一个请求进程。分时用户不是简单地排队等待系统运行,操作系统会接纳所有的授权进程直到系统饱和。这时连接请求会收到一个系统已满请稍后再试的信息。

6.1.2 中程调度

中程调度也称中级调度,引入中程调度的主要目的,是为了提高内存的利用率和系统吞吐量。中程调度实际上就是存储器管理中的置换功能,这在5.6节已讨论过。

6.1.3 短程调度

长程调度相对而言执行得较少,并且它只是粗略决定是否启用一个新进程,启用哪一个进程。中程调度较频繁地进行替换。短程调度执行得最频繁,它决定下一步执行哪个进程。通常把短程调度又称为进程调度或低级调度。

当一个可能导致当前进程中断或者使另一个进程抢占正在运行的进程的事件发生时,就会执行短程调度。例如,有以下事件发生时就执行短程调度:时钟中断、I/O中断、OS请求、信号。

进程调度是最基本的一种调度,它可以采用非抢占方式或抢占方式。

6.2 调度算法

6.2.1 短程调度标准

短程调度的主要目标是,以使系统性能得到优化的方法来分配处理机时间。

1. 通常使用的标准

通常使用的标准可分为两类：面向用户的标准和面向系统的标准。

① 面向用户的标准与单个用户或进程关心的系统性能有关。如交互式系统的响应时间。响应时间是指从用户通过键盘提交一个请求开始，直至系统首次产生相应为止的时间，或说直到在屏幕上显示出结果为止的一段时间间隔，这是用户所关心的。我们希望调度策略能对多个用户提供“优质”服务，就响应时间而言，必须定义一个阈值，如2s。这样，调度策略的目标之一就是，尽可能容纳更多的响应时间不超过2s的用户。面向用户的标准还包括周转时间、截止时间、优先权准则。

② 面向系统的标准是为了使系统高效地运行。例如，吞吐量，这是用于评价批处理系统性能的重要指标，它是指单位时间内所完成的作业数，希望它越大越好。但这主要是为系统效率考虑，很少为用户设备考虑。因此，它主要与系统管理员有关，与用户数量无关。面向系统的标准还包括处理机的利用率和各类资源的平衡利用等。

面向用户的标准对所有系统都很重要，但面向系统的标准在单用户系统中并不重要。在单用户系统中，处理机的高效使用或高吞吐量并不像系统对用户应用程序的响应那么重要。

2. 与性能相关的标准

根据所面向的对象是否与性能相关，可将其分为与性能有关的标准和与性能无关的标准。与性能有关的标准是可定量的，如响应时间和吞吐量。与性能无关的标准是定性的，如预测性。从某种程度上说，后者可用一个工作负载函数来衡量，但不像测量吞吐量和响应时间那样直接。

表6.2总结了主要的调度标准。它们是相互独立的，不能同时优化。例如：提供满意的响应时间需要频繁切换进程，这样会加大系统开销并减小吞吐量。因此，在设计调度管理策略时应均衡各方面的要求，根据其性质和对系统的使用对各种要求进行加权。

表6.2 调度标准

面向用户的与性能有关的标准	
响应时间	对于一个活动进程，这是指发出请求到收到响应的时间间隔。通常，一个进程在它处理请求时就可以产生一些结果给用户。因此，从用户角度看，它比轮转时间要好。调度策略应尽量降低响应时间，并且使其响应时间可接受的活动用户数最大化
轮转时间	这是指提交一个进程到其完成的时间片段，包括互斥运行时间，等待资源(包括处理机)的时间，等待I/O操作完成的时间。这是对批处理作业的一个适合衡量
期限	当指定进程到达期限时，调度策略应综合其他目标以满足尽可能多的期限要求
优先权准则	引用优先权准则可以让某些紧急的作业得到及时的处理。在要求较严格的场合，还需选择抢占调度方式，才能保证紧急作业得到及时处理
面向用户的其他标准	
预测性	不管系统的负载如何，一个给定的作业应运行同样的时间，有同样的耗费。响应时间或轮转时间变化很大，意味着系统负载变化很大，或系统有必要调整其不稳定性
面向系统的与性能有关的标准	
吞吐量	调度策略应使单位时间内完成的进程数尽可能多。这是对完成的工作量进行衡量。显然，这取决于进程的平均长度，同时受调度策略的影响
处理机利用率	这是指处理机忙所占的时间百分比。对共享系统，这个标准很重要。在单用户系统和其他系统(如实时系统)中，这个标准不如其他标准重要

续表

面向系统的其他标准	
公平性	在没有用户的指导或其他系统支持的情况下,应同等对待每一个进程,并且不应有进程饥饿
资源平衡	调度策略应使系统资源忙,使用不紧张资源的进程有优先权。这个标准涉及中程调度和长程调度

在大多数交互式OS中,不管是单用户还是分时系统,都要求有适当的响应时间。这将在本章6.5节中作深入研究。

现在讨论其他的调度策略,并假定只有一个处理机的情况。

6.2.2 优先权的使用

调度可基于优先权。在很多系统中,每个进程都有一个优先权,高优先权的进程比低优先权的进程优先运行。

图6.4说明了优先权的使用。为了便于理解,简化了排队图,省略了大量的阻塞队列和挂起状态队列。用一个按优先权降序排列的队列代替单等待队列 RQ_0,RQ_1,…,RQ_n,其中优先权[RQ_i]>优先权[RQ_j],$i<j$。当进行调度选择时,先从最高优先权的就绪队列(RQ_0)开始。如果队列中有一个或更多的进程,则按其他调度算法选一个进程。如果 RQ_0 空,则检查 RQ_1,如此下去。

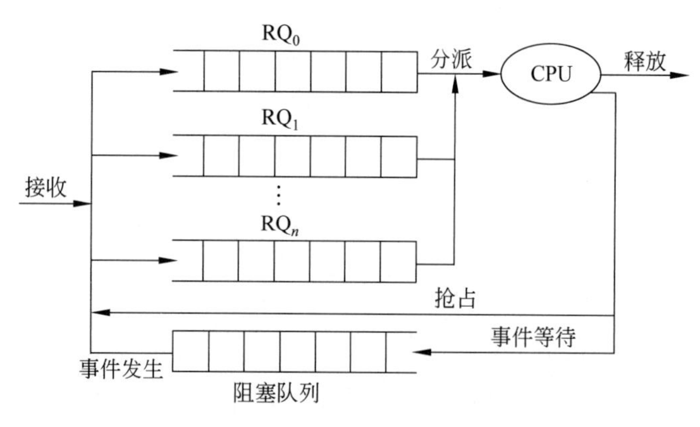

图6.4 调度优先级

完全按优先权调度会出现的问题是,低优先权进程可能饥饿,当有高优先权的进程流持续到达时,就会出现这种情况。为解决这个问题,进程优先权可随其年龄或执行历史改变,稍后会给出一个例子。

6.2.3 调度策略

调度策略是指根据系统的资源分配策略所设计的资源分配算法。表6.3归纳了本节所要讨论的各种调度策略的特性。前两个是按选择函数和决定模式对调度策略进行分类的。

(1) 选择函数决定哪个就绪进程在下一次执行。函数可基于优先权、资源需求或进程的执行特性。对于后者,以下3个因素比较重要:

表 6.3　各种调度策略的特性

调度策略	先来先服务 FCFS	时间片轮转 RR	最短进程优先 SPN	最短剩余时间优先 SRT	最高响应比优先 HRRN	多级反馈队列 FB
选择函数	$\max(w)$	常数	$\min(t_s)$	$\min(t_s - t_e)$	$\max\left(\frac{t_w + t_s}{t_s}\right)$	(见文中)
决定模式	非抢占	抢占(时间片)	非抢占	抢占(到达时)	非抢占	抢占(时间片)
吞吐量	不定	时间片很小时,吞吐量可能很低	高	高	高	不定
响应时间	可能很高,尤其是进程执行时间变化很大时	对短进程提供好的响应时间	对短进程提供好的响应时间	提供较好的响应时间	提供较好的响应时间	不定
耗费	最小	低	可能高	可能高	可能高	可能高
对进程的影响	对偏重于I/O的进程不利	公平对待	对长进程不利	对长进程不利	平衡性好	有利于偏重I/O的进程
饥饿	无	无	可能	可能	无	可能

- t_w 为到目前为止,进程位于系统内的时间,包括等待和执行的时间。
- t_e 为到目前为止,进程执行的时间。
- t_s 为进程所要求的总服务时间,包括 t_e。

例如,选择函数 $f(w)=w$ 意味着采用的是先进先出(FIFO)的策略。

(2) 决定模式指出选择函数被执行的确切时间,分为两类:

① 非抢占式。在这种情况下,只要进程处于运行态,它就一直执行直到终止、I/O阻塞或请求其他的OS服务,决不允许某进程抢占已经分配出去的处理机。这种模式的优点是实现简单、系统开销小,适用于大多数的批处理系统环境。但它难以满足紧急任务的要求,在实时系统中不宜采用。

② 抢占式。允许OS中断当前运行进程,将其变成就绪状态,将已分配给该进程的处理机重新分配给另一进程。抢占式的决定可以在到达一个新进程、将阻塞进程变为就绪状态的中断发生时,或时钟中断期间进行。抢占的原则有时间片原则、优先权原则和短作业优先原则。

抢占策略比非抢占的开销要大,但它给所有进程提供了更好的服务,因为它防止了一个进程独占处理机时间过长。另外,它可以通过有效的现场切换机制(尽量使用硬件)和使用大的主存以容纳多的程序来降低其开销。

下面以表6.4所示的进程集作为范例,讨论不同的调度策略。

表 6.4　供讨论调度策略所用的进程集

进程	到达时间/s	服务时间/s	进程	到达时间/s	服务时间/s
1	0	3	4	6	5
2	2	6	5	8	2
3	4	4			

表6.4所示的进程可看成批处理的作业,服务时间是其所需的总执行时间。另外,认为这些进程要求交替使用处理机和I/O。在I/O中,服务时间是指一次循环中的处理时间。

最简单的调度策略是先来先服务(FCFS),或先进先出(FIFO)。当一个进程处于就绪状态,它就进入就绪队列。若当前进程停止运行,就从就绪队列中选最"老"的进程运行。

图6.5给出了该进程集一次循环的执行模式(采用不同的调度策略),表6.5给出了一些主要结果。每个进程的完成时间是确定的,从而可以得到轮转时间。在排队模型中,轮转时间指排队时间或总时间,也就是一个项目位于系统内的时间(等待时间加上服务时间),较实用的是标准化轮转时间,就是轮转时间和服务时间的比值,这个值指出了一个进程的相对延迟。一般来说,进程执行的时间越长,所允许的绝对延迟时间就越长。标准化轮转时间最小为1.0s;大于1.0s表示进程经过了一段等待时间,也就意味着服务的降级。

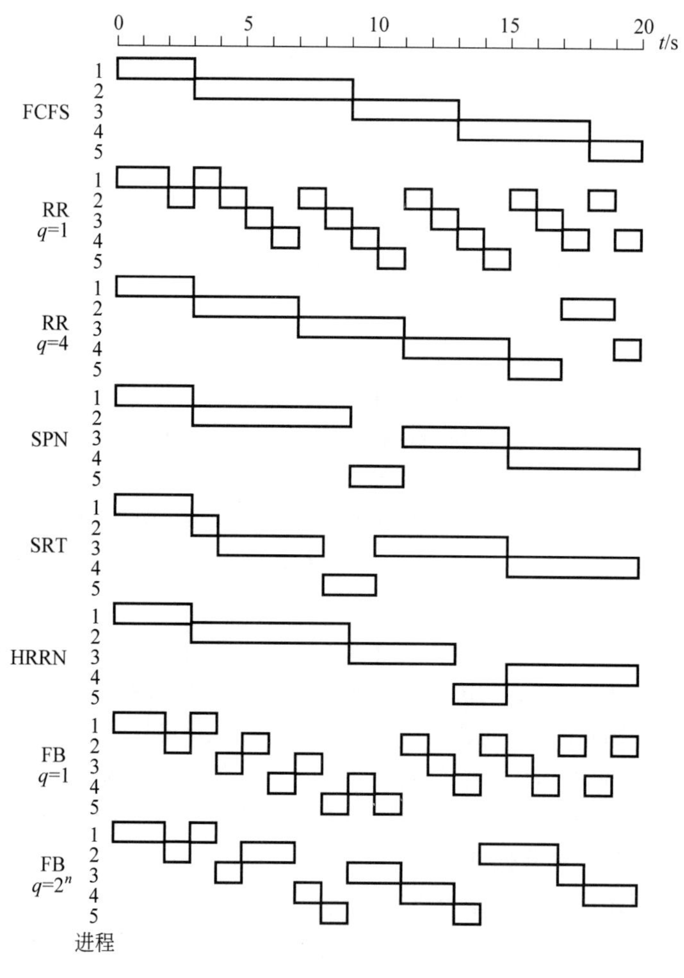

图6.5 调度策略比较

1. FCFS策略

FCFS策略是按作业来到的先后次序进行调度的。换言之,这种策略优先考虑在系统中等待时间最长的作业,而不管它要求执行时间的长短,这种策略容易实现,但效率较低。

表 6.5　调度策略的比较

	进程	1	2	3	4	5	平均值
	到达时间/s	0	2	4	6	8	
	服务时间/s	3	6	4	5	2	
FCFS	完成时间/s	3	9	13	18	20	
	轮转时间/s	3	7	9	12	12	8.60
	t_q/t_s	1.00	1.17	2.25	2.40	6.00	2.56
RR(q=1)	完成时间/s	4	19	17	20	15	
	轮转时间/s	4	17	13	14	7	11.00
	t_q/t_s	1.33	2.83	3.25	2.80	3.50	2.74
RR(q=4)	完成时间/s	3	19	11	20	17	
	轮转时间/s	3	17	7	14	9	10.00
	t_q/t_s	1.00	2.83	1.75	2.80	4.50	2.58
SPN	完成时间/s	3	9	15	20	11	
	轮转时间/s	3	7	11	14	3	7.60
	t_q/t_s	1.00	1.17	2.75	2.80	1.50	1.84
SRT	完成时间/s	3	15	8	20	10	
	轮转时间/s	3	13	4	14	2	7.20
	t_q/t_s	1.00	2.17	1.00	2.80	1.00	1.59
HRRN	完成时间/s	3	9	13	15	20	
	轮转时间/s	3	7	9	9	12	8.00
	t_q/t_s	1.00	1.17	2.25	1.80	6.00	2.44
FB(q=1)	完成时间/s	4	20	16	19	11	
	轮转时间/s	4	18	12	13	3	10.00
	t_q/t_s	1.33	3.00	3.00	2.60	1.50	2.29
FB($q=2^n$)	完成时间/s	4	17	18	20	14	
	轮转时间/s	4	15	14	14	6	10.60
	t_q/t_s	1.33	2.50	3.50	2.80	3.00	2.63

注：t_s 表示服务时间；t_q 表示轮转时间；t_q/t_s 为标准化轮转时间。

FCFS 策略比较适用于长进程，而不适用于短进程，因为短进程执行时间很短，若令它等待较长时间，则带权周转时间会很高，如表 6.6 所示。

进程 C 的标准化等待时间是不能容忍的：它位于系统内的总时间是它所需服务时间的 100 倍，无论何时，一个长进程到达后，一个短进程就会出现较长的等待。另一种极端情况尚可容忍，进程 D 的轮转时间差不多是 C 的两倍，但它的标准化等待时间小于 2.0s。

表 6.6　FCFS 策略适于长进程的例子

进程	到达时间/s	服务时间/s	开始时间/s	完成时间/s	轮转时间/s	t_q/t_s
A	0	1	0	1	1	1
B	1	100	1	101	100	1
C	2	1	101	102	100	100
D	3	100	102	202	199	199
平均值	—	—	—	—	100	26

FCFS 策略的另一个问题是它有利于偏重 CPU 的进程,不利于偏重 I/O 的进程。考虑这样一个进程集,其中,一个进程基本上使用 CPU(偏重 CPU),而其他一些进程则偏重于 I/O。当偏重于 CPU 的进程正在运行时,所有偏重于 I/O 的进程必须等待,其中有些可能处于 I/O 队列中(阻塞状态),甚至在偏重于 CPU 的进程还在执行时就移到了就绪队列中。这样,大多数或所有的 I/O 设备都空闲,实际上它们还有许多工作要做。在当前运行进程离开运行态时,已就绪的偏重 I/O 的进程很快就通过运行态,被阻塞在 I/O 事件上。如果偏重于 CPU 的进程也被阻塞,那么处理机就空闲了。因此,采用 FCFS 策略往往不能充分利用处理机和 I/O 设备。

FCFS 策略在单处理机系统中不是一个好方法,但常将它与优先权策略结合起来,以提供一个有效的调度算法。因此,调度时可以有多个队列,每个队列有一个优先权,队列内按 FCFS 策略调度,如后面要讨论的“多级反馈队列调度”。

2. 时间片轮转策略

解决 FCFS 策略不利于短作业的一个简单方法就是基于时钟抢占式调度,如时间片轮转(Round-Robin,RR)策略。系统将周期性产生一个时钟中断,中断时,将当前运行进程放入就绪队列中,按 FCFS 策略选择下一个就绪进程运行。这种方法也叫做“时间片轮转”,其中每个进程在被抢占前运行一段时间。该策略是以就绪队列中的所有进程均以相等的速度向前进展为特征的。

对 RR 策略,关键在于设计时间片的长度,时间片的大小对计算机性能有很大影响。如果时间片太短,那么,短进程相对而言很快通过系统。然而,这会增加处理时钟中断和进行调度及分派时的开销(因为单位时间内的中断次数会增加)。因此,要避免使用太短的时间片。一个有效的原则是:时间片应比典型交互所需时间稍长。如果比它小,大部分进程就至少需要两个时间片。图 6.6 描绘了这种要求对响应时钟的影响。如果时间片大于所有进

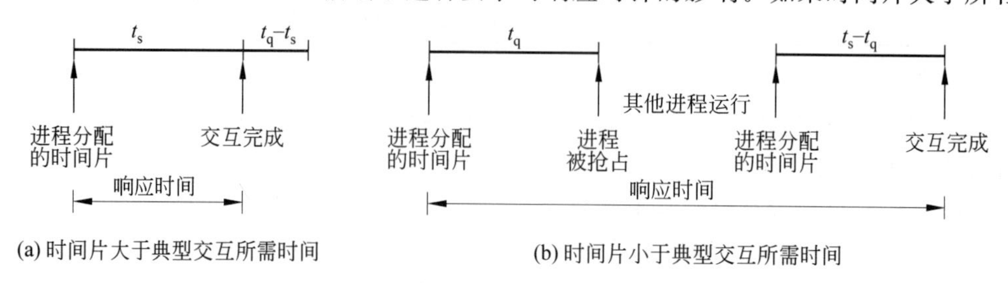

图 6.6　抢占时间片大小的影响

程所需的运行时间，那么，RR 策略就退化为 FCFS 策略。因此，时间片的大小应选择适当，通常考虑到系统对响应时间的要求、就绪队列中进程的数目以及系统的处理能力等。

图 6.5 和表 6.4 显示了分别使用 1 和 4 个时间单位的时间片的结果。最短进程 5 在两种情况下都得到了改善。图 6.7 给出了以时间片大小为参数的函数曲线。这里，时间片的大小对执行效率影响不大，但在一般情况中要仔细选择时间片大小。

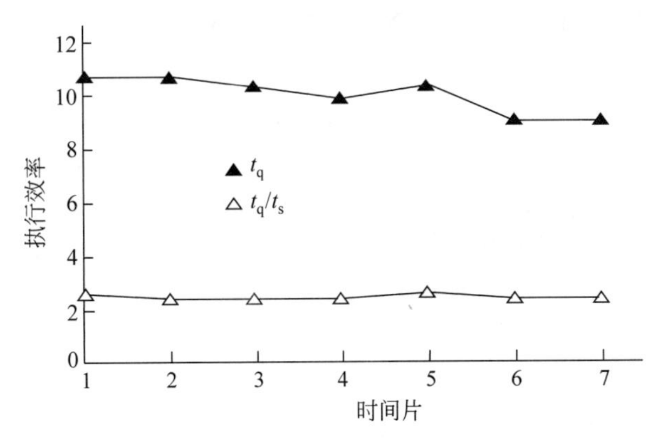

图 6.7 RR 策略的性能

RR 策略对于一般目的的分时系统或事务处理系统非常有效。但有一个不足，就是它对偏重 CPU 的进程和偏重 I/O 的进程有不同的处理结果。通常，一个偏重 I/O 的进程比偏重 CPU 的进程需要较少的 CPU 时间（两次 I/O 操作之间的时间）。如果存在这两种进程，就会出现下面的情况：一个偏重 I/O 的进程使用处理机一小段时间后，被阻塞等待 I/O；等到 I/O 操作完成之后，它进入就绪队列。相反，一个偏重 CPU 的进程执行时通常占用一个完整的时间片，并且立即进入就绪队列。这样，偏重 CPU 的进程获得的处理机时间多一些，从而引起偏重 I/O 的进程的执行效率低，I/O 设备利用率不高，响应时间变化大。

可以采用虚拟时间片轮转（VRR）策略来避免上述缺陷，如图 6.8 所示。新进程到达

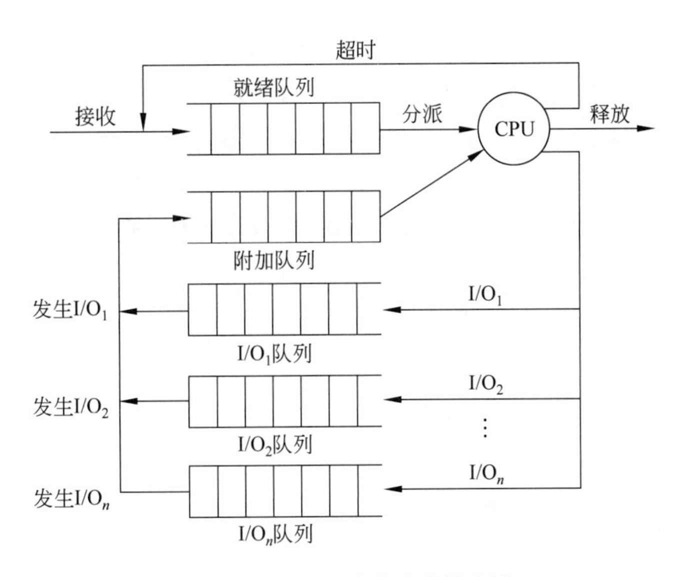

图 6.8 VRR 调度策略的排队图

后,进入基于FCFS策略的就绪队列;正运行的进程的时间片结束时也进入就绪队列。当一个进程因I/O阻塞时,它进入I/O队列。这与原方法一样。新加入的特性是附加一个FCFS策略队列来收集从I/O等待中释放的进程。调度时,附加队列比就绪队列有更高的优先权。当一个进程从附加队列调入时,其运行时间不应超过基本时间片减去它上次从就绪队列调入运行的总时间。实验表明,这种方法比RR策略在公平性上要好些。

3. 最短作业优先(Shortest Process Next,SPN)策略

最短作业优先(SPN)策略是一种非抢占式的方式,它首先运行期望运行时间最短的进程。这样,短进程就排到了长进程的前面。该策略易于实现,且效率比较高。

SPN策略就是从就绪队列中选出一估计运行时间最短的进程,将处理机分配给它,使它立即执行并一直执行到完成,或因发生某事件而被阻塞放弃处理机时,再重新调度。

从图6.5和表6.5的结果可以看出,进程5比在FCFS中较早得到服务,响应时间也有所改善。但是,响应时间变化幅度加大了,尤其是长进程,这就导致了可预测性的下降。

SPN策略的一个缺陷是必须预先估计每个进程所需的处理时间。对批处理作业,系统可能要求程序员估计每个进程的处理时间并提交给系统。如果估计时间小于运行时间,该策略就不能真正做到短作业优先调度。

SPN策略的一个风险是当能持续提供较短进程时,长进程可能会饥饿。另一方面,虽然SPN策略有利于短作业,但它不适于分时系统或事务处理环境,因为它不是抢占式的。对于在FCFS策略中所讨论的例子,尽管进程A、B、C、D执行顺序相同,但仍对短进程C不利。

4. 最短剩余时间优先(Shortest Remaining Time,SRT)策略

最短剩余时间优先(SRT)策略是抢占式的SPN策略,其中,总是优先运行期望剩余时间最短的进程。当一个进程进入就绪队列时,它的剩余时间可能比当前运行进程的要短。于是,每当新进程进入就绪队列时,就会进行抢占式调度。和SPN策略一样,根据执行时间来选择进程执行可能会引起长进程的饥饿。

SRT策略一方面不像FCFS策略那样有利于长进程,也不像RR策略要产生额外中断,从而减少了开销;另一方面,它要记下已执行的时间,又增加了开销。因为一个短作业比当前运行的长作业有优先权,因此,SRT策略轮转时间性能比SPN策略好。

在前例中,3个最短进程都获得了立即服务,其标准化轮转时间均为1.0。

5. 最高响应比优先(Highest Response Ratio Next,HRRN)策略

在表6.5中用到了标准化轮转时间。对每个进程,我们希望最小化这个比值,同时也希望所有进程的平均值最小。虽然这是一个经验标准,但我们希望接近它。考虑下面的响应比:

$$\mathrm{HRR} = \frac{t_w + t_s}{t_s}$$

其中,t_w为等待处理机的时间;t_s为期望的服务时间。

响应比HRR等于标准化的轮转时间。在一个进程第一次进入系统时,其响应比HRR为最小值1.0。

这样,调度策略就变为:在当前进程完成或挂起时,从就绪进程中选择具有最高响应比的进程。这个策略的好处在于它考虑了进程的等待时间,有利于短作业。但是,由于长作业的响应比随等待时间的增加而增大,因此最终也将获得处理。这种策略虽然其调度性能不如 SPN 策略好,但是它既照顾了作业到达的先后,又考虑了系统服务时间的长短,所以它是一种较好的折衷。

和 SRT 策略及 SPN 策略一样,在用(Highest Response Ratio Next,HRRN)策略之前要事先估计期望的服务时间。

6. 多级反馈队列(Feedback,FB)策略

如果未指明进程长度,那么 SPN、SRT 和 HRRN 策略都无法使用。而多级反馈队列(Feedback,FB)有利于短作业的策略是使那些已运行很长时间的作业处于不利地位。换句话说,如果不知道还需要多少时间来运行某进程,那么,就考虑已执行的时间。

该策略如下所述。调度是抢占式的,并采用动态分配优先权。当一个进程第一次进入系统时,它被置入队列 RQ_0(见图 6.4)。在它第 1 次执行完回到就绪态时,被置入队列 RQ_1。依此类推,每一次执行完,它就被置入下一级具有较低优先权的队列中,从而使一个短进程可以很快完成,无须进入较深层的队列,较长的进程将逐级下传。因此,较新的、较短的进程比较老的、较长的进程有利。在每个队列内部,除了最低优先权的队列外都采用 FCFS 策略,在最低优先权的队列中,进程不能继续下传而是返回队列尾部自行完成。因此,这个队列采用的是 RR 策略。

图 6.9 用一个进程通过各种队列的路径解释了 FB 策略。该策略称为多级反馈,是指操作系统分配给处理机一个进程,当进程阻塞或被抢占时,将它加入到其他优先权的队列中。多级反馈队列调度策略不必事先知道各种进程所需的执行时间,而且还可以满足各种类型进程的需要,是目前公认为较好的一种进程调度策略。

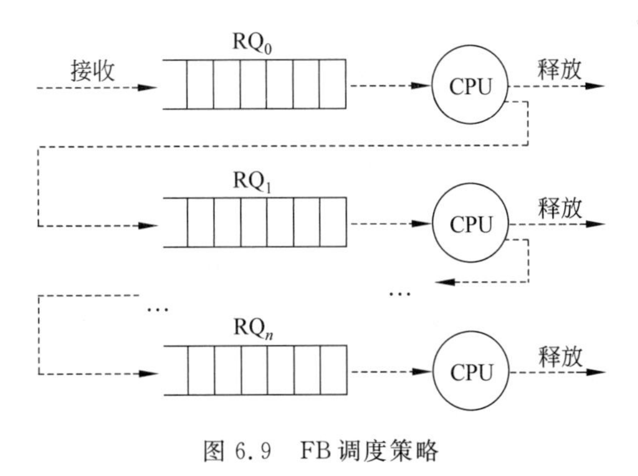

图 6.9 FB 调度策略

这种策略有许多变形。一种简单的方法是按时间间隔抢占,与 RR 策略类似,前例中就是用一个单位时间(见图 6.5 和表 6.5),这种情况有些类似时间片为一个单位时间的 RR 策略。

这个简单策略的一个突出问题是长进程的轮转时间惊人地变长。事实上,当系统中总有新作业到达时,长作业可能会饥饿。为避免这种情况,可以针对不同的队列采用不同的抢占时间:RQ_1 中进程允许执行一个单位时间然后被抢占;RQ_2 中进程允许执行两个单位时间后被抢占,如此类推。这样,RQ_i 中进程在被抢占前允许执行 i 个单位时间,如图 6.5 和

表6.5所示。

即使允许在低优先级的队列中的进程占较多的时间,一个长进程仍可能饥饿。一个解决方法是一个进程在当前队列中等待了一定时间后将其提升到优先级较高的一级队列中。

FB调度策略具有较好的性能,能较好地满足各种类型用户的需要。

6.2.4 性能比较

在选择调度策略时要考虑其性能,但不可能进行绝对的比较。因为性能取决于多方面的因素,包括各进程服务时间的可能分布,调度和切换机制的效率,以及I/O命令的特性和I/O子系统的性能。尽管如此,还是要从中抽取一般的结论。

这里主要利用基本的排队公式,并假设进程到达率满足泊松分布,服务时间满足指数分布。

首先,在服务时间相互独立时,选择下一个服务对象应满足下面的关系:

$$\frac{t_q}{t_s}=\frac{1}{1-\rho}$$

其中,t_q为轮转时间(位于系统中的总时间,等于等待时间加上执行时间);t_s为平均服务时间(处于运行态的平均时间);ρ为处理机利用率。

基于优先权的调度,其中每个进程被赋予了一个与估计运行时间无关的优先权,那么,它和FCFS策略有相同的平均轮转时间和平均标准化轮转时间,而且抢占或非抢占对这些平均值没有影响。

除了RR和FCFS策略外,其他的调度策略在选择时需要估计运行时间,然而无法建立一个精确的分析模型,因此,只能通过与FCFS策略比较,了解基于服务时间的调度算法的性能。

如果调度基于优先权,并且进程优先权是以运行时间为基础的,则会出现不同的情况。表6.7列出了一些公式,表明了有两个优先权的进程,并且每个优先权有不同的运行时间的结果。这些结果可以推广到多个优先权的情况,抢占式与非抢占的公式有所不同。在抢占式调度算法中,当有一个高优先权进程就绪时,低优先权的进程被抢占,停止运行。

表6.7 有两个优先权的单服务器队列公式

一般公式	非中断(服务时间呈指数分布)	抢占(服务时间呈指数分布)
$\lambda=\lambda_1+\lambda_2$ $\rho_1=\lambda t_{s1};\rho_2=\lambda t_{s2}$ $\rho=\rho_1+\rho_2$ $t_s=\frac{\lambda_1}{\lambda}t_{s1}+\frac{\lambda_1}{\lambda}t_{s2}$ $t_q=\frac{\lambda_1}{\lambda}t_{q1}+\frac{\lambda_2}{\lambda}t_{q2}$	$t_{q1}=1+\frac{\rho_1 t_{s1}+\rho_1 t_{s2}}{1-\rho_1}$ $t_{q2}=1+\frac{t_{q1}-1}{1-\rho_1}$	$t_{q1}=1+\frac{\rho_1 t_{s1}}{1-\rho_1}$ $t_{q2}=1+\frac{1}{1-\rho_1}\left(\rho_1 t_{s1}+\frac{\rho t_s}{1-\rho}\right)$

假设 1. 泊松到达率;2. 优先权为j的项目在优先权为$j+1$的项目前运行;3. 运行时进程不被中断;4. 优先权相等时按FCFS调度策略;5. 没有项目丢失。

例如,系统中具有两个优先权的进程到达的数量相同,较低优先权的平均服务时间是较高优先权的5倍。我们希望有利于短进程,图6.10给出了整体结果。通过给短进程高优先权,来改善平均标准化轮转时间。采用抢占式算法可以获得这种效果,且总性能未受很大影响。

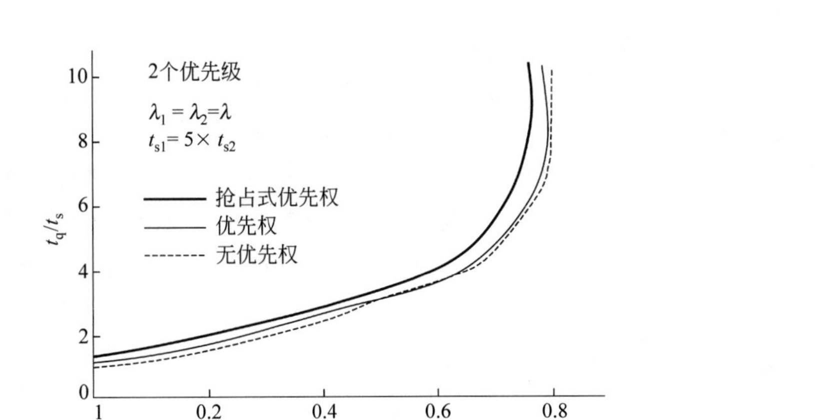

图 6.10　整体标准化响应时间

但是，当分开考虑两个优先权时却出现了很大的差异。图 6.11 所示为高优先权短进程的情况。图中，上边的曲线是没用优先权的情况，我们只是借此简单分析运行时间较短的一些进程的相对性能；其他两条曲线则是优先权较高的两个进程的性能。当系统采用非抢占式优先权调度策略时，对进程性能的改善比抢占时更明显。

图 6.12 表明了对低优先权长进程作类似分析的结果，这些进程在基于优先权的调度下会出现性能递减的情况。

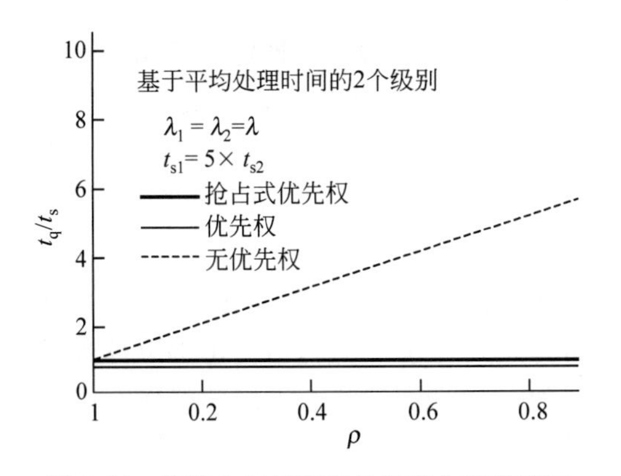

图 6.11　高优先权短进程的标准化响应时间

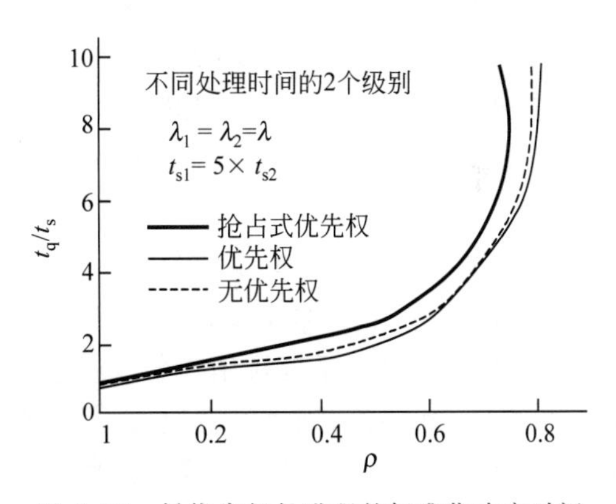

图 6.12　低优先权长进程的标准化响应时间

6.2.5　模拟模型

模拟模型是在特定假设下，运用于特定的进程集的，有一定局限性。尽管如此，还是可以从中获得一些有用的结论。

假设有 5000 个进程，到达率 λ 为 0.8，平均服务时间 t_s 为 1，于是处理机利用率表示为

$$\rho=\lambda t_s=0.8$$

将这 5000 个进程按其执行时间分为 10 个组，每个组 500 个进程。其中，最短的 500 个进程被分在第一个组，剩下的进程中最短的 500 个分到第二组中，依此类推。这样，就可以分析不同的调度策略对不同长度的进程的运行效果。

模拟实验发现 FCFS 策略性能很差，1/3 进程的标准化轮转时间是其服务时间的 10 倍多，并且它们是最短的进程。再看等待时间，因为 FCFS 策略的调度与进程所需的服务时间无关，所以像我们料想的那样，所有进程的等待时间都是一致的。以一个时间单位为时间片的 RR 策略，除了那些服务时间不到一个时间片的短进程外，所有进程的轮转时间都在 5 个时间片左右，这对所有进程都比较公平，SPN 策略性能比 RR 策略好。作为 SPN 策略优化的 SRT 策略性能比 SPN 策略优(除最长的 7%进程外)。FCFS 策略较适合长进程，SPN 策略适合短进程。HRRN 策略执行效率介于 FCFS 策略和 SPN 策略之间。多级反馈队列调度对短进程较好。

6.2.6 公平分享调度策略

前面所讨论的调度策略都是将所有的就绪进程作为一个整体，从中选取下一个要执行的进程。

但是，在多用户系统中，如果单个用户的应用程序或作业可分解成多个进程和线程，那么，此时就需要一个不同于传统调度策略所用的收集进程的方法。用户关心的并不是某一具体进程如何执行，而是构成一个应用的所有进程是如何执行的，于是基于这些进程组的调度也很重要。这种策略一般称为公平分享调度(Fair-Share Scheduling，FSS)策略，并且可推广到用户组的情况。例如，在分时系统中，希望同一部门的用户属于同一组，调度策略应尽量给每一组相同的服务。这样，如果一个部门有许多用户登录该系统，那么，可看到该部门用户的响应时间明显低于其他部门用户的响应时间。

“公平分享”隐含了调度的基本原理。每个用户被赋予某种权，它规定了该用户所占全部资源的份额。并且所有用户共享一个处理机。这种策略采用线性工作方式。因此，如果用户 A 的权是 B 的两倍，那么，在长时间运行中，用户 A 能做 B 所做的 2 倍的工作。公平分享调度(FSS)的目的是监视用户使用资源的情况，使超过其份额的用户获得较少的资源，而少于其份额的用户获得更多的资源。

下面介绍一个在 UNIX 系统中实现的策略。FSS 考虑相关进程组的执行历史，根据执行历史来决定调度，系统将用户分成一系列公平分享的用户组并为每组分配部分处理机资源，如有 4 个用户组，则每组占用 25%的处理机时间，在效果上看，每组用户工作在一个虚拟系统中，该系统的运行效率成比例地低于整个系统的运行效率。

基于优先权的调度，要考虑每个进程的优先级别、最近使用 CPU 的情况和该进程所在组最近使用 CPU 的情况。优先权值越大级别越低，对组 k 中的进程 j，有公式如下：

$$P_j(i) = \mathrm{Base}_j + \frac{\mathrm{CPU}_j(i-1)}{2} + \frac{\mathrm{GCPU}_k(i-1)}{4 \times W_k}$$

$$\mathrm{CPU}_j(i) = \frac{U_j(i-1)}{2} + \frac{\mathrm{CPU}_j(i-1)}{2}$$

$$\mathrm{GCPU}_k(i) = \frac{\mathrm{GU}_k(i-1)}{2} + \frac{\mathrm{GCPU}_k(i-1)}{2}$$

其中，$P_j(i)$为在时间段 i 开始处进程 j 的优先权；Base_j 为进程 j 的基本优先权；$U_j(i)$为在时间段 i 进程 j 占用 CPU 的时间；$\mathrm{GU}_k(i)$为 k 组中所有进程在时间段 i 中占用 CPU 的时间；$\mathrm{CPU}_j(i)$为时间段 i 中进程 j 的指数加权平均 CPU 占用时间；$\mathrm{GCPU}_k(i)$为时间段 i 中

组 k 中所有进程的指数加权平均 CPU 占用时间；W_k 为组 k 的权，$0\leqslant W_k\leqslant 1^{\Sigma W_k}=1$。

每个进程都有一个基本的优先权，它随进程使用 CPU 和进程所在组使用 CPU 的增加而下降。两种情况下，CPU 使用的平均运行时间都采用指数加权平均。在组使用处理机时，其平均值由该组的权决定。组的权越大，它对使用时间的影响就越小。

如图 6.13 所示，某一组中进程 A 和另一组中进程 B、C，每组权为 0.5。假设所有进程都只使用 CPU 并且已就绪，所有进程的基本优先权为 60。使用 CPU 的情况按下述衡量：处理机 1 秒钟中断 60 次；每次中断，当前正在执行的进程的 CPU 使用域与对应组的 CPU 使用域都增加，每秒结束时重新计算优先权。

t/s	进程A			进程B			进程C		
	优先权	CPU计数	组	优先权	CPU计数	组	优先权	CPU计数	组
0	60	0 1 2 ⋮ 60	0 1 2 ⋮ 60	60	0	0	60	0	0
1	90	30 ⋮	30 ⋮	60	0 1 2 ⋮ 60	0 1 2 ⋮ 60	60	0	0 1 2 ⋮ 60
2	74	15 16 17 ⋮ 75	15 16 17 ⋮ 75	90	30	30	75	0	30
3	96	37	37	74	15	15 16 17 ⋮ 75	67	0 1 2 ⋮ 60	15 16 17 ⋮ 75
4	78	18 19 20 ⋮ 78	18 19 20 ⋮ 78	81	7	37	93	30	37
5	98	39	39	70	3	18	76	15	18

图 6.13　公平分享调度举例——3 个进程、2 个组

图 6.13 中，进程 A 首先调度，在第 1 秒结束时，它被抢占，进程 B 和 C 有更高的优先权，调度进程 B，第 2 秒结束时，进程 A 优先权最高，调度顺序为 A→B→A→C→A→B，如此下去。这样，每组进程各占 50%的 CPU 时间，A 占 50%，B 和 C 共占 50%。

6.3　多处理机调度

一个计算机系统有多个处理机时，其调度会有一些新特点。一方面由于有多台处理机，可采用的调度方式也随之增多；另一方面在调度目标上，可能已不只是要保持单台处理机尽量处于忙状态，而是应使整个系统的运行效率提高。在此先简单介绍多处理机概念，然后分

析进程级调度和线程级调度的显著区别。

多处理机可分为:

(1) 松耦合多处理机。由一群相对独立的系统构成,通常是通过通道或通信线路来实现多台计算机之间的互连。每个处理机都有自己的内存和I/O通道,并配置了OS来管理本地资源和在本地运行的进程。

(2) 特定功能多处理机。如一个I/O处理机。在这种情况下,有一个控制者——全局处理机,其他的特定功能处理机受其控制并为它服务。

(3) 紧耦合多处理机。由一系列共享主存的处理机组成,并由一个操作系统集中控制。通常是通过高速总线或高速交叉开关来实现多个处理机之间的互连。

本节主要讨论最后一种多处理机的调度。多处理机一般是用来提高多道程序的性能与可靠性的。因此,紧耦合多处理机系统的操作系统除了单处理器操作系统的功能以外,还应提供处理器的负载平衡、处理其发生故障后的结构重组等。

(1) 性能:一个运行多道程序操作系统的多处理机应比单处理机性能好,并且应比多个单处理机系统花费少。

(2) 可靠性:在紧耦合处理机系统中,如果所有处理机都高性能地工作,那么一个处理机出错只会使整个系统工作性能降低,而不会造成系统完全崩溃。

最近几年,多进程和多线程的应用越来越广,把这些应用称为并行应用,其好处是使软件的设计变得简单了,并且可以在不同处理机上对应用的不同部分同时进行处理,从而提高性能,但这种对多处理机的应用使调度更复杂了。

6.3.1 粒度

描述多处理机的一个好方法是考虑系统中进程的同步粒度,或同步的频率。可以把粒度分成5个层次,如表6.8中所列。

表6.8 同步粒度与进程

粒度大小	描　　述	同步间隔(指令条数)
细	单指令流的固有并行性	<20
中	单个应用中的并行处理或多任务处理	20～200
粗	多道程序环境中并发进程的多进程处理	200～2000
超粗	通过网络结点的分布式处理以形成一个单一计算环境	2000～1 000 000
独立	大量无关进程	>2000

1. 独立并行

在独立并行进程中,进程间没有明显的同步。每个进程都代表一个独立的应用或作业。分时系统就是独立并行的例子。每个用户都运行一个特定的应用,多处理机系统提供与单处理机多道程序系统一样的服务。由于有不止一个处理机可用,系统的平均响应时间减少了。这样就有可能使用户获得类似使用工作站的性能,但他使用的仅仅是一台PC,如果能共享文件或消息,那么,这些分散的系统必须互联起来,通过网络构成一个分布式系统。另一方面,单个的多处理机共享系统一般要比分布式系统开销小,因为它能节省磁盘空间和其他外设的使用。

2. 粗粒度和超粗粒度并行

如果使用粗粒度和超粗粒度并行，那么进程间必须有同步，但这种同步是在一个非常粗的级别上进行的，这种情况可看做在多道程序单处理机上运行并发进程集，可用多处理机来支持并且不需改变用户软件。

一般情况下，需要通信或同步的任何并发进程集都可从多处理机结构中获益，如果进程间交互频繁，则分布式系统可提供较好的支持，但若交互行为再频繁点，那么网中的通信耗费会迅速增加，这种情况下，多处理机系统可提供更有效的支持。

3. 中粒度并行

单个应用可以在一个进程中作为多线程的形式有效地实现，这时，一个应用的潜在并行性由程序员明确指出，这通常需要在这种应用的多线程中存在相当程度的协调和交互，从而导致中粒度的同步。

尽管独立、超粗和粗粒度并行可由多道程序单处理机或者由无特定调度要求的多处理机支持，但我们仍要重新讨论线程的调度，因为应用程序中的大量线程交互频繁，对一个线程的调度将影响整个应用程序，本节后面部分再讨论这个问题。

4. 细粒度并行

细粒度并行比线程并行要复杂得多。尽管在高并行应用中已进行了大量的研究工作，但细粒度并行仍是一个专业化的领域，对其研究较少。

6.3.2 设计要点

多处理机调度中有3个相关联的要点：

① 分配进程给处理机。

② 在单个处理机上运行多道程序。

③ 进程的实际分派。

1. 分配进程给处理机

(1) 静态分配和动态分配

假设多处理机的结构是相同的，也就是说在获得主存和I/O设备上没有哪个处理机有特定的物理优先权，那么，最简单的分配方法是将所有的处理机看做一个共享资源，按需分配进程，但问题在于分配是静态的还是动态的。

如果一个进程在被激活直到完成运行，一直都被分配到一台处理机上，那么，每台处理机都有一个专用的队列，这种分配方法的好处在于调度耗费小，因为一旦一个处理机被分配，那么它永远被分配，另外，专用处理机允许使用一种叫做组或群调度的策略，这在后面讨论。

静态分配的一个不利之处在于有可能使某个处理机长期空闲，其等待队列空，而另一个处理机却有一个很长的等待队列，为避免出现这种情况，可使用公共等待队列，所有进程都进入这个全局队列，并且可以被任一可用的处理机调度。因此，一个进程在其整个生命期内，在不同时间可以被不同的处理机执行。这种分配方式称为动态分配。在一个紧耦合共享存储器系统中，所有进程的现场信息都可以被所有处理机使用，因此，调度某个进程的耗费应独立于调度它的处理机。

动态分配方式的优点是消除了处理机忙闲不均的现象,但调度的开销可能较大。

(2) 主/从结构和对称结构

还有两种分配进程的方法:主/从结构和对称结构。在主/从结构中,操作系统的主要内核功能总是运行在一个特定的(主)处理机上,其他从处理机只执行用户程序,主处理机负责调度作业,一旦一个进程被激活,如果从处理机需要服务(如I/O请求),则它必须向主处理机发送一个请求,并等待其允许。这种方法相当简单,并且很容易解决冲突问题,因为只有一个处理机能对所有的内存与I/O资源进行控制。这种方法的缺点如下。

① 主处理机发生故障会使整个系统崩溃。

② 主处理机会成为性能瓶颈。

在对称结构中,操作系统可以在任何处理机上运行,并且每个处理机都从可用进程池中选择进程,进行自身的调度,这种方法使操作系统变得复杂。操作系统必须保证两个处理机不会同时选择同一个进程,而且进程不会从队列中丢失,必须有相应的解决资源竞争的同步问题的方法。

这两种结构各有好处,其中后者可提供一系列而不是一个处理机执行内核进程。而前者提供一种简单的方法来管理不同的内核进程和其他进程。

2. 在单处理机上使用多道程序设计

每个进程被静态地分配给一个处理机,并且在其生命期内不变,这会产生一个新问题:该处理机是否具有多道程序设计的功能?当一个进程经常由于等待I/O而被阻塞,或由于并发/同步的要求将一个进程静态分给一个处理机,都有可能造成很大的浪费。

在一个处理粗粒度或独立同步粒度的传统多处理机中,要想获得更高的性能,则每个单独的处理机都应该能在一些进程中选择。但在多处理机系统中处理中粒度应用时,情况就不那么明显了。如果处理机很多,那么所有处理机都很忙是不太可能的。我们希望对应用提供最好的平均性能,因为由大量线程构成的应用的运行效率很低,除非它的所有线程都可同时运行。

3. 进程的实际分派

关于多处理机调度的最后一个设计要点是选择哪一个进程运行,从多道程序单处理机系统中可看出,使用优先权或执行历史的调度策略比简单的FCFS策略的性能要好得多。在多处理机中,这些调度策略并不复杂。在传统的进程调度中,一个较简单的方法可以有较高的效率,但在线程调度中出现了一些新特点,这些特点比优先权或执行历史更重要,下面将进行讨论。

6.3.3 进程调度策略

在最传统的多处理机系统中,进程并不依赖于处理机,所有处理机共用一个队列,或者由于使用优先权,存在优先权不同的多重队列,所有进程都进入一个可供所有处理机调用的公共进程池,无论哪种情况,都可将其看做一个多服务器排队模型。

考虑一个双处理机系统,其中每个处理机以一个单处理机系统调度进程的一半概率进行调度,比较FCFS、RR和SRT。在RR中,假设时间片比现场切换时间要长,比实际服务时间要短,则结果在很大程度上依赖于服务时间,考察变化系数C_s:

$$C_s = \frac{\delta_s}{t_s}$$

其中，δ_s 为服务时间的标准方差，t_s 为平均服务时间。

C_s 为 1 意味着指数级服务时间，实际进程的服务时间变化幅度要比这大一些。但 C_s 大于 10 的情况并不常见。

图 6.14(a)比较了 RR 和 FCFS 的吞吐量。可以看出在双处理机系统上不同的调度策略的差别很小。在双处理机系统中，某个进程服务时间很长并不会产生很大的影响，其他进程可用另一个处理机，图 6.14(b)也给出了类似的结果。

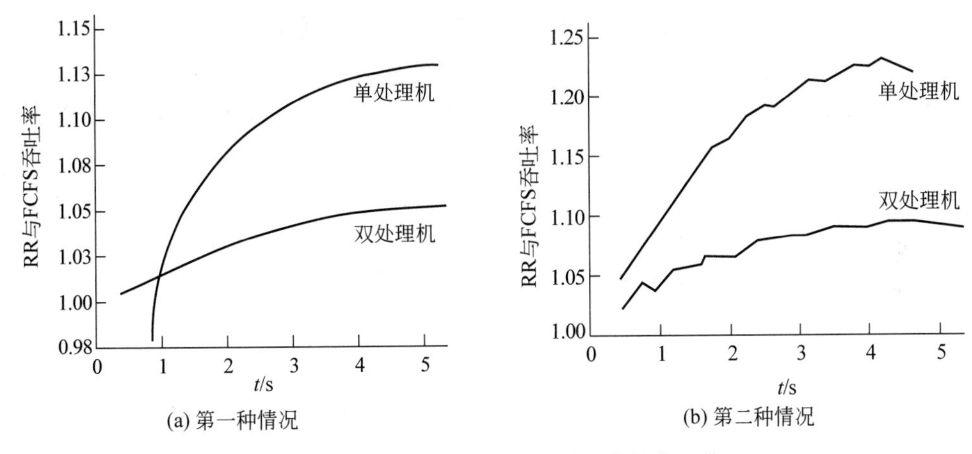

图 6.14　单处理机与双处理机调度性能比较

在双处理机系统中，使用特定的调度策略并不像在单处理机系统中那么重要，如果处理机数目更多，这就更明显。因此，在一个多处理机系统中使用一个简单的 FCFS 策略或 FCFS 策略和静态优先权结合的策略就可以了。

1. 线程调度

由于使用线程，执行的概念就与进程分开了，一个应用程序可用一系列线程的形式完成，它们之间相互配合，并在相同的地址空间同时运行。

在单处理机系统中，可以使用线程来构造程序并扩大 I/O 的利用率，由于选择线程的难度与选择进程一样，因此，不需花费太大的代价。在多处理机系统中，可发现线程的真正好处：在一个应用中能实现真正的多线程并行，如果不同的线程在不同的处理机上同时运行，就有可能获得最佳性能，但对于线程间要相互通信的应用而言，在线程管理和调度上的小小差异都会对性能产生显著影响。

用来在多处理机上调度线程和分配处理机的方法中，以下 4 种比较突出：

(1) 负载共享。并不是将进程分配给某一特定的处理机。系统有一个全局就绪队列，处理机空闲时就从该队列中选择一个线程。

(2) 群调度。相关联的线程集被一个处理机集同时一对一调用。

(3) 专用处理机分配。在程序执行期间，每个程序都被分配与其线程数相等的处理机，程序结束时，将所有的处理机归还，以便其他程序使用。

(4) 动态调度。程序的线程数可随程序的执行而改变。

2. 负载共享

负载共享是最简单的方法，它直接继承了单处理机系统的许多好处，其优点如下：

- 对处理机平均分配负载，保证在有作业没完成时不会有空闲的处理机。
- 不需要集中调度者，一旦有处理机空闲，操作系统就在该处理机上运行调度程序以选出下一个线程。
- 对就绪队列可按单处理机所采用的各种方式加以组织，其调度算法也可沿用单处理机所用的算法，使用全局队列，按优先权、执行历史或预测处理命令进行调度。

对3种负载共享方法的分析如下：

(1) 先来先服务(FCFS)。当作业调入后，它的所有线程都依次放到共享队列的尾部，处理机空闲时，选出下一个就绪线程执行直到其完成或阻塞。

(2) 最小号线程优先。共享队列按优先级排列，最高优先权的作业号最小，具有相等优先权的作业按FCFS排列，和FCFS一样，被调度的进程运行到完成或阻塞为止。

(3) 估计最小号线程优先。给未完成且线程数最少的作业最高优先权，到达作业的线程数比当前运行作业线程数要少，那么它就抢占已调度的作业。

通过模拟可得：在多处理机系统中，FCFS策略比另外两种策略要好，这是因为线程本身是一个较小的运行单位，继其后运行的线程并不会有很大的时延；另外，系统中有多个处理机，这使后面的线程的等待时间可进一步减少。负载共享的缺点如下：

- 集中队列占据了部分内存，对它的访问要求互斥。因此，在许多处理机同时都要工作时，就会成为瓶颈。如果处理机很少，那么这个问题并不明显，但如果有几十个甚至几百个处理机，那么这个潜在的瓶颈问题就很明显了。
- 被抢占进程不可能再在同一台处理机上运行，如果每个处理机都有局部高速缓存，其效率都不会很高。
- 如果所有进程都被放入一个公共线程池，那么同一程序的所有线程不可能同时获得处理机。如果一个程序的各线程间存在程度相当高的协调，那么进程切换也会影响性能。

尽管自身调度有许多不足，但由于很容易将单处理机下的一套方式移植到多处理机系统中，所以它仍是目前多处理机系统中使用最普遍的方法之一。

一个改进负载共享的方法已被用于Mach操作系统中。该系统中每个处理机都拥有一个本地队列，同时也存在一个全局队列。本地队列中的线程都等待特定处理机。有一个处理机检查本地队列并给那些特定线程绝对优先权。

3. 群调度

一系列进程同时被一系列处理机调度，称为群调度，它有如下好处：

- 如果紧耦合的进程并发执行，那么同步阻塞减少了，进程切换也减少了，从而提高了效率。
- 减少了调度耗费。因为一个决定会同时影响许多处理机和进程。

在多处理机系统中，使用了并发调度。并发调度是建立在调度一系列相关联任务的基础上的。

群调度用于组成一个进程的多个线程的同时调度。群调度对于中粒度和细粒度的并行应用是必要的。因为当这些应用中的一部分线程不运行而其他的线程要运行时，性能就会显著下降。此外，它对任何并行应用都有好处。

群调度的使用产生了对处理机分配的需求。假设有 N 个处理机和 M 个应用，其中每个

应用有小于 N 个的线程，那么每个应用都应分配 N 个处理机时间的 $1/M$。这种策略效率很低，如果有两个应用，一个有 4 个线程，另一个只有 1 个线程。若按应用统一分配时间则浪费 37.5%的处理机资源，因为当单线程的进程运行时，有 3 个处理机空闲了(见图 6.15(a))，如果有几个单线程应用，那么它们同时运行将提高处理机的利用率。若按线程权分配调度，则有 4 个线程的应用被赋予 4/5 的时间，而单线程应用占 1/5 的时间，于是将处理机的时间浪费减少到 15%(见图 6.15(b))。

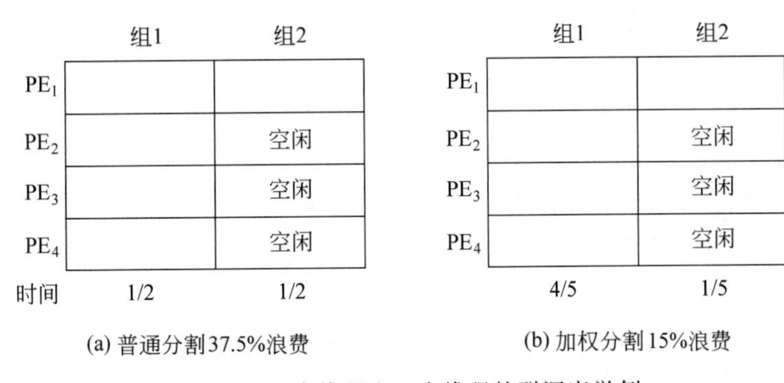

图 6.15　4 个线程和 1 个线程的群调度举例

研究表明，群调度策略的某些形式在总体上要比负载共享要好。

4. 专用处理机分配

群调度的一个极端形式是将一群处理机分配给一个应用，使它们在该应用的生命期内归该应用专用。也就是说，当一个应用被调度后，它的所有线程都分配给一个处理机直到该应用运行完毕。

这种方法看上去非常浪费处理机时间。如果一个应用的某线程由于等待 I/O 被阻塞，同时又要与另一线程同步，那么该线程所在的处理机将空闲。但也有些结果能支持这种方法：

- 在高并行的多处理机系统中，有几十个甚至上百个处理机，每个处理机的投资费用在整个系统中只占很小一部分，单个处理机的利用不再是效率的唯一标准。
- 在程序的生命期中完全避免进程切换，会导致该程序的加速完成。

例如，在一个有 16 个处理机的系统上运行两个应用，一个是矩阵乘法，另一个是快速傅里叶变换。每个应用都将其问题分成大量的任务，这些任务被映射成该应用的线程，编程时允许所用的线程数可变。实际上，这些任务由应用来定义并排队。从队列中取出任务并映射成可供使用的线程。如果一个应用的任务数大于线程数，那么多出来的任务将保留在队列中直到某些线程完成后再选出。

同时运行 24 个线程的应用，执行矩阵运算的速度比单线程应用快 1.8 倍，执行傅里叶转换则快 1.4 倍。数据表明，当应用的线程数大于 8 时其效率显著下降。在进程数大于处理机个数时也存在同样的情况，进一步说，线程数越多性能越糟，因为有线程以相当高的频率抢占与再调度，这种过多的抢占将导致许多资源的利用率不高，包括等待、挂起、进程退出临界段的时间，进程切换的时间，以及高速缓存的低效。

专用处理机分配和群调度在调度时都涉及处理机分配。多处理机系统上的处理机分配类似于单处理机系统上的请求调页式内存分配。在某个时候给一个程序分配多少个处理机非常类似于某时刻给进程分配多少内存页的问题。活动工作集类似于虚拟存储工作集。活动工作集是指为了使应用执行速度可接受,在处理机上必须同时调度的最小活动线程数。和内存管理策略一样,对活动工作集中所有元素的调度失败将导致处理机抖动,这在一些需要服务的线程调度引起其他线程调度失败时会发生。类似地,处理机碎片是指有一些处理机没有工作,但又无法满足任何等待的应用程序,群调度和专用处理机分配可以避免这些问题。

5. 动态调度

有些应用允许线程数动态改变,从而操作系统可以调整负载来提高效率。

有一种方法可以使操作系统和应用都能进行调度。操作系统负责作业的处理机分配,每个作业使用处理机,将其可运行的任务集映射成线程,由应用决定运行哪个子集,如同进程抢占时挂起某个线程一样,这种方法并不适合所有的应用。

这种方法中,操作系统的调度仅限于处理机分配,并按下述策略进行。当一个作业需要一个或更多的处理机时(无论该作业是第一次到达还是其需求发生了变化),如果有空闲处理机,则满足请求;否则:

① 如果该作业是刚到达的,则将目前拥有多个处理机的作业的一个处理机分给它;

② 如果都无法满足,则它一直等到有可用处理机或撤销请求(例如,它不再需要另外的处理机)为止。

在释放一个或更多处理机时(包括作业完成离开),扫描没满足请求的队列,给当前没有处理机的作业分配处理机,再次扫描队列,将剩余处理机按 FCFS 方式分配。对适合于动态调度的任务来说,这种方法比群调度和专用处理机分配要好。

6.4 实时调度

最近几年,实时计算已成为一项重要的计算机科学和工程设计的方法。调度可能是实时操作系统最重要的组件,实时操作系统的应用例子有实验控制、植物生长控制、机器人控制、空中交通控制、远程通信,以及军事命令和控制系统。下一代系统将包括自动挖土机、控制机器人的活动关节、人工智能、空间站以及海底探索等。

实时计算不仅要求答案正确而且要求在一指定时间内完成。可以通过定义一个实时进程或任务来定义一个实时操作系统。总体上说,实时操作系统中有一些任务是实时的,需要紧急处理,这些任务试图控制外部设备或对外部事件作出反应。因此,一个实时任务必须与其相关的事件保持同步。于是对一特定任务经常给出一期限,该期限指出其开始时间或完成时间,这种任务可分为强、弱两种类型,一个强实时任务必须在规定时间内完成,否则会造成无法预料的损失或系统的致命错误。一个弱实时任务有一个相关期限,但并不是必须的,即使超过期限,也会继续调度直到完成。

实时任务有期段型和非期段型之分,一个非期段型任务有一个它必须开始或完成的期限,或者对两者都限制,而对于期段型任务,其要求可表述为“在期段 T 内一次处理一个事件”。

6.4.1 实时操作系统的特性

实时操作系统在5个一般领域有独特的要求:决定性、响应性、用户控制、可靠性和弱失效操作。

1. 决定性与响应性

一个操作系统在某种程度上要决定其执行操作的时间，若有多个进程竞争资源和处理机时间，则没有系统能够完全决定。在实时操作系统中，一个进程如果要求服务，则必须通过外部事件和时序来请求，一个操作系统满足请求的程度取决于：中断响应的速度，以及系统在规定时间内解决所有请求的能力。

衡量系统决定性能力的有效方法是，衡量从一个高优先权设备中断到服务开始的最大延迟，在非实时操作系统中，这个延迟可能是几十到几百毫秒，而实时操作系统只能是 1μs 或 1ms。

一个与之有关但又不同的特征是：响应性。决定性是指系统得知中断前的延迟时间，而响应性是指系统在得知中断后多长时间内对这个中断进行服务。响应包括：

① 初始处理中断和开始常规中断服务(ISR)的时间。如果运行需要现场切换，那么延迟将比当前进程切换的 ISR 要长。

② 执行 ISR 的时间，这依赖于硬件平台。

③ 中断嵌套的影响，如果一个 ISR 能被另一个中断所中断，那么该服务被延迟。

决定性和响应性一起决定了对外部事件的响应。对响应时间的要求在实时操作系统中是非常重要的，因为这些系统必须满足个人、设备及系统外部数据流的时序要求。

2. 用户控制

一般来说，用户控制在实时操作系统中要比其他操作系统应用得要广。在一个典型的非实时操作系统中，用户或者根本无法控制操作系统的调度功能，或者只能提供较宽泛的指导，比如将用户分成多个优先级别的组。但在实时操作系统中，有必要允许用户详细控制任务优先级。用户应能区别强、弱任务，指出每类的相对优先级别。实时操作系统也应允许用户指定分页或进程交换的特性，哪些进程应一直驻留内存，使用哪种磁盘传输算法，如何确定不同优先级别的进程等。

3. 可靠性

可靠性对实时操作系统比对非实时操作系统要重要得多，非实时操作系统的暂时失效可通过重新启动系统来解决，多处理机非实时操作系统中一个处理机失效会引起服务降级，直到失效的处理机被更换或修好，但实时操作系统必须实时响应和控制事件，性能下降也许会导致可怕的后果。

4. 弱失效操作

在其他方面，实时操作系统与非实时操作系统的区别是它们的度，即便是实时操作系统也必须设计对不同失效模式的响应，弱失效操作就是指系统在失效时尽量保护其数据和能力。例如，在一个典型的 UNIX 系统中，当发现内核中出现数据错误时，它就发出一条出错信息并将内存中的内容导入磁盘，以便以后进行错误分析，接着结束系统的运行。与此相反，实时操作系统是在运行时修改错误或降低其影响。典型的情况是，它将通知用户或用户进程：它要纠错并且降级运行，在关闭事件时，保证文件和数据的一致性。

弱失效操作的一个重要方面就是稳定性。若一个实时操作系统是稳定的，那么如果它不可能满足所有任务的期限时间要求，就尽可能满足最重要、优先权最高的任务的期限时间要求。

为满足上述要求，实时操作系统应包含如下特性：

- 快速现场切换。
- 尺寸小。
- 能迅速响应外部中断。
- 多任务并存,并有如信号量、信号、事件等进程间通信工具。
- 使用专门的线性文件来收集数据。
- 基于优先权的抢占调度。
- 最小化禁止中断的时间间隔。
- 简单地延迟任务一段时间或停止/重新开始任务。
- 特殊的警告和超时。

实时操作系统的核心是短程任务调度。在设计调度时,公平性和最小化平均响应时间并不重要,重要的是使所有强实时性任务都在规定时间内完成,同时应尽量在规定时间内完成更多的弱实时性任务。

大多数实时操作系统不能直接处理期限,它们一般设计成尽量响应实时任务。这样在期限到来时,迅速调度一个任务,从而使实时应用要求在各种条件下迅速响应,响应时间为毫秒级或纳秒级,在一些前沿应用中要求更严格。

图 6.16 给出了一种可能,在一个使用简单的时间片轮转的抢占式调度算法中,一个实时任务必须加入到就绪队列中等待下一个时间片,如图 6.16(a)所示的,调度时间对实时任务来说是无法容忍的。在非抢占性调度中,可以用优先权调度机制,给每个实时任务较高的优先权。就绪的实时任务在当前进程阻塞或运行完成时马上被调度(见图 6.16(b))。如果一个优先权进程处于关键段中,则会引起几秒钟的延迟,这种方法也无法接受,一个较好的方法是将优先权和时钟中断结合起来。在固定的时间间隔内进行抢占,抢占时,如果有一个更高优先权的任务在等待,那么当前运行任务被抢占。这个任务甚至可以位于内核,这样延迟可以减至几毫秒(见图 6.16(c))。这种方法仅适合于一些实时应用,并不适合于那些更迫切的应用,在这种情况下,通常使用一种称为立即抢占的方法,立即抢占中,操作系统对中断立

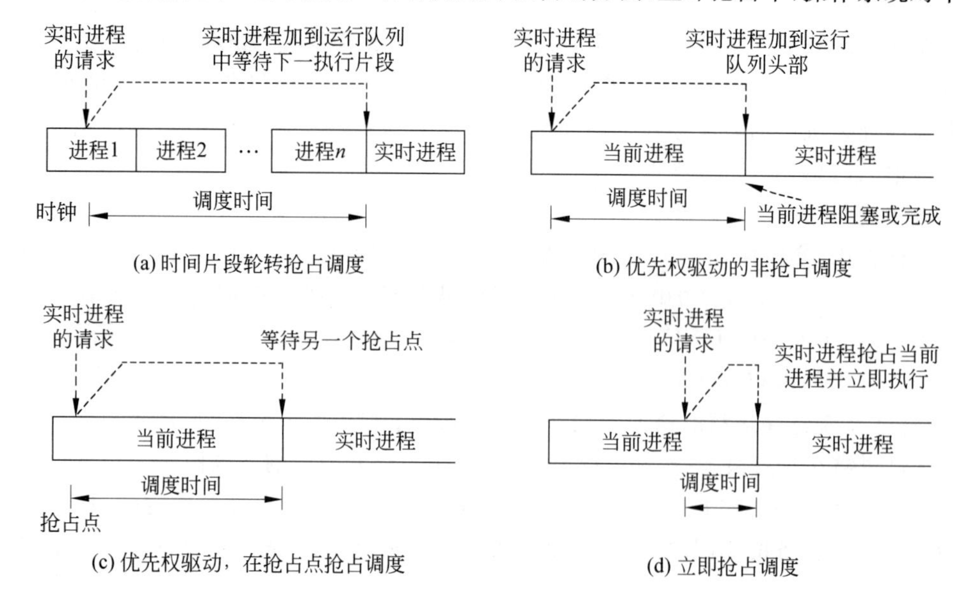

图 6.16 实时进程的调度

即响应,除非系统死锁。这样,实时任务的调度延迟将减至100μs或更少,如图6.16(d)所示。

6.4.2 实时调度

实时调度是计算机科学中最活跃的领域之一。实时调度强调的是任务的时间约束,实时系统的基本问题就是要保证系统中的任务满足其时间要求,从而保证系统的实时性。在本小节,我们讨论各种不同的实时调度并介绍两类流行的调度算法。

不同的调度算法取决于一个系统是否有调度分析能力;如果有,那么是静态的还是动态的;是根据分析结果产生调度,还是根据运行时分派哪些任务。基于这些考虑,算法可分为以下几种:

(1) 静态表驱动方法。对可行的调度进行静态分析,分析结果就是一个调度,它决定一个任务何时必须执行。

(2) 静态优先权驱动抢占方法。同样也是进行静态分析,但不产生调度,分析结果用来分配任务优先权。

(3) 动态计划方法。在运行时(动态地)决定可行性而不是在执行开始时(静态地)决定优先权,一个到达任务在其期限能满足时才被接受运行,可行性分析的结果之一就是一个调度或者是用来决定何时分派该任务的方案。

(4) 动态尽力方法。不进行可行性分析,系统尽力满足所有期限并放弃所有已超过期限的进程。

静态表驱动调度适合于阶段性的任务,分析的输入包括阶段到达时间,执行时间,阶段结束期限,以及每个任务的相对优先权。要建立一个能满足所有阶段性任务要求的调度。这是一种可预测但不灵活的方法,因为任何任务要求的变化都会导致重建调度。

静态优先权驱动抢占方法利用了在许多非实时多道程序系统中所用的优先权驱动抢占调度机制。在一个非实时操作系统中,有许多因素影响优先权。例如,一个分时系统的进程优先权的变化取决于它是偏重处理机使用还是偏重I/O使用。在实时操作系统中,优先权的分配取决于各任务的期限。例如,单一比率算法是根据阶段来分配优先权的。

在动态计划调度中,到达的任务在未执行前,先检查新到达的任务和以前执行过的任务,如果新到达任务能满足期限,已调度的任务不会超过期限,则重新产生一个包括这个新任务的调度。

动态尽力方法是目前许多商业实时操作系统中都采用的一种方法。当任务到达时,系统根据其特性为其分配一个优先权,再使用期限调度的某种形式。如果任务是阶段性的,就不可能进行静态调度分析。在这种调度中,直到期限到达或某任务完成,才可能知道时间限制是否被满足,这也是这种调度的弊端所在,其好处在于容易实现。

6.4.3 期限调度

目前,大多数实时操作系统都有一个设计目标:尽快开始实时任务。因此,它们强调快速中断处理和任务发送。但实际上,这不是一个衡量实时操作系统的特别有用的手段。实时应用总体上不关心最快速度,只关心能否在规定时间内完成(或开始)任务。无论是动态资源竞争与请求、进程的超载,还是硬件或软件故障都不应过早或过晚产生结果。

近几年,有一些更好的实时调度方法,但都要了解每个任务的额外信息。通常要了解每

个任务的如下信息:

(1) 就绪时间。任务变成就绪的时间。对于一个阶段性的任务,这是可以预先知道的时间序列,对非阶段性任务,该时间可能预先知道,或者仅当任务就绪时操作系统才知道。

(2) 开始期限。一个任务必须开始的时间。

(3) 完成期限。一个任务必须完成的时间。一个典型的实时应用必须有开始期限或者完成期限,但不一定全有。

(4) 处理时间。从执行任务开始到任务完成所需的时间。有些情况下可以提供这个时间;有些情况下操作系统衡量的是一个指数平均值;在某些情况下,甚至不使用这个时间。

(5) 资源需求。任务执行时所需要的一系列资源(不包括处理机)。

(6) 优先权。这是衡量任务相对重要性的手段。强实时任务可以有一个完全优先权,超过其期限系统会失败。系统继续运行时,强实时任务和弱实时任务都可指定相应的优先权,作为调度的依据。

(7) 子任务结构。一个任务可分解成一个主子任务和一个可选子任务,只有主子任务才有强期限。

实时调度中考虑期限时,以下几个方面要考虑:接下来调度哪个任务,抢占哪个任务。可以看到,如果使用开始期限或完成期限,则可使超过期限的任务数最少,这个结论适用于单处理机系统和多处理机系统。

另一个关键的设计问题是抢占。设定了开始期限,非抢占调度就比较好。这时,允许实时任务的响应性能在完成主要的或关键的执行部分后阻塞自己,允许满足其他的实时开始期限,如图6.16(b)所示。对带有完成期限的系统,用抢占策略较好(见图6.16(c)和(d))。假如任务 X 正在运行而任务 Y 已就绪,则有可能同时满足 X 和 Y 的完成期限的唯一方法是抢占 X,执行 Y 至完成,再继续执行 X 至完成。

对于带有完成期限的阶段性任务调度,例如,系统收集并处理来自 A 和 B 的数据,收集 A 的数据的期限是每20ms一次,收集 B 数据的期限是每50ms一次。花费10ms处理 A 的数据,25ms处理 B 的数据,总结如表6.9所示。

表6.9 带有完成期限的阶段性任务调度举例

进　程	到达时间/ms	执行时间/ms	完成期限/ms
A_1	0	10	20
A_2	20	10	40
A_3	40	10	60
A_4	60	10	80
A_5	80	10	100
⋮	⋮	⋮	⋮
B_1	0	25	50
B_2	50	25	100
⋮	⋮	⋮	⋮

计算机每10ms进行一次调度。假设在此环境下，用优先权调度。图6.17前两个时序图给出了结果。如果A优先权较高，那么任务B的第一个例示在其期限到达时，只有20ms的处理时间，于是失败了。如果B优先权较高，那么A将超过其第一个期限，最后的时序图是最早期限优先权调度。在$t=0$时，A_1和B_1同时到达。由于A_1期限较早，执行A_1，当A_1完成时，B_1拥有处理机。$t=20$ms时，A_2到达，由于A_2期限比B_1早，中断B_1，执行A_2到完成。在$t=30$ms时继续B_1，$t=40$ms，A_3到达。但B_1期限比A_3早，B_1继续执行到$t=45$ms时完成，A_3获得处理机执行到$t=55$ms时完成。

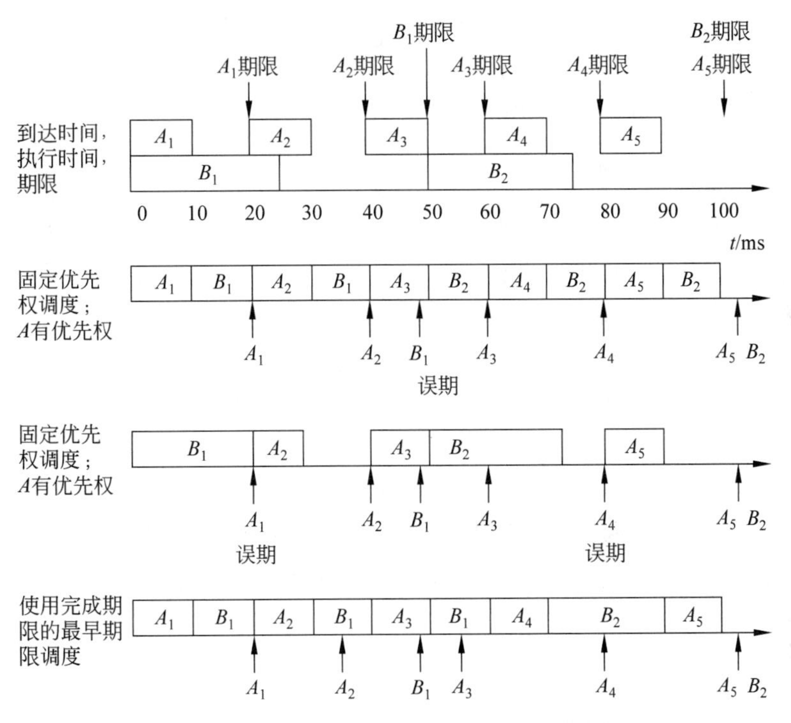

图6.17 带完成期限的阶段性实时任务调度

图中，在抢占点给最早期限的任务优先权，所有系统要求都满足。由于任务是静态可预测的，使用的是静态表驱动方法。

下面讨论带开始期限的阶段性实时任务调度。图6.18的上半部分给出了一个有5个任务，每个任务的执行时间为20ms的例子的到达时间和开始期限。总结如表6.10所示。

表6.10 带开始期限的阶段性实时任务调度举例

进　程	到达时间/ms	执行时间/ms	开始期限/ms
A	10	20	110
B	20	20	20
C	40	20	50
D	50	20	90
E	60	20	70

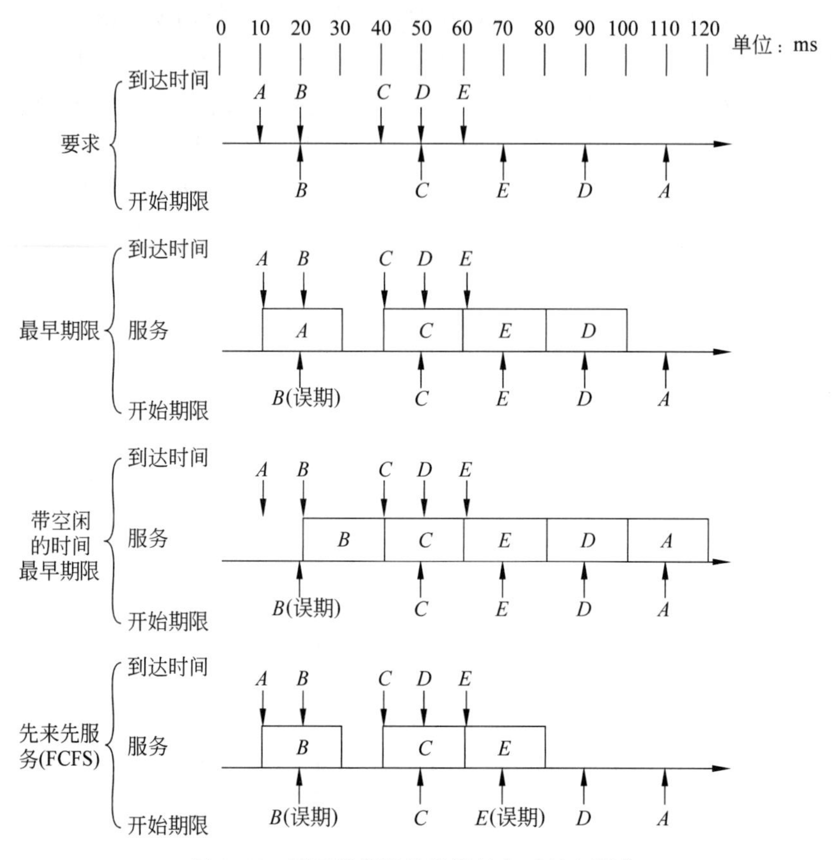

图 6.18 带开始期限的阶段性实时任务调度

最简单的方法是执行开始期限最早的就绪任务，图中，尽管 B 要求立即服务但被拒绝，这在处理阶段性任务时是很危险的，尤其是带开始期限的。如果能在任务就绪前就知道其期限，那么就有可能提高其性能。于是，可以总是调度那些期限最早的进程，即使该进程不是就绪进程，这又有可能引起处理机空闲，甚至是在有就绪进程时。图中，系统不调度 A 即使它是唯一的就绪进程，结果是处理机利用率并不是最高，但所有期限都能满足。最后为比较，我们给出了 FCFS 调度结果，这时，任务 B 和 E 没满足期限(见图 6.18)。

6.4.4 比率单调调度

解决阶段性任务的多任务调度冲突问题的一个较好的方法是比率单调调度(RMS)。RMS 根据任务的周期来分配优先权，周期短的任务优先级高，周期长的任务优先级则低。

图 6.19 给出了阶段性任务的有关参数，任务阶段 T 是指任务的一个例示到达与下一个例示到达的时间差，任务的比率就是其阶段的倒数。例如，一个任务阶段为 50ms，则其比率为 20Hz。通常，任务阶段的结束时间也是该任务的强期限。执行(或计算)时间 t_C 指任务每次出现时所需的执行时间。在单处理机系统中，任务的执行时间不会超过任务阶段($t_C \leqslant T$)，如果一个任务一直执行到结束，那么它没有由于资源缺乏而被拒绝，那么该任务的处理机利用率 $\rho = t_C / T$。例如，一个任务阶段为 80ms 而执行时间为 55ms，则其处理机利用率为 55/80=0.6875。

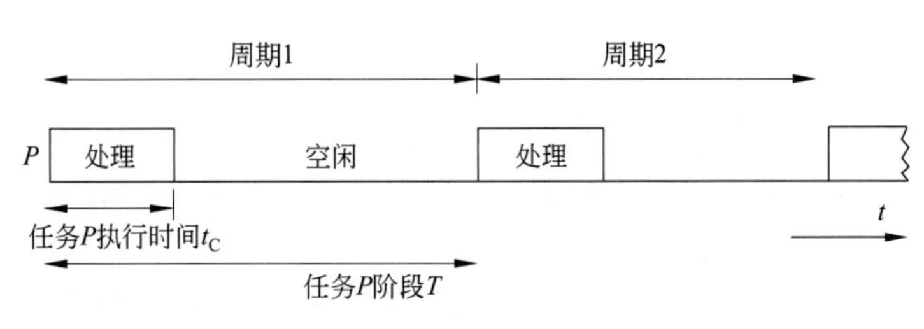

图 6.19 阶段性任务时序图

对于 RMS,最高优先权的任务就是阶段最短的任务,第二优先权的任务就是第二短阶段的任务,如此下去。若有不止一个任务可执行时,首先运行阶段最短的那个。如果将优先权作为其比率的函数,结果就是一个单调递增函数(见图 6.20),因此,称其为比率单调调度。

衡量一个阶段性调度算法效率的方法是,看其满足所有任务的强期限的程度。假设有 n 个任务,每个都有一固定的阶段和执行时间,那么要满足所有的期限,必须满足下面的条件:

$$\frac{t_{C_1}}{T_1}+\frac{t_{C_2}}{T_2}+\cdots+\frac{t_{C_n}}{T_n}\leqslant 1 \tag{6.1}$$

即所有任务的处理机利用率之和不超过 1。公式(6.1)对成功调度的任务数作了限制。对某些特定算法,限制可降低。对 RMS,有下面的不等式:

$$\frac{t_{C_1}}{T_1}+\frac{t_{C_2}}{T_2}+\cdots+\frac{t_{C_n}}{T_n}\leqslant n(2^{1/n}-1) \tag{6.2}$$

表 6.11 给出上面所限制的值。随着任务数的增加,调度限制趋向于 ln2≈0.693。

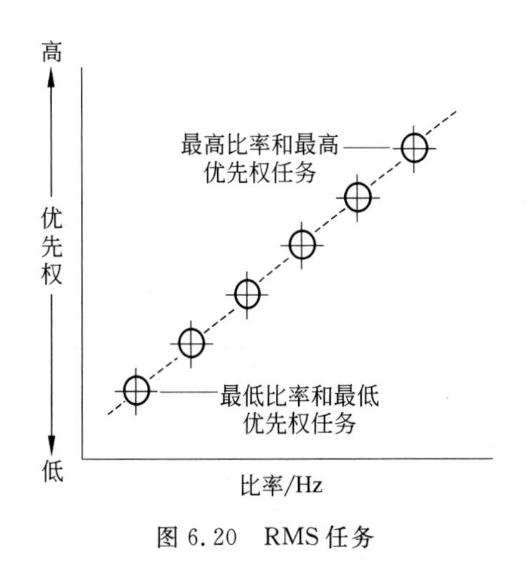

图 6.20 RMS 任务

表 6.11 RMS 上限值

n	$n(2^{1/n}-1)$
1	1.0
2	0.828
3	0.779
4	0.756
5	0.743
6	0.734
⋮	⋮
¥	ln2≈0.693

例如,有 3 个阶段性的任务,其中,

- 对于任务 P_1,$t_{C_1}=20$,$T_1=100$,$\rho_1=0.2$。
- 对于任务 P_2,$t_{C_2}=40$,$T_2=150$,$\rho_2=0.267$。
- 对于任务 P_3,$t_{C_3}=100$,$T_3=350$,$\rho_3=0.286$。

这 3 个任务的总利用率为 0.2+0.267+0.286 =0.753,RMS 3 个任务的调度上限为

$$\frac{t_{C_1}}{T_1}+\frac{t_{C_2}}{T_2}+\frac{t_{C_3}}{T_3}\leqslant 3(2^{1/3}-1)=0.779$$

由3个任务的总利用率小于上限(0.753<0.779)可知,如果用RMS,所有任务都调度成功。

不等式(6.1)中的上限用于最早期限调度。因此,有可能获得更高的处理机利用率,从而最早期限调度可容纳更多的阶段性任务。RMS已被广泛用于工业应用中,原因如下:

① 实际应用中性能差别不大,不等式(6.2)中上限较保守,实际中利用率可高达90%。

② 大多数强实时操作系统中也有弱实时组件,如某些非关键显示及重建自身测试,这样可以将RMS调度强实时任务时没有使用的处理机时间用来执行较低优先权的任务。

③ RMS能保证稳定性,一个系统在由于超载或转换错误而不能满足所有期限时,必须确保关键任务的期限得到满足。在静态优先权分配中,只需对关键任务赋较高优先权,在RMS中可使关键任务阶段较短或修改关键任务的RMS优先权。最早期限调度中,阶段性任务的优先权随阶段而改变,这就使关键任务满足其期限很难实现。

对实时调度算法研究主要集中在硬实时、静态调度,并且无论是单处理器调度还是分布式调度,一般是以RMS算法为基础。随着实时系统朝着开放、分布和多媒体发展,实时应用灵活多变,实时调度算法的研究将主要面向分布、动态、弱实时以及混合调度。

6.5 响应时间

响应时间是系统对一个输入的反应时间。在一个交互系统中,可定义为用户最后敲打键盘和计算机开始显示的时间。对于不同的应用程序,定义有所不同。通常,它是系统响应一个请求执行特定任务的时间。

理想情况下,响应时间越短越好。然而,通常响应时间越短,代价越大,代价来源于如下两方面:

① 计算机运行能力。计算机速度越快,响应时间就越短,当然,代价越大。

② 竞争环境。一些进程的响应时间快了,另一些则慢了。

这样,对于一给定响应时间的评价必须相对于它的代价而言。

表6.12列出了6种响应时间。设计的困难来自于当要求响应时间低于1s时。这种1s内的响应时间来自于系统控制或和实时的外部行为交互,如装配线等。

表6.12 响应时间的幅度

>15s	这排除了对话交互的时间。对于某些应用,某些用户可能满足于坐在一个终端旁花15s以上时间等待一个简单的回答。然而,对于一个忙人来说,15s以上的等待是不能容忍的。如果这种延迟发生了,系统应该设计成用户可以在以后的时间里做其他的事
>4s	这对于一个谈话来说一般是太长了,它要求操作者保留信息在低级内存(操作者内存,不是计算机的)。这样,这种延迟限制了实时任务和数据通信任务
2~4s	大于2s的延迟限制了要求高度集中的终端操作。在终端上等待2~4s对于一个专心于完成工作的用户来说太长了
<2s	当终端用户要保存所有回答信息时,响应时间必须很短。信息越具体,对响应时间小于2s的要求越高。对于精细的终端事务,2s是一个重要的界限
<1s	某些思考密集型工作,如图形应用,需要非常短的响应时间以使用户的兴趣和注意力长时间保持
<1/10s	按键并回显或按鼠标键并反映要求即时性(小于0.1s),用鼠标交互要求极快的响应

这个快的响应时间是交互应用中的关键，这也被许多研究所证实。这些研究表明当一个计算机和用户交互，这种交互无须任一方等待，生产率显著地提高，因而计算机上的工作量下降，性能趋于改善。过去通常认为一个不到2s的相对慢一点的反应在大多数应用中是可以接受的，因为人们总是想着下一个任务。然而，现在却表明当快速的响应时间得到时，生产率也提高了。

对于响应时间的报告结果是基于在线的处理分析。一个处理包括一个用户终端命令和系统的回答。这是在线用户工作的基本单元，可以分为两个时间顺序。

① 系统响应时间。用户输入命令到终端显示完整回答的时间长度。

② 用户响应时间。用户收到完整回答到下一命令输入的时间。通常指思考时间。

6.6 系统举例

6.6.1 UNIX System V

UNIX系统是单纯的分时系统，因而未设置作业调度，对进程的调度采用多级反馈队列调度，每个优先级队列内采用时间片轮转方法。系统采用1秒钟抢占，也就是，如果运行进程在1秒钟内未阻塞或完成，它就被抢占。优先权基于进程类型和执行历史。用到如下公式：

$$P_j(i) = \text{Base}_j + \frac{\text{CPU}_j(i-1)}{2} + \text{nice}_j$$

$$\text{CPU}_j(i) = \frac{U_j(i)}{2} + \frac{\text{CPU}_j(i-1)}{2}$$

其中，$P_j(i)$为进程j在阶段i开始时的优先权，其值越小优先权越高。Base_j为进程j的基本优先权。$U_j(i)$为进程j在阶段i对CPU的使用。$\text{CPU}_j(i)$为进程j在阶段i的指数加权平均CPU利用率。nice_j为用户控制的调节因子。

每秒钟重新计算每个进程的优先权，产生一个新调度。基本优先权是为了将所有进程分为固定的不同优先级别。CPU和nice因子是用于防止一个进程从它所在的优先级中移出。按优先级降序排列如下：

① 交换。

② 阻塞I/O设备控制。

③ 文件控制。

④ I/O设备控制特征。

⑤ 用户进程。

这种分层结构能有效使用I/O设备。在用户进程级，用执行历史来降低偏置CPU的进程，使偏重I/O进程的要求得到满足。这样可以提高效率。使用时间片抢占策略，也能满足分时要求。

如图6.21所示，进程A、B、C同时创建，并且有相同的基本优先权60，系统时钟中断为60次每秒，并且有一个运行进程计数器。假设没有进程阻塞，也没有进程就绪（与图6.13作比较）。

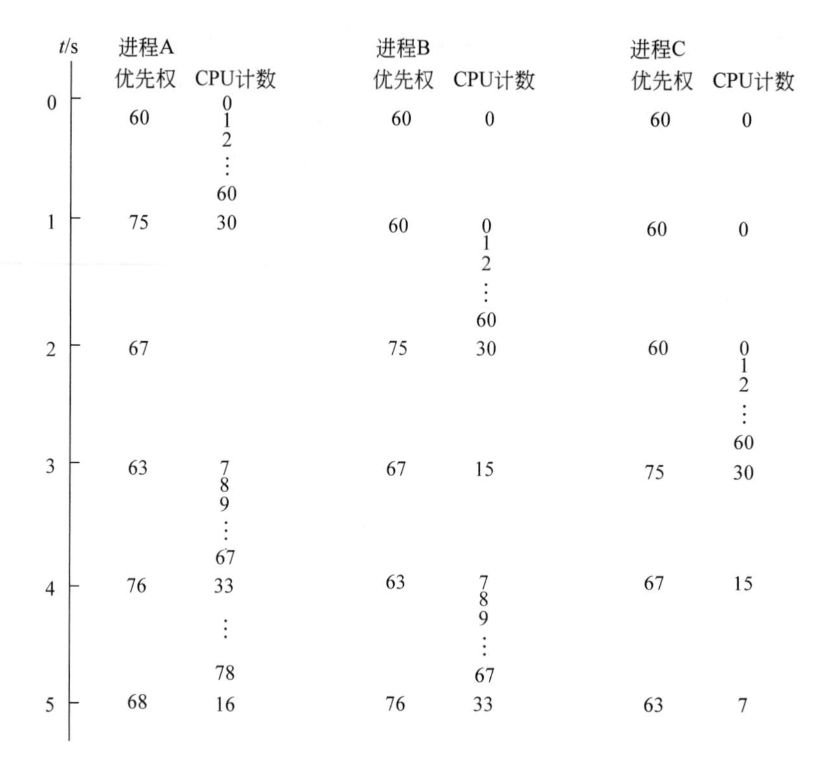

图 6.21　UNIX 进程调度举例

6.6.2　Windows NT

Windows NT(简称 NT)的调度目标与 UNIX 有所不同。UNIX 关心的是对用户组的公平响应服务,以共同分享系统。而 NT 尽量在高交互环境中响应单用户的需求或者作为一个服务器。和 UNIX 一样,NT 采用多优先权抢占策略。在 NT 中,优先权较灵活,每个优先权采用时间片轮转,有些优先权可以根据当前线程的活动动态地进行改变。

1. 进程和线程优先权

NT 中优先权分为两类: 实时的和可变的。每类有 16 个级别,要求立即响应的线程处于实时类,包括通信和实时任务。

由于 NT 用优先权驱动抢占调度,实时优先权的线程在其他线程前执行。在单处理机系统中,当其优先权高于当前运行线程的某个线程就绪时,低优先权线程被抢占,处理机交给高优先权者。这两类对优先权的处理有所不同(见图 6.22)。在实时优先权类中,所有线程优先权固定不变。活动进程按时间片轮转。在可变优先权类中,线程优先权被赋一初值,但可以改变。因此,在每个级别有一个 FIFO 队列,一个进程可移到可变优先权类的其他队列中,但 15 级的线程不能提到 16 级或实时类的级别中。

可变优先权类中的线程初始优先权由两个量决定: 进程基本优先权和线程基本优先权。进程的一个属性是进程基本优先权,可以从 0 到 15。进程的每个线程有一个线程基本优先权,指出相对该进程的线程基本优先权。线程基本优先权可以等于其进程的基本优先权,也可在其进程的上下两个级别内。例如,进程基本优先权为 4,它的一个线程基本优先权为−1,那么该线程初始优先权为 3。

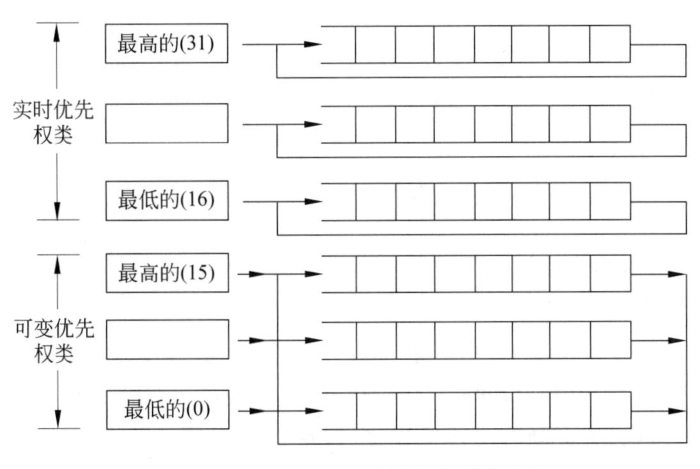

图 6.22 Windows NT 线程分派优先权

可变优先权类中有一个线程被激活，它的实际优先权（也就是线程的动态优先权）可在限制范围内变化。动态优先权不会降到比线程基本优先权低，也不会超过 15。如图 6.23 所示，进程有基本优先权 4，该进程的每个线程初始优先权只能是 2～6。每个线程的动态优先权可在 2～15 中变动。如果线程用完其时间片而中断，NT 就降低其优先权。如果线程中断，等待一 I/O 事件，NT 就提升其优先权。因此，偏重 CPU 的线程优先权较低，而偏重 I/O 的线程优先权较高，对偏重 I/O 的线程，交互式等待（如等待键盘输入或显示）的进程比其他 I/O 进程级别高，故交互式进程在可变优先权类中有最高优先权。

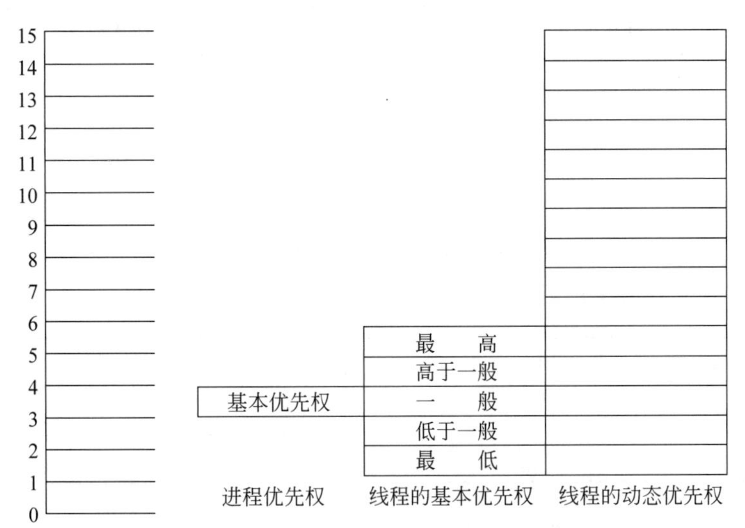

图 6.23 Windows NT 优先权关系举例

2. 多处理机调度

NT 运行在单处理机上时，最高优先权的线程总是活动的，除非它等待某事件。如果有不止一个线程有最高优先权，那么处理机就分享，按时间片轮转。在多处理机系统中若有 N 个处理机，那么 $(N-1)$ 个最高优先权线程是活动的，互斥地在 $(N-1)$ 个处理机上运行，剩下的低优先权线程分享剩余的一个处理机。例如，有 3 个处理机，2 个最高优先权线程运行在2个处理机上,所有的其他线程分享剩余的一个处理机。

以上策略受处理机和线程之间的亲密度影响。如果线程已就绪,但唯一可用的处理机不在其亲密集中,那么该线程被迫等待,调度下一个可用线程。

小　　结

对于进程的执行,操作系统必须作出3个决定:长程调度、中程调度以及短程调度,本章主要讨论短程调度。

对于短程调度的设计可面向用户,也可面向系统。用户主要关心响应时间,而系统关心吞吐量和处理机利用率。短程调度的算法有:先来先服务(FCFS)、时间片轮转、最短进程优先、最短剩余时间优先、最高响应比优先、多级反馈队列等。调度算法的选择取决于期望的性能及实际应用。

在多处理机系统中,处理机可共享内存,各调度算法的性能差别不大。

实时进程和任务要与外部事件交互,要满足一定的时限,实时操作系统就是要处理实时进程,关键在于满足时限。

习　　题

6.1　考虑下列进程:

进程名	到达时间/s	执行时间/s	进程名	到达时间/s	执行时间/s
1	0	3	4	9	5
2	1	5	5	12	5
3	3	2			

根据表6.5和图6.5对此进行分析,并给出分析结果。

6.2　同题6.1对下列情况进行分析:

进程名	到达时间/ms	执行时间/ms	进程名	到达时间/ms	执行时间/ms
A	0	1	C	2	1
B	1	100	D	3	100

6.3　证明:在非抢占式调度算法中,SPN具有最小平均等待时间。

6.4　在一个非抢占式单处理机系统中,就绪队列在时间 t_0 时有3个进程,它们分别在 t_1、t_2、t_3 时刻到达,估计运行时间为 t_{r_1}、t_{r_2}、t_{r_3}。图6.24表明了它们的响应比随时间线性变化。利用这个例子找出一个响应比调度的方法,叫做最大响应比最小化调度,它使一组给定的进程的最大响应比最小,不考虑后续到达。

提示:首先决定哪一个进程最后调度。

6.5　证明:最大响应比最小化调度算法使一组给定进程的最大响应比最小。

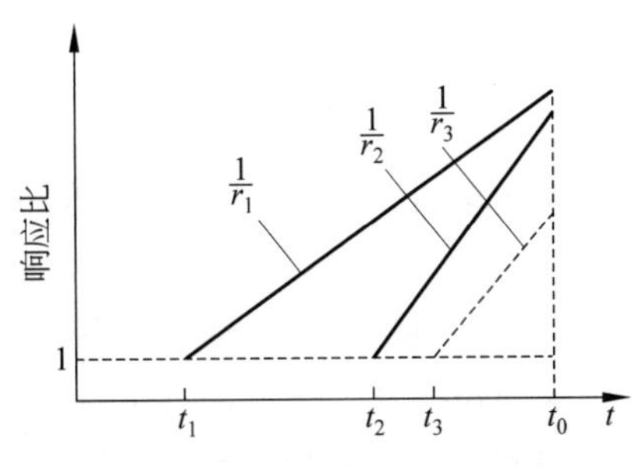

图 6.24　响应比作为时间的函数

提示:考虑将达到最大响应比的进程和之前的所有进程。考虑相同组的进程调度,观察最后一个执行的进程的响应比。注意这一组现在可能包括整个组中其他的进程。

6.6　定义响应时间 t_R 是一个进程等待和服务的平均时间。证明:对于 FIFO,$t_R = t_s/(1-\rho)$,设平均服务时间为 t_s。

6.7　一个处理机被所有的就绪队列中的进程所复用,进程以无限的速度运行(这是一个理想的时间片轮转调度,它使用的时间片和要求服务的平均时间相比非常小)。证明:对于一个无穷的泊松分布输入,一个进程的平均响应时间为 t_{Rx}和服务时间为 t_x,则有

$$t_{Rx} = t_x/1 - \rho$$

提示:考虑系统在给定输入下的平均队列长度。

6.8　在一个排队系统中,新作业在服务前必须等待。等待时,它的优先级从 0 开始随时间以 α 斜角线性增加,作业一直等待到优先级等于正在被服务作业的优先级,然后,加入被服务作业共享处理机,同时优先级以 β 线性增加。该算法称为自私时间片轮转,因为被服务进程优先级不断增加来垄断处理机,试根据图 6.25,证明:作业服务时间为 t_x,平均响应时间为 t_{Rx},且

$$t_{Rx} = \frac{t_s}{1-\rho} + \frac{t_x - t_s}{1-\rho'}$$

$$\rho = \lambda t_s,\quad \rho' = \rho\left(1 - \frac{\beta}{\alpha}\right),\quad 0 \leqslant \beta \leqslant \alpha$$

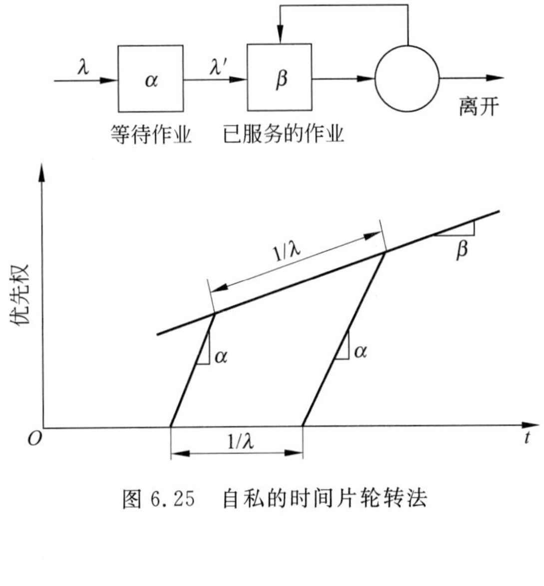

图 6.25　自私的时间片轮转法

假设到达和服务时间分别服从$\frac{1}{\lambda}$和t_s的指数分布。

提示:考虑整个系统及两个子系统。

6.9 一个交互系统用时间片轮转调度,试图给那些小进程足够的响应时间。当结束所有就绪进程一轮后,系统用最大响应时间除以进程数作为下一轮的时间片,这可行吗?

6.10 哪种进程最适合于多级反馈队列调度——偏重处理机型或偏重I/O型?简述之。

6.11 在基于优先级的调度中,仅当没有优先级更高的进程时,才有一个进程获得调度。假设没有其他调度信息,且优先级在创建进程时产生,以后不变。在此系统中,使用Dekker的互斥方法很危险,为什么?考虑会有什么不希望的事情发生,如何发生。

第 7 章 I/O设备管理

在计算机系统中，使用了许多外部设备进行I/O操作，其特点和操作方式不完全一样，但所有的I/O设备都是通过设备管理程序来管理的。设备管理是计算机操作系统中最繁杂且与硬件紧密相关的部分。正如A. M. Lister所说“从传统上看，I/O被以为是OS设计中最逊色的领域之一，在这个领域中规范化很困难而且特定方法太多”。要把大量的I/O设备精减成一个单一模块的I/O系统，必须全面地适应所有类型设备的需求，这些设备包括简单的鼠标、键盘、打印机、图形显示终端、硬盘驱动器、CD-ROM驱动器以及网络I/O设备，同时还必须考虑到未来存储和I/O技术的发展。

7.1 I/O系统硬件

7.1.1 I/O设备

计算机所管理的I/O外部设备按输入输出对象的不同可以分为以下3类：

① 用户可读设备，用于用户与计算机通信。例如，视频显示终端，它是由显示器、键盘、鼠标和打印机组成。

② 机器可读设备，用于电子装置与计算机通信。例如，磁带、磁盘、控制器和感应器等。

③ 通信设备，用于与远程设备通信。例如，modem、ISDN终端等。

还可以按照传输速率，信息交换的单位(块设备和字符设备)，设备的共享属性(独占设备、共享设备和虚拟设备)等不同角度对其分类。

所有这些设备其属性和类别有很大的区别，其主要区别在于：

① 数据传输速度。它们的数据传输速度有相当大的区别。例如，键盘约0.01kb/s，激光打印机约100kb/s，图形显示则约为30 000kb/s。

② 应用。被接入设备的使用影响着OS和支持工具中的软件和策略。例如，磁盘需要文件管理软件才能处理文件请求，在虚拟内存模式下，磁盘对页面的转储需要虚拟内存硬件和软件；更进一步，这些磁盘应用都与调度策略相关。又例如，一个终端设备可能是一般用户使用，也可能是超级用户使用，当然要求不同的权限和优先级。

③ 控制的复杂性。打印机只需要一个简单的控制接口，磁盘则复杂得多。

④ 信息组织方式，根据其不同，设备可分为字符设备和块设备。所谓字符设备即指以字符流或字节流为单位组织和处理信息的设备，而块设备则指以数据块为单位组织和处理

信息的设备。字符设备属于无结构设备,如交互式终端、打印机等,其特征为,数据传输速度较低,不可寻址,在I/O时常采用中断驱动方式。块设备是一种有结构设备,如磁盘等,其特征是:传输速度较高,可寻址、可随机读写,磁盘的I/O常采用DMA方式。通常,输入输出类设备都是字符类设备,而存储类设备都是块设备。

⑤ 数据描述。不同设备使用不同的数据编码模式,如字符代码等。

⑥ 错误条件。对于不同的错误种类,出错的报告方法,出错的后果和影响范围是不同的。

这些差异使得不论从操作系统的角度还是从用户进程的角度都难以获得一个规范的、一致的I/O的解决方案。

7.1.2 设备控制器

I/O设备一般由机械和电子两部分组成,通常将这两部分分开处理,以提供更加模块化、更加通用的设计。电子部分称作设备控制器或适配器(device controller 或 adapter)。机械部分就是设备本身,控制器通过电缆与设备内部相连。很多控制器可以连接2个、4个,甚至更多个相同的设备。如果控制器和设备之间的接口采用的是标准接口(符合ANSI、IEEE、ISO或者企业标准),那么各厂商就可以制造各种适合这个接口的控制器或设备。例如,许多厂商生产与IBM磁盘控制器接口相适应的磁盘驱动器。

图7.1描述了一个微机的多I/O总线的组织结构。

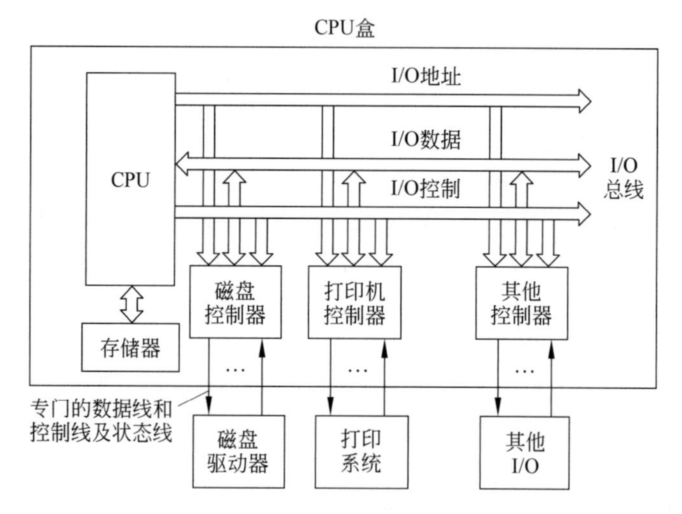

图7.1 微机的I/O组成

从图7.1不难发现,设备并不直接与CPU进行通信,而是与设备控制器通信。因此,在设备与控制器之间应有一接口。该接口中有3类信号:数据信号、控制信号、状态信号。控制器中的I/O逻辑根据处理机发来的地址信号,去选择一个设备接口。

设备控制器是一个可编址设备。当它仅控制一台设备时,它只有一个唯一的设备地址;若控制器连接多台设备时,则应具有多个设备地址,使每一个地址对应一台设备。设备控制器的复杂性因设备而异,相差甚大,可把设备控制器分成两大类:一类是用于控制字符设备的;另一类是用于控制块设备的。

例如,磁盘控制器的任务是把串行的位流转换为字节块,并进行必要的校验工作。首先，控制器按位进行组装，然后存入控制器内部的缓冲区中形成以字节为单位的块，在对块验证检查并证明无错误后，再将它复制到主存中。

CRT终端控制器的任务是从内存中读出待显示字符的字节，并产生用来调制CRT电子束的信号，以便将结果写到屏幕上。控制器还产生使CRT电子束在完成一行扫描后做水平回扫的信号，以及整个屏幕扫描结束再做垂直回扫的信号。如果没有CRT控制器，操作系统只能编写程序去模拟显像管的扫描。如果有控制器，则操作系统只要用几个参数对其初始化即可。这些参数包括每行字符数，每屏的行数，并使控制器实际驱动电子束。

每个控制器有几个寄存器用来与CPU通信，因此，需要提供寻址的机制。用于I/O功能的地址集合称为I/O空间。计算机的I/O空间除包括所有设备的寄存器外，还包括一些在主存中用以映射设备（如图形终端）的帧缓冲区。每个寄存器在I/O空间中都有一个定义好的地址。在有些计算机中，这些寄存器地址是常规存储器地址空间的一部分。这种模式称为存储器映像(memory-mapped)I/O。例如，Motorola 680x0就采用这一方法，而其他计算机中则使用专用的I/O地址空间，每个控制器分配其中的一部分，不同的I/O控制器分配不同的I/O地址，对应不同的中断向量，如Intel 80x86就是采用这种模式。

设备控制器的主要作用有：

- 接收和识别CPU发来的多种不同命令。
- 实现CPU与控制之间、控制器和设备之间的数据交换。
- 记录和报告设备的状态。
- 地址识别。识别控制器控制的每个设备的地址。

设备控制器的组成如图7.2所示。其中的I/O逻辑用于对设备的控制，它通过一组控制线与处理机交互，处理机利用该逻辑向控制器发送I/O命令；I/O逻辑对收到的命令进行译码。每当CPU要启动一个设备时，就将启动命令发送给控制器；同时又通过地址线把地址送给控制器，由控制器的I/O逻辑对收到的地址进行译码，再根据所译出的命令对所选设备进行控制。

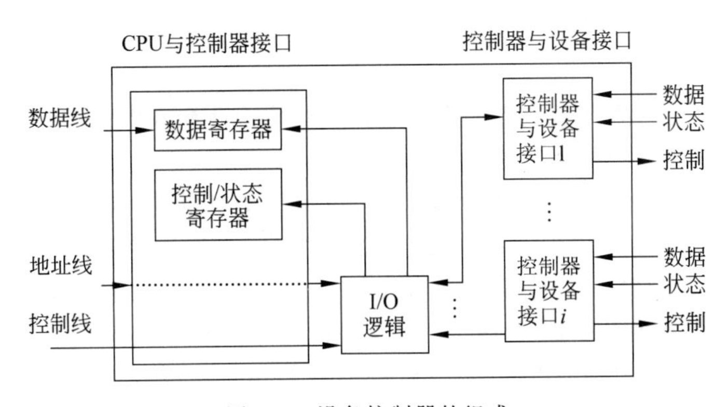

图7.2 设备控制器的组成

7.1.3 I/O技术

1. I/O技术简介

目前，操作系统中的I/O技术大致有以下3种：

(1) 程序I/O

处理器根据用户进程编制的I/O语句或指令,向I/O设备块(包括设备和设备控制器)发出一个I/O命令。在I/O处理完成前,进程处于"忙等待"状态,当I/O处理完成后,进程继续执行。在程序I/O方式中,由于CPU的高速性和I/O设备的低速性,致使CPU的绝大部分时间,都处于等待I/O设备完成数据I/O的循环测试中,造成对CPU的极大浪费。

(2) 中断驱动I/O

处理器根据进程中的I/O要求,发出一个I/O命令来启动I/O设备。这时,如果进程不需等待I/O完成,则进程继续执行后续指令序列;否则,该进程被挂起,直到中断到来才解除挂起状态,然后继续其他工作。在此工作方式中,由于无需CPU干预,因而可使CPU与I/O设备并行工作。始终使CPU和I/O设备都处于忙碌状态,从而提高了整个系统的资源利用率及吞吐量。通常,和程序I/O方式相比较,中断驱动方式可以成百倍地提高CPU的利用率。

(3) 直接存储器存取

虽然中断驱动方式比I/O方式更有效,但它是以字(节)为单位进行I/O的,每完成一个字(节)的I/O,控制器便要向CPU请求一次中断。为了进一步减少CPU对I/O的干预,提高CPU和I/O设备的并行操作程度,就引入了以数据块为基本传输单位的直接存储器存取(Direct Memory Access,DMA)方式。一个DMA模块直接控制主存和I/O设备块之间的数据交换。处理器仅向DMA模块发送一个数据传输请求,并且仅仅在整个数据块传送完毕后发送中断给处理器,显然,DMA在传输数据块过程中无需CPU的任何干预。

随着计算机系统的发展,单个部件也越来越复杂。最明显的例子就是I/O技术的发展,I/O技术的发展阶段如下所述:

① 处理器直接控制边缘设备。如简单的处理器控制的设备。

② 增加一个控制器或I/O模块。处理器使用无中断的编程控制I/O。处理器开始和外部设备接口的特殊细节脱离。

③ 使用了如阶段②的设置,但增加了中断。处理器不必花费时间等待I/O操作执行,因此提高了效率。

④ I/O模块通过DMA直接控制内存。除了在传输开始和结束的时候,它都可以不通过处理器把数据块移入或移出内存。

⑤ I/O模块由一个单独处理器处理,有专门用于I/O的指令集。CPU控制I/O处理器在主存中执行I/O程序。I/O处理系统无需CPU干预直接取出和执行这些指令。这使得CPU形成一个I/O活动序列,并且只有在整个序列执行完时才能中断。

⑥ I/O模块有本地存储器,事实上,有其自己的计算机。在这种体系结构中,大量的I/O设备仅由很小一部分的CPU控制。这种体系结构普遍应用于交互终端的通信。I/O处理器管理包括控制终端在内的大部分工作。

可以看出,越来越多的I/O模块不需要CPU就可执行。CPU逐渐与I/O相关的任务脱离,改善了性能。在最后两个阶段,随着I/O模块这个概念的产生,I/O功能发生了巨大的变化。

注意:对于阶段④至阶段⑥中提到的所有模块,DMA都是适用的,因为各种模块都可对主存进行直接控制。同样地,阶段⑤中的I/O模块又称为I/O通道(I/O Channel),阶段⑥中的I/O模块称为I/O处理器(I/O processor)。这两个术语也可通用于这两个阶段。

随着I/O功能的发展，I/O模块已是一个I/O计算机，控制着许多设备控制器，整个控制器又控制着许多设备。

2. DMA

DMA是一种优于中断方式的I/O控制方式，其特点为：数据传输的基本单位是数据块，即CPU与I/O设备之间，每次至少传送一个数据块；所传送的数据是从设备直接送入内存的，或者相反；仅在传送一个或多个数据块的开始和结束时，向CPU发中断信号，请求CPU干预，整块数据的传送是在控制器的控制下完成的。较之中断驱动方式，DMA方式又成百倍地减少了CPU对I/O控制的干预，进一步提高了CPU与I/O设备的并行操作程度。

磁盘控制器通过DMA读取磁盘数据的过程是，当CPU要读取一数据块时，CPU向控制器发一条读命令，并向控制器提供读出块的磁盘地址、读出块被送往内存的起始地址和要传输的字节数，控制器将整个块从设备写入其内部缓冲区进行校验，然后，将第一个字节或字复制到由DMA存储地址指定的内存地址处。接着，控制器按传送的字节数对DMA地址和DMA计数器分别进行步增和步减操作，重复这一过程，直到DMA计数变成0，此时，控制器发中断信号，操作系统开始工作，但操作系统不必将块拷贝到内存，因为它已经被写入内存了。

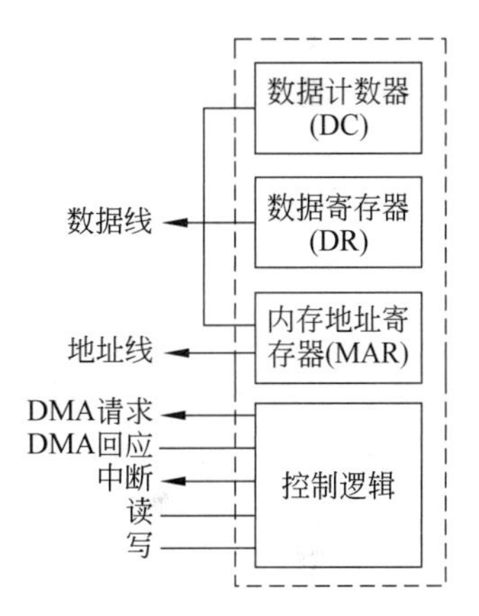

图7.3　DMA控制器组成

图7.3描述了一个DMA控制器组成的示意图。其中，数据计数器DC用于存放本次CPU要读/写的字(节)数；数据寄存器DR用于暂存从设备到内存或内存到设备的数据；内存地址寄存器MAR用于存放数据从设备传送到内存的目的地址，或由内存传到设备的内存源地址；控制逻辑，由DMA接受或产生控制和状态信号。

DMA可以有很多配置方案(见图7.4)。在图7.4(a)中，所有模块共享同一系统总线。DMA模块作为代理CPU，使用编程控制I/O在存储器与I/O模块间通过DMA模块交换数据，这种配置虽然廉价，但效率不高，传送一个字要两个总线周期。

把DMA和I/O函数集成，可以大量削减需要总线周期的数目，如图7.4(b)所示。在DMA模块和一个或多个I/O模块间建立一个路径。DMA可以成为I/O模块的一部分，也可以成为单独模块，控制一个或多个I/O模块。更进一步，可以通过一个I/O总线将I/O模块和DMA模块连接起来(见图7.4(c))。这样可以减少I/O的接口数，提供更易扩展的配置。在图7.4(b)、(c)中，系统总线处于DMA模块和CPU主存之间，DMA使用系统总线与主存交换数据，与CPU交换控制信号。DMA与I/O模块之间的数据交换不在系统总线上。

3. I/O通道

在大型计算机中，虽然CPU和I/O设备之间的设备控制器大大减轻了CPU的负担，但在外部设备太多时，CPU的负担依然较重。为此，设计了一个专门负责外设I/O的处理器，置于CPU和设备控制器之间，称这个I/O处理器为I/O通道。设计目的是：建立独立的I/O操作，使数据的传送独立于CPU，并尽量使有关I/O操作的组织、管理及结束也独立，以保证CPU有更多时间进行数据处理。或者说，是想使一些原来由CPU处理的I/O

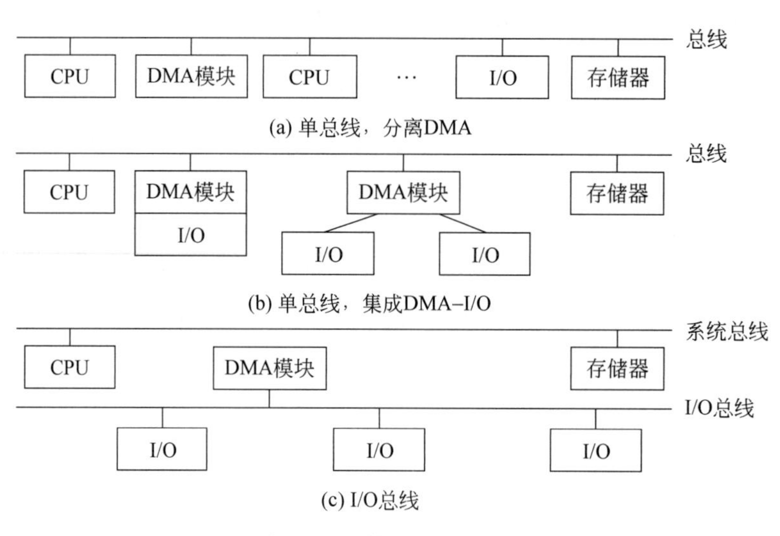

图 7.4　可能的 DMA 构型

任务转由通道来承担,从而把 CPU 从繁杂的 I/O 任务中解脱出来。在设置通道后,CPU 只需向通道发一条 I/O 指令。当通道完成了规定的 I/O 任务后,才向 CPU 发出中断信号。I/O 通道是 DMA 方式的发展,它可进一步减少 CPU 的干预,即把对一个数据块的读(写)为单位的干预,减少为对一组数据块的读(写)及有关的控制和管理为单位的干预。I/O 通道同 CPU 一样,有运算和控制逻辑,有累加器、寄存器,有自己的指令系统,也在程序控制下工作。它的程序是由通道指令组成的,称为通道程序。I/O 处理器和 CPU 共享主存储器。在微型计算机中,其 I/O 处理器并不完全具有前述 I/O 通道的所有功能,因此,就称为 I/O 处理器。

在大型计算机中常有多个 I/O 通道,而在一般的微型计算机中则可以配置 1 或 2 个 I/O 处理器(或更多)。这些I/O 处理器和中央处理器共享主存储器和总线(微型机中采用总线结构),在大型机中就可能出现几条通道和中央处理器同时争相访问主存储器的情况。为此给通道和中央处理器规定了不同的优先次序,当通道和中央处理器同时访问主存时,存储器的控制逻辑按优先次序予以响应。通常中央处理器被规定为最低优先级。而在微型计算机中,系统总线的使用是在中央处理器控制下,当 I/O 处理器要求使用总线时,向中央处理器发出请求总线的信号,中央处理器就把总线使用权暂时转让给 I/O 处理器。

通道通过执行通道程序,并与设备控制器一起共同实现对 I/O 设备的控制。例如,当 CPU 要完成一组相关的读(或写)操作及有关控制时,只需向 I/O 通道发出一条 I/O 指令,以给出其所要执行的通道程序的首址和访问的 I/O 设备,通道接到该指令后,通过执行通道程序便可完成 CPU 指定的 I/O 任务。

通道程序是由一系列的通道指令(或称为通道命令)所构成。通道指令和一般的机器指令不同,在它的每条指令中通常包含下列信息:操作码,内存地址,计数,通道程序结束位 P,记录结束标志 R。通道程序由 CPU 按数据传送的不同要求自动形成,通道程序常常只包括少数几条指令。CPU 生成的通道程序存放在主存储器中,并将该程序在主存中的起始地址通知 I/O 处理器。在大型计算机中,通道程序的起始地址常存放在一个称为通道地址字(CAW)的主存固定单元中,而在微型计算机中,常将此起始地址存放在主存中的 CPU 与

I/O 处理器的通信区中。每一条通道指令称为通道命令字 CCW。

通道作为处理器,也有说明处理器状态的通道状态字 CSW。CSW 中包含有该通道及与之相连的控制器和设备的状态,以及数据传输的情况。

一般 I/O 通道有以下 3 种类型:

(1) 字节多路通道

在这种通道中,通常都含有许多非分配型子通道,其数量可从几十到数百个,每一个子通道接一台 I/O 设备。这些子通道按时间片轮转方式共享主通道,当每一个子通道控制其 I/O 设备完成一个字节的交换后,便立即腾出字节多路通道(主通道)给第二个子通道使用;当第二个子通道也交换完一个字节后,又依次地把主通道让给第三个子通道;依此类推。当所有子通道轮转一周后,又返回来由第一个子通道去使用字节多路通道。这样,只要字节多路通道扫描每个子通道的速率足够快,而连接到子通道上的设备的速率不是太高时,就不会丢失信息。

(2) 数组选择通道

字节多路通道由于以字节为一次传送的基本单位,因而不适于连接高速设备,这推动了按数组方式进行数据传送的数组选择通道的出现。这种通道虽然可以连接多台高速设备,但由于它只含有一个分配型子通道,在一段时间内只能执行一道通道程序、控制一台设备进行数据传送,致使当某台设备占用了该通道后,便一直由它独占,即使无数据传送(通道被闲置),也不允许其他设备利用该通道,直至该设备传送完毕并释放该通道。可见,这种通道利用率很低。

(3) 数组多路通道

数组选择通道虽有很高的传输速率,但每次只允许一个设备传输数据。数组多路通道将数组选择通道的高传输速率和字节多路通道的各子通道(设备)分时并行操作的优点相结合,从而形成了一种新通道。它含有多个分配型子通道,因而,这种通道既具有很高的数据传输速率,又能获得令人满意的通道利用率。也正因为如此,该通道被广泛地用于连接多台高中速的外围设备,其数据传送按数组方式进行。

I/O 通道方式的发展,既可进一步减少 CPU 的干预,又可实现 CPU、通道和 I/O 设备 3 者的并行工作,从而更有效地提高了整个系统的资源利用率。

图 7.5 说明了两种常见的 I/O 通道。

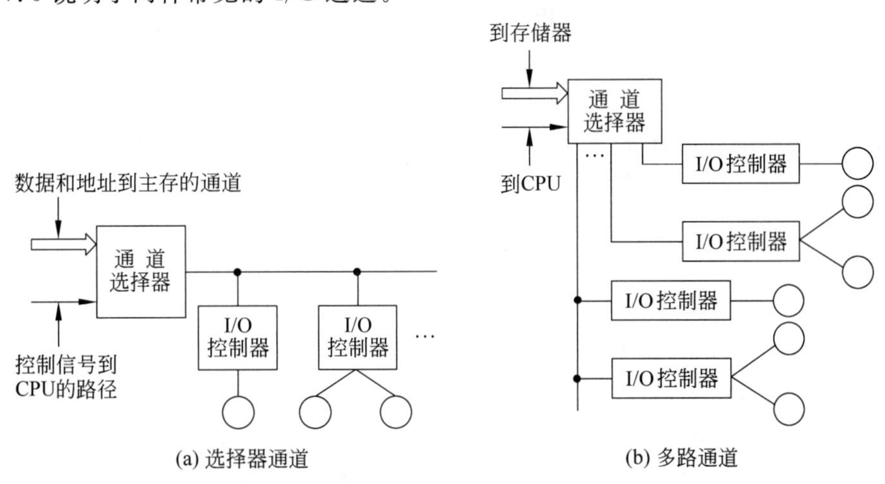

图 7.5 I/O 通道体系结构

7.2 I/O软件的层次结构

I/O软件设计的总体目标是,按分层的思想构造软件体系,较低层的软件要能够使较高层的软件独立于硬件,较高层的软件则要向用户提供一个友好、规范、清晰的界面,各层软件一般只需考虑和它紧邻的上、下两层软件(也可能是硬件和用户)交互。I/O软件设计的具体目标是:

(1) 设备独立性。让应用程序独立于具体使用的物理设备,即除了直接与设备打交道的低层软件之外,其他部分的软件并不依赖于硬件。例如,在编写使用软盘、硬盘上文件的程序时,无需为每一种具体的设备类型而修改程序。甚至不必重新编译就能将程序移到它处运行。

(2) 统一命名。它与设备独立性相关。一个文件或一个设备的名字应该是一个简单的字符串或一个整数,它不应依赖于设备。即指,以系统中预先设计的、统一的逻辑名称,对各类设备进行命名,并且运用在与设备有关的全部软件模块中。在UNIX系统中,所有磁盘都能以任意方式集成到文件系统层次中,因此,用户不必知道哪个名字对应于哪台设备。例如,一个软盘可以安装到目录/usr/ast/backup下,这样将一个文件复制到/usr/ast/backup/Monday就是将文件复制到软盘上。用这种方法,所有文件和设备都使用相同的方式(路径名)进行定位。

(3) 同步/异步传输。大多数物理I/O是异步的——CPU启动传输后便转去做其他工作,直到中断发生。如果I/O操作是异步的,在发出读/写命令后,程序将自动被挂起,直到缓冲区中的数据准备好或使用完毕。

(4) 出错处理。一般来说,错误应尽可能地在接近硬件的层上处理。如果控制器发现了一个读错误,自己没法纠正,那么设备驱动程序应当予以处理。很多错误是偶然性的,例如,磁盘读/写头上的灰尘导致读/写错误时,重复该操作,错误就会消失。只有在低层软件处理不了的情况下,才将错误上交高层处理。

(5) 设备共享与独占。有些I/O设备,如磁盘,能够同时让多个用户使用,但有些I/O设备,如打印机等设备,必须由单个用户独占使用,直到该用户使用完,另一个用户才能使用。独占设备的引入也带来了各种各样的问题,操作系统必须妥善管理共享设备和独占设备,以避免出现问题。

根据I/O软件的设计目标,将I/O软件组织成以下4个层次:中断处理程序、设备驱动程序、与设备无关的操作系统软件和用户层软件。

下面由低到高逐层讨论I/O软件,最后介绍缓冲技术。

7.2.1 中断处理程序

在现代计算机系统中,对I/O设备的控制,广泛采用中断驱动(interrupt-driven)方式,即当某进程要启动某个I/O设备工作时,便由CPU向相应的设备控制器发出一条I/O命令,然后立即返回继续执行原来的任务。设备控制器便按照该命令的要求去控制I/O设备,此时,CPU与I/O设备并行操作。例如,在输入时,当设备控制器收到CPU发来的读命令后,便准备接收输入数据,一旦数据进入数据寄存器,控制器便通过控制线向CPU发送一中断信号，由CPU检查输入过程中是否出错，若无错，便向控制器发送取走数据的信号，然后通过控制器及数据线将数据写入指定内存单元。可见，中断驱动方式可以成倍地提高CPU的利用率。

无论是哪种I/O设备，其中断处理程序的处理基本相同，其步骤为：

① 唤醒被阻塞的驱动进程。当中断处理程序开始执行时，必须唤醒被阻塞的驱动进程。某些系统，是根据信号量执行PV操作；某些系统，是对管程中的条件变量执行Signal操作；还有一些系统，是向阻塞的进程发一个消息。

② 保护被中断进程的CPU环境。通常由硬件自动将处理机状态字PSW和程序计数器PC中的内容保存在堆栈中，然后，对被中断的进程的CPU现场进行保留（压栈）。另外所有的CPU寄存器也需要保留，因为在中断处理时有可能会用到它们。

③ 分析中断原因，转入相应的中断处理程序。由CPU来确定引起本次中断的中断设备，并发送一个应答信号给发中断请求的进程，使之撤销该中断请求信号。然后，将中断处理程序的入口地址送入程序计数器PC中，处理机转向中断处理程序。

④ 进行中断处理。执行中断处理程序中规定的功能。

⑤ 恢复现场。当中断处理完毕后，从中断栈中取出中断前保留的信息并恢复到对应部件中，使被中断的程序得以继续执行。

7.2.2 设备驱动程序

所有与设备相关的代码放在设备驱动程序中。它是I/O进程与设备控制器之间的通信程序，因为它常以进程的形式存在，故也可以称为设备驱动进程。由于驱动程序与设备硬件密切相关，故应为每一类设备配置一种驱动程序，或为一类密切相关的设备配置一个驱动程序。例如，系统支持若干不同品牌的终端，但它们只有很细微的差别，则最好是仅设计一个终端驱动程序。另一方面，若系统支持的终端性能差别很大，如笨拙的硬拷贝终端与带有鼠标的智能位映像图形终端，则必须为它们分别设计不同的终端驱动程序。

1. 设备驱动程序的功能

设备驱动程序的功能有：

(1) 将接收到的来自它上一层的与设备无关的抽象请求转为具体请求。

(2) 检查用户I/O请求的合法性，了解I/O设备的状态，传递有关参数、设置设备的工作方式。

(3) 发出I/O命令，启动分配到的I/O设备，完成指定的I/O操作。

(4) 及时响应控制器或通道发来的中断请求，并调用相应的中断处理程序处理。

(5) 对于有通道的计算机系统，驱动程序还应能根据用户I/O请求构成通道程序。

2. 设备驱动程序的处理过程

一般来说，设备驱动程序的任务是接收来自它上面一层的与设备无关软件的请求，并执行这个请求。一个典型的请求是“读第 n 块”，如果请求到来时驱动程序是空闲的，则立即开始执行该请求；若驱动程序正在执行一个请求，则将新到来的请求插到一个等待处理I/O请求队列中。

以磁盘为例，实现一个I/O请求的第一步是将这个抽象请求转换成具体的形式，对于磁盘驱动程序来说，要计算请求块在磁盘的实际位置，检查驱动器的电机是否正在运转，确定磁头臂是否定位在正确的柱面上,等等。

一旦明确应向控制器发哪些命令,它就向控制器中写入这些命令。一些控制器一次只能接收一条命令,另一些控制器则可接收一个命令链表,然后自行控制命令的执行,不再求助于操作系统。

在设备驱动程序发出一条或多条命令后,系统有两种处理方式。多数情况下,设备驱动程序必须等待控制器完成操作,所以驱动程序阻塞自己,直到中断信号将它解除阻塞为止。有的情况可以通过操作完成,驱动程序不需阻塞,例如,某些终端的滚屏操作,只要把几个字节写入控制器的寄存器中即可。对前一种情况,被阻塞的驱动程序将由中断唤醒,而后一种情况是驱动程序不进入睡眠状态。上述任一种处理方式,在操作完成后,都必须检查是否有错。若一切正常,则设备驱动程序负责将数据传送到与设备无关的软件层。最后,它向调用者返回一些用于错误报告的状态信息。若还有其他未完成的请求在排队,则选择一个启动执行。若队列中没有未完成的请求,则该驱动程序等待下一个请求。

7.2.3 与设备无关的I/O软件

虽然一些I/O软件是与设备相关的,但大部分软件是与设备无关的,设备驱动程序与设备独立软件之间的确切界限依赖于具体系统,因为对于一些本来应按照设备独立方式实现的功能,出于效率和其他原因,实际上还是由设备驱动来实现的。与设备无关软件的基本任务是实现一般设备都需要的I/O功能,并向用户层软件提供一个统一的接口。与设备无关软件层通常应实现的功能为:设备驱动程序的统一接口、设备命名、提供一个与设备无关的块大小、缓冲、块设备的存储分配、分配和释放独占设备、错误报告等。

与设备无关的I/O软件系统称为I/O子系统。I/O子系统执行着与设备无关的操作。同时I/O子系统为用户应用程序提供一个统一的接口。下面讨论I/O子系统所需完成的主要功能。

1. 设备命名

如何给文件和I/O设备这样的对象命名是操作系统要解决的一个问题。与设备无关的软件(即I/O子系统)就负责把设备的符号名映射到相应的设备驱动程序。显然,设备的命名越简单越好。

设备命名后,所有设备的名字的集合称作设备的名字空间。设备的名字空间说明了不同设备是如何被标识和引用的。UNIX系列有3种不同的名字空间。

(1) 主次设备号

内核采用数字方法来命名设备,主次设备号是内核使用的一种设备命名法:用设备类型描述加上两个称之为主、次设备号的数字来标识设备。

(2) 内部号与外部号

内部设备号标识设备驱动程序,并且是设备开关表中的索引号,外部设备号构成用户可见的设备表示,它存储在设备特殊文件的 i 结点(基本文件目录数据块)中。

对大多数系统来说,内部号和外部号是不一样的,于是内核维护一个由外部号到内部号的映射表格。

(3) 设备文件与路径名

要使用路径名,就要引入设备文件的概念,把设备作为文件来处理。UNIX为文件和设备提供了一致的接口，并把设备称作特殊文件，每个特殊文件与特定的设备相关联，它可以放在文件系统中任何位置，但习惯上所有的设备都位于/dev目录或其子目录之下。

从用户的角度来看，设备文件和普通文件没有太大区别。但从系统内部看，两者有着很大区别：设备文件在磁盘上没有数据块，但设备文件在文件系统中有一个永久的 i 结点，通常是在根文件中，在 i 结点的di-mode中标明文件类型是IFBLK（块设备）或IFCHR（字符设备），而在di-rdev的域中存放着该设备的主设备号和次设备号，于是内核可以根据用户设备的路径名得出内部设备名（主设备号、次设备号）。

2. 设备保护

与设备命名机制密切相关的是设备保护。系统如何防止无权存取设备的用户存取设备呢？在大多数大型计算机系统中，用户进程对I/O设备的访问是完全禁止的。在MS-DOS中，系统根本没有对设备设计任何的保护机制。UNIX系统则使用更灵活的模式，对应于I/O设备的特殊文件通常用rwx位进行保护，系统管理员可以为每一个设备设置适当的存取权限。

3. 与设备无关的块及存储设备的块分配

不同的磁盘可以采用不同的扇区尺寸，与设备无关软件的一个任务是向较高层软件屏蔽并给上一层提供大小统一的块尺寸，例如，将若干扇区合并成一个逻辑块。这样，较高层的软件只与抽象设备打交道，不考虑物理扇区的尺寸而使用等长的逻辑块。对其他字符设备也是如此。在系统为某个文件分配新的存储块时，需要依据每个磁盘的空闲块表或位图执行一个查找空闲块的算法，这个工作通常与具体设备也是无关的，因此可以放在I/O子系统处理。

4. 设备分配

一些设备，如磁盘驱动器，在任一时刻只能被单个进程使用。这就要求操作系统对设备使用请求进行检查，并根据申请设备的可用状况决定是接收该请求还是拒绝该请求。一个简单的处理这些请求的方法是，要求进程直接通过OPEN命令打开设备的特殊文件来提出请求。若设备不可用，则OPEN命令失败。并在关闭独占设备的同时释放该设备。

5. 出错处理

出错处理是由设备驱动程序完成的。大多数错误是与设备密切相关的，因此，只有驱动程序知道应如何处理（是重试、忽略，还是报警）。一种典型的错误是，由于磁盘块受损而不能再读，驱动程序将尝试重读一定次数，若仍有错误，则放弃读并通知与设备无关的软件。从此，如何处理这个错误就与设备无关了。如果在读一个用户文件时出现错误，则将错误信息报告给调用者。若在读一些关键的系统数据结构时出现错误，比如磁盘的空闲块位图，则操作系统只能打印一些错误信息并终止执行。

7.2.4 用户空间的I/O软件

虽然大部分I/O软件都包含在OS内核之中，但也有一小部分I/O软件是由与用户程序连接在一起的库过程构成，它们可能完全运行在OS之外。例如，下列一个C程序调用了write库过程，并包含在运行时的二进制程序代码中：

```
count=write(fd, buffer, nbytes);
```

显然,write库过程是I/O系统的组成部分。

尽管这些过程所做的工作主要是参数置换,然而确有一些I/O过程实现了真正的操作,特别是一些I/O格式的库过程。以C语言中的printf为例,它以一个格式串和一些变量作为输入,构造一个ASCII字符串,然后通过write系统调用输出这个串。对输入而言,与之类似的过程是gets,它读出一行并返回一个字符串。标准的I/O库包含了许多涉及I/O的过程,它们都是作为用户程序一部分运行的。

上面描述的是第1类用户空间I/O软件,第2类用户空间I/O软件为spooling(simultaneous peripheral operation on line)系统,即假脱机系统。下面讨论spooling的有关技术。

spooling系统是多道程序设计系统中处理独占I/O设备的一种方法。系统中独占型设备的数量是有限的,往往不能满足诸多进程的需求,成为系统中的"瓶颈"资源,使许多进程由于等待某些独占设备而被阻塞。另一方面,得到独占设备的进程,在其整个运行期间,往往是占有这些设备,并不是经常地使用这些设备,因而使这些设备的利用率很低。为克服这个缺点,人们常通过共享设备来模拟独占型设备的动作,使独占型设备成为共享设备,从而提高了设备利用率和系统的效率,这种技术被称为虚拟设备技术,实现这一技术的硬件和软件系统被称为spooling系统,或称为假脱机系统。它分输出spooling和输入spooling。

spooling不仅可以应用在打印机上,还可以应用在其他场合。

打印设备是独占型设备,但通过spooling技术,可让该打印设备成为共享设备。进程要求打印输出时,spooling系统并不是把某台打印机分配给该进程,而是在某共享设备(磁盘)上的输出spooling存储区中,为其分配一块存储空间,同时为该进程的输出数据建立一个文件(文件名可省略)。该进程的输出数据实际上并未从打印机上输出,而只是以文件形式输出,并暂时存放在输出spooling存储区中。这个输出文件实际上相当于虚拟的行式打印机。各进程的输出都以文件形式暂时存放在输出spooling存储区中,并形成了一个输出队列,由输出spooling控制打印机进程,依次将输出队列中的各进程的输出文件最后实际地打印输出。

由此可以看出spooling系统的作用如下:

(1) 实现了虚拟设备功能

宏观上,虽然是多个进程在同时使用一台独占型设备,但对每一个进程而言,都可以认为自己是独占了一个设备——一个逻辑设备。spooling系统实现了将一个独占型设备变成多台独占型的虚拟设备。

(2) 将独占型设备变成共享设备

实际分给用户进程的不是打印设备,而是共享设备中的一个存储区(或文件),即虚拟设备,实际的打印机由守护进程依次按某一策略逐个地打印输出spooling存储区中的数据。

(3) 提高了I/O效率

目前不但大、中型计算机的操作系统中使用spooling进行输入、输出工作,而且在许多微型计算机上也使用了spooling技术。在spooling系统设计中,为了弥补独占设备(如打印机)与共享设备间数据传输速度的差异,需要使用缓冲区技术,所以应注意同步与互斥的问题。也正是由于缓冲区技术的采用,使得对低速I/O设备进行的I/O操作,演变为对缓冲区中数据的存取,如同脱机输入输出一样,大大提高了I/O速度,缓和了CPU和低速I/O设备之间速度不匹配的矛盾。

7.2.5 缓冲技术

系统为达到如下目的需要使用缓冲技术：

(1) 缓和CPU与I/O设备间速度不匹配的矛盾

由于外部设备数据的传输率与CPU的处理速度严重不匹配，故限制了与处理机连接的外设台数，且在中断时易造成数据丢失，极大地制约了计算机系统性能的进一步提高，限制了系统应用范围。

通常的程序都是时而进行计算，时而产生输出。如果没有缓冲，则程序在输出时，CPU必须停下来等待；然而在计算阶段，打印机又空闲无事。显然，在打印机或控制器中置一缓冲区，用于快速地暂存程序的输出数据，以后由打印机"慢慢地"从中取出数据打印，就可使CPU与I/O设备并行工作。

(2) 减少CPU的中断频率，放宽对中断响应的限制

如果在I/O控制器中增加一个100个字符的缓冲区，则由中断原理可知，I/O控制器对CPU的中断一直要等到存放100个字符的缓冲区装满以后才向处理器发一次中断，若不使用缓冲，则每个字符输入完毕均会产生一个中断。如果设置一个1位的缓冲区，假设每隔n秒中断CPU一次，那么CPU就必须在n秒内予以响应，否则缓冲区内的数据就会被冲掉。倘若将缓冲区设为8位，则CPU的中断频率只有1位缓冲时的1/8。所以，设置适当大小的缓冲区有助于提高CPU的工作效率，放宽对中断响应频率的限制。

(3) 提高CPU和I/O设备之间的并行性

正如前文所介绍的那样，传统的低速I/O设备在与CPU通信，进行I/O工作的时候，由于速度的不匹配很难做到并行工作。CPU和I/O设备只能互相等待对方操作结束，"轮流"工作。这种CPU与I/O设备间频繁的"互相等待"造成了CPU资源和工作效率的极大浪费。

缓冲的引入可显著地提高CPU和设备的并行操作程度，提高系统的吞吐量和设备的利用率。例如，在CPU和打印机之间设置了缓冲区后，可使CPU与打印机并行工作。

根据系统设置的缓冲区的个数，可以把缓冲技术分为单缓冲、双缓冲和循环缓冲以及缓冲池几种，如图7.6所示。

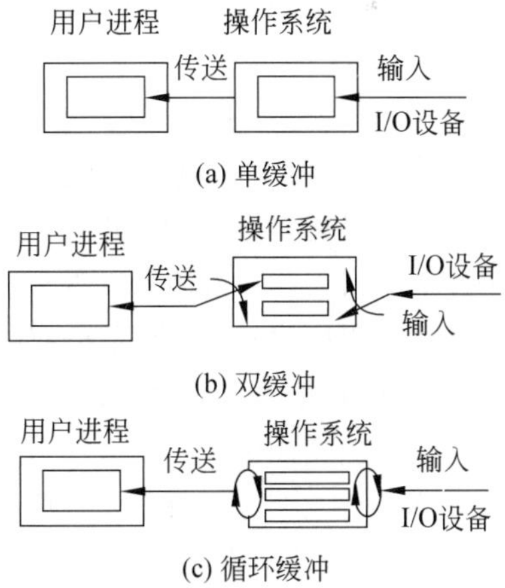

(a) 单缓冲

(b) 双缓冲

(c) 循环缓冲

图7.6 常见的缓冲技术

1. 单缓冲

单缓冲是OS提供的一种最简单的缓冲。当用户进程发出一个I/O请求时，OS便在主存中分配一个缓冲区。

对于块设备，其输入过程如下：

先从磁盘把一块数据输入到缓冲区，设其所花费的时间为t；然后，由操作系统将缓冲区的数据传送到用户区，设其所花时间为t_m；接下来，由CPU对这一块数据进行计算，计算时间假定为t_c，则系统对每一整块数据的处理时间为$\max(t_c,t)+t_m$。通常t_m远小于t或t_c，如果没有单缓冲区，数据直接进入用户区，则每一块数据的处理时间近似为$t+t_c$。

对于字符设备其输入过程如下：

字符设备输入时，缓冲区用于暂存用户输入的一行数据。在输入期间，用户进程被挂起以等待一行数据输入完毕；在输出时，用户进程将一行数据送入缓冲区后，继续执行计算。当用户进程已有第二行数据输出时，若第一行数据尚未提取完毕，则用户进程应阻塞。

对于单缓冲，缓冲区属于临界资源，即不允许多个进程同时对一个缓冲区进行操作。因此，单缓冲虽然能匹配设备和CPU的处理速度，但无法实现设备与设备之间的并行操作。为实现设备间的并行工作，引入了双缓冲技术。

2. 双缓冲

如图7.6(b)所示，双缓冲提供两个缓冲区。在设备输入时，先将数据输入第一缓冲区，装满后便转向第二缓冲区。此时操作系统可从第一缓冲区中移出数据，接着由CPU对数据进行计算。在双缓冲时，系统处理一块数据的时间可粗略地认为是$\max(t_c,t)$。如果$t_c<t$，则可使块设备连续输入；如果$t_c>t$，则可使CPU不必等待设备输入。对于字符设备，若采用行输入方式，则采用双缓冲工作方式时，通常用户进程不会被阻塞，从而消除了用户的等待时间，即用户在输完第一行后，在CPU执行第一行中的命令时，用户可继续向第二缓冲区输入下一行数据。

为了实现两台外设、打印机和终端之间的并行操作，可以设置双缓冲区。有了两个缓冲区后，CPU就可以把输出到打印机的数据放入其中一个缓冲区，让打印机慢慢打印；再从另一个为终端设置的缓冲区中读取所需要的输入数据。

很明显，双缓冲只是一种说明设备与设备、CPU与设备并行操作的简单模型，并不能用于实际系统中的并行操作。这是因为当生产者－消费者的速度大致相匹配时，采用双缓冲基本可使两者并行操作。但两者速度相差太大时，其效果就不太理想，而实际系统中的生产者与消费者的速度间通常存在较大差异。而且，当计算机中的外围设备较多时，双缓冲区也很难匹配设备和处理机的处理速度。

3. 循环缓冲

由于双缓冲并不能真正解决实际系统中的并行操作，于是引入了多缓冲。通过增加缓冲区的个数，可使并行程度得到明显提高。

多缓冲是把多个缓冲区连接起来组成两部分：一部分专门用于输入；另一部分专门用于输出。一般将多缓冲区组织成循环缓冲形式。对于用作输入的循环缓冲，通常提供给输入进程和计算进程使用，输入进程不断向空缓冲区输入数据，计算进程则从中提取数据用于计算。

循环缓冲包括以下两部分。

(1) 多个缓冲区

循环缓冲含有多个缓冲区，每个缓冲区的大小相同。缓冲区可分成3种类型：空缓冲区R，用于存放输入数据；已装满数据的缓冲区G，其中的数据提供给计算进程使用；现行工作缓冲区C，这是计算进程正在使用的缓冲区。循环缓冲的组成如图7.7所示。

(2) 多个指针

对用于存放输入数据的多缓冲区，应设置这样3个指针：Next_g，指示计算进程下一个可用的缓冲区G；Next_i，指示输入进程下次可用的空缓冲区R；Current，指示计算进程正在使用的缓冲区单元，开始时，它指向第1个单元，随计算进程的使用，它将逐次地指向第2个单元，第3个单元……直至缓冲区的最后一个含有数据的单元。

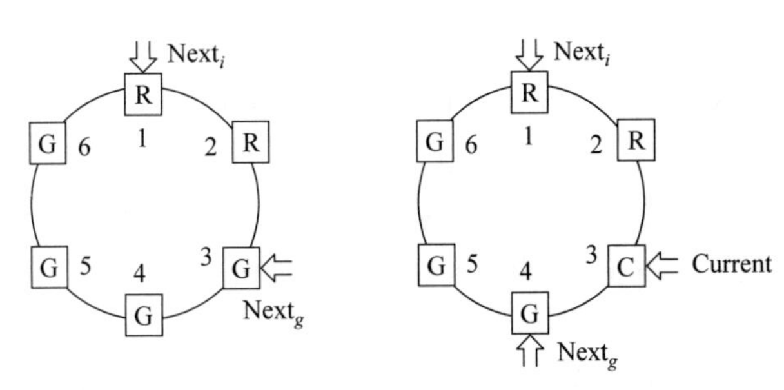

图7.7　循环缓冲

4. 缓冲池

上述的循环缓冲区仅适用于某特定的I/O进程和计算进程,因而属于专用缓冲。当系统较大时,将会有许多这样的循环缓冲,这不仅要消耗大量的内存空间,而且其利用率也不高,为了提高缓冲区的利用率,目前广泛流行公用缓冲池,池中的缓冲区可供多个进程共享。

(1) 缓冲池的结构

缓冲池由多个缓冲区组成,一个缓冲区由两部分组成:一部分是用来标识该缓冲区和用于管理的缓冲首部,另一部分是用于存放数据的缓冲体,这两部分有一一对应的映射关系。缓冲首部由设备号、数据块号、缓冲区号、互斥标识位、连接指针组成。

对于既可用于输入又可用于输出的公用缓冲池,至少应含有以下3种类型的缓冲区:空(闲)缓冲区;装满输入数据的缓冲区;装满输出数据的缓冲区。为了管理上的方便,可将相同类型的缓冲区链成一个队列,于是可形成以下3个队列:

① 空缓冲队列emq。这是由空缓冲区所链成的队列。其队首指针F(emq)和队尾指针L(emq)分别指向该队列的首缓冲区和尾缓冲区。

② 输入队列inq。这是由装满输入数据的缓冲区所链成的队列,其队首指针F(inq)和队尾指针L(inq)分别指向该队列的首、尾缓冲区。

③ 输出队列outg。这是由装满输出数据的缓冲区所链成的队列,其队首指针F(outq)和队尾指针L(outq)分别指向该队列的首、尾缓冲区。

除了上述3种队列外,系统或用户进程从这3种队列中申请和取出缓冲区,并用得到的缓冲区存数或取数,存、取数操作完毕后再将缓冲区放入相应的队列,这些缓冲区称工作缓冲区。在缓冲池中具有4种工作缓冲区:用于收容输入数据的工作缓冲区hin;用于提取输入数据的工作缓冲区sin;用于收容输出数据的工作缓冲区hout;用于提取输出数据的工作缓冲区sout。

缓冲池的工作缓冲区,如图7.8所示。

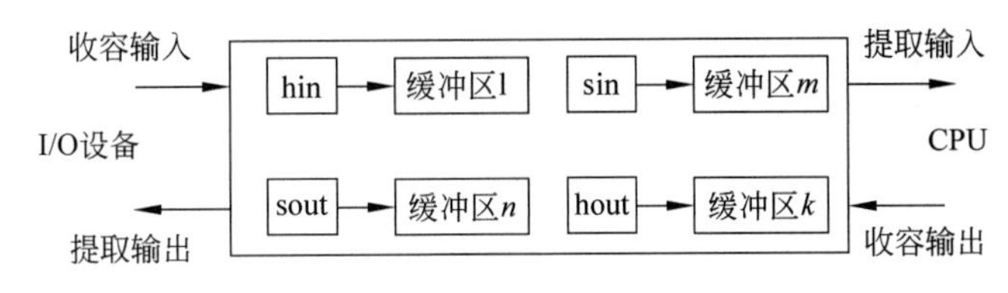

图7.8　缓冲池中的工作缓冲区

(2) 缓冲池的管理

一般,管理缓冲池的步骤如下:

① take-buf(type)：从3种缓冲区队列中按一定的规则取出一个缓冲区。

② add-buf(type,number)：把缓冲区按一定的规则插入相应的缓冲队列。

③ get-buf(type,number)：申请缓冲区。

④ put-buf(type,work-buf)：将缓冲区放入相应缓冲区队列。

其中,type为缓冲队列类型,number为缓冲区号,work-buf为工作缓冲区类型。

缓冲池的工作过程如下：

① 输入进程调用get-buf(em, number)从空白缓冲区队列中取出一个缓冲区number,将该空白缓冲区作为输入缓冲区hin。当hin装满了输入数据之后,系统调用put-buf (in,hin)将该缓冲区插入输入缓冲区队列in中。

② 当进程需要输出数据时,输出进程经过缓冲管理程序调用get-buf(em,number),从空白缓冲区队列取出一个空白缓冲区number作为收容输出缓冲区hout,当hout中装满了输出数据之后,系统再调用put-buf(out,hout)将该缓冲区插入输出缓冲区队列out。

③ 用get-buf和put-buf分别提取缓冲区的输入和输出数据。get-buf(out,number)从输出缓冲队列中取出装满数据的缓冲区number,将其作为工作缓冲区sout。当sout中数据输出完毕时,系统调用put-buf(em,sout)将该缓冲区插入空白缓冲队列。put-buf(in,number)从输入缓冲队列中取出装满数据的缓冲区number,将其作为工作缓冲区sin,当CPU从中取完数据后,系统调用put-buf(em,sin)将该缓冲区(已变空)释放并插入到空白缓冲队列em中(一般是将其挂在em队列的末尾)。

下面描述过程get-buf和put-buf。

假设互斥信号量MS(type),初值为1;描述资源数目的信号量RS(type),初值为n(n为type到长度),则既可实现互斥,又可实现同步的get-buf和put-buf两过程描述如下：

```
Procedure Get-buf(type)
begin
    Wait(RS(type));
    Wait(MS(type));
    B(number):=Take-buf(type);
    Signal(MS(type));
end
Procedure Put-buf(type, number)
begin
    Wait(MS(type));
    Add-buf(type, number)
    Signal(MS(type))
    Signal(RS(type));
End
```

7.3 磁盘调度

近几十年来,传统磁盘系统因为受制于机械部分(例如随转速提高发热量增加过快),而使得其处理速度的增长远远赶不上处理器和内存速度的增长幅度。因为磁盘的相对低速,使得磁盘子系统的性能变得至关重要,许多人也在积极探索提高磁盘子系统性能的方法,改进调度策略,降低查找时间。

7.3.1 调度策略

磁盘调度策略有很多,常见的有随机调度、先进先出、进程优先级、后进先出等。

如表7.1所示,磁盘调度策略通常用吞吐量、平均响应时间、响应时间的可预期性(或变化幅度)来决策。

表7.1 磁盘调度策略

	名称	描述	注释
根据请求对象选择	RSS	随机调度	用于分析
	FIFO	先进先服务	最简单
	PRI	优先级	控制磁盘队列管理的外部
	LIFO	后进先服务	最大的位置和资源利用
根据被请求项目选择	SSTF	最短服务时间优先	高利用、小队列
	SCAN	扫描	好一些的服务分配
	C-SCAN	循环扫描	低一些的服务变化
	N-Step-SCAN	同一时间扫描N个记录	服务保证
	FSCAN	SCAN循环的开始N=队列的N-Step-SCAN	装载敏感

下面介绍常用的几种磁盘调度策略。

1. FCFS策略

顾名思义,FCFS是将各进程对磁盘请求的等待队列按提出请求的时间进行排序,并按此次序给予服务的一种策略。这个策略对各进程是公平的,它不管进程优先级多高,只要是新来到的访问请求,都被排在队尾。例如,假定磁盘有200个磁道,磁盘请求队列是随机的。被请求的磁道依次为55,58,39,18,90,160,150,38,184,开始时读写头位于100号磁道。这样磁头总共要移动628个磁道,这个调度如图7.9所示。

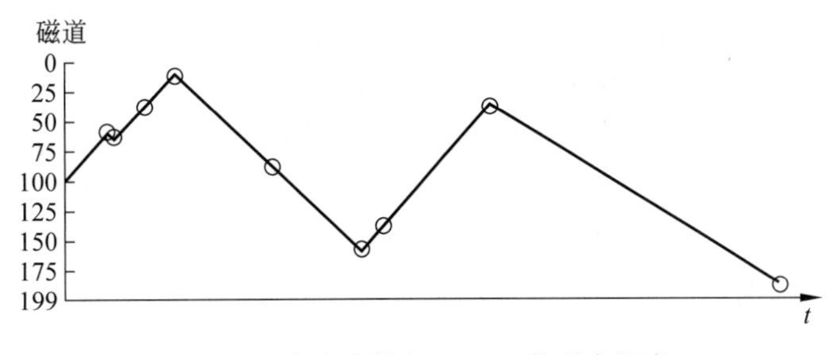

图7.9 先来先服务(FCFS)的磁盘调度

当用户提出的访问请求比较均匀地遍布整个盘面,而不具有某种集中倾向时(通常是这样的),FCFS策略导致了随机访问模式,即无法对访问进行优化。在对盘的访问请求比较多的情况下,此策略平均寻道距离较大并且将降低设备服务的吞吐量和较高响应时间,但各进程得到服务的响应时间的变化幅度较小。

FCFS适用于访问请求不是很多的情况,其算法最简单。

2. 最短服务时间优先策略

最短服务时间优先策略(SSTF)是将请求队列中柱面号最接近于磁头当前所在柱面的访问要求,作为一个服务对象的一种策略。

如果对上述请求队列,使用SSTF策略时,最接近当前磁头所在位置100的请求是90号磁道,尔后是58,39,38,18,150,184号磁道。该策略可以得到比较好的吞吐量(与FCFS相比)和较低的平均响应时间。其缺点是对用户的服务请求的响应机会不是均等的,对中间磁道的访问请求将得到最好的服务,对内、外两侧磁道的服务随偏离中心磁道的距离增加而越来越差,因而,导致响应时间的变化幅度很大,在服务请求很多的情况下,对内、外边缘磁道的请求将会无限地被延迟,因而有些请求的响应时间将不可预期。图7.10给出了最短服务时间优先的磁盘调度情况。

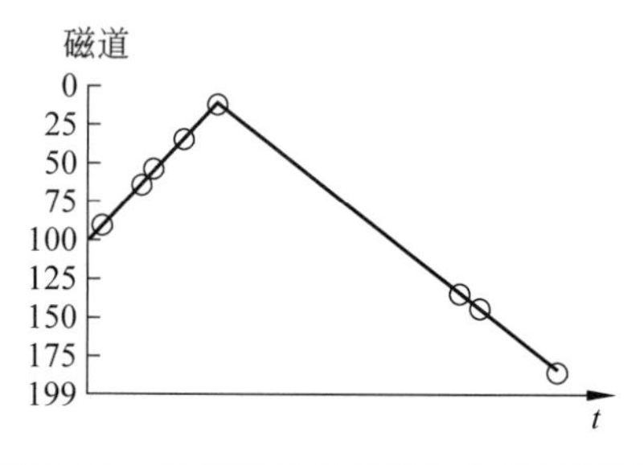

图7.10　最短服务时间优先的磁盘调度

3. 扫描策略

扫描策略(SCAN)也叫电梯策略(elevator algorithm)。大多数电梯保持按一个方向移动,直到没有请求为止,然后改变方向。它需要软件维护一个二进制位——当前方向位:向上或向下。当一个请求处理完毕后,软件检查该位,如果向上,则电梯舱移到下一个更高的等待请求。如果更高的位置没有请求,就掉转方向。如果方向改为向下,同时存在一个低位置请求,则移向该位置。

SCAN策略的磁盘调度策略也是如此。提出该算法的目的,就是为了克服SSTF策略的缺点,在考虑访问磁道距离时优先考虑磁头的当前移动方向。

SCAN策略是将请求队列中,把磁臂前进方向最接近于磁头当前所在柱面的访问要求作为下一个服务对象。也就是说,如果磁臂目前向内移动,那么下一个服务对象,应该是在磁头当前位置以内的柱面上的诸访问请求中之最近者,这样依次地进行服务,直到没有更内侧的服务请求,磁臂才改变移动方向,转而向外移动,并依次服务于此方向上的访问请求,如此由内向外,由外向内,反复地扫描访问请求,依次给以服务。如果仍以上面请求序列为例,在使用SCAN之前,不仅要知道磁头移动的当前位置,而且还要知道磁头移动方向,如果此时磁头向200号磁道移动,则先服务150、160和184号磁道上的请求,再移到200道,然后磁头反向向内移动,服务90,58,55,39,38,18号磁道上的请求,图7.11表示SCAN策略用于磁盘调度情况,此策略基本上克服了SSTF策略的服务集中于中间磁道和响应时间变化比较大的缺点。而具有SSTF策略的优点,即吞吐量比较大,平均响应时间较小,但是,由于是摆动式的扫描方法,两侧磁道被访问的频率仍然低于中间磁道,只是不像上述SSTF策略那样严重而已。

4. 循环扫描策略(C-SCAN)

对SCAN算法稍作改进可以进一步减少响应时间。方法是:总是按同一方向移动磁臂,处理完最高编号柱面上的请求后,磁臂移动到具有读/写请求的最低编号的柱面,然后继续向上移动。

循环扫描策略与扫描策略的不同之处在于循环扫描是单向反复地扫描。当磁臂向内移动时，它对本次移动开始前到达的各访问要求，自外向内地依次给以服务，直到对最内柱面上的访问要求满足后，磁臂直接向外移动，使磁头停在所有新的访问要求的最外边的柱面上。然后再对本次移动前到达的各访问要求依次给以服务。

如果仍以前面的访问请求序列为例，那么从当前磁头位置100号磁道出发，其以后的服务次序为150，160，184，18，38，39，55，58，90号磁道。图7.12给出了循环扫描策略用于磁盘调度的情况。

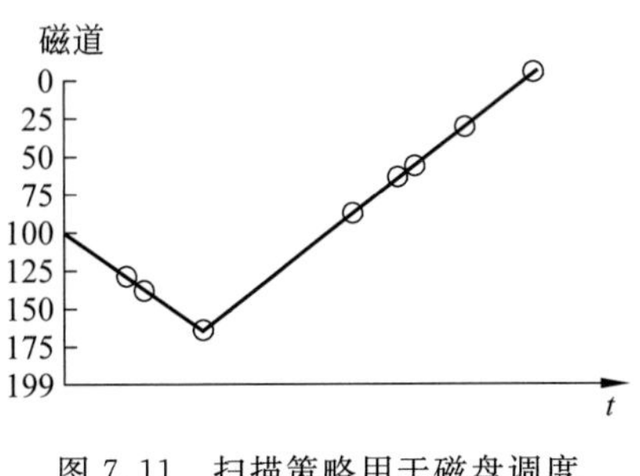

图7.11　扫描策略用于磁盘调度

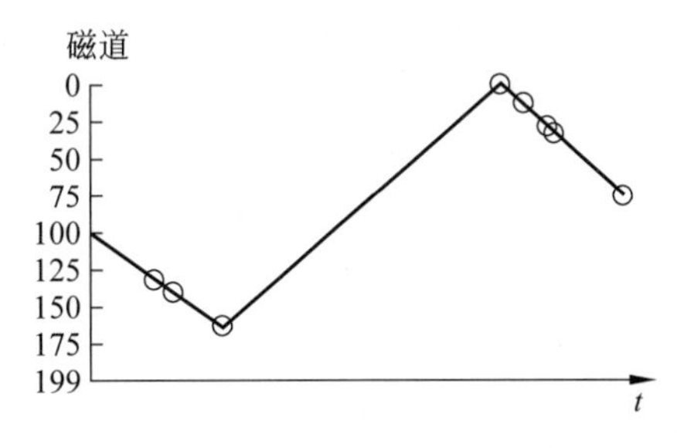

图7.12　循环扫描策略用于磁盘调度

根据模拟研究的结果，在磁盘访问负荷较小的情况下，SCAN策略是最好的；而在中等以上负荷的情况下，CSCAN策略效果最佳。

磁盘调度策略很多，各有利弊。如何选择相应调度策略与磁盘的使用环境因素有关。表7.2比较了上述4种策略的性能。

表7.2　磁盘调度策略的性能比较

FIFO 从磁道100开始		SSTF 从磁道100开始		SCAN 从磁道100开始 按增加磁道数方向		C-SCAN 从磁道100开始 按增加磁道数方向	
下次访问磁道	访问的磁道数	下次访问磁道	访问的磁道数	下次访问磁道	访问的磁道数	下次访问磁道	访问的磁道数
55	45	90	10	150	50	150	50
58	3	58	32	160	10	160	10
39	19	55	3	184	24	184	24
18	21	39	16	90	94	18	166
90	72	38	1	58	32	38	20
160	70	18	20	55	3	39	1
150	10	150	132	39	16	55	16
38	112	160	10	38	1	58	3
184	146	184	24	18	20	90	32
平均寻道数	55.3	平均寻道数	27.5	平均寻道数	27.8	平均寻道数	35.8

磁盘调度的另一个趋势是使多个磁盘（磁盘阵列）一起工作，特别对高端系统很有用。

一个令人感兴趣的配置是让38个驱动器并行工作。当并行读操作时,一次有38位灌入计算机,每个驱动器一位,它们形成一个32位的字及6位校验位。将1、2、4、8、16和32位作为等价位,该38位字可被编码为海明码。利用该方法,如果某个驱动器停止工作,则每个字丢失一位,由于海明码可以恢复丢失的位,所以系统可以继续运行,这种设计称为廉价冗余磁盘阵列(Redundant Array of Inexpensive Disks,RAID)。RAID的特点如下:

① RAID是一个物理磁盘集合,但被OS认为是一个逻辑盘。

② 数据分布存放在不同磁盘上。

③ 具有较强的纠错能力。

RAID分8个级别:level0～level7。其中level6和level7是后来增加的,是强化了的RAID。

7.3.2 磁盘高速缓存

磁盘高速缓存(cache)是在主存和处理器之间插入的一个更快、更小但更昂贵的存储器,其作用是减少主存的平均存取时间。同样的原理也可应用到磁盘存储器。一个磁盘cache是一个在主存中为磁盘扇区开辟的一个缓冲区。这个cache包含有磁盘的一部分扇区的拷贝。当输入/输出请求操作某一特定扇区时,就会首先检查磁盘cache是否有该扇区的拷贝。如果有,这个I/O请求就直接对该cache操作;否则,被请求的扇区就首先被写进cache中(从磁盘),然后再针对cache操作。

关于磁盘cache,有几个设计问题值得说明。

(1) cache中的数据传送

当一个I/O请求能由cache提供服务时,cache中的数据必须传送到请求进程中。有两种方法传送数据:一是通过共享存储器将数据所在的指针传送到请求进程;二是传送cache中的数据到用户进程的存储空间中。

很显然,前一种方法能节省存储器到存储器的时间,也允许其他进程共享读/写该cache数据。

(2) cache中数据的替换策略

当一个新的扇区装入cache中时,一个原先在cache中的扇区数据必须替换出去。经常使用的算法是最近最少使用算法(Least Recently Used, LRU)。cache中没有被使用时间最长的那个块将被替换。可以说,cache中有一个块堆栈。最近访问最多的块在栈顶。当cache中的一个块被使用时,此块将从栈中当前位置移到栈顶。当一个新块从辅存中读出时,位于栈底的块将会移出,新块将置于栈顶。当然,事实上并不是将这些块在主存中移动;而是用一个栈指针和cache相联系。

替换cache中最少被访问的块的算法是最少使用算法(Least Frequently Used,LFU)。LFU给每块加上一个计数器,当读出一个新块时,计数器赋值1;访问块一次,其计数器增加1。当需要替换时,就替换计数器数值最小的块。LFU比LRU更正确,因为这个选择过程利用了更多的关于块的信息。

一个简单的LFU算法有如下问题。对于有些块而言,整个访问次数相对不多,但在一段时间内会因为局部性重复访问,从而产生很高的访问次数,但实际上,该计数值并未反映出此块将来被访问的情况。在这段时间结束之后,由于该计数值高居不下,将会使LFU的替换选择变得很差。因此，我们有必要在考虑最近最久未使用这一原则的同时，注意到以下3点内容：

① 访问频率。通常，联想存储器的访问频率远高于高速缓存的访问频率。

② 可预见性。预见哪些内容在不久将来会再次被访问，哪些则可能很久都不再被访问。

③ 数据一致性。必须保持高速缓存、内存和磁盘间数据的一致性。

基于以上的考虑，提出了一个新的技术——基于频率的替换（frequency-based replacement）。先考虑一个简单的例子，如图7.13(a)所示。块组织成堆栈形式，栈顶部的一部分作为"新区"保留。当发生一个读cache时，被访问的块移到栈顶。如果此块已在"新区"中，它的计数并不增加，否则增加1。在一个足够大的"新区"中，这种方法保证刚才提到的那种块的计数值维持不变。选择那些不在"新区"中且计数值最小的块进行替换；当相等情况出现时，替换最近最少使用的块。

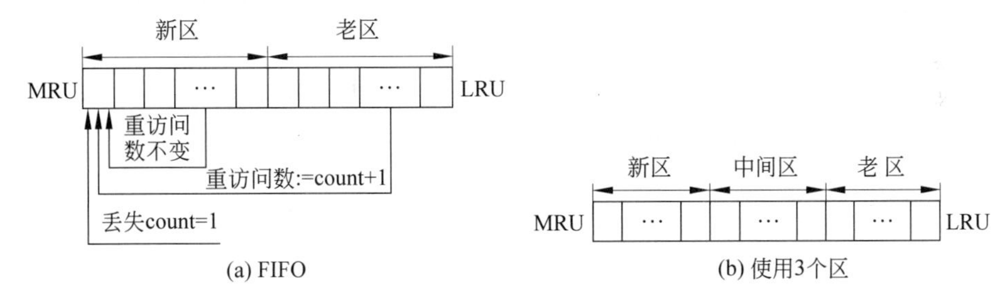

图7.13 基于频率的替换

这种方法只在LRU上取得很小的改进。仍有问题如下：

① 当发生一个cache错误时，计数值为1的新块会移入"新区"中。

② 只要块在"新区"中，计数值保持为1。

③ 当块从"新区"移出时，它的计数值依然是1。

④ 如果某块现在不是相当迅速地被重复访问，那么就很有可能因为它是"新区"中计数值最小的块，而被替换掉。换句话说，即使它们访问的频率相当高，也不会有足够的时间让它们在移出"新区"之前有很高的计数值。

进一步地说，就是把栈分成3个部分：新区、中间区、老区。在"新区"中，计数值并不增加，只有"老区"中的块才能被替换。假定有一个足够大的中间部分，这样给了经常被访问块的一个机会，能够在可能被替换之前使计数值足够大。模拟研究表明这种方法比简单的LRU或LFU要好得多。

不管什么替换策略，替换可以按需要产生或是可以预先计划好。前者只要在需要一个槽时才替换一个扇区（槽(slot)是指一个缓冲区，每个槽包含一个磁盘扇区）。在后面的情况中，一次可以释放多个槽。原因在于需要写回扇区。如果一个扇区读到cache中，而且只读，那么当它被替换时，没有必要把它写回磁盘。但若扇区已被更新，就有必要在替换它时将它写回。同时需要使写回的寻道时间最小。

(3) cache的失效率

一般而言，在同样的替换策略下，cache越大，失效率越少。因此，必须设计好cache的大小和替换策略，减少失效率。

7.4 系统举例

7.4.1 UNIX System V

在UNIX中,每个I/O设备都和一个特殊的文件相联系,由文件系统管理,对其的读/写操作和对用户数据文件的操作一样。这种方法为用户和进程提供了一个统一的接口。为了从设备上进行读或写,将对与设备相关的特殊文件进行读/写请求。

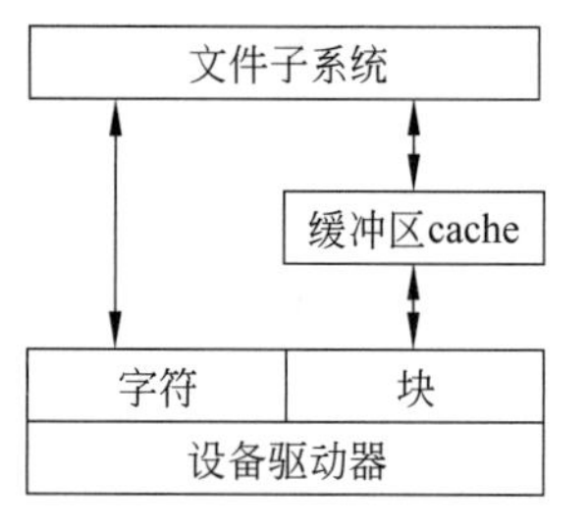

图7.14 UNIX I/O结构

图7.14说明了I/O设备的逻辑结构。文件子系统对存放在辅存上的文件进行管理。同时,因为设备被看成文件,它也作为进程的接口。

在UNIX中有两种类型的I/O:缓冲I/O和无缓冲I/O。缓冲I/O使用系统缓冲,而无缓冲I/O使用DMA。在后者中,传输直接在I/O模块和进程I/O区中发生。对于缓冲I/O,使用了两类缓冲:系统缓冲cache和字符队列。

1. 缓冲高速缓存(buffer cache)

UNIX中buffer cache实际上是一个磁盘cache。对于磁盘的I/O操作通过缓冲cache处理。缓冲cache和用户进程空间之间的数据传输经常通过使用DMA发生。因为buffer cache和进程I/O都在主存中,内存之间的拷贝不会占用任何处理器周期,但会消费总线周期。

为了对buffer cache进行管理,系统使用了3种表列:

① 自由表列。cache中用于分配的所有槽的表列。

② 设备表列。和每个磁盘相联系的所有缓冲的表列。

③ 驱动器I/O表列。在一个特定设备上执行或等待I/O的缓冲区的表列。

所有缓冲区应该在自由表列或驱动器I/O表列中。一旦一个缓冲区和一个设备相连接,即使它在自由表列中,也将和这个设备相连直到它被重用,从而和另一个设备相连接。这些表列作为指针和每个缓冲建立联系,而不是物理上分离的表列。

当访问某个设备上的一个物理块号时,操作系统首先检查此块是否在buffer cache中。为了减少寻找时间,设备表列被组织成快表(hash table)形式,图7.15描述了buffer cache的一般结构。一个固定长度的快表中存放着指向buffer cache的指针。每一个对于(设备号、块号)的访问都被映射成快表中的一个特定入口。入口中的指针指向链中的第一个缓冲区。每个缓冲区有一个指针(hash pointer)指向链中的下一个缓冲区。因此,对于所有(设备号、块号)访问都映射到同一快表入口,一旦要找的块在buffer cache中,则缓冲区在快表入口的链表中。这样,对于buffer cache的搜索长度就减小至N的因数,N是快表的长度。

块的替换中使用的是LRU:在一个缓冲区分配给一个磁盘块后,除非其他所有缓冲区最近都被访问过,此缓冲区不会被分配给另一个块。

2. 字符队列

面向块的设备,如磁盘和磁带,可以被buffer cache支持。另一种缓冲则适用于面向字

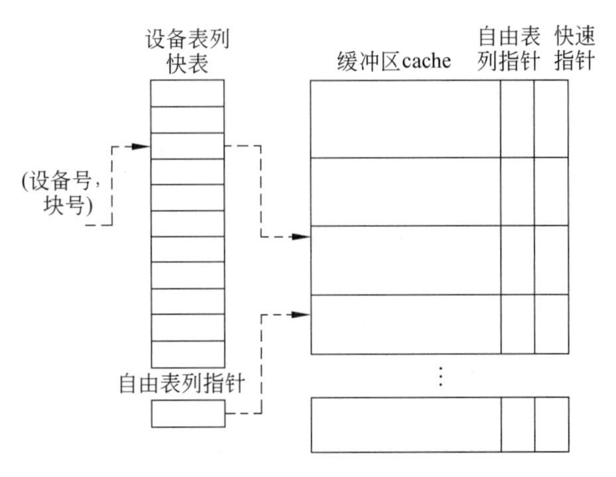

图 7.15　UNIX 缓冲区 cache 结构

符的设备,如终端、打印机等。字符队列(character queue)可以由 I/O 设备写、处理器读或者由处理器来写、I/O 设备读。这两种情况都使用了前面介绍的生产者/消费者模型。因此,字符队列只能读一次;一旦一个字符读过了,它就消失了。这和 buffer cache 不同,buffer cache 可以读很多次,使用的是前面的读者/写者模型。

3. 无缓冲 I/O(unbuffered I/O)

无缓冲 I/O 是进程进行 I/O 的最快方法,它在设备和进程空间之间使用 DMA,进行无缓冲 I/O 的进程在主存中被锁起来,不能被换出。通过锁死高端内存,减少了交换的机会,但也降低了整个系统的性能。同时,I/O 设备也固定于一个进程,在传输中,不得为其他进程所用。

4. UNIX 设备

UNIX 识别下面 5 种设备:磁盘驱动器、磁带驱动器、终端、通信线、打印机。

表 7.3 说明了何种 I/O 适用何种设备。UNIX 中经常使用的磁盘驱动器是块设备,可能有较高的吞吐率。因此,I/O 可以是无缓冲或是 buffe cache。磁带驱动器相似于磁盘驱动器,二者均使用相同的 I/O 方法。

表 7.3　UNIX 中的设备 I/O

设　　备	无缓冲 I/O	缓冲 cache	字符队列
磁盘驱动器	√	√	
磁带驱动器	√	√	
终端			√
通信线			√
打印机	√		√

由于终端包含相对缓慢的字符交换,终端 I/O 使用字符队列。通信线要求数据字节的串行处理,因此,可由字符队列处理。字符队列能否用于打印机取决于打印机的速度。慢速打印机可以使用字符队列,而快速打印机使用无缓冲 I/O 或 buffer cache。然而,因为打印

机中的数据不会被重用，buffer cache 的头(overhead)是不必要的。

7.4.2 Windows NT I/O 分析

Windows NT I/O 系统是 Windows NT 执行体的组件，并且存在于 ntoskrnl.exe 文件中。它接受 I/O 请求(来自用户态和核心态的调用程序)，并且以不同的形式把它们传送到 I/O 设备。在用户态 I/O 函数和实际的 I/O 硬件之间有几个分立的系统组件，包括文件系统驱动程序、过滤器驱动程序和低层设备驱动程序。

Windows NT I/O 系统的设计目标如下：

- 加快单处理器或多处理器系统的 I/O 处理。
- 使用标准的 Windows NT 安全机制保护共享的资源。
- 满足 Microsoft Win32、OS/2 和 POSIX 子系统指定的 I/O 服务的需要。
- 提供服务，使设备驱动程序的开发尽可能地简单，并且允许用高级语言编写驱动程序。
- 允许在系统中动态地添加或删除设备驱动程序。
- 为包括 FAT、CD-ROM 文件系统(CDFS)和 Windows NT 文件系统(NTFS)的多种可安装的文件系统提供支持。
- 为映像活动、文件高速缓存和应用程序提供映射文件 I/O 的能力。

除了这些特定目标，I/O 系统当然还必须满足 OS 的整体要求。例如，它必须是可移植的，能够保护可共享的资源，有提供支持诸如 Win32、OS/2 等的 I/O 接口的能力。

1. I/O 系统结构和管理器

图 7.16 描述了 Windows NT 的 I/O 系统结构。

在 Windows NT 中，程序在虚拟文件中执行 I/O。虚拟文件是指用于 I/O 的所有源或目标，它们都被当作文件来处理(例如文件、目录、管道和邮箱)。所有被读取或写入的数据都可以被看作是直接到这些虚拟文件的简单的字节流。用户态应用程序(不管它们是 Win32、POSIX 或 OS/2)调用文档化的函数，这些函数再依次地调用内部 I/O 子系统函数来从文件中读取、对文件写入和执行其他的操作。I/O 管理器动态地把这些虚拟文件请求指向适当的设备驱动程序。

Windows NT 的 I/O 管理器如图 7.17 所示。

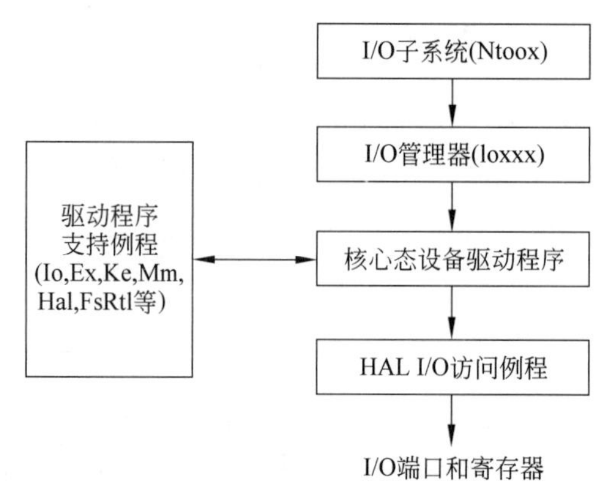

图 7.16 I/O 系统结构

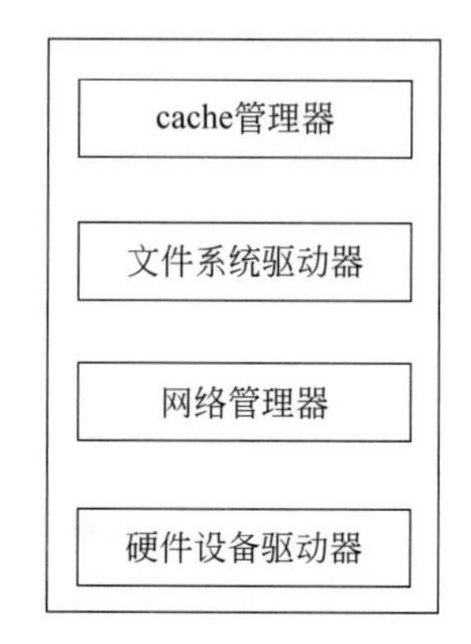

图 7.17 Windows NT I/O 管理器

I/O管理器定义了有序的工作框架(或模型)。在该框架里,I/O请求被提交给设备驱动程序。I/O系统是包驱动的(packet driven)。大多数I/O请求用I/O请求包IRP表示,它从一个I/O系统组件移动到另一个I/O系统组件。IRP是在每个阶段控制如何处理I/O操作的数据结构。

如图7.17所示,I/O管理器由以下4部分组成。

(1) cache管理器。它管理整个I/O子系统的cache,它为所有的文件系统和网络部件在主存中提供cache服务,并且根据可用的物理存储器的变化动态地增大或减小cache。cache管理器提供了两个增强性能的服务:

- 延迟写入。系统记录变化在cache中而不是磁盘中,当处理器较空闲时,cache管理器写入变化到磁盘中。这样做的好处是既充分利用了CPU资源,又保证了现有任务的执行不被频繁打扰。
- 延迟提交。系统cache被提出的事务信息,待以后作为一个后台进程写入到文件系统日志中。

(2) 文件系统驱动器。I/O管理器对待一个文件系统就像对待一个设备一样,并路由一定的信息给设备适配器对应的驱动程序。

(3) 网络驱动器。Windows NT内置了用于分布式应用的网络能力和支持。

(4) 硬件设备驱动器。该驱动器通过动态链接库(DLL)的入口去存取硬件设备的注册信息。

2. I/O函数

除了通常的打开、关闭、读/写函数外,Windows NT I/O系统还提供了一些高级的特性,例如,异步I/O和快速I/O等。

(1) 异步I/O

应用程序发出的大多数I/O操作都是同步的;也就是说,设备执行数据传输并在I/O完成时返回一个状态码。然后,程序可以立即访问这个被传输的数据。它们的最简单的形式——Win32 ReadFile和WritenFile函数,是同步执行的。在把控制返回给调用程序之前,它们完成一个I/O操作。

异步I/O允许应用程序发布I/O请求,然后,在设备传输数据的同时,应用程序继续执行。这类I/O能够提高应用程序的吞吐率,因为它允许在I/O操作进行期间,应用程序继续其他的工作。要使用异步I/O,必须在Win32 CreateFile函数中指定FILE_FLAG_OVERLAPPEDS标志。当然,在发出异步I/O操作之后,线程不访问任何来自I/O操作的数据,直到设备驱动程序完成数据传输。线程必须通过等待一些同步对象(无论是事件对象、I/O完成端口或文件对象本身)的句柄,使它的执行与I/O请求的完成同步。当I/O完成时,这些同步对象将会变成有信号态。

与I/O请求的类型无关,由IRP代表的内部I/O操作都被异步执行;也就是说,一旦一个I/O请求已经被启动,设备驱动程序就返回I/O系统。I/O系统是否返回调用程序取决于文件是否是为异步I/O打开的。

(2) 快速I/O

快速I/O是一个特殊的机制,它允许I/O系统不产生IRP而直接到文件系统驱动程序或高速缓存管理器去执行I/O请求。

(3) 映射文件 I/O 和文件高速缓存

映射文件 I/O 是 I/O 系统的一个重要特性,是由 I/O 系统和内存管理器共同产生的,它是指把磁盘中的文件视为进程的虚拟内存的一部分。程序可以把文件作为一个大的数组来访问,而无需做缓冲数据或执行磁盘 I/O 的工作。程序访问内存,同时,内存管理器利用它的页面调度机制从磁盘文件中加载正确的页面。如果应用程序向它的虚拟地址空间写入数据,则内存管理器就把更改信息作为正常页面调度的一部分写回到文件中。

(4) 分散/集中 I/O

Windows NT 同样支持一种特殊种类的高性能 I/O,它被称作分散/集中(scatter/gather)。它可通过 Win32 ReadFileScatter 和 WriteFileScatter 函数来实现。这些函数允许应用程序,从在虚拟内存中的一个以上的缓冲区,发布单一的读取或写入到磁盘上文件的一个连续区域的命令。若要使用分散/集中 I/O,则文件必须以非高速缓存 I/O 方式打开,被使用的用户缓冲区必须是页对齐的,并且 I/O 必须异步执行(重叠)。

3. 设备驱动程序

Windows NT 支持几种类型的设备驱动程序,图 7.18 列出了 Win32 I/O 函数和 3 个主要种类的设备驱动程序之间的关系。

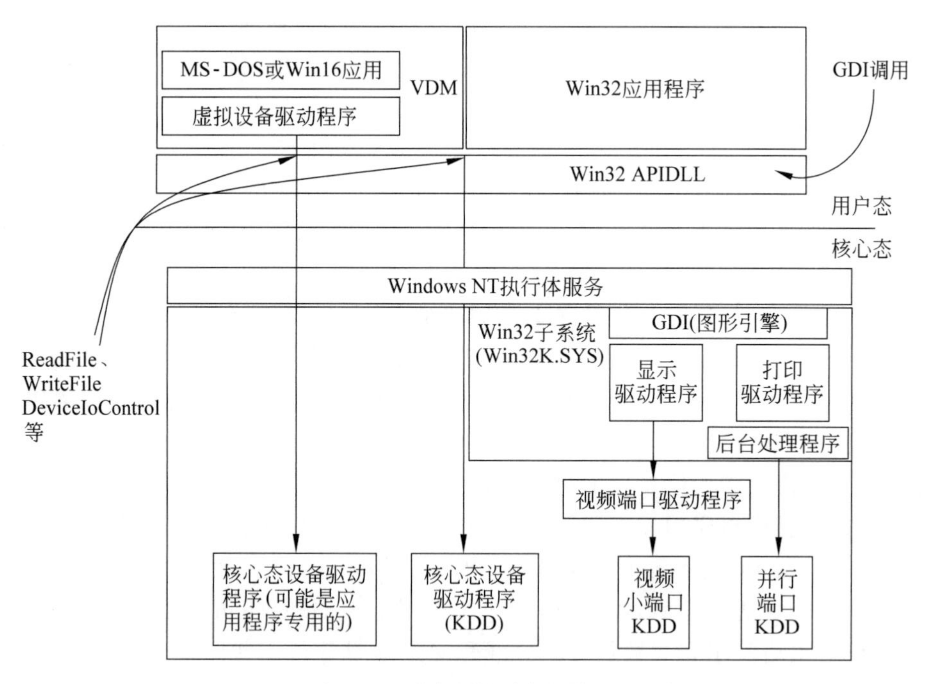

图 7.18　设备驱动程序的类型

虚拟设备驱动程序(VDD)通常用于模拟 16 位 MS-DOS 应用程序,它们捕获 MS-DOS 应用程序对 I/O 端口的引用,并将其转化为本机 Win32 I/O 函数。因为 Windows NT 是一个完全受保护的操作系统,用户态 MS-DOS 应用程序不能直接访问硬件,而必须通过一个真正的核心态设备驱动程序来访问硬件。

Win32 子系统显示驱动程序和打印驱动程序将与设备无关的图形(GDI)请求转换为设备专用请求。这些驱动程序的集合被称为"核心态图形驱动程序"。显示驱动程序与视频小端口驱动程序是成对的，用来完成视频显示支持。每个视频小端口驱动程序为它关联的显示驱动程序提供硬件级的支持。

核心态设备驱动程序是能够直接控制和访问硬件设备的唯一驱动程序类型。图 7.19 描述了核心态设备驱动程序之间的关系。

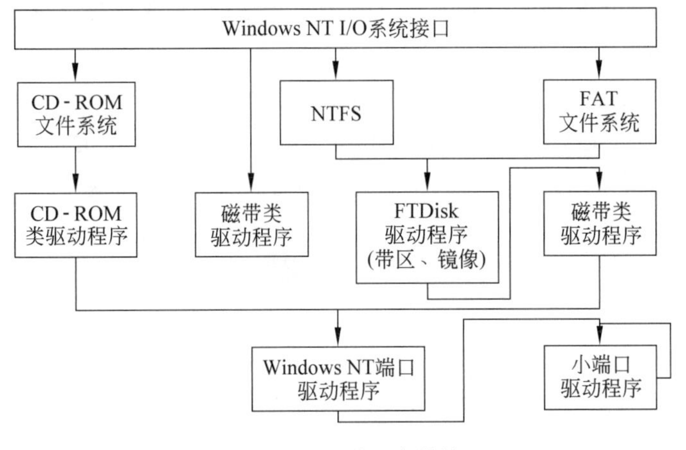

图 7.19　驱动程序结构

小　　结

I/O 接口是计算机系统与外部世界的接口。由于现代操作系统设备的多样性和复杂性，使得设备管理成为操作系统中最复杂、最具多样性的部分。为了保证易用性，设备管理模块应为用户提供一个透明的、易于扩展的接口，使得用户不必了解具体设备的物理特性，以便于设备的追加和更新。另外，设备管理模块还应该设计成尽量提高设备与设备之间、设备与 CPU 之间的并行操作度以及设备利用率，使得整个系统获得最佳效率。

围绕着上述目的，本章分两个部分讨论了 I/O 系统原理：一是 I/O 硬件组成原理；二是 I/O 软件组成原理。

I/O 硬件的基本概念如下：

① 设备按数据操作的基本单位可以分为字符设备和块设备。字符设备传输的信息为字节流或字符；而块设备则为数据块。

② I/O 设备一般由机械部分和电子部分组成。通常将这两部分分开处理，机械部分是设备本身，电子部分被称为设备驱动器或适配器。

③ I/O 技术常见的有 4 种，它们是程序直接控制方式、中断控制方式、DMA 方式和通道方式。程序直接控制方式和中断控制方式只适用于简单的、外设很少的计算机系统。DMA 方式和通道方式较好地解决了前两种方式占用 CPU 时间多的缺点。后两种方式采用外设与内存直接交换数据的方式，只是在数据传输开始和结束时，需要 CPU 进行干预，大大减轻了 CPU 负担。

I/O软件组成如下：

① 中断处理程序。当发生中断时，系统分析中断原因，并转入相应的中断处理程序。

② 设备驱动程序。所有与设备相关的代码放在设备驱动程序中，并负责用户进程和I/O控制器之间的通信。

③ 与外设无关的I/O软件。通常称之为I/O子系统，它执行与设备无关的操作。另外还重点讨论了缓冲技术。

④ 在用户空间运行的I/O库程序和spooling技术。

另外本章也较详细地讨论了磁盘调度策略。最后，以两个典型的系统UNIX System V和Windows NT为例简单介绍了这两个系统如何管理I/O设备的思想。

习　题

7.1　设备按传输的数据单元分成几类？各有何特点？举例加以说明。

7.2　试画出微型机和主机中常采用的I/O系统组织结构图。

7.3　设备控制器有什么作用？试画出设备控制器的组成图。

7.4　试说明I/O技术的发展过程和主要推动原因。

7.5　简述DMA控制方式和通道控制方式的工作流程。

7.6　I/O软件设计的目标是什么？以下各项工作是在4个I/O软件层的哪一层完成的？

(1) 为一个磁盘读操作计算磁盘扇区、寻道和定位磁头的时间。

(2) 维护一个最近使用的块的高速缓存。

(3) 向设备寄存器写命令。

(4) 检查用户是否有权使用设备。

(5) 将二进制整数转换成ASCII码以便打印。

7.7　引入缓冲的主要原因是什么？比较单缓冲、双缓冲、循环缓冲以及缓冲池的结构、管理方法以及优缺点。

7.8　一个局域网以如下方式使用：用户发了一个系统调用，请求将数据包写到网上；然后，操作系统将数据拷贝到一个内核缓冲区中，再将数据拷贝到网络控制器板上。当所有数据都安全存入到控制器中时，再将它们从网上以10Mb/s的速率传送，在每一位被发送后，将它们以1b/ms的速率保存到网络控制器。当最后一位到达时，中断目标CPU，内核将新到达的数据包复制到内核缓冲区中进行检查。一旦指明该数据包是发送给哪个用户进程的，内核就将数据复制到该用户进程空间。如果假设每一个中断及其相关处理过程花费1ms，数据包有1024B(忽略头标)，拷贝1B花费1ms，将数据从一个进程转储到另一个进程的最大速率是多少？

7.9　什么叫设备无关性？如何实现设备独立性？

7.10　试说明spooling系统的概念及优点。

7.11　为什么打印机的输出文件在打印前通常都假脱机输出到磁盘上？

7.12　磁盘上请求以10,22,20,2,40,6,38柱面的次序到达磁盘驱动器。寻道时每个柱面移动需要 6ms，问：以下各算法的寻道时间是多少？并画出寻道顺序图。

(1) FCFS

(2) SSTF

(3) SCAN

(4) C-SCAN

7.13 试说明设备驱动程序具有哪些特点？具有哪些功能？通常应完成哪些工作？

7.14 什么是磁盘缓冲？实现磁盘缓冲有什么好处？

7.15 简述 Windows NT I/O 管理器结构。

第 8 章 文件管理

文件管理是操作系统的基本功能之一，在操作系统中，实现这一基本功能的程序系统（部分）称为文件系统，它主要是进行信息的组织、管理、存取和保护。本章将讨论文件的组织方式、存取机制、可执行文件的结构，以及文件存储空间的管理等问题。

8.1 文件与文件系统

8.1.1 文件及其分类

1. 文件

文件的概念是在信息的物理存储，及其信息表示方式需要的基础上引入的。一个比较准确的定义是，文件是具有符号名而且在逻辑上具有完整意义的信息项的有序序列。在讨论文件时经常使用以下几个相关术语：域（field）、记录（record）、文件（file）以及数据库（database）。

域是数据的基本元素。每个域有若干个值，如雇员姓名、日期等。各域由各自的长度和数据类型分类。由用户和程序给域赋值。域可分为定长或变长的。在变长的域中，域有 2 或 3 个子域：存放的实际值、姓名和域的长度。在有些变长的域中，域的长度由域间的特殊分界符号表示。大多数文件系统不支持变长的域。

记录是相关域的集合，可以看成是将一个单元供应用程序使用。例如，一个雇员记录有姓名、社会保险号、工作分类和雇佣日期等。同样地，记录可以是定长或变长的。当记录的一些域是变长的，或域的数目是可变的，记录就是可变长度的。每个域都有个域名。不论什么情况下，记录总有长度域。在记录中也总存在着能唯一标识这个记录的数据域，称为“关键字”（key）。关键字可以是某一个域，但当只凭一个域无法标识出一个记录时，它也可以是某几个域的集合。

文件是相关记录的集合。用户和应用程序把文件当成单个实体，由文件名来访问文件。文件有唯一的文件名，可以生成或是删除。访问控制常常在文件层上进行，就是说，在共享系统中，给予或不给予用户程序以访问文件的权限。在一些更复杂的系统中，访问控制在记录或是域的层次上。

数据库和文件系统是两个不同的概念，数据库是相关数据的集合。数据库中数据元素间的关系是明显的。数据库可供若干不同的应用程序来使用。一个数据库可以包括与一个组织或项目相关的所有信息。数据库由一种或多种文件组成。通常会有一个单独的数据库管理系统。

为了便于对文件的管理，将文件自身分为文件说明和文件体两个部分，所有的文件都具有3个基本特征：

① 文件体的内容丰富，可以是源程序、可执行代码、数据、表格、语言或图像等。

② 无论何种内容的文件都遵循按名存取的规则，用户无需了解存取内容在存储介质上的物理位置。

③ 文件具有可重用性和可保存性。

2. 文件的分类

文件一般按其用途和存取控制属性来归类。

按用途把文件划分为用户文件、库文件和系统文件3种：

① 用户文件，由用户建立，并由文件拥有者进行读/写和执行。

② 库文件，由系统为用户提供的实用程序、标准子程序、动态重链接库等。大多数系统文件只允许用户调用而不允许写，有的甚至不直接对用户开放。如acledit.dll是Windows NT中提供的访问控制清单编辑库文件。用户可调用，但无权修改。

③ 系统文件，由系统建立的文件，如操作系统、编辑系统、编译系统等。这类文件只允许通过系统调用来执行，不允许用户读/写与修改。

如果按文件的属性来划分，文件又可分为：

① 可执行文件，用户可执行该程序，但不能修改。

② 只读文件，允许文件主和文件的授权者读出文件但不准改写文件内容。

③ 可读/写文件，文件主和文件授权者可以读/写文件内容。

④ 非保护文件，可供任一用户读/写或执行。

文件的权限由文件所有者或系统授予。

有一些学者认为，也可以把设备看作是文件。事实上，为了便于管理，包括DOS、Windows、UNIX在内的很多操作系统都把计算机的一些常用外部设备也当作文件来处理，这些特殊的文件称为设备文件，是操作系统用来访问硬件设备的一种特殊文件。换句话说，它们使用设备文件的方式来表示某种硬件设备。对于每种硬件设备，系统内核都有相应的设备驱动程序负责对它的处理。而在这些将设备看作是文件的操作系统中，每种设备驱动程序都被抽象为设备文件的形式，这样就给应用程序一个一致的文件界面，方便应用程序和操作系统之间的通信。

8.1.2 文件系统及其功能

1. 文件系统的体系结构

文件系统是操作系统中实现对文件的组织、管理和存取的一组系统程序，或者说它是管理软件资源的软件，对用户来说它提供了一种便捷地存取信息的方法：按文件名存取信息，无需了解文件存储的物理位置。从这种意义上讲文件系统是用户与外存的接口。

文件系统软件的体系结构如图8.1所示。

(1) 最底层的设备驱动器直接和外围设备控制器或通道进行通信，对设备发来的中断信号进行处理。设备驱动器开始一个I/O操作，处理一个I/O请求。

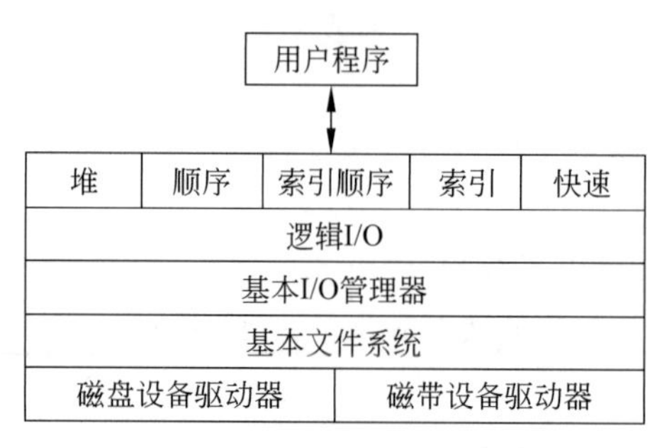

图 8.1　文件系统软件体系结构

(2) 基本文件系统(basic file system),或物理 I/O 层(physical I/O level),它是与计算机系统外部环境的主要接口。它处理磁盘或磁带间交换的数据块。它关心的是这些块在辅存设备上的位置和在主存中的缓冲。它并不关心数据的内容和文件的结构。

(3) 基本 I/O 管理器(basic I/O supervisor),负责所有文件 I/O 的初始化和文件的终止。此层管理设备 I/O、调度和文件状态。基本 I/O 管理器在被选文件的基础上,选择在什么设备上执行文件 I/O,进行文件逻辑块号到物理块号的转换;也管理调度磁盘和磁带访问以优化性能。I/O 缓冲区和辅存都在此层。

(4) 逻辑 I/O(logical I/O)作为文件系统的一部分,允许用户和应用程序访问记录。基本文件系统处理数据块,而逻辑 I/O 模块则处理文件记录。逻辑 I/O 提供通用的记录 I/O 能力,同时维护文件的基本数据。

(5) 最接近用户的层称为存取方法(access method),一些最常用的方法如图 8.1 所示。它在应用程序和文件系统以及保存数据的设备之间建立一个标准的接口。

2. 文件系统的主要功能

(1) 实现按文件名存取文件信息,完成从文件名到文件存储物理地址映射。这种映射是由文件的文件说明(如文件头)中所记载的有关信息决定的。用户不必去了解文件存取的物理位置和查找方式,它们对用户来说是透明的。

(2) 文件存储空间的分配与回收。当建立一个文件时,文件系统根据文件块的大小,分配一定的存储空间,当文件被删除时,系统将回收这一空间,以提高空间的利用率。

(3) 对文件及文件目录的管理。这是文件系统最基本的功能,包括文件的建立、读、写、删除,文件目录的建立与删除等。

(4) 提供(创建)操作系统与用户的接口。一般来说,人们把文件系统视为操作系统对外的窗口。用户通过文件系统提供的接口(窗口)进入系统。不同的操作系统会提供不同类型的接口,不同的应用程序往往会使用不同的接口,常见的接口有:

① 菜单式接口。它是用户与文件系统交互的接口,系统以不同的形式给出选项,用户通过鼠标点击,进入选项。另外,命令接口也类同,不过用户进入方式需输入命令。这两种接口本质上区别不大,只是菜单式接口采用了图形化的用户界面。

② 程序接口。它是用户程序与文件系统的接口,是用户直接介入的接口,通过此接口,用户程序可获取系统的支持和服务,在用户程序中只需写入相关系统调用即可。

(5) 提供有关文件自身的服务。如文件的安全性、文件的共享机制等。

8.2 文件的结构及存取方式

文件的结构是指文件的组织形式，文件的结构有两种，一种是逻辑结构，另一种是物理结构。

从用户观察和使用文件的角度出发所定义的文件组织形式，称为文件的逻辑结构。从系统的角度考察文件在实际存储设备上的存放形式，称为文件的物理结构，这一结构直接关系到存储空间的利用率。

8.2.1 文件的逻辑结构及存取方式

按文件的逻辑结构分，可将文件分为无结构的字符流式文件和有结构的记录式文件。流式文件可以看成是记录式文件的特例，两种结构形式不同，但却是等价的。决定逻辑结构时应考虑到：当用户对文件信息进行操作时，给定的文件逻辑结构应能使文件系统尽快查找到所需的信息，且尽量减少对存储其他信息的变动；同时，文件逻辑结构应有利于节省存储空间。

1. 字符流式文件

字符流式文件是由字符序列组成的文件，其内部信息不再划分结构，也可以理解为字符是该文件的基本信息单位。访问流式文件时，依靠读写指针来指出下一个要访问的字符。

这种文件的管理简单，要查找信息的基本单位困难，正因为如此，这种结构仅适于那些对文件的基本信息单位查找、修改不多的文件。常用的源程序文件、生成的可执行文件均可采用这种结构。

2. 记录式文件

记录式文件是一种有结构文件，它把文件内的信息划分为多个记录，用户以记录为单位来组织信息。

记录是一个具有特定意义的信息单位，它由该记录在文件中的相对位置、记录名以及该记录对应的一组键、属性及属性值组成。

一个记录可以有多个键名，每个键名可对应于多项属性。根据系统设计的要求，记录可以是定长的，也可以是变长的。记录的长度可以短到一个字符，也可以长到一个文件。

按照记录式文件中记录的排列方式不同，记录式文件结构可分为：

(1) 连续结构。文件按记录生成的顺序连续排列的逻辑结构，适用于所有文件。记录的顺序与记录的内容无关。这种结构便于记录的增加和修改，但不利于文件的搜索。字符流式的文件也是一个典型的连续结构，所不同的是它的记录是一个特定的长度(一个字符)。

(2) 顺序结构。给定某一顺序规则，将文件的记录按满足规则的键的顺序排列起来，形成顺序结构的文件。这种结构文件按键查找，增删操作，十分方便。其中的记录通常是定长记录。如用户 E-mail 地址的记录，可按用户名的字母顺序来排列以组成记录，这便是顺序记录。

(3) 多重结构。多重结构可以用记录的键和记录名组成行列式的形式表示。对于由 n 个记录(每个记录含有 m 个键的文件)组成的一个 $m\times n$ 阶行列式，若第 j 个记录 R_j，含有

第 i 个键 K_i，则第 i 行第 j 列的值为1，否则其值为0(K_i 可属于不同的记录 R)。然后将行列式中为0的项去掉，并以键 K_i 为队首包含 K_i 的记录为队列元素构成一个记录队列，m 个键会构成 m 个队列，此队列组成了 n 个记录文件的多重结构，如图8.2所示。

(4) 转置结构。转置结构是在多重结构基础上加以改进的，即按上述方式组成 $m\times n$ 阶行列式后，将含有相同键 K_i 的所有记录指针连续地放在目录中的该键的位置下，如图8.3所示。这种结构适于按键查找。

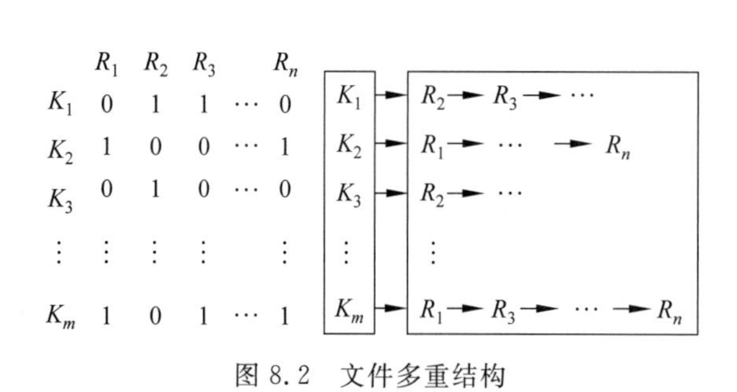

图8.2 文件多重结构

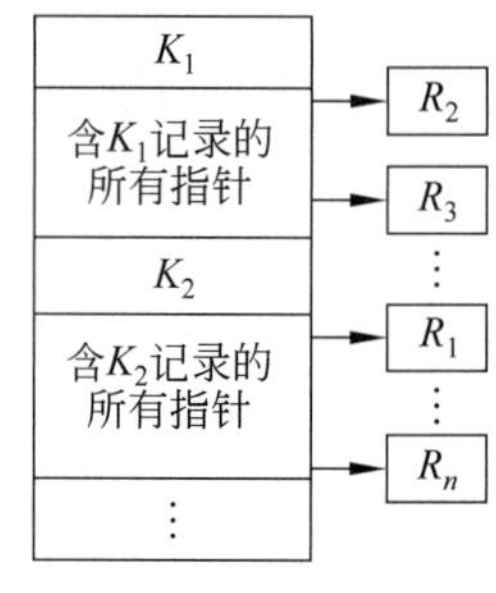

图8.3 文件转置结构

3. 文件存取方式

文件存取方式是指用户的逻辑存取方式，从逻辑存取到物理存取之间有一个复杂的映射，逻辑存取常用的方式有：顺序存取、随机存取和按键存取3种，究竟采取哪种方式，这与文件的逻辑结构需存取的内容、目的有关。

(1) 顺序存取

按照文件的逻辑地址依次存取，对记录式文件，便是按照记录的排序顺序存取。如在读文件时，读完第 i 个记录 R_i，指针自动下移到第 $i+1$ 个记录，指向 R_{i+1}。

在写操作时，指针总是自动地指向文件的末尾。这种操作，指针可反绕到前面，这种方法，是基于磁盘的模式。通常，当需要对记录进行批量存取时，采用此方式效率最高。

(2) 随机存取

随机存取也称直接存取或立即存取(这里的随机不等于随意)，用户按照记录的编号进行文件存取，根据存取的命令，把读/写指针直接移到读/写处进行操作。

一般用户给出可读记录的逻辑号或块号，文件系统将这逻辑号转换成相应的物理块号(一般一块为512KB、1024KB等)。

(3) 按键存取

按键存取是根据给定记录的键进行存取，这种存取方法大多适用于多重结构的文件，对于给定的键系统，首先搜索该键在记录中的位置，一般从多重结构的队列表中可以得到，找到键所在位置后，进一步在含有该键的所有记录中查找所需记录。

当搜索到所需记录的逻辑位置后，再将其转换到相应的物理地址进行存取，如图8.4所示。

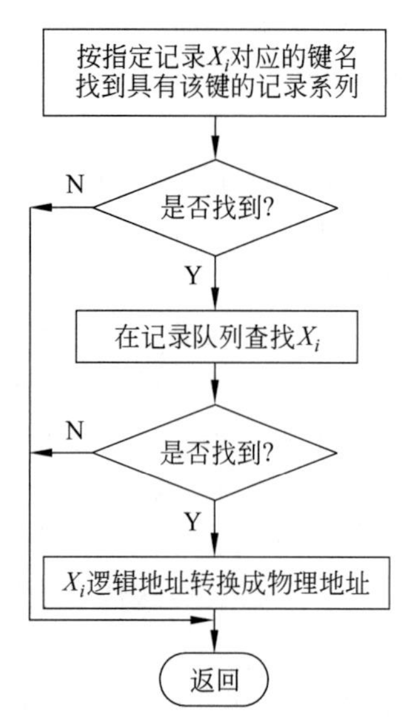

图8.4 按键存取方法示意图

搜索是按键存取的关键,不同逻辑结构的文件,其搜索方法和效率各不相同,常用的搜索算法有线性搜索、散列二分法等。

8.2.2 文件的物理结构及存储设备

1. 文件的物理结构

文件的物理结构是指文件在存储器上的存放方式,以及它与文件的逻辑结构之间的关系,实际上是指文件的存储结构。文件的存储设备不同,相应存储上的文件的结构也应有所不同。存储设备(如磁盘)通常将存储空间划分为相同大小的物理块。不同的操作系统,其块的大小不同,有的盘块大小是1024KB,有的是512KB,也有的是256KB,信息的传输以块为单位。显然,字符流文件(等记录长文件),在每个物理块中存放了长度相等的信息,而对记录文件来说,由于文件记录不一定是等长的,因此,每个物理块上存放的文件信息长度可能会不同。其逻辑块到物理块的映射无疑也会较复杂。

通常文件物理结构有顺序文件、链接文件、索引文件3种。

(1) 顺序文件

按文件的逻辑记录顺序把文件放在连续的存储块中。文件系统为每个文件都建立一个文件控制块FCB,它记录了文件的有关信息。

对于顺序文件,只要从FCB中得到需存放的第一个块的块号和文件长度(块数),便可确定该文件存放在存储器中的位置,如图8.5所示。

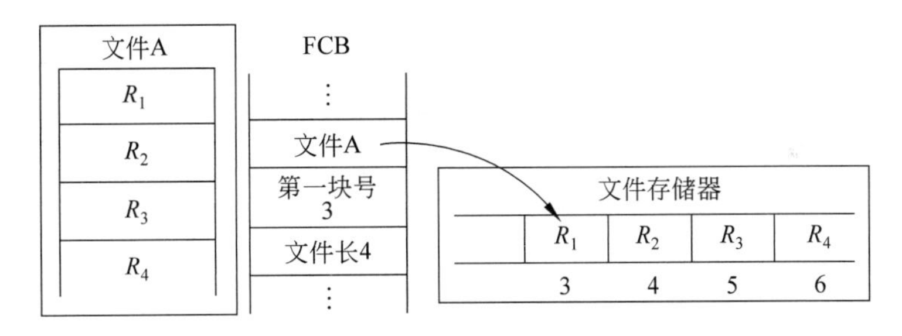

图8.5 顺序文件的存放方式

这种存放方式的优点是,实现简单,存取速度快,常用于存放系统文件等固定长度的文件;缺点是,文件长度不便于动态增加,因为一个文件末尾处的空块可能已分配给其他文件。一旦增加记录,便会导致大量移动。另外,在反复删除记录后,便会产生"碎片",导致存储空间利用不充分。

(2) 链接文件

一个逻辑上连续的文件,可以存放在不连续的存储块中,而每个块之间用单向链表链接起来。其中,每个物理块设有一个指针,指向其后续连接的另一个物理块,从而使得存放同一文件的物理块链接成一个串联队列。这种文件结构称为链接文件。如图8.6所示,逻辑上连续的文件05,06,07,08块,依次存放在离散的物理块21,18,28,5物理块上。

只要从FCB找到该文件的第一个块号,便可知道要存放的第一个逻辑块(如05块)存放在第21个物理块中,在该块的尾部存放了第二个逻辑块(如06块)的物理块号18……依次类推,若在两个逻辑块之间插入和删除某块,只要调整其指针即可。

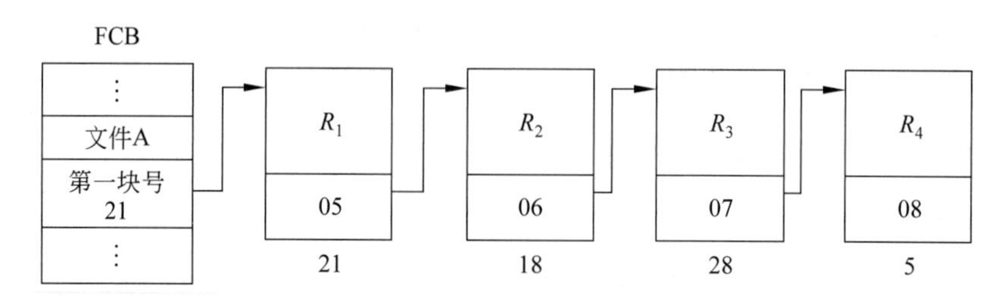

图 8.6 链接文件的存放方式

链接文件的优点是不要求对整个文件分配连续的空间,从而解决了空间碎片问题,提高了存储空间利用率,也克服了顺序文件不易扩充的缺点。链接文件的缺点是随机存取文件记录时,必须按照从头到尾的顺序依次存取,其存取速度较慢。链接指针要占去一定的存储空间。

(3) 索引文件

索引文件是由系统为每个文件建立一张索引表,表中标明文件的逻辑块号所对应物理块号,索引表自身的物理地址由 FCB 给出,索引表结构如图 8.7 所示。存取文件时必须先读索引表,使操作速度变慢。为了弥补这个缺点,通常在读/写文件之前,先将盘上的索引表存入内存缓冲区、以便加快速度。

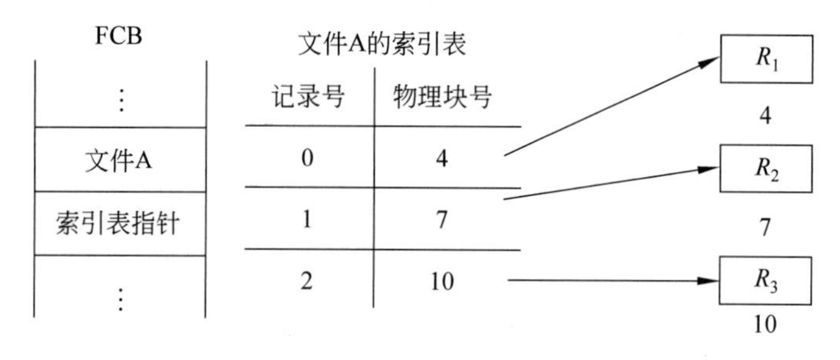

图 8.7 索引表结构

索引文件克服了顺序文件和链接文件的不足,它既能方便迅速地实现随机存取,又能满足文件动态增删的需要。由于它的检索速度较快,所以主要用于对信息处理的及时性要求高的场合。

对于上述索引情况,如果索引表很大,超过了一个物理块,则系统势必要像处理其他文件一样,来处理索引表的物理存放方式,这样不利于索引表的动态增删。解决的办法是采用多重索引的方式,也就是说,当索引表所指的物理块超过一块时,再增加一个次级索引表。这样,在高一级索引表表项里所指向的物理块中并不存放实际的文件信息,而是存放的一个索引表,在这个次一级的索引表中所指向的物理块才是存放的文件信息。如果需要,可以增加到 3 级以上的多级索引。如这级索引表中有 n 个物理地址,每一个可指向存有 n 个块物理地址的二级索引,故可存入的文件长度为 $n \times n$ 块,如图 8.8 所示。

不过,大多数文件不需要进行多重索引,也就是说,这些文件所占用的物理块号可以放在一个物理块内。如果对这些文件也采用多重索引,显然会降低文件的存取速度。因此,在实际系统中,总是把索引表的前几项按直接寻址方式设计,也就是这几项所指的物理块中存放的是文件信息;而索引表的后几项存放多重索引,也就是间接寻址方式。如果索引表较

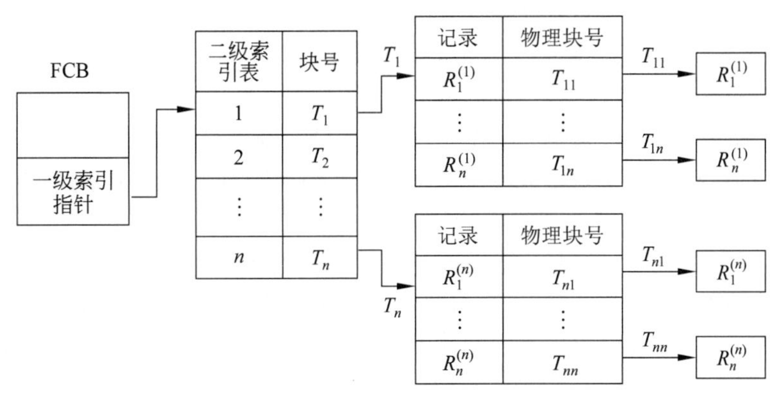

图 8.8　多重索引表

短,就可利用直接寻址方式找到物理块号而节省存取时间。

索引结构既适用于顺序存取,也适用于随机存取。索引结构由于使用了索引表而增加了存储空间的开销,且在存取文件时至少需要访问存储器两次,一次是访问索引表,另一次是根据索引表提供的物理块号访问文件信息。文件信息和索引表信息都在存储设备上,无疑会降低文件的存取速度,为了解决速度问题,当对某个文件进行操作之前,系统预先把索引表放入内存。这样,文件的存取就可直接在内存通过索引表进行,进而减少了访问磁盘的次数。

3 种结构的比较如表 8.1 所示。

表 8.1　3 种文件物理结构一览

	优　　点	缺　　点	适 用 场 合
顺序文件	实现简单,存取速度快	文件长度不便于动态增加;删除文件后容易产生碎片	常用于存放系统文件等定长文件
链接文件	不要求分配连续空间,解决了空间碎片问题;易于扩充	当存取末尾记录时必须从头到尾依次存取,速度慢;链接指针要占用存储空间	适合存储变长文件
索引文件	能迅速实现随机存取;能满足文件动态增删的需要;检索速度快	由于索引表的使用而增加了存储开销;也增加了存取时对存储器的访问次数,降低了文件存取速度	既适用于顺序存取也适用于随机存取,主要用于对信息处理的及时性要求高的场合

确定文件物理结构时,应综合考虑如下因素:记录格式、空间开销、存取速度和长度变化。

2. 文件的存储设备

文件的存储设备按是否可重复使用分为两类。

不可重复使用的文件存储设备也称为 I/O 式字符设备,如打印纸等。

可重复使用的文件存储设备有磁带、磁盘、光盘等,也称块设备。文件存储设备的特性决定了文件存取方法,下面仅介绍两种典型的存储设备特性及存取方法。

(1) 顺序存取设备

顺序存取设备通常是指那些容量大、价格低的存储设备。磁带是一种典型的顺序存储设备,数据以块的形式存放,只有在前面物理块被存取访问之后,才能存取后续的物理块,块与块之间用间隙分开,这个间隙用于控制磁带机,以正常速度读取数据,在读完一块数据后自动停滞。显然,间隙间的数据块越大,读/写速度越快。所以,每块一般要包含一个以上的记录。磁带中的每个物理记录都有一个唯一的标识号,即物理记录号。

磁带设备的数据传送率主要取决于信息密度(字符数/英寸)、磁带带速(英寸/s)和块间间隙。

如果从磁带上随机存取一条记录,或一个物理块,若该块离磁头当前位置太远,则系统将花费很长的时间移动磁头,即花大量时间在寻找记录上,一旦找到记录块后,真正读取数据的时间却很短。一般读取块记录时间是整个存取时间的一半,因此,磁带设备不适合随机存取,最适合顺序存取文件。

(2) 直接存取设备

光盘、磁盘都是一种可直接存取的存储设备(磁盘又分为硬盘和软盘)。

① 磁盘。磁盘是一种可直接存取(按地址存取)的存储设备,它把信息记录在盘片上,每个盘片有正反两面。硬盘是将若干张盘片固定在一根轴上组成一个盘组,沿一个方向高速旋转。硬盘可分为固定头磁盘和移动头磁盘两种。在移动头磁盘中,每个盘面有一个读/写磁头,所有的读/写磁头都被固定在唯一的移动臂上同时移动,如图 8.9 所示。

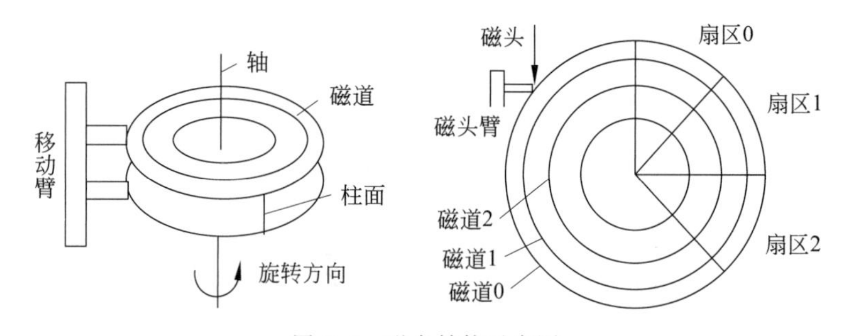

图 8.9　磁盘结构示意图

把所有的读/写磁头按从上到下顺序编号,此号称为磁头号。每个盘面上有多个磁道,各个盘面对应磁头位置的磁道在同一个圆柱面上,这些磁道组成了一个柱面。每个盘面上的许多磁道,形成不同的柱面。由外向里把盘面上磁道的编号作为柱面号。移动臂通过移动读/写磁头,当磁头移动到某一位置时,所有的读/写磁头都在同一柱面上访问所有磁道。另外每个盘面又被划分成相等的扇区,每个扇区将各个磁道分成相等的小段,叫磁盘块,每个块上存放相等字节数的信息(如每个盘块放 512B 或 1024B)。而在固定头磁盘中则是每个磁道上都有一个读/写磁头,所有磁头被装在一刚性磁臂中,可并行读写,因此提高了磁盘的 I/O 速度。这种结构主要用于大容量磁盘,其价格比较昂贵。

② 只读型光盘。光盘存储器是利用光学原理存取信息的存储设备。它的主要特点是存储容量大,价格低廉,而且存放信息的光盘可从光驱中取出,单独长期保存。因此,目前计算机系统中大都使用了光盘存储器。

光盘存储器按其功能不同,可分为只读型(CD-ROM)、一次写入型(WORM)和可擦写型 3 种。

只读光盘存储器由两部分组成,即只读光驱和光盘片,只读光驱通过连线接在 SCSI、

IDE 以及 EIDE 接口上。用户的光盘片插入光驱内即可输入数据。

只读光盘片上的信息一般是由厂家用某种生产工艺预先刻录的。光盘片是一张直径为 5.25 英寸(1 英寸＝25.4mm)的圆形塑料片,盘面上的信息是由一系列宽度为 0.3～0.6μm、深度约为 0.12μm 的凹坑组成,凹坑以螺旋线的形式分布在盘面上,有坑为 1,无坑为 0,由于凹坑非常微小,约 $1\mu m^2$,其线密度一般为 1000B/mm,道密度为 600～700 道/mm,一张 5.25 英寸的光盘上可存放 680MB 信息。

厂家生产的过程是,先制母盘,再刻录、喷镀、注塑。

光盘片上数据的存储格式与磁盘数据存储格式有许多相似之处。光盘采用的是 ISO9600 标准。

光盘的一个物理扇区有 2352B,除了同步、首标、校验码外,可存放数据 2048B,其一个扇区的数据格式如图 8.10 所示。

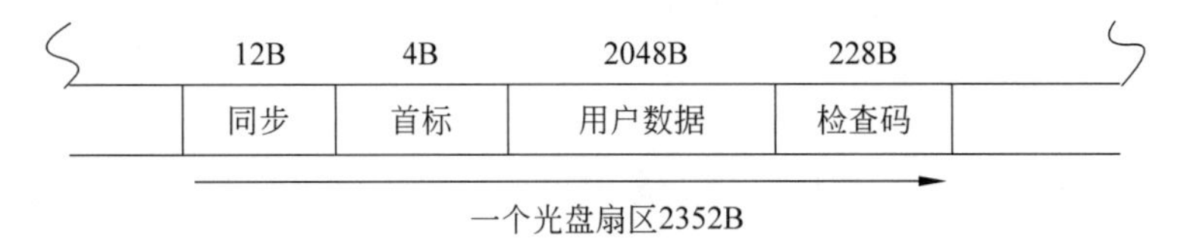

图 8.10　光盘扇区格式

光盘片在光驱中是以恒定线速度旋转的,盘面上的光道是螺旋形的,采用时间为地址,不同于磁盘,磁盘是以恒定角速度运转,磁盘上磁道是环形同心圆,采用面号、道号、扇区号为地址。

光盘和磁盘都采用分层目录结构,但查找文件的方式不完全一样。光盘采用一种称为路径表的方法,通过它可直接访问任何一个子目录,路径表与目录结构的关系如图 8.11 所示。

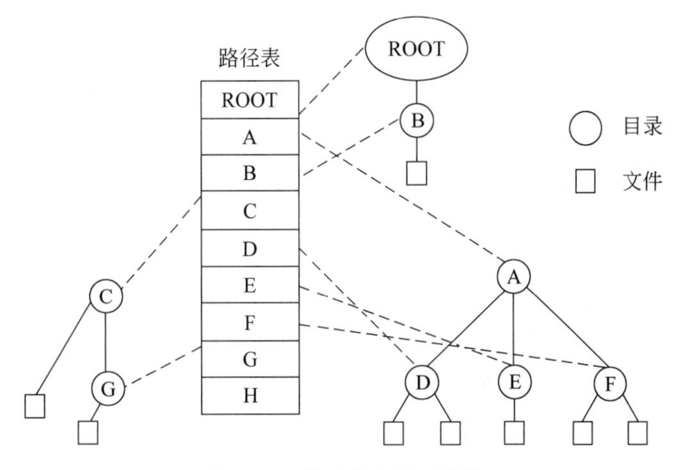

图 8.11　路径表与目录结构

3. 文件结构、存储设备与存取方式

综上所述,文件的物理结构,必须适应文件的存储设备,而不同的存储设备的特性,又决定了其上的文件的存取方式,下面以磁盘和磁带存储设备为例,简要说明 3 者的关系:

① 磁盘上的文件结构为连续时,其存取方式一般为顺序或随机。

当文件为连续方式时,存取方式通常为顺序的。

② 磁带上的文件结构为连续时,其存取方式一般为顺序存取。

当其上文件为索引文件时,存取方式可为顺序、随机两种形式。

8.3 文件管理

8.3.1 文件目录结构

1. 文件目录

文件系统为程序和用户提供了按文件名存取文件的机制,而将文件名转换为存储地址,以及对文件实施控制管理则需通过文件目录来实现。

文件目录和文件存储空间的管理是文件管理的重要内容。本节将介绍文件目录的管理。

一个文件由文件说明和文件体组成。文件说明部分包括文件的基本信息、存取控制信息和文件使用信息。

(1) 基本信息包括:

- 文件名。用于标识一个文件的符号名。每个文件必须具有唯一的文件名,这样,用户可以按文件名进行文件操作。
- 文件物理位置。标明文件内容在外存上的存储位置。包括存放文件的设备名、文件在外存中的起始地址、文件的长度。
- 文件结构。指示文件的逻辑结构和物理结构。它决定了文件的寻址方式。

(2) 存取信息包括:各类用户(包括文件主、核准用户、普通用户等)的存取权限,实现文件的共享及保密。

(3) 使用信息包括:文件创建、修改的日期和时间,以及当前使用的状态信息。

文件系统将这些说明部分的全部信息集中起来,以一个数据结构的形式表示,称此结构为文件控制块(File Control Block,FCB)。

文件目录由文件控制块组成。文件系统在每个文件建立时都要为它建立一个文件目录。文件目录用于文件描述和文件控制,实现按名存取和文件信息共享与保护,随文件的建立而创建,随文件的删除而消亡。

不同的操作系统有不同的文件目录。也就是说,不同的OS其FCB中所包含的信息类也是不尽相同的。文件系统将若干个文件目录组成一个独立的文件,这种仅由文件目录组成的文件称之目录文件。它是文件系统管理文件的手段,文件系统要求文件目录以及目录文件占有空间少,存取方便。

概括起来,目录包括了文件的基本信息、地址信息、存取控制信息和使用信息,如表8.2所示。

下面以UNIX文件目录为例加以说明。

UNIX系统的文件目录由目录项和索引结点两部分组成。目录项占16B,其中14B为文件名,2B为指向文件说明信息的索引结点的指针,每个索引结点占64B,包括文件属性、

表 8.2　文件目录的组成

基本信息	文件名	生成者(用户或程序)选择名字,名字在此目录中是唯一的
	文件类型	如文本、二进制、加载模块等
	文件结构	支持不同结构的系统
地址信息	卷	暗示文件存储的设备
	起始地址	辅存中的起始物理地址(如磁柱、磁道、块数)
	使用的大小	文件现在的大小(字节、字或块)
	分配的容量	文件最大的容量
存取控制信息	所有者	具有文件控制权的用户。所有者可以允许或禁止其他用户的存取,也可以改变这些权限
	存取信息	包含每个授权用户的用户名和密码
	允许的工作	管理读、写、执行和网络上传输
使用信息	生成的数据	文件第一次放置在目录中的数据
	生成者标识	通常但不一定是当前所有者
	最后读到的数据	最后一次读记录中的数据
	最后读者的标识	最后一次读数据者的标识
	最后修改的数据	最后一次更新、插入或删除的数据
	最后修改者的标识	最后一次修改者的标识
	最后备份的数据	最后一次文件备份的数据
	现在的使用情况	关于文件当前活动的信息,如打开文件的进程,文件是否由进程上锁,文件是否在主存中被更新,而没有在磁盘上更新

文件共享目录数、时间、文件存放块号、文件长度等说明信息,如图 8.12 所示。

2. 文件目录结构

文件目录是由文件说明组成的,若干个文件目录组成一个专门的目录文件,目录文件的结构如何,关系到文件的存取速度和文件的共享及安全特性,因此,下面将介绍几种常用的文件目录结构。

文件目录结构是指专门的目录文件的组织形式。常用的目录结构有单级目录、二级目录和多级目录。

(1) 单级目录

文件系统在每个存储设备上仅建立一个目录文件的目录结构,称为单级目录(或称一级目录)。目录文件中的每一目录项(或称一条记录)对应一个文件目录,它包含相对的数据项(文件名及扩展名、物理地址、说明信息),如图 8.13 所示。

单级目录的优点是结构简单,通过管理其目录文件,便可实现对文件信息的管理。通过物理地址指针,在文件名与物理存储空间之间建立对应关系,实现按名存取文件。

单级目录的特点是:

① 搜索范围宽。搜索一文件有时涉及整个目录文件中的所有目录项,开销大、速度

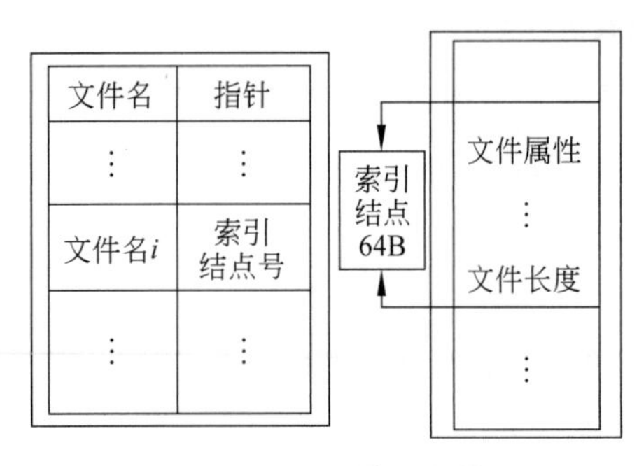

图 8.12　UNIX 系统的文件目录

文件名	物理地址	文件说明信息
X_1	R_1	W_1
X_2	R_2	W_2
⋮	⋮	⋮

图 8.13　单级文件目录结构

慢。例如,在一个具有 m 个目录项的单级目录中查找一个目录项,平均需要查找 $m/2$ 个目录项。

② 不允许文件重名。在一个目录文件中,不允许两个不同的文件具有相同的名字,这在多用户环境中是不合适的。即使在单用户环境中,当文件很多时,对于文件名称也是很难记清的。

③ 不便于文件共享。对于同一个文件,不同的用户可能有不同的命名习惯,而单级目录无法满足用户的这一需求。

(2) 二级目录结构

二级目录结构将存储在设备上的目录文件分成两级:第一级为系统目录(称主目录MFD),它包含了用户目录名和指向该用户目录的指针;第二级为用户目录(称 UFD),它包含了该用户所有文件的文件目录,该文件目录和上述单级的目录一样,包含了相应文件的名字、物理地址等,如图 8.14 所示。图中,系统目录列出了两个用户目录名:User1 和 User$N$。每个用户有一个用户目录,由系统目录中的用户目录指针指示。用户 User1、User$N$ 都可以使用文件名 XQX。

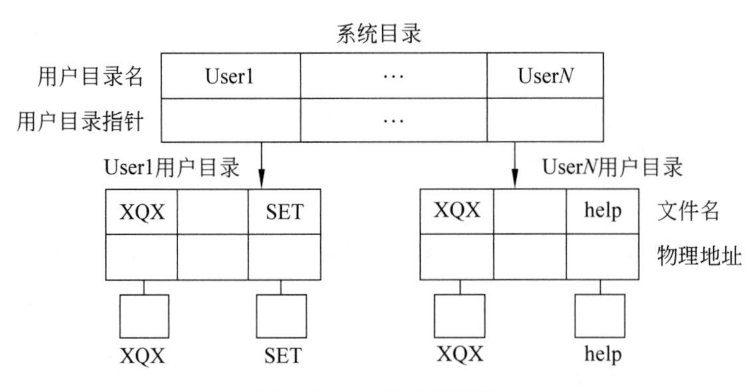

图 8.14　二级目录结构

从二级目录结构可以清楚看到,每一个文件都是由系统目录中的用户目录和用户目录中的文件名标识,这种标识具有唯一性。因为文件系统在建立系统目录时,对不同用户目录会有不同标识,在不同的用户目录中,即使有相同的文件名也无妨,这就解决了单级目录中用户之间文件不能重名的问题。

在二级目录中,访问一个文件首先在系统目录中按用户目录名查找相应的用户目录,然后再在相应的用户目录中按文件名查找文件的物理地址。也就是说,各个用户间是被隔离开的,在各个用户完全无关时,这是优点。但在多用户协作工作时,这个特点同时也造成了多个用户间访问对方文件的不便。

继承二级目录结构的优点并针对其不足进行改进,便产生了多级目录结构。

(3) 多级目录结构

采用树型数据结构方法,便形成一种树型的结构目录。

这种文件目录的第一级系统目录为树的根结点,定义为根目录,文件目录的第二级和以下各级目录均为树的分支结点(非终结点),均定义为子目录,只有树的叶结点(终结点)才为文件。例如,NetWare网络操作系统便是采用这种方式对服务器上的磁盘文件进行组织和管理的。它将服务器上的文件系统分成若干级:卷、目录、子目录、文件,构成一个树状的目录结构。

- 卷是指目录结构的第一级,或者称为树的根,目录结构的起点。在文件服务器上的卷可理解为一个逻辑设备,它可映射(对应)为若干个硬盘,而一个硬盘也可以划分为多个卷。
- 卷的下一级一般为目录(也可以直接为文件),称为树枝。它是提供有关文件信息的一张表,目录的下一级可以是多层的子目录,不论是目录还是子目录,均视为目录。
- 目录的下一级即为文件,称为树叶。

NetWare的文件目录结构复杂,为适应多级管理的需要,它在文件服务器上往往建立了多卷目录结构,即建多个卷,每个卷上又建了多级目录,每个目录下建立多个文件。具体表现形式如下:

文件服务器名——{
卷1: 目录/子目录 1/…/子目录 n/文件
⋮ ⋮ ⋮
卷 n: 目录/子目录 1/…/子目录 n/文件
}

服务器名、卷名、目录名、子目录名都由若干个字符表示,这一连串的字符,确定了文件在磁盘上的位置。NetWare系统在安装时,在建立SYS卷的过程中,自动建立一组目录表,称为基础目录结构。

从根目录经各级子目录到达文件的通路上的所有子目录名称为文件的存取路径。用户访问文件,开始时一般使用文件的存取路径名,以确保访问的唯一性和准确性。

在多级目录结构中,要访问一个文件必须从根目录开始,逐级查找各级子目录,直到文件。无疑这样查找速度较慢。文件系统中的一个进程运行时所访问的文件,往往仅局限在某个范围里,因此,有必要为系统建立一个称之为"工作目录"的当前目录(不一定是根目录),当用户不另外指定默认目录时,系统从该目录起进行查找。不同的文件系统都可以设置这种工作目录。

将多级目录结构进一步推广,就产生了无环结构目录图状结构目录,它们比较好地解决了文件共享问题。

3. 文件目录与文件共享

系统中有许多公用的文件,被若干用户使用,如果每个用户都在系统内保留这些可用文件的副本,无疑会造成存储空间的浪费,也达不到文件共享的目的。

为了有效地实现文件共享,文件系统在建立文件目录的过程中,采用了以下两种方法,使文件只需保存一个副本,达到多个用户共享的目的。

(1) 绕道法(交叉法)

绕道法查找共享文件的方法是每个用户从各自当前目录开始,向上返回到共享文件所在路径的交叉结点,然后沿交叉结点顺序向下访问到共享文件。用户需要指定所要共享文件的路径,如图8.15所示。

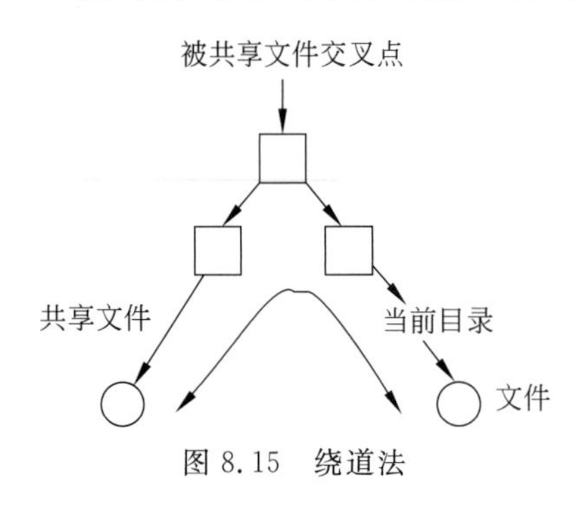

图8.15 绕道法

(2) 基本文件目录表法

为了有效实现系统文件的共享,文件系统需建立一基本文件目录BFD,它包括了文件的结构、物理块号、存取控制和管理信息。另外,需增加符号文件目录表SFD,包括用户给定的符号名和系统文件赋予的文件说明信息的内部标识符。

主目录(MFD)记录了文件名和系统给定的唯一标识,如图8.16所示。

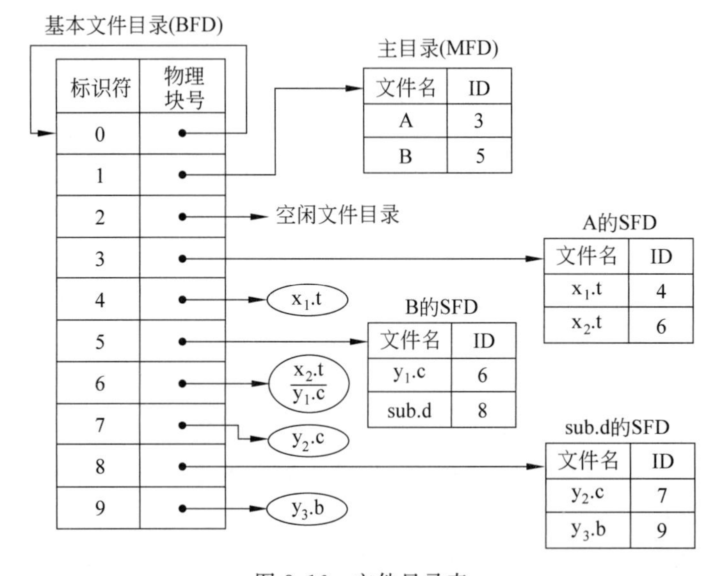

图8.16 文件目录表

为实现文件有效共享,将可用文件直接登录基本文件目录BFD,在BFD中记录了共享文件的物理块号及系统给出的唯一的内部标识,同时主目录MFD的物理地址也登录BFD。在每个用户的符号文件目录中都列入需共享的文件名及它的内部标识。

当系统访问查找某一共享文件时,只需通过用户内部标识找到主目录,从主目录找到用户的SFD,再从SFD找到共享文件名及对应的内部标识,然后,从BFD内部标识查到共享文件的块号,达到共享的目的。

在实现文件共享时,可以有以下的两种模式:

① 不同时使用同一文件。即对于一个共享文件来说,任何时刻只允许一个进程使用它。这种模式比较简单,OS只需核对用户的访问权限。

② 同时使用同一文件。当所有进程都不修改文件时,情况比较简单;如果某些进程要求对文件修改,那么就必须加以控制,否则数据一致性就得不到保证。控制的方法有两种:

一种是不允许读者与写者,或者写者与写者同时打开文件,但这会降低文件并发性,并可能导致死锁;另一种是允许其同时打开文件,由 OS 为用户提供相应的互斥手段,文件使用者借用这种手段保证对文件的同时共享不发生冲突。

8.3.2 文件目录管理

如上所述,文件的目录是以目录文件的形式存放的,当存取一个文件时,往往需要访问多级文件目录,如果对每一级目录访问都需要到文件存储设备上去搜索,势必占用过多的 CPU 时间,且降低处理速度。人们曾一度设想在系统启动时,把全部目录文件读入内存,由系统直接在内存实施对各级目录的搜索,减少 I/O 设备的开销,这样有利于提高访问速度,但是这种方法需要的内存容量大,不太可取。

一般来说,系统只把当前正在使用的那些文件的目录表复制到内存中,为此,系统提供两种特殊操作,其一是把有关的目录文件复制到内存指定区,通常称为打开(open)文件;其二是提供用户不再访问的有关文件的目录文件删除的操作,通常称为关闭(close)文件。

下面以按照 BFD、MFD、SFD 方式组织的多级文件目录为例说明对于 open 操作的实现过程:

① 系统首先把主目录 MFD 中与待打开文件相关联的表目复制到内存。如图 8.16 所示,如果拟打开的文件为 y_2. c,则将 MFD 中的第二项(B)复制到内存。

② 根据复制项中 ID 对应的标识符,将它所指明的基本文件目录表(BFD)的有关表目项,包括控制存取信息、下级目录 SFD 的块号信息等复制到内存。

③ 搜索 SFD 以找到与待打开文件相应的目录表项,例如,搜索 SFD 中的 y_1. c、sub. d,若 y_1. c 不是待打开的文件,找到的表目仍是子目录名 sub. d,则根据子目录对应的标识符 ID,继续复制 BFD 中目录的 ID=8 的表目项,包括有效控制信息、结构信息及下级目录物理块号等。根据上述说明信息搜索 sub. d 子目录的 SFD 便可找到待打开的文件名 y_2. c。

④ 根据以上所搜索到的文件名所对应的标识 ID=8,把相应的 BFD 的表目项复制到内存。这样,待打开的文件的说明信息就已复制到内存中。从而可以使系统获得文件存储的物理块号,进行文件操作。

经过上述操作打开的文件,称为活动文件,内存中存取活动文件的 SFD 表目的表称为活动名字表,每个用户一张。

8.4 文件存储空间的分配与管理

由文件的存储结构可知,文件信息的交换都是以块为单位进行的。因此,将文件存储设备称为块设备,这里介绍的存储空间的管理实际上是对文件块空间而言的,具体说是指空闲块的组织与回收。

一般来说,空闲块空间的分配常常有两种方式,一种是静态分配,即在文件建立时一次性分给所需的全部空间;另一种是动态分配,即根据动态增加文件的长度进行动态分配,甚至每次可分配一块。

另外在分配的区域上,可以将一个文件分配在一个完整的分区中(以块或簇为单位),常使用包含文件名、起始地址、长度的文件分配表 FAT 等。

8.4.1 文件存储空间的分配

文件空间分配常采用：连续分配、索引分配、链接分配3种方法。

1. 连续分配

连续分配方式是将文件存放在辅存的连续存储区中。在这种分配算法中，用户必须在分配前说明被建文件所需的存储区大小。然后系统查找空闲区的管理表格，判断是否有足够大的空闲可使用。如果有，就分给其所需的存储区；如果没有，该文件将不能建立，用户进程必须等待，如图8.17所示。

FAT

文件名	起始块号	长度
Y_1	2	5
Y_2	9	3

盘块

1	2	3	4	5	6
	y_1	y_1	y_1	y_1	y_1
7	8	9	10	11	12
		y_2	y_2	y_2	

图8.17 文件的连续分配

连续分配的优点是查找速度快。顺序访问的速度快。目录中关于文件的物理存储区的信息也比较简单，只需要起始块号和文件大小。比较适合于定长记录。其主要特点是容易产生碎片。

显然这种方法不适合文件动态增长和减少的情况，也不适合用户事先未知文件有多大的情况。

2. 索引分配

索引分配方法主要是利用文件分配表FAT给每个文件分配一个指出该文件的索引表所在的物理块号的表目，索引表所在的索引块与存储文件的文件块是分离的。

文件索引的每个表目的设置有两种情况：一种是直接给出索引文件各物理块；另一种是设置文件的起始块和长度，这有利于连续分配，也有利于节省索引表空间、提高效率，如图8.18所示。

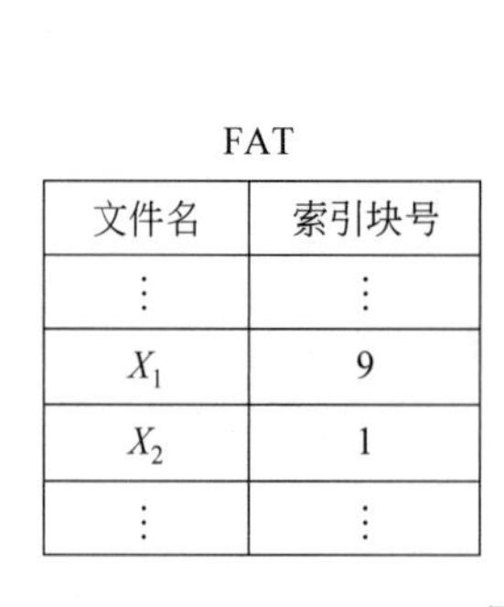

FAT

文件名	索引块号
⋮	⋮
X_1	9
X_2	1
⋮	⋮

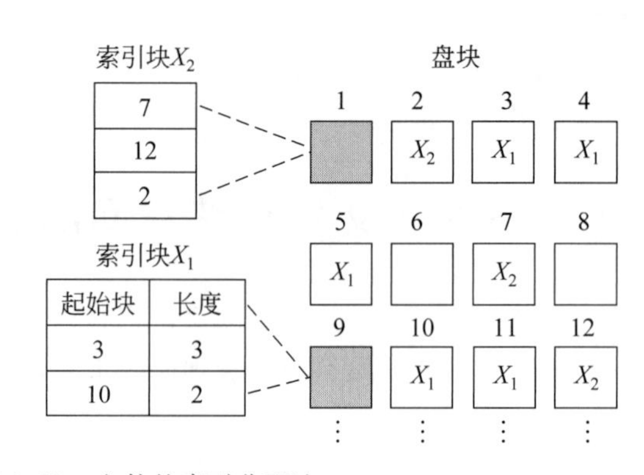

图8.18 文件的索引分配法

3. 链接分配

链接分配文件空间的方法是一种离散分配方式，适用于文件长度需动态增减，或用户对其文件的应用不十分明确的情况，一般分配非连续的辅存空间。采用链接表方法链接存储空间，链接空间的大小大多以区或段为单位。

(1) 以扇区为链接单位

这是给需动态变化的文件分配若干磁盘扇区，这些扇区在磁盘上可以不连续，而分配给同一文件的各扇区按其上文件逻辑记录的次序用链指针链接起来。当文件需要存储空间时，将从空闲扇区表中分配到的扇区链接到已存在的文件链上，并从空闲表中删除该扇区。当文件不再需要某一扇区时，只需从文件链中删去它，并将其放回空闲扇区表，如图8.19所示。

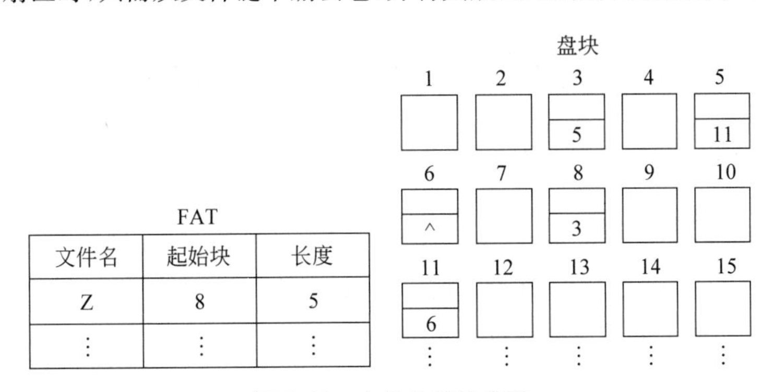

图8.19 文件的链接分配

由上可知，这种方法的最大优点是有利于消除碎片，有效利用零散的存储空间，但查找逻辑连续记录时间长，链指针占存储空间和链维护开销大。

(2) 以区段(或簇)为单位分配

这不是以扇区为单位进行分配，而是以区段(或称簇)为单位进行分配的。区段是由若干个连续扇区所组成。一个区段往往由整条或几条磁道所组成，文件所属的各区段可以用链指针、索引表等方法来管理。当为文件动态地分配一个新的区段时，该区段应尽量靠近文件的已有区段号，以减少查寻时间。

8.4.2 磁盘空间管理

文件的磁盘存储空间的管理包括磁盘空间块的分配和回收。磁盘空间的有效管理有助于提高整个操作系统的效率，它涉及盘块大小的划分及管理的方式。

1. 盘块

盘块是操作系统传输数据的基本单位，盘块大，I/O操作传输数据量多，传输性能好，但也会造成盘空间的浪费。既要提高传输率，又要减少盘空间的浪费，是文件系统追求的目标，盘块是重要因素之一。

(1) 逻辑块

逻辑磁盘是文件系统中一个抽象的存储概念。系统将逻辑磁盘视为一些有固定大小可随机存取的逻辑块的线性序列。磁盘驱动程序将逻辑块映射到物理介质上。一般情况下，一个物理磁盘被分成物理上连续的几个分区，每个分区就是一个逻辑磁盘，又称磁盘分区。

通常所说的磁盘分区就是将每一个分区定义为一个盘，此盘就是一个逻辑磁盘。

(2) 盘区

磁盘分区是将磁盘上一组连续的柱面空间组成一体，定义为一个盘区。其上可有一个独立的文件系统。不同类的文件系统可占有不同的盘，各自定义自己盘块的大小。为适应当今分布式文件系统和远程网络文件系统的应用需要,操作系统必须能支持多种文件系统(如 Windows NT 可支持4种文件系统)。为此,一个磁盘系统可以拥有多个盘区,一台机器有多个文件系统。

这些不同的文件系统可通过虚拟的文件系统接口,给用户一个统一的界面。

扇区是盘空间计量单位,不同系统其扇区大小不一定相同,如 NetWare 中每一个扇区定义为512B。扇区在盘空间管理中,用于计算装载模块的大小。如在操作系统 NetWare 中:

装载模块大小 =(文件所占用的扇区数 − 1) × 每扇区的字节数
+ 文件在最后一个扇区中的字节数 − 文件头长度

从被加载文件的文件头中可以得到有关扇区的信息。NetWare 中的 server. exe 文件头信息如下:

00—01H	5A4DH	有效 EXE 文件的标志。
02—03H	01B4H	文件在最后一个扇区中的字节数。
04—05H	0067H	文件所占用的扇区数。
06—07H	0000H	重定位项数为零。
08—09H	0020H	文件头的长度为20节(512B)。
0C—0D	FFFFH	程序在内存的低端运行。
0E—0FH	0000H	堆栈段的段偏移为0000H。
10—11H	DDB4H	堆栈段指针的初始值为 DDB4H。
14—15H	0000H	程序的第一条指令的偏移量为0000H,即 IP=0000H。
16—17H	0000H	程序的第一条指令的段偏移为0000H。
1A—1BH	0000H	程序中无覆盖。

从文件头取得有关的区值,计算如下:

装载模块大小 =([04 − 05H] − 1) × 200 + [02 − 03H] − ([08 − 09H]) × 10H
=(67H − 1) × 200 + 01B4H − 200H
=CBB4H

2. 磁盘块

① 磁盘块大小。可以理解为磁盘分配的单位,它规定了文件系统的分配粒度和磁盘 I/O 粒度,盘块大,有利于增加系统性能,不同的文件系统块大小也不同,FFS 可大于等于4KB,NTFS 可大到64KB,FAT32 的簇大小可达到32KB。

② 片断。是盘块的组成单位。为了提高存储空间利用率,减少盘空间的浪费,文件系统将盘块再细分为一个或多个片断,其大小在文件系统建立时被确定,最小不能小于扇区大小。有些文件系统规定只有文件的最后一块才使用连续的片断。一块中剩下的片断可用于其他文件的最后一块。

有些系统并没有用到片断,而是以扇区为单位,如 NetWare 的文件系统。

3. 盘块管理

盘块管理常用盘图、链表和 i 结点等手段,因文件系统而异。

(1) 盘图法

盘图也称字位映像图,是一种常用的方法,它用位(bit)的值0、1来表示磁盘上相应物理块是否被分配，bit 值为 1 表示对应物理块被分配，为 0 表示对应物理块为空闲。对应一串连续的 bit 值，按字节构成一张表，此表可以把一个完整磁盘的使用情况记载下来。显然，盘图需永久性保存于外存空间，使用时应将其读入内存，修改后再写回外存。

Windows NT 就是使用盘图来管理磁盘空间的。

(2) 链接法

① 链接索引块。这是一种常用的方法，它首先是选择若干空闲物理块建立索引表块，假设这样块的大小为 1KB，可以设 512 个表目，每个表目占用 16 位，以此表示一个空闲物理块的块号，则每个表目对应一个空闲物理块。而后将这些含有空闲块号的索引块之间用链接方式链接起来，即每个索引块的第 0 个表目作为链表的指针，指向下一个索引块，或链尾标志。而链表的头指针放在特殊指定的块中，如图 8.20 所示。

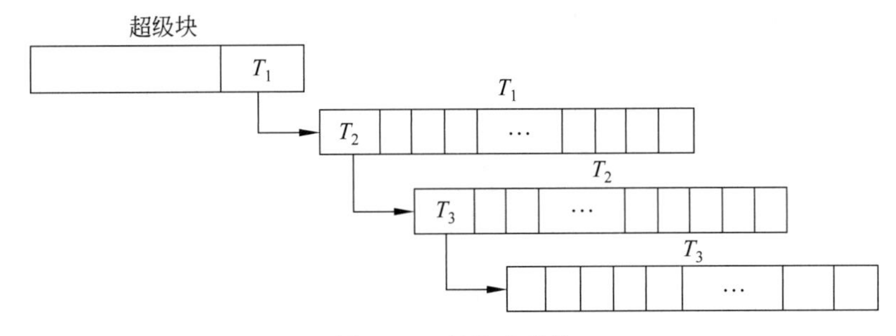

图 8.20　链接索引块

② 分配与回收空闲块。为了操作方便，通常将索引链表中的链头指针所指向的索引块的表目中留出空项(其他索引块表目项全填满)，当文件系统分配盘空间时从链表头的索引块的块尾开始，直到该索引块的第 0 个表目，如果该索引块仅剩下第 0 个表目，则将该表目的内容读到特定块链头指针中，然后将原链头指针指向的索引块 T，分给请求分配空闲块的文件。

空闲块的回收则相反，仅将释放的空闲块块号加到链头指针指出的索引表块的尾部表目中即可。

这种方法的优点是，在进行空闲块分配时，只需将链表索引块读入内存，这比盘图方法所占内存要小。但其速度较慢，每申请一块或释放一块都需执行一次 I/O 传输。

8.5　系统举例——Windows NT

无论哪种操作系统，它都要以某种特定方式呈现在用户的面前，这种方式便是文件或文件夹，因为人们常常认为文件系统是操作系统中最直接可见的部分。

因为不同的操作系统在设计时，对它所管理的可执行文件信息采用了各自不同的存储、打印、显示形式，增加了诸多的辅助部分，如文件首部、信息块表、信息块、辅助信息等，并用不同数据结构予以描述，以此支持系统文件的执行，通常人们把这种特定的数据结构称为文件的格式。如 OS/2 采用了 LX 格式，16 位 Windows 操作系统采用了 NE(New Executable)分段可执行文件格式，Windows 3.x 操作系统采用了 LE(Linear Executable)线性可执行文件格式。Windows NT 和 Windows 98 采用 PE(Portable Executable)移动可执行文件格式。

本节以 Windows NT 的可执行文件为例,介绍可执行文件格式及其管理机制。

8.5.1 PE 可移动执行的文件格式

PE(Portable Executable)是一种可移动执行的文件格式,具有简单、灵活的特点。因此得到了 Win32 系统的普遍应用。

1. PE 文件格式

PE 文件格式由 5 部分组成:即 MS-DOS 首部、PE 首部、信息块表、信息块和辅助信息,如图 8.21 所示。

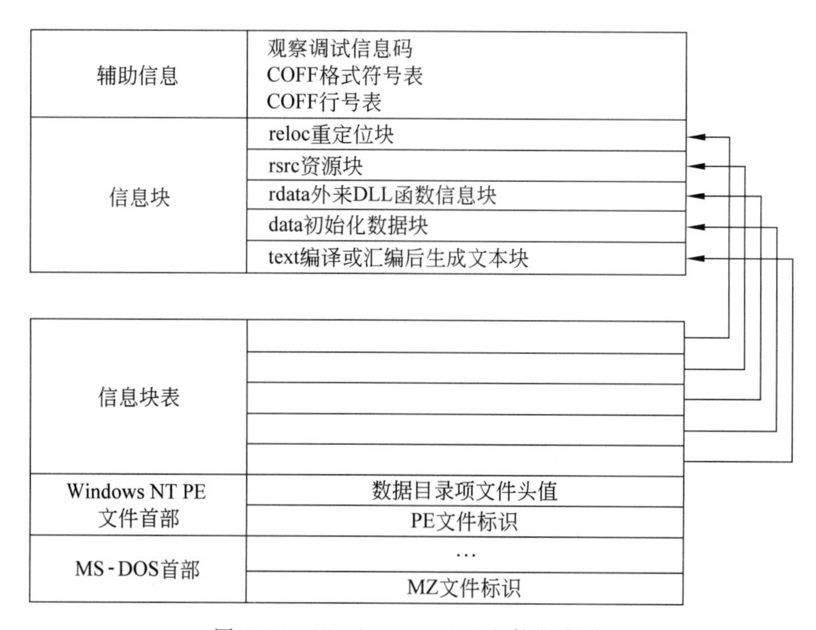

图 8.21 Windows NT PE 文件格式图

2. WINSTUB 的设置

PE 文件格式的可执行文件保留了一个称之为文件头的首部信息,它是 PE 文件格式的重要组成部分,它概括了该文件的基本信息,包括文件的代码和数据的长度及地址、堆栈大小、文件适应的操作系统等。在这个文件首部前,设置了一个特别的文件首部 WINSTUB(MS-DOS 文件的首部)。在 Windows NT 可执行文件的首部前还保留着 128B 的首部信息,原因是:

① 为了表明具有 PE 文件格式的文件必须具备的运行环境(即 Windows NT 或 Windows 95/98),一旦 PE 类文件在非此类 OS 下运行,如在 MS-DOS 下运行,系统自动显示"This program requires Microsoft Windows"之类的信息,以提示用户该程序需要在 Windows NT 环境下运行。如果该文件的确是 PE 格式文件,则系统自然跳过 WINSTUB 首部,而进入 PE 真正文件首部。

② PE 首部的起始地址隐含在 MS-DOS 首部之中,该首部的最后 4 个字节的 LONG e_lfanew 字段便是真正 PE 首部的相对偏移。

下面以 Windows NT 中的 SETUP. EXE 为例来说明。

SETUP.EXE 的 WINSTUB 的数据结构如下：

```
Typedef struct_IMAGE_POS_HEADER
  {//Dos.EXE header
WORD e_magic;               //Magic number
WORD e_eblp;                //Bytes on last page of file
WORD e_cp;                  //Pages in file
WORD e_cparhdr;             //Size of header in paragraghs
WORD e_minalloc;            //Minimum extra paragraphs needed
WORD e_maxalloc;            //Maximum extra paragraphs needed
WORD e_ss;                  //Initial (relative) SS value
WORD e_sp;                  //Initial SP value
WORD e_csum;                //Checksum
WORD e_ip;                  //Initial IP value
WORD e_cs;                  //Initial (relative) CS value
WORD e_lfarlc;              //File address of relocation table
WORD e_ovno;                //Overlay number
WORD e_res [4]              //Reserved words
WORD e_oemid;               //OEM identifier (for e_oeminfo)
WORD e_oeminfo;             //OEM informa tion; e_oemid specific
WORD e_res2 [10];           //Reserved words
LONG e_lfanew;              //File address of new exe header
} IMAGE_DOS HEADER, * PIMAGE_DOS_HEAD_ER;
```

相应的 SETUP.EXE 的 WINSTUB 的数据如下：

```
OC32: 0100 4D 5A 90 00 03 00 00 00-04 00 00 00 FF FF 00 00
OC32: 0110 B8 00 00 00 00 00 00 00-40 00 00 00 00 00 00 00
OC32: 0120 00 00 00 00 00 00 00 00-00 00 00 00 00 00 00 00
OC32: 0130 00 00 00 00 00 00 00 00-00 00 00 00 80 00 00 00
OC32: 0140 0E 1F BA 0E 00 B4 09 CD-21 B8 01 4C CD 21 54 68
OC32: 0150 69 73 20 70 72 6F 67 72-61 6D 20 63 61 6E 6E 6F
OC32: 0160 74 20 62 65 20 72 75 6E-20 69 6E 20 44 4F 53 20
OC32: 0170 6D 6F 64 65 2E 0D 0A-24 00 00 00 00 00 00 00 00
```

(SETUP.EXE)PE 首部的起始地址隐含在 WINSTUB 中，e_lfanew 字段就是真正 PE 首部的相对偏移(e_lfanew 为 80H)，要得到内存中 PE 首部指针，只需用基地址加上 e_lfanew 即可。

8.5.2 PE 文件首部

从 WINSTUB 的作用得知，隐含在 WINSTUB 中的相对偏移地址可以找到 PE 文件的首部，系统将 PE 文件首部的结构定义为一个完整的 IMAGE-NT-HEADERS 项。组成如下：

```
typedef struct_IMAGE-NT_HEADERS{
DWORD Signature
```

```
IMAGE-FILE-HEADER FileHeader;
IMAGE-OPTIONAL-HEADER Optional-Header;
}IMAGE-NT-HEADERS, * PIMAGE-NT-HEADERS;
```

该结构由一个双字标志项 DWORD Signature 和两个子结构项：

```
IMAGE-FILE-HEADER FileHeader
IMAGE-OPTIONAL-HEADER Optional Header
```

其各部分的功能如下：

1. 双字标志项

DWORD Signature 双字标志项是文件格式的标识符，表明带有该文件首部的文件采用了何种文件格式。

如果根据 WINSTUB 中的 e-lfanew 找到的标志是 NE，而不是 PE\0\0，这说明该文件是 NE 格式的。同样，如果为 LE 标志，则指出该程序是 Windows 3.x 的设备驱动程序，如果为 LX 标志则表示为 OS/2 的执行文件。

只有标志项为 PE\0\0 时才为 Windows NT 文件格式。

2. PE 文件首部的第一个子结构 IMAGE-FILE-HEADER

这是 PE 文件首部的第二部分，其形式如下：

```
Typedef struct IMAGE-FILE-HEADER{
WORD Machine;
WORD NumberofSections;
DWORD TimeDateStamp;
DWORD PointerToSymbolTable;
DWORD NumberofSymbols;
WORD SizeofOptionalHeader;
WORD Characteristics;
}IMAGE FILE HEAD为ER, * PIMAGE-FILE-HEADER;
```

这个结构紧跟在标志项之后，结合 Windows NT 中的 SETUP.EXE 实例，可以看出该结构中的信息主要特征：

(1) Windows NT 的可执行文件所适应的 CPU，包括 386、486、586、MIPS、R3000、R4000、DEC Alpha、AXP 等。

(2) 指明了有关重定位项信息，即文件中有无重定位项，文件是可执行文件(0x0002)，还是动态连接库(0x2000)等。

3. PE 文件首部的第二个子结构 IMAGE-OPTIONAL HEADER

这是 PE 文件首部的第三部分，对于 PE 文件而言，这一部分是必不可少的。其数据结构如下：

```
Typedef struct IMAGE-OPTIONAL-HEADER {
//Standard fields.
WORD  Magic;
BYTE  MajorLinkerVersion;
BYTE  MinorLinkerVersion;
```

```
DWORD  SizeofCode;
DWORD  SizeofInitializedData;
DWORD  SizeofUninitializedData;
DWORD  AddressofEntryPoint;
DWORD  BaseofCode;
DWIRD  BaseofData;
//NT additional fields,
DWORD  ImageBase;
DWORD  SectionAlignment;
DWORD  FileAlignment;
WORD   MajorOperating System Version;
WORD   MinorOperating System Version;
WORD   MajorImageVersion;
WORD   MinorImageVersion;
WORD   MajorSubsystem Version;
WORD   MinorSubsystem Version;
DWORD  Reservedl;
DWORD  SizeofImage;
DWORD  SizeofHeaders;
DWORD  CheckSum;
WORD   Subsystem;
WORD   DIICharacteristics;
DWORD  SizeofStackReserve;
DWORD  SizeofHeapCommit;
DWORD  SizeofHeapReserve;
DWORD  SizeofHeapCommit;
DWORD  LoaderFlags;
DWORD  NumberofRva AndSizes;
IMAGE-DATA-DIRECTORY
Data Directory[IMAGE-NUMBEROF-DIRECTORY-ENTRIES];
{IMAGE-OPTIONAL-HEADER, * PIMAGE-OP-TIONAL-HEADER;
```

这个子结构是PE文件头中的非可选项，也是PE文件首部中最重要的部分，它定义有关.exe文件的装载、运行、支持环境、状态等关键信息。下面结合Windows NT中的SETUP.exe，介绍这些信息的内涵。

(1) 有关.exe文件块的信息

① .exe文件代码的扇区数(即.text块数)和代码块的起始地址。装载程序开始执行的地址(RVA)一般在.text块中。RVA(Relative Virtual Address)为相对虚拟地址，即PE格式文件中的某个项相对于文件内存映像地址的偏移量(如虚拟地址0x10000，映像地址0x10464，则RVA为0x0464，显然虚拟地址加上RVA便得到模块的映像地址或基地址)，可见PE格式中可执行文件的任何偏移地址都是直接给出的。

② .exe直接映像的内存地址。文件一旦被装入到这个地址，在运行之前代码就不需要变动，在Windows NT生成的可执行文件中，该内存地址默认值为0x10000；对于DLLs，默认值为0x400000。在Chicago中，不能用来装入32位可执行文件，因为该地址处于进程共

享的线性地址区域,故 Microsoft 将 Win32 可执行文件的默认基地址改变为 0x400000。这对于以 0x10000 为映像地址的老程序,在 Chicago 中装入时无疑要花去的时间会长一些,因为装载程序需对它进行重定位。

③ 装入.exe 文件总长度(除.text 外,即从 data 块到文件最后)。此外还有 PE 文件头中数据目录中的数据项数(流行工具软件为 16 项),进、出口函数表的地址及长度。

(2) 版本及 DLL 调用状态信息

① OS 版本号,生成 .exe 文件的连接器版本号,.exe 自定义版本号,运行.exe 文件的所需子系统版本号。

② .exe 文件执行用户界面使用的字符类型,包括 GUI、Windows 字符系统,或 OS/2 字符系统或 POSIX 字符系统。

③ 初始函数 DLL 调用的状态信息,包括为 DLL 在首次被装入一个进程地址空间的调用信息,在一个线程建立或终止时的调用信息,或 DLL 退出时的调用信息。

此外还有为提高可靠性而设置的文件 CRC 校验和。

④ 对组成块的数据要求。按 PE 文件格式组成的.exe 文件的各类块的数据量必须是某一特定数据(扇区字数)的倍数。这样做的目的是为了确保文件的每一块均从磁盘扇区的开头存放(类似于 NE 文件格式中的对齐因子做法),PE 格式块的数量不像 NE 格式中的段数量那么大,这样可减少存放空间的浪费。

(3) 有关装载信息和计算装载模块大小以及内存空间的信息

① 装载.exe 文件各部分(数据块到最后一个块)所需空间;

② .exe 文件首部及块的大小,预留、初始化堆栈内存大小(默认时为 1MB);

③ 初始化堆栈的大小(默认为 1 页);

④ 初始化进程队列的虚拟内存大小;

⑤ 进程队列中,内存大小的初始设定(默认值为 1 页)。

8.5.3 块表数据结构及辅助信息块

1. 块表与信息块

由 PE 文件格式可知,在 PE 首部与原始信息块之间存在一个块表,块表包含了每个信息块在映像中的信息,信息块在映像中是按起始地址 RVA 顺序排列。

操作系统管理这些信息块是通过块表来进行的,而块表这一数据结构是以 IMAGE-SECTION-HEADER 数组的形式存在于系统之中,该数据的大小,在 PE 文件首部的第 2 个子结构 IMAGE-SECTION-HEADER 的 DWORD Section Alignment 字段中已给出了。

2. 块表的数据结构

PE 可执行文件的块表是一自定义的结构体类型。结构体"IMAGE-SECTION-HEADER"由一共同体 Misc 和若干个体内分量(域表)组成,具体形式如下:

```
typedef struct-IMAGE-SECTION-HEADER
BYTE Name[IMAGE-SIZEOF-SHORT-NAME];
union {
DWORD    physicalAddress;
DWORD    VirtualSize
```

```
Misc;
DWORD    VirtualAddress;
DWORD    SizeofRawData;
DWORD    PointerToRawData;
DWORD    PointerToRelocations;
DWORD    PointerToLinenumbers;
WORD     NumberofRelocations;
WORD     NumberofLinenumbers;
DWORD    Characteristics;
} IMAGE-SECTION-HEADER, * PIMAGE-SECTION-HEADER;
```

它包含了3方面的内容：

(1) 表征了块表所指向块的块名

块名是一个8位的ANSI名，大多数块名以“.”开头，例如：

.text　文本块名。

.data　外来DLL函数信息块名。

.rdata　初始化数据块名。

.rsrc　资源块名。

.reloc　重定位块名(当块名超过8字节时，无终止符NULL标志)。

PE文件格式对块命名的要求，不同于汇编语言中直接用段命名，也不同于C++编译器中用“#pragma dtat-seg”或“pragma cade-seg”给块命名。

(2) 大小、地址、指针及相关数据

上述块表中有两个长度Virtual size与size of Raw Data，这两者是有区别的。前者保存的是代码或数据的真实长度，这个长度是对齐以前的长度，后者是代码或数据(行)经调整后的值。

有关块的地址，块表中用DWORD VirtualAddress字段表示，它说明了装入该块的RVA地址。若要计算出一个给定块的内存中的起始地址，则应将该块的VirtualAddress加上文件映像的基地址。在Microsoft工具中，第一个块的RVA默认值为0x1000。

此外，PE可执行文件的块表中有3个指针：DWORD PointerToRawData、DWORD PointerToRelocations和DWORD PointerToLinenumbers。

第1个指针定义为原始数据指针，表示程序经编译或汇编生成的原始数据在文件中的偏移。

第2个指针在PE可执行文件中无意义，被设置为0。因为当连接器生成可执行文件时，已经将许多块连接起来了，只剩下重定位的基地址和输入函数(imported function)需要在装入时决定。而在OBJ文件中，该指针是块的重定信息在文件中的偏移。

第3个指针是行号表在文件中的偏移，行号表将源文件中的行号与该行生成的代码地址联系起来，现代的debug格式中，如Codeview格式，行号信息是作为debug信息的一部分存储的。

(3) 有关块属性的标志

在PE/COFF格式中，DWORD Characteristics字段表明了块属性(如数据的可读、可写等特征)，即它定义了属性的代码。

PE文件格式中一些重要块标志可分析归纳为以下几种情况：

- 0x00000020　包含代码块。
- 0x00000040　包含已初始化的数据块。
- 0x00000080　包含未初始化数据(块如.bass)。
- 0x00000200　包含注解及其他一些类型信息块。
- 0x00000800　内容不能放入最终的可执行文件中的块。
- 0x02000000　可被丢弃块(因为它一旦被装入之后,进程就不再需要它。常见的可丢弃块为基地址重定位.reloc)。
- 0x10000000　共享块（如果在DLL中设置这类共享块,则表示其中的数据可被所有使用该DLL的进程共享。数据块的默认设置为不能共享,即每一个进程使用DLL时,都要有单独的数据拷贝)。

另外,共享块可使内存管理器为该块设置页面映像,以使所有进程使用DLL时均指向内存中的同一物理页。为实现块的共享,在连接的时候使用SHARED属性。

- 0x20000000　可执行块。通常当块设置0x0000020标志时,也设置该标志。
- 0x40000000　可读块。可执行文件中的块一般都设置该标志。
- 0x80000000　可写块。.data和.bass设置该标志,如果可执行文件中的块没有设置该标志,则装载程序就会将内存映像页标记为只读或执行。

3. 主要块的调用机制

下面给出.text，.reloc，.rdata，.data，.bss，.rsrc等常见块的描述,重点分析代码块.text及重定位块.reloc块的运行机制。

(1) .text块

代码.text是在编译或汇编结束时产生的一种代码块。由于PE文件运行在32位方式下,不受16位段的约束,因此,不同文件产生的代码不再分成单独的块,而链接器将所有目标文件的代码块连接成一个大的.text块。如果使用Borland C++,则其编译器将编译产生的代码存于名为CODE区域中,产生的PE文件的代码块不称.text,而直接命名为CODE块。

PE可执行文件的调用机制不同于一般可执行文件(如NE可执行文件)的调用方法。PE执行文件的调用方法有其独到之处,在PE文件中,当其他模块调用动态链接库中的某一功能(如USER32.DLL中的GetMessage)时,编译出的CALL指令不能直接调用DLL中的功能,而是转换成控制指令：

```
JMP DWORD PTR [XXXXXXXX]
```

或称微码(thunk)。并将其存于.text块中,而JMP指令通过双字变量PTR的值间接进入相邻的.rdata块中,在.rdata块的双字中包含了操作系统的某些功能函数的真实目标地址,装载程序依据此目标函数的地址,并将该函数插补到执行映像中,所需信息均存放在.rdata块中,如图8.22所示。

由图8.22可知,当PE文件中多处调用某一特定DLL功能时,装载程序不必逐一修改其他调用指令,而只需将所有被调用目标功能地址正确放入.rdata块中即可。这与NE文件中的方式明显不同,在NE文件中,每一个段中都包含一个重定位表,如果在该段中调用

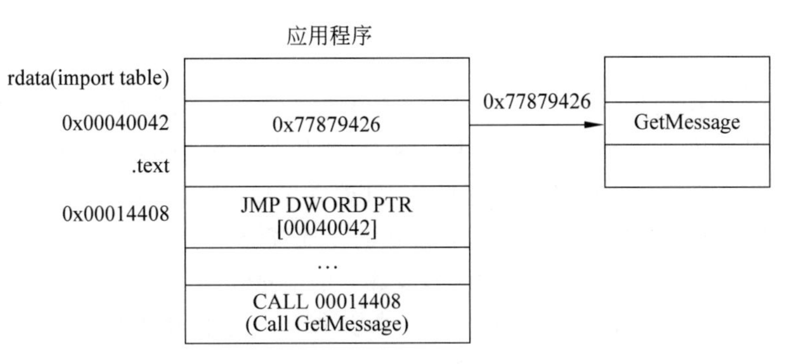

图 8.22 .text 与 DLL

一个 DLL 功能 20 次，装载程序就必须将这一功能的地址在该段中重复写 20 次。一般来说在 Microsoft 系统中，当连接外部 DLL 库函数时，库管理程序 LIB32 生成输入库以及微码（连接程序无需知道微码的生成）。JMP DWORD PTR [XXXXXXX]，再通过输入库的.text 块进入可执行文件，可见输入库实际上是连接到 PE 文件的另一些代码及数据。

（2）.reloc 块

.reloc 块保存基地址重定位表（简称为重定位表），它的作用主要体现在装载程序不能按链接器所指定的地址装载文件，需对文件中指令或已初始化的变量值进行调整（或者说进行重定位）时，就必须用到某一基地址重定位表，此表包含了调整所需要的数据（当然，在装载程序能够正常装载文件时，.reloc 块中的重定位表无疑可忽略，如果希望装载程序总能按链接器假定的地址装入，则可通过\FIXED 选择项跳过该块信息）。

值得注意的是：

① 这样做的目的是为节省执行文件的空间，但可能导致该执行文件在其他 Win32 系统中不能执行。如 Windows NT 下的可执行文件的基地址是 0x10000，如通过 FIXED 而选择，通知链接器去掉重定位（即.reloc 块信息），则执行文件不能在 Chicago 系统下运行，因 Chicago 中的地址 0x10000 已被其他程序选用，因此，在此情况下不应去掉.reloc 块。

② 编译器生成的 JMP 和 CALL 指令使用的是相对于该指令的偏移地址，而不同于 32 位段中的真实偏移地址。如果要把包含这些指定的文件装到某个非链接器指定的地址时，无疑这些指令无需改变（因为它们使用的是相对地址），无需重定位信息，只有那些真正使用了 32 位偏移地址数据的指令才需要重定位，才涉及.reloc 块。如定义全程变量：

```
int i;int * ptr=&i;
```

若链接器假定的基地址是 0x10000，变量 i 的地址为 0x12004，那么链接器会在内存中 * ptr 处写入 0x12004。如果由于某种原因，装载程序将该文件从基地址 0x70000 处装入，那么，i 的地址就变成 0x72004。.reloc 块中存入链接器假定的装入地址和实际的装入地址之间的差值。

（3）其他数据块

其他数据块包括.data 块、.bss 块及.rsrc 块。

同.text 块默认为代码块一样，.data 块为初始数据，这些数据包括编译时被初始化的 global 全程变量和 static 固定变量，还包括文字串等，链接器将 OBJ 及 LIB 文件的.data 块结合成一个大的.data块,局部变量Local放在一个线程的堆栈中,不占用.data块或.bss块的空间。

.bss块存放未初始化的全程变量global和固定变量static,同样,链接器将OBJ和LIB文件中的.bss块结合成一个大的.bss块,.bss块的原始系统数据偏移字段被置为0,表明此块在文件中不占空间,TLINK不产生此块,只扩展.data块虚拟长度。

.rsrc块是一个功能单一的模块,包含了块的全部资源。

.rdata块包含了其他外来DLL的函数及数据的信息。

.edata块是PE文件输出函数和数据的列表,以供其他模块引用。它与NE文件的入口表、驻留名表及非驻留名表的综合功能等价。

小　　结

本章主要讨论了文件、文件系统的基本概念。

文件是一组赋名的相关联字符流的集合,或者说文件是相关联的记录的集合。文件的逻辑结构分无结构的字符流式和有结构的记录式两种。文件的物理结构是文件在外存上的存储组织方式,基本类型有连续文件、链接文件和索引文件。从逻辑结构到物理结构的映射是复杂的。

文件系统是操作系统的重要组成部分,它实现按名存取文件、文件存储空间的分配与回收、文件及其目录的管理,提供用户与操作系统接口。

文件目录是用来组织文件和检索文件的关键数据结构。每个目录项记录了一个文件的说明和控制信息。树型(层次)目录(包括由其衍生的无环结构目录、图状结构目录)是使用最广的目录结构,它能有效地提高对目录的检索速度,允许文件重名,便于实现文件共享。

本章还介绍了文件的存储空间分配与回收的方法。

本章最后给出了Windows NT可执行文件的结构、文件头、信息块、辅助信息块等,分析了可执行文件常用块的调用机制。

习　　题

8.1　什么是文件、文件系统?文件系统的功能是什么?

8.2　文件按其用途和性质可分成几类,各有何特点?

8.3　文件的逻辑结构有几种形式?

8.4　常见的文件的物理结构有几种?它与文件的存取方式有什么关系?

8.5　什么是文件目录?文件目录中包含哪些信息?文件目录中有哪几种常见的组织方式?

8.6　二级目录和多级目录的好处是什么?

8.7　常用的文件空间分配方法有哪些?试分别加以说明。

8.8　Windows NT可执行文件的结构是怎样的?

第 9 章 分布计算

随着微型计算机和个人计算机的计算能力不断提高，价格不断下降，分布数据计算(Distributed Data Processing，DDP)在学术界和工业界形成了一股热潮，网格计算、云计算等分布式计算的延伸逐渐被各大IT厂商所热衷和推崇。DDP使对计算、数据处理等方面使用需求分散到构成整个系统的各个结点中。分散可以使系统更好地利用各个结点的计算资源，以更短时间完成用户提交的任务，而且与集中式方法相比减小了通信开销。一个DDP系统不仅包括计算函数，而且也包含数据库、设备控制、交互(网络)控制的分布式结构。

操作系统和支撑软件的分布式能力的不断提高，推动了分布式计算相关应用的发展：

① 通信基础体系结构。它支持单独的计算机网络软件，支持分布式应用，如电子邮件、文件传输和远程终端访问。每台计算机都有其自己的操作系统。只要所有机器支持同一通信协议，就有可能组成计算机和操作系统的异构环境。

② 网络操作系统。主要应用于由众多客户机构成的网络环境中。网络通常由单用户工作站和一个或多个“服务器”构成。服务器提供网络中的服务，如文件存储和打印机管理。网络操作系统是对本地操作系统的一个简单连接，使得客户机和服务器可以相互作用。用户清楚地知道组成网络的各种设备，而且用显示的方式使用它们。

③ 分布式操作系统。这是一种用来管理分布式计算机系统(多机系统)的操作系统。用户把它看成一个普通的集中式操作系统，它允许用户透明地访问多个机器上的资源。

本章主要介绍分布式计算的两个重要内容：客户/服务器结构和分布式进程通信。

9.1 客户/服务器计算

客户/服务器计算(Client/Server，C/S)模型是一种用于信息系统中的典型计算机模型。由于其具有更灵活的使用方式，这个计算模型快速代替了占优势的主机集中计算模式和分布式数据计算模式。

9.1.1 什么是客户/服务器计算

表9.1给出了客户/服务器计算的一些定义，图9.1是进一步的说明。一个客户/服务器环境由客户和服务器组成。客户机常常是单用户PC或是工作站，它们可以为终端用户提供友好的用户界面。基于客户的工作站使用了图形界面，十分方便。

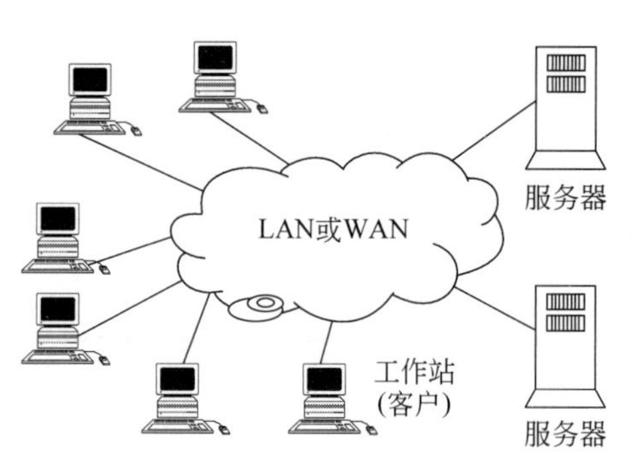

图9.1 客户/服务器环境

表9.1 客户/服务器计算的定义

名 称	定 义
客户/服务器计算	① 任何满足如下条件的应用可称之为客户/服务器计算:动作的请求者在一个系统,而动作的提供者可能在与前一个系统相连通的另一个系统中。而且,大多数客户/服务器设计方案是多对一的,即多个客户对一个服务器提出请求 ② 将一个应用分成一些任务,将每个任务分配到可以最有效执行的平台上。处理的表示保存在用户机(客户)上,而数据的管理则保存在服务器上。所有的数据处理可以全部在客户上,也可以分到客户和服务器上,这取决于应用和使用的软件。服务器通过网络与客户连接。服务器软件接收来自客户软件的对数据的请求,返回结果给客户。客户对数据进行操作,显示结果给用户
客户/服务器计算模型	由一个客户或请求者,提交一个协同处理的请求,服务器处理这个请求并返回结果给客户。在此模型中,应用的处理被分散到(并不是必须地)客户和服务器上,由客户初始化,而且部分由客户控制,并不是主从式,相反,客户和服务器协作执行一个应用
客户/服务器	① 并行执行的软件进程之间的一种交互模型。客户进程发送请求给一个服务器进程,服务器进程返回这些请求的结果。服务器进程按它们特有的处理方式给客户提供服务,使客户进程得以从复杂事务中解脱出来,完成其他有用的工作。客户进程和服务器进程之间的交互是协作式的事务交换,其中客户是主动的,服务器是被动的 ② 一种满足如下条件的网络环境:服务器结点控制数据,其他结点能够访问数据,但不能更新数据

客户/服务器环境中的每个服务器为客户提供一组共享用户设备。现在,最普通的服务器是数据库服务器,通常用来控制关系数据库。服务器使得客户能够共享访问同一个数据库,使数据库资源利用率更高,数据的管理更集中、更方便。

除了客户和服务器外,第三个不可缺少的部分是网络。客户/服务器计算是一种分布计算。通常,用户、应用和资源在物理结构上是分布式的,它们通过LAN、WAN,或是Internet连接起来。

一个客户/服务器模型和其他分布计算方式的不同之处如下:

① 在客户/服务器配置中,由于具有友好界面的应用对用户有较大影响,用户要对应用的执行时间和使用方式进行控制。

② 在应用分散的同时,十分强调集中共享数据库和一些网络管理的功能。

③ 网络是操作的基础。因此,网络管理和网络安全在组织、设计和使用信息系统中有着十分重要的地位。

9.1.2 客户/服务器模式的应用

客户/服务器体系结构的特征是应用级任务在客户和服务器之间分配(如图9.2所示)。这种分配当然需要软件支持,在客户和服务器模式中最基本的软件就是操作系统和支持分布式计算的平台。操作系统和分布式平台发挥着不同的作用,而且,在同一个环境中,平台和操作系统也可能有很多种,也就是说,不同结点间的操作系统和平台可能是异构的。但是,只要客户和服务器所支持的通信协议和应用的种类相同,这种异构差异不会影响分布式计算的进行。通信软件(通信协议)使客户和服务器得以相互作用,典型的通信协议包括:TCP/IP、OSI、SNA等。

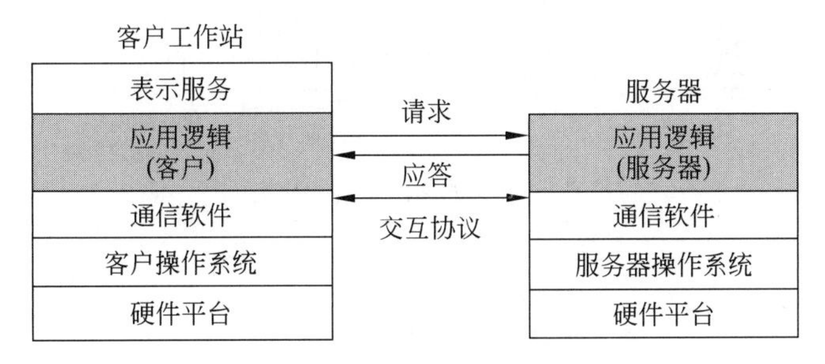

图9.2　客户/服务器体系结构

这些支撑软件构成分布式应用的基础。理想情况下,应用所提供的服务功能分散到客户和服务器上,优化了平台和网络上的负载分布,同时优化了用户执行不同任务的性能和共享资源的能力。

一个成功的客户/服务器环境的关键因素是用户如何和系统一体化交互。因此,在大多数客户/服务器系统中,十分强调在客户端能够提供一个图形用户界面(Graphical User Interface,GUI)。这个用户界面易用易学、功能强大而且伸展性很强。

1. 客户/服务器应用举例

下面通过一个例子来说明使用关系数据库的客户/服务器应用。在这个环境中,服务器实质上是数据库服务器,客户在事务中发出一个数据库请求,接受数据库响应。

图9.3表明这样一个系统的结构:服务器上有一个复杂的数据库管理系统软件模块,负责维护数据库,客户机上可有多种不同的应用,用软件(如结构化查询语言(SQL))使两者连接在一起。

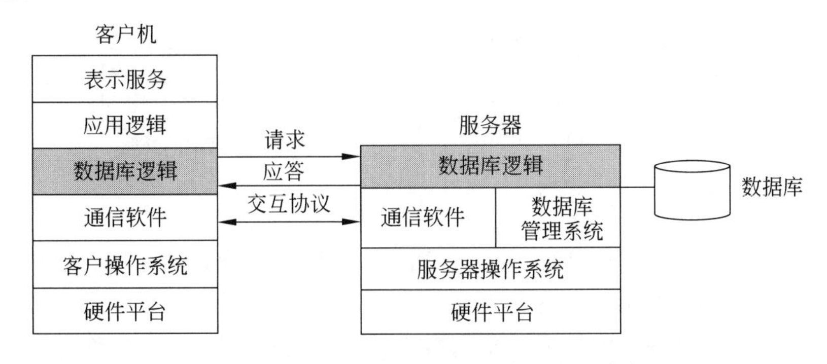

图9.3　基于客户/服务器体系结构的数据库应用

图 9.3 表明所有应用逻辑在客户端,而服务器只关心管理数据库。应用的风格和用途决定配置方式。例如,假设主要目的是为记录查询提供在线访问,图 9.4(a)显示其工作的方式(设服务器装有 1 000 000 条记录的数据库,用户想通过一些查询条件来查找记录)。

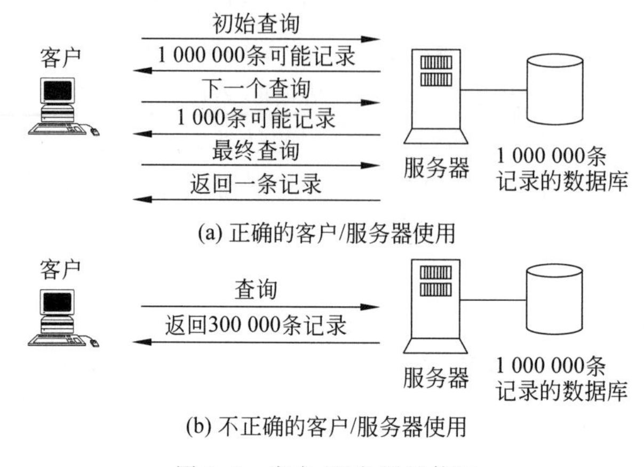

图 9.4 客户/服务器的使用

上述的应用适用于客户/服务器结构,有两个原因:

① 有大量数据的排序和查询工作。这要求大容量的磁盘,高速 CPU 和高速 I/O 接口。对于单用户工作站和 PC 而言,要在本地完成这些工作所需的配置过于昂贵而且没有必要。

② 使网络上的数据通信量保持在一个较低的水平上。

如图 9.4(b)所示,这是一种不正确的客户/服务器使用,一个查询请求产生了 300 000 条记录的传输,通信的数据量太大。

2. 客户/服务器应用分类

图 9.5 展示了一些不同的客户/服务器应用。

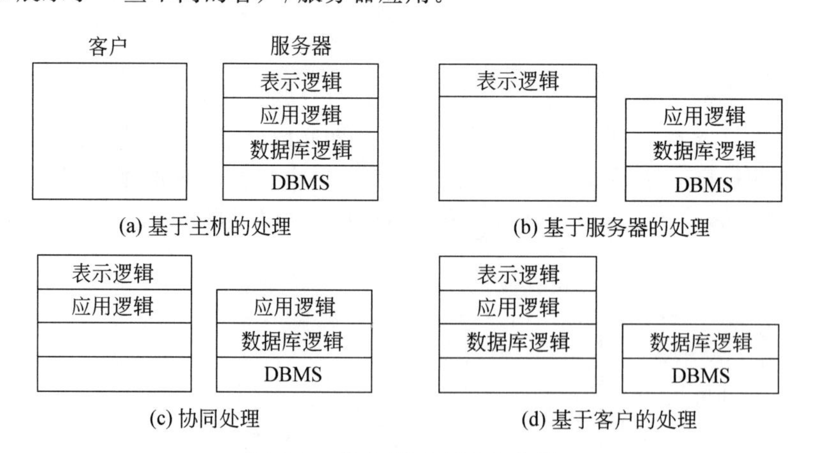

图 9.5 客户/服务器应用分类

① 基于主机的处理。这种处理不是真正的客户/服务器计算,它更像传统的主机环境,处理几乎都在主机上,用户界面只是无声终端。

② 基于服务器的处理。这是最基本的客户/服务器配置方式,客户负责提供图形用户接口,所有的处理都在服务器上完成。

③ 基于客户的处理。其所有应用处理都在客户机上，数据路由和数据库逻辑函数在服务器上。这种结构是使用最普遍的客户/服务器方式。

④ 协同处理。在协同处理配置中，充分利用客户、服务器和数据的分布性，使应用处理得以优化。这种配置比较复杂，提供了更高的用户生产率和更高的网络效率。

数据库信息的特点、要支持应用的类型等因素最终决定数据和应用处理的分布。

3. 客户/服务器应用要求——文件高速缓存一致性

当使用一个文件服务器时，文件 I/O 的性能显著低于本地文件访问的水平，这是网络传输速度过低导致的。因此，在本地使用文件高速缓存来保存近来访问过的文件记录，以减少因使用相同文件而产生的对服务器的访问，将网络传输速度的影响降低。

图 9.6 说明了一个典型使用文件高速缓存的分布式机制。当一个进程产生一个文件访问请求时，先将请求传给进程工作站的高速缓存。如果不能满足，要么将请求传给文件存放的本地磁盘，要么传给存放文件的文件服务器。

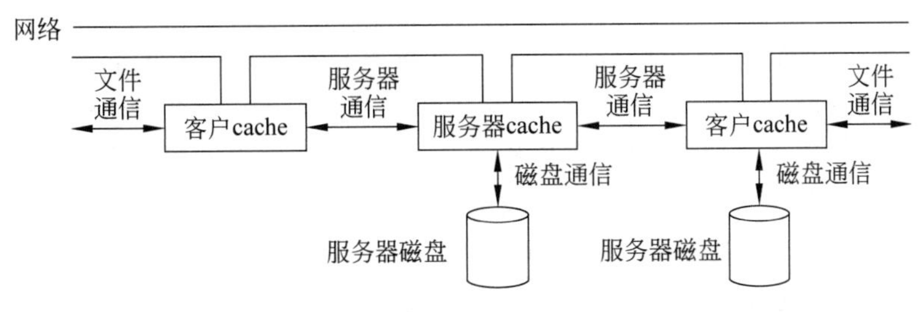

图 9.6　分布式文件高速缓存

如果高速缓存经常包含远程数据的备份，则称高速缓存是具有一致性的。当远程数据改变而对应的本地高速缓冲备份没有修改时，就有可能出现高速缓存不一致的情况。如果一个客户改变了一个文件而其他客户又在使用这个文件，会导致以下两个问题的产生：如果客户在改变后立即将其写到服务器的文件中去，那么拥有这个文件的高速缓存备份的相关客户的所有数据将过时；如果客户延缓写回到服务器，则问题会更糟，这种情况下，服务器的文件都是过时的，新的读文件请求会读到过时的数据。保证本地高速缓存中的备份跟上远程数据改变的问题，称为高速缓存一致性(cache consistency)问题。

最简单的解决高速缓存一致性的方法是使用文件上锁技术，以防止多个客户同时访问一个文件。这是以性能和扩展性为代价得到的一致性。一个更好的方法是：可以有任意数目的远程进程打开一个文件来读，生成自己的客户高速缓存，但当一个进程打开文件请求写访问，而其他进程正在读这个文件时，服务器采取两个步骤，首先，通知写进程，必须在更新之后立即写回所有改变了的块；其次，通知所有的读进程，文件不再能被高速缓存，直到写进程完成对服务器上源文件的更新。

9.1.3　中间件

为了真正从客户/服务器方式中受益，开发者必须开发一套工具，使得对于任何平台都能够以统一的方式和风格来访问系统资源。这样，编程人员可以不再考虑各种 PC 或是工作站之间的差异，而且不管数据存放在何处都可以使用一样的访问方法。

最普通的实现方法是在应用层与通信软件层(操作系统层)之间，使用标准的编程接口和协议，这就是所谓的中间件(middleware)。中间件有许多种，从相当简单到十分复杂，但有一个共同点：它们都掩藏了不同网络协议和操作系统之间的复杂细节和差异。

图 9.7 描述了一个客户/服务器结构中中间件的作用。它的作用与其所在的环境十分相关。

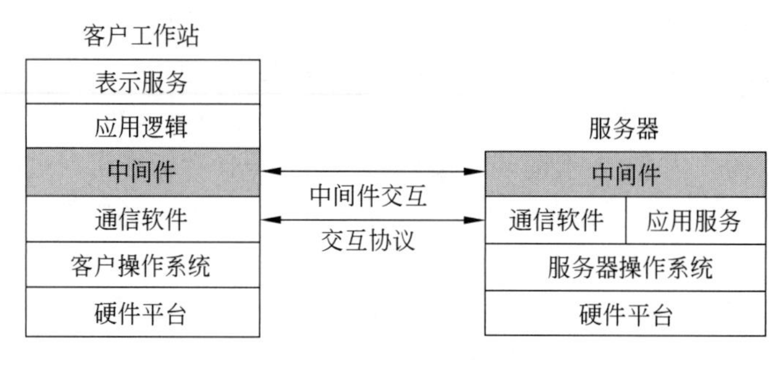

图 9.7 客户/服务器结构中中间件的作用

注意：中间件有两个，一个在客户端，一个在服务器端。涉及客户与服务器交互的复杂细节，都交给双方机器上的中间件去处理，不需要人为直接干预。中间件的基本目的是使客户端的应用程序或用户，不用关心服务器的差异，直接去请求服务器的服务。例如，SQL 提供一个标准化的方法，使本地或远程用户或应用程序可以用 SQL 访问一个关系数据库。然而，许多关系数据库厂家，虽然也支持 SQL，但在 SQL 中增加了他们自己的"方言"，从而使该厂家的产品区别于其他厂家的产品，同时也产生了不兼容的问题。

假设有一个用于人事部门的分布式系统。其基本雇员数据，如雇员的姓名、地址等都存放在 DB2 数据库中；而工资信息存放在 Oracle 数据库中。位于服务器和客户的中间件软件层使得用户不用考虑系统中不同数据库间存在的差异，只需要通过一种规范的方法提出对记录的访问需求，而对于具体细节的处理则被中间件所掩藏。

图 9.8 从逻辑上而不是从实现上描述了中间件的作用。中间件使分布式客户/服务器计算成为可能。这样，用户就可以将整个分布式系统看成一组可用的应用和资源，不必关心数据的位置或应用的位置。所有的应用操作都建立在一个规范的应用编程接口上(Application Programming Interface，API)。中间件负责把客户请求路由到正确的服务器上去。

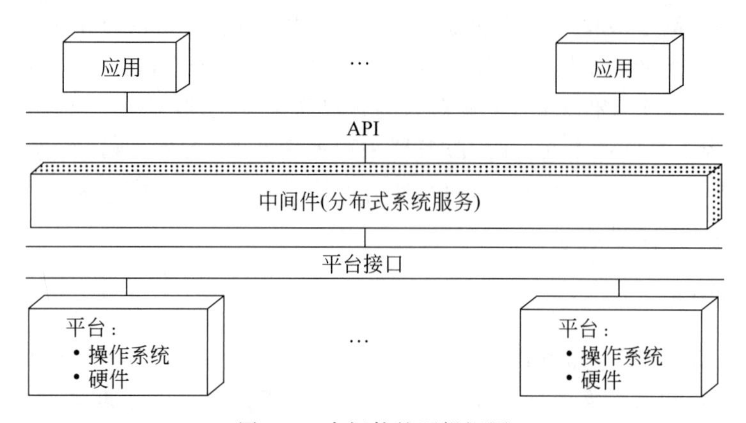

图 9.8 中间件的逻辑视图

图 9.9 为应用示例。例中，中间件用于实现网络和操作系统的兼容性。一个主干网连接 DECnet、Novell 和 TCP/IP 网络。中间件保证了所有网络用户对这 3 个网上的任何应用和资源都可以透明地访问。

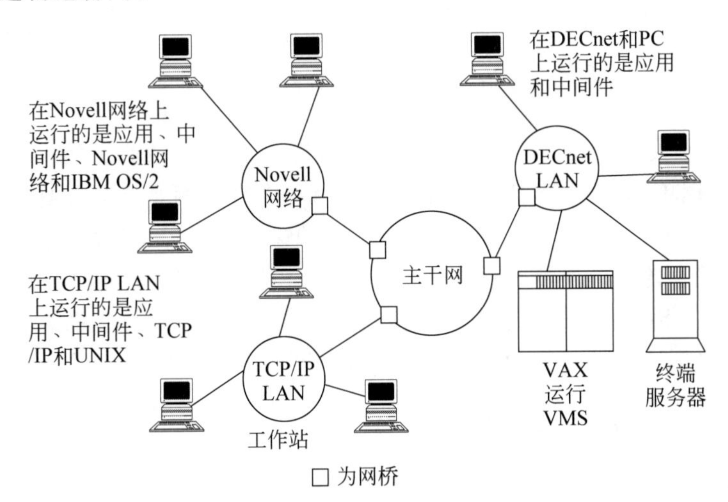

图 9.9　中间件应用举例

中间件产品种类繁多，但它们都基于两种机制：消息传递和远程过程调用。

9.2　分布式消息传递

在一个分布式计算系统中计算机并不共享存储器，因此，在这类系统中使用消息传递机制。

9.2.1　分布式消息传递的方法

图 9.10 所示的是一个最普通的，用于分布式消息传送的客户/服务器模型。一个客户进程请求一些服务（如读文件、打印），向服务器进程发送一个包含请求的消息。服务器进程完成请求，做出回答。最简单的形式中，只需要两个函数：发送（Send）和接收（Receive）。Send 函数说明发送的目标和消息内容；Receive 函数说明消息的来源，为消息的存储提供一个缓冲区。

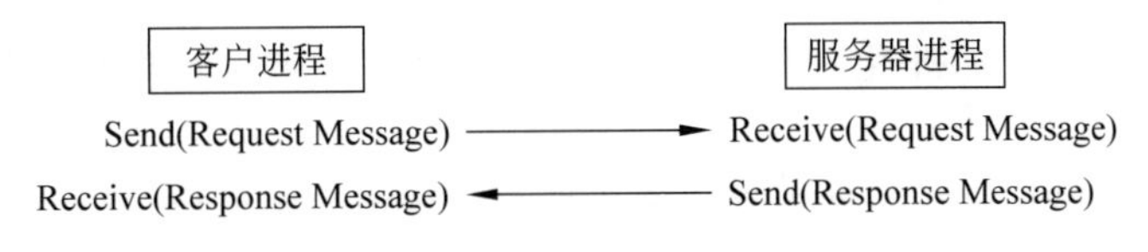

图 9.10　分布式消息传递图

图 9.11 说明了消息传递的一种实现方法。进程使用操作系统提供的消息传递模块来实现消息传递。服务请求用原语和参数来表示。原语（primitive）说明要执行的函数、传递数据和控制信息的参数。原语的实际形式取决于操作系统，它可以是一个过程调用，或者本身也是一个消息。

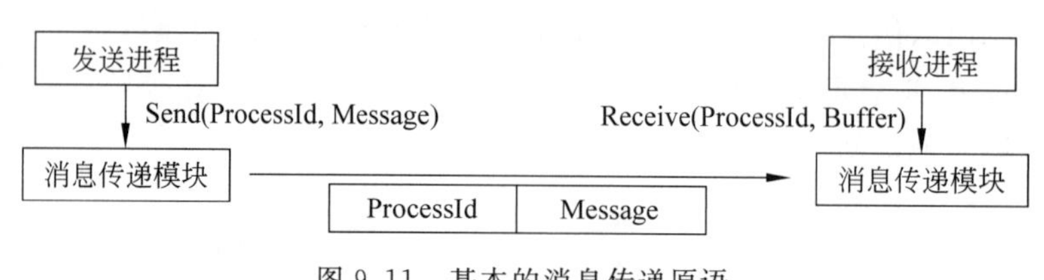

图 9.11 基本的消息传递原语

Send 原语用来发送消息。它的参数是目标进程的标识符和消息的内容。消息传递模块构造了一个数据单元，其中包括进程标识符和消息内容这两个元素。这个数据单元通过一些通信设备，如 OSI 通信结构，发送到目标进程所在的机器。当数据单元被目标系统接收后，该系统的消息传送模块负责检查进程的 ID 域并将消息存到相应的缓冲区中。

接收进程通过 Receive 原语通知消息传送模块，它想接收消息。消息传送模块在收到一个消息时，向目标进程发出某种接收信号，并将接收到的消息存放到缓冲区中。

9.2.2 消息传递的可靠性

一个可靠的消息传递方式是尽可能地保证传送，能使用一个可靠的传输协议或相似的逻辑，进行检错、确认、重传和重排序。这种情况下，发送进程就不必考虑消息是否已被成功传送。然而，给发送进程一个确认也是十分有用的，如果传送不能完成(如网络出错或系统崩溃)，则发送进程会注意到这一点。

消息传递的可靠性保证，使得消息传送只简单地把消息传送到通信网络上，并不需要报告成功或是失败。这样做大大减小了复杂度，以及处理和通信的花费。对于那些需要确认的应用程序或用户，它们可以用 Reply(回答)消息来实现这一点。

9.3 远程过程调用

远程过程调用(Remote Procedure Call，RPC)是现在广为应用的分布式系统中的一种通信技术。这种技术允许不同机器上的程序通过简单的过程调用/返回算法来相互作用，就好像这两个程序在同一台机器上一样。它具有如下优点：

① 过程调用已经被广为接受、使用和理解。

② 远程过程调用使得远程界面可以很清楚地用一组特定类型的操作所描述，同时，分布式系统可以很容易地检查出操作中的错误。

③ 因为给出了一个标准化和精确定义的界面，所以，应用程序的通信代码可以自动生成。

④ 开发者能够编写出兼容性极强的客户方和服务器方的模块，这些模块无须改动和重新编码就能在不同计算机和操作系统上运行。

远程过程调用可以看成是一个可靠的分块消息传送。图 9.12 所示是总体结构，图 9.13 是其内部程序逻辑。调用程序用自己机器上的参数进行一个普通的过程调用，即：CALL P(X，Y)。其中，P 为过程名，X 为传送的参数，Y 为返回值。

对用户而言，这个对其他机器上的远程过程调用可以是透明或不透明的。过程 P 要包括调用者的地址空间或者在调用时动态链接它。此过程会生成一条消息，标识正在被调用

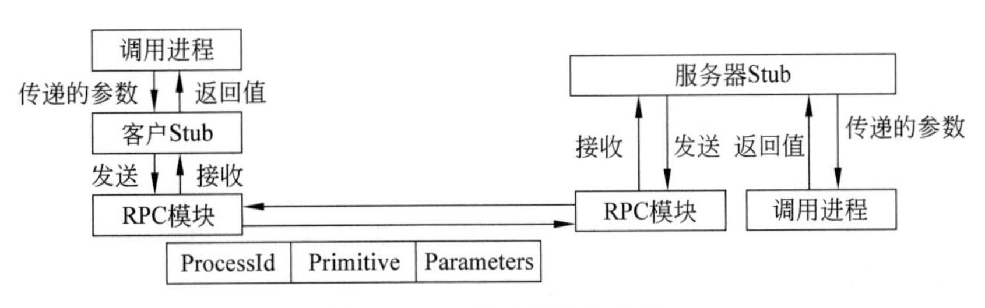

图 9.12　远程过程调用机制

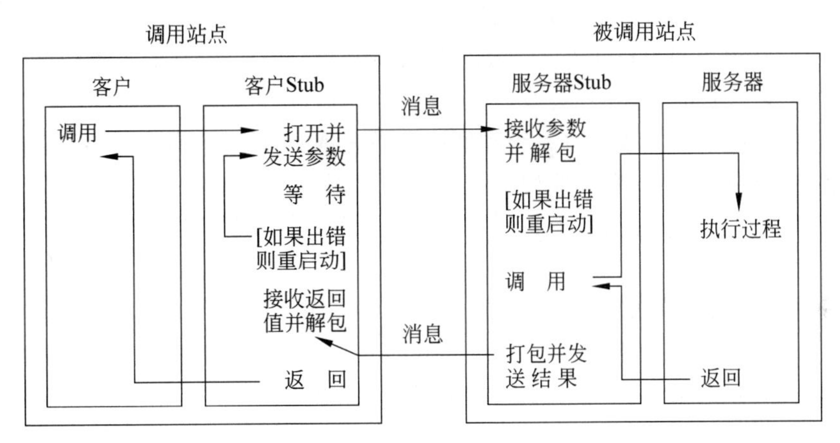

图 9.13　远程过程调用逻辑

的过程及其参数。它会用 Send 原语发送这条消息，并等待回答。当回答收到时，过程返回调用程序，提供返回值。

在远程机构中，另一个程序与调用过程相关联。当消息到达时，它进行检查，利用消息中所保存的过程 P 的信息生成一个本地的 CALL P(X,Y)。这个远程过程在远程机构中执行本地调用，它的参数和堆栈状态等都和本地过程调用一样处理。

1. 参数传递

大多数编程语言允许参数以值的方式传递（传值，call by value)，或是以一个指向地址的指针来传递（传地址，call by reference)。传值对一个远程过程调用来说是简单的，参数被简单地备份到消息中，发送给远程系统。相比之下，传地址则难于实现。它需要每个对象都有一个系统唯一的指针，且远程系统获取这类参数时会造成通信开销，耗费太大。

2. 参数表示

如果调用和被调用程序所在机器是同构的，或是在相同操作系统上用相同编程语言编写的，则不会产生任何问题；否则在数字和文本的表示上就会存在差异。最好的解决方法是提供一个标准的形式，如整数、浮点数、字符或字符串。这样任何机器上的本地参数都可以转化成标准形式或从标准形式中得到。

小　　结

目前，计算机已不再总是单独工作，大多已成为计算机网络的一个成员。为了支持分布式系统，已开发出了一系列支撑和管理平台，如通信体系结构、网络操作系统和分布式操作系统。

通信体系结构是硬件和软件的构造集合,用来支持系统间的数据交换和分布式应用。最广泛使用的通信结构是TCP/IP协议。

网络操作系统实际上不是操作系统,而是在网络上支持服务器的一个分布式系统软件集。服务器提供网络中的服务或应用,如存储和打印机管理。每个计算机有它自己的操作系统。网络操作系统只是对本地机操作系统的一个简单连接,以允许机器和服务器交互。通常,一个普遍通信结构可支持这些网络应用。

分布式操作系统是被一个计算机网络共享的操作系统。对于用户,像一个普通的集中式操作系统,但它为用户提供了对若干机器资源的透明访问。具有基本通信功能的通信结构可用来实现一个分布式操作系统。

客户/服务器模式是实现信息系统和网络潜力的重要技术之一,它能够显著改善系统的生产率。客户/服务器计算中,其应用被分散到单个用户工作站和个人计算机上。同时,服务器上的资源对所有用户是可用的。所以,客户/服务器计算是集中计算和非集中计算的混合形式。

中间件在分布式系统的应用中起了十分重视的作用。

任何分布式系统中的关键机制都是进程间通信。经常使用的技术有两个:消息传递和远程过程调用。消息传递是在一个系统中生成消息,应用相同类型的会晤和同步规则去传递和接收消息。使用远程过程调用时,不同机器上的两个程序通过使用过程调用/返回进行交互。调用者和被调用者就好像运行在同一台机器上一样。

习　题

9.1　简述分布式操作系统与网络操作系统的异同。

9.2　比较客户/服务器结构与集中式结构的特点。

9.3　中间件的主要作用是什么?

9.4　什么是远程过程调用(RPC)?试述实现RPC的基本原理。

第10章 分布式进程管理

本章先讨论分布式操作系统所用的进程迁移机制，它是分布式操作系统中的关键性问题；接着，讨论不同系统上的进程如何协调它们的行为；最后，讨论分布式进程管理中的两个主要问题：互斥和死锁。

10.1 进程迁移

进程迁移就是将一个进程的状态，从一台机器（源机）转移到另一台机器（目标机）上，从而使该进程能在目标机上执行。这个概念主要来自于对大量互连系统间负载平衡方法的研究，但其应用已超出了负载平衡领域。

10.1.1 进程迁移的动机

进程迁移在分布式操作系统中的重要性体现在以下几个方面：

① 负载共享。通过将进程从负载较重的结点迁移到负载较轻的结点，使系统负载达到平衡，从而提高整体执行效率。对于一个大型作业来说，可以明显缩短其完成时间。经验表明，这是可行的，但要注意设计负载平衡算法，以防止由于进程的迁移而导致通信量的剧增。一般，分布式系统实现负载平衡所需的通信量越多，系统的执行效率就越低。

② 减少通信开销。可以将相互间紧密作用的进程迁移到同一结点，以减少它们相互作用期间的通信耗费。同样，一个进程在对比它自身要大得多的某一文件或文件集进行数据分析时，将进程迁移到数据所在处比移动数据本身要好些。

③ 可获得性。运行时间较长的进程在出现错误时可能需要迁移。那么，一个想继续的进程既可以迁移到另外的系统，也可以推迟运行，待错误恢复后在当前系统中重新开始。无论是那种情况，都需要分布式操作系统的调度和处理。

④ 利用特定资源。一个进程可以迁移到某特定结点上，以利用该结点上独有的硬件或软件功能。

10.1.2 进程迁移机制

在设计一个进程迁移机制时要考虑许多问题，其中包括：

① 由谁来激发迁移？

② 进程的哪一部分被迁移？如何进行迁移？

③ 如何处理未完成的消息和信号?

1. 迁移激发

由谁激发迁移取决于迁移机制的目的。若其目的在于负载平衡,那么,通常由操作系统中掌管系统负载的组件决定什么时候进行迁移。该组件负责抢占或通知将被迁移的进程,并决定进程迁移到哪里,该组件需要同其他类似组件通信,以掌握其他系统的负载情况;若其目的在于获得特定资源,那么,可由需要资源的进程自行决定何时进行迁移,这种迁移也称为自迁移(Self-migration)。对前一种情况,整个迁移作用以及多系统的存在,对进程都可以是透明的;对后一种情况,进程必须了解分布式系统的分布情况。

2. 迁移什么

当迁移一个进程时,必须在源系统上破坏该进程,并在目标系统上建立它。这才是进程的移动,而不是复制进程。因此,进程映像,至少包括进程控制块,必须移动。另外,这个进程与其他进程间的任何链接(例如,那些附带的消息和信号)也必须更新。图10.1对此作了解释。进程3从机器S迁移到机器D上,该进程包含的所有链接标识符(由小写字母表示)保持原状,由操作系统负责迁移进程控制块和更新链接映射。进程从一台机器迁移到另一台机器的过程,对迁移进程及其通信进程来说都是不可见的。

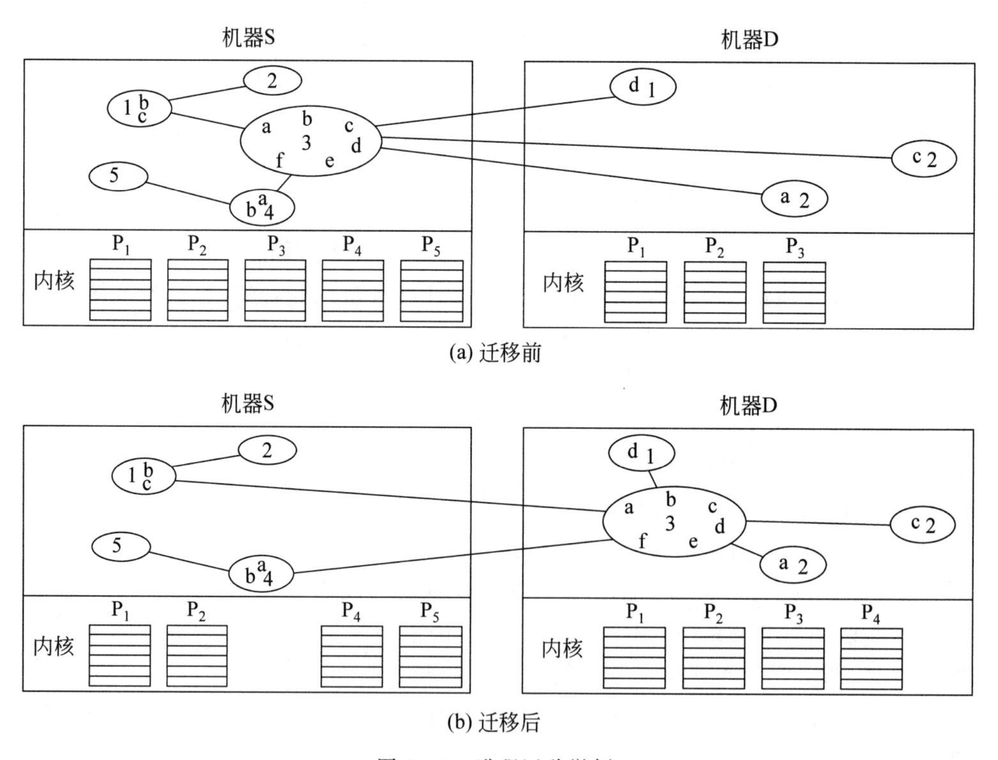

图10.1 进程迁移举例

从执行的角度看,进程控制块移动的困难之处在于进程地址空间的传送和进程打开文件的传送。考虑第一个问题——进程地址空间的传送,假设用虚拟存储策略(分段或分页),有两种方法:

① 迁移时传送整个地址空间,这当然是最简单的方法,也可以使原系统中不在存有该

进程的任何信息。但是，如果地址空间非常大，而进程并不需要地址空间中的大部分，那么这种方法就可能太昂贵了，显然没有必要。

② 仅传送那些在主存中的地址空间部分，在需要时再传送虚拟地址空间中的段，这可使传送的数据量最少，但需要源机在进程生存期间不断修改段表或页表。

如果进程并不使用太多的非内存地址空间(例如，进程仅暂时到另一台机器上对一个文件进行操作，然后返回)，那么第二种方案比较好。如果要逐渐访问那些不在内存里的地址空间，那么在迁移时一次性地传送所有需要的地址空间更为有效和适合了。

许多情况下，不可能预先知道是否需要较多的非内存地址空间。虽然，如果进程的结构用线程来表示，并且迁移的基本单位是线程而不是进程，那么第二种策略看起来较好。但是，由于进程余下的线程即使被留在后面，同样也需要访问进程的地址空间，因此，第二种策略几乎被淘汰。Emerald 操作系统实现了线程的迁移。

对打开的文件作类似考虑。如果文件最初与将被迁移的进程在同一系统中，且该文件被该进程加了互斥访问锁，那么将文件与进程一起传送就比较好。但有可能进程仅暂时迁移并且直到返回都不需要这个文件。因此，仅在迁移进程有访问需求时才传送整个文件较好。

3. 消息和信号处理

对于那些未完成的消息和信号，可通过一种机制进行处理：在迁移进行时，暂时存储那些完成的消息和信号，然后将它们直接送到新的目的地，有必要在迁移出发的位置将正在发出的信息维持一段时间，以确保所有的未完成消息和信号都被传送到目的地。

10.1.3 一种迁移方案

下面讨论在 IBM 的 AIX 操作系统上的一种迁移机制，它是自我迁移的典型代表。AIX 操作系统是一种分布式的 UNIX 操作系统，在 LOCUS 操作系统上可得到类似的机制。实际上，AIX 系统是对 LOCUS 的改进。

迁移按以下事件序列进行：

① 当进程决定迁移自身时，它选择一个目标机，发送一个远程消息，该消息带有进程的部分映像及打开文件信息。

② 在接收端，内核服务进程生成一个后代，将这个信息交给它。

③ 这个新进程收集完成其操作所需的数据、环境、自变量及栈信息。如果程序文本是不纯的，那么它是被复制过来的；如果是纯的，那么它就是全局文件系统所要求的页面。

④ 迁移完成时通知源进程，源进程就发送一个最后完成消息给新进程，然后破坏自己。

当另一个进程激发迁移时有类似的操作序列，其不同之处在于要迁移的进程必须被挂起，使它在被迁移时处于非运行的状态。

在上述方案中，迁移是一个自动的过程，它用许多步来移动进程映像。当迁移是由另一个进程激发，而不是自我迁移时，其方案就是将进程映像及其整个地址空间复制到一个文件里，利用文件传送机制将这个文件复制到另一台机器上，然后在目标机上按该文件重新生成进程。

10.1.4 进程迁移的协商

进程迁移涉及进程迁移的决定,在某些情况下,由单个实体作决定。例如,如果进程迁移的目标在于负载平衡,则由负载平衡组件监管一些机器上的相关负载情况,在有必要保持负载平衡时执行迁移;如果使用自我迁移机制以使进程可以访问特定资源或较大的远程文件,那么由进程自己作决定。但是,有些系统允许指定的目标系统参与作决定,主要是为了保持对用户的响应时间。例如,将进程迁移到用户所在系统对整个分布式系统来说可以提供更好的整体平衡性,但是系统对本用户的响应时间却可能有明显的下降。

Charlotte采用的是迁移协商(negotiation of migration)机制,是由若干个Starter进程负责迁移策略(什么时候将哪个进程迁移到什么地方),及作业调度和内存分配。因此,Starter可以在这3方面进行协调,每个Starter进程可以控制一簇机器,Starter从它控制的每台机器的内核获取当时的详细负载统计信息。

必须由两个Starter进程联合来决定迁移,如图10.2所示,并按以下步骤进行:

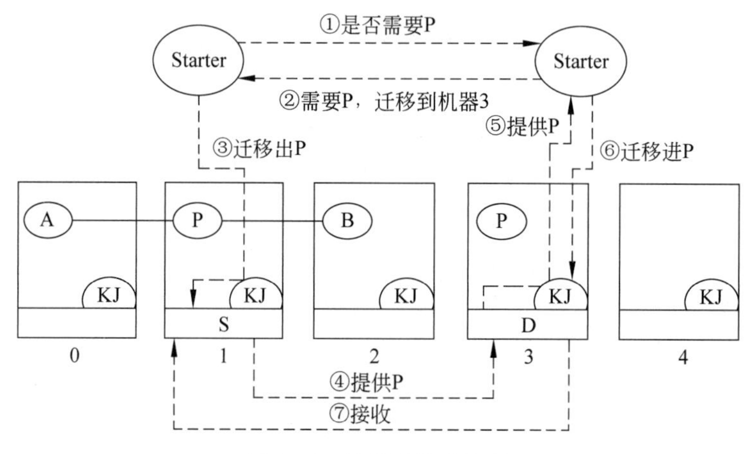

图10.2 进程迁移的协商

① 由控制源系统S的Starter决定将进程P迁移到特定的目标系统D,它发送一个消息给D的Starter,要求传送。

② 如果D的Starter准备接受进程P,就回复一个肯定的确认。

③ S的Starter通过服务请求的方式将这个决定传给S的内核(如果Starter在S上运行),或者将消息传给S机上的KernJob(KJ)进程,将来自远程进程的消息转换成服务请求。

④ S的内核将进程P传给D,包括对P的年龄、处理器、通信负载的统计。

⑤ 如果D资源不足,它可以拒绝接受,否则,D的内核就把来自S的信息传给它的控制Starter。

⑥ Starter通过一个迁入(MigrateIn)请求与D协商决定迁移策略。

⑦ D保留必要的资源以避免死锁和流控问题,然后给S返回一个接收信息。

Charlotte进程迁移功能有三个重要的特征:

① 它把决策机制从嵌入内核的迁移机制中分离出来。

② 迁移对迁移进程和与其相连的进程是透明的。

③ 迁移进程可以在任何时候被抢先，被中断的进程可以移到另一个结点中。

图10.2显示了两个进程 A 和 B，有链与 P 链接。按上述步骤，S所在的机器1必须发给机器0和2一个链接更新消息，以保持 A 和 B 与P之间的链接。之后，通过P的任一链接发给P的消息，都将直接发给D，这些消息可与上述各步同时进行交换。

在步骤⑦及所有链接更新后，S将P的所有现场情况收集到一个消息中，发给D。

机器4同样在运行，但它与这次迁移无关，因此，在这段时间里它与其他系统没有通信。

10.1.5 进程驱逐

协商进程允许一个系统将迁移到其上的进程驱逐出去。例如，如果一个工作站空闲，则可能有一个或多个进程迁移到其上，一旦该工作站上的用户要使用，就有必要将迁移来的进程驱逐出去，以给用户提供足够的响应时间。

Sprite提供了这种驱逐能力。在Sprite中，每个进程在其生存期内都好像仅在一个主机上运行。这台主机是该进程的"家结点(home node)"，如果某进程被迁移，它就成为目标机上的"外来进程(foreign process)"。目标机任何时候都可驱逐外来进程，于是外来进程有可能被迫迁移回其"家结点"。

Sprite的驱逐机制包含如下部分：

① 每个结点都有一个根据当前的负载来决定什么时候接受新的外来进程的监管进程。如果监管进程检测到其工作站上的用户要使用该工作站的行为，它就对每个外来进程激发一个驱逐过程。

② 如果一个进程被驱逐，它就迁移回其家结点，在其他结点可以使用时该进程又可进行迁移。

③ 尽管驱逐所有进程需要一段时间，但被标记驱逐的所有进程可以被立即挂起。如果允许一个被驱逐进程在等待驱逐期间运行，则可以减少该进程的冻结时间，也可以保持驱逐操作进行时主机对其他事务的处理能力。

④ 将被驱逐进程的整个地址空间传送回家结点，通过在以前的主机恢复迁移进程的内存映像，可以减少迁移进程的时间。但这需要该主机划出一部分资源开销，留给被驱逐进程使用。

10.1.6 抢占及非抢占进程的迁移

抢占进程的迁移，包括传送一个部分运行的进程，或者是已生成但还未运行的进程。非抢占进程的迁移在负载平衡中很有用。其优点是可以避免频繁的进程迁移，其不足在于对负载分配的突变反应不灵敏。迁移非抢占进程的方法较简单，仅传送那些尚未运行的进程，因此，不要求传送进程的状态。

这两种迁移，都必须将进程运行的环境信息传给远程结点，这包括用户当前的工作目录和进程继承的权限。

10.2 分布式全局状态

10.2.1 全局状态及分布式快照

在紧耦合系统中存在的所有同步问题,如互斥、死锁、饥饿,在分布式系统中同样存在。由于系统没有全局状态,故这方面的设计策略更复杂。也就是说,操作系统或任一个进程都不可能知道分布式系统中所有进程的当前状态。一个进程可以通过访问内存中的进程控制块而得知本地系统上所有进程的当前状态。对于远程进程,只能通过消息原语接收状态信息,但这些状态信息只表示远程进程某一时刻(通常是过去的某一时刻)的状态。

由于分布式系统结构中的时间滞后不可避免,因而其与同步相关问题的解决更加复杂,因此,用进程/事件图(见图10.3和图10.4)来解释这个问题。在这些图中,每个进程都用一个水平轴表示时间,其上的点表示事件(如内部进程事件、发送消息、接收消息)。点外的方块表示在该点获得的本地进程状态的快照。箭头表示两进程间的消息。

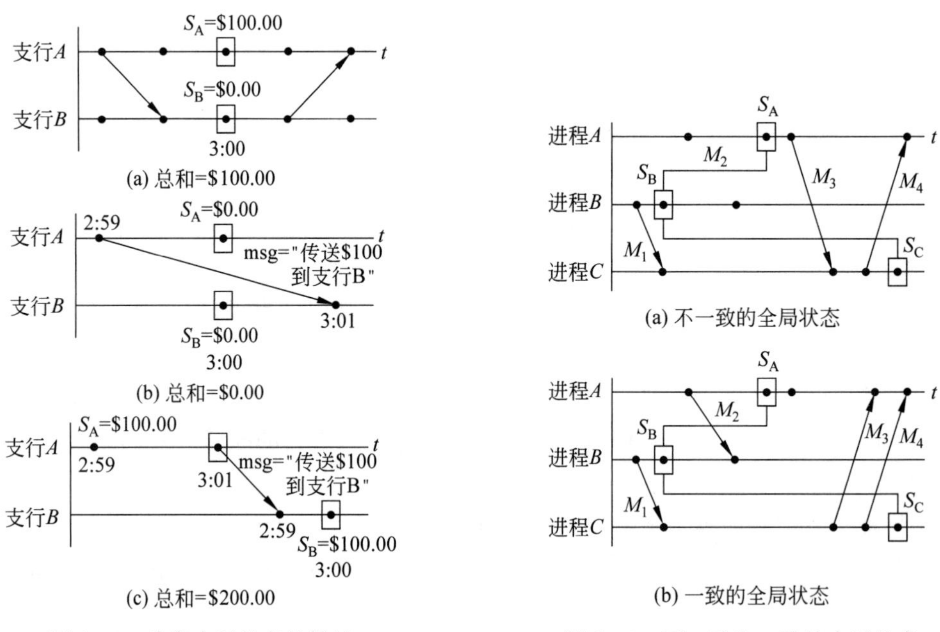

图10.3 确定全局状态的例子

图10.4 不一致和一致的全局状态

例如,一个用户的银行记录分布在两个支行中,为统计该用户的总存款数,必须统计其在每一支行的存款量。假设在下午3点作统计,图10.3(a)表示两记录中的100美元的平衡情况。但是,图10.3(b)的情形也是可能的:支行A正传送该款项给支行B,就得到错误的结果0美元。这时,若检查所有正传送的消息,就可以解决这个问题。支行A保留所有传出存款的记录,记录传送目标的确认结果,并将当前存款量和传送记录都包含在支行存款量中。这时,观察者就会得到一个离开支行A向B传送的用户款项。由于该款项尚未到达B,因此,将其加入到总数量中,任何传送并已收到的款项仅计算一次。

图10.3(c)所示的策略并不安全,如果两支行的时钟并不完全同步,支行A下午3点用户存款为100美元,在支行A时钟为下午3:01时传送给支行B,若这时B时钟却为2:59,

即在2:59收到，则款项在3:00就被计算了两次。

考虑到这些问题，为了寻求一个合适的解决方案，首先对下面术语给出定义：

① 通道。如果两个进程交换信息，那么它们之间就有一个通道。可把通道看成是传送消息的路径或方法。为了方便，通道只是单向的。因此，如果两个进程交换消息，就需要两条通道，各自负责一个方向的消息传送。

② 状态。一个进程的状态就是该进程所带通道发送和接收的消息序列。

③ 快照。一张快照记录一个进程的状态，每张快照包括上次快照后所有通道上发送和接收的所有消息的记录。

④ 全局状态。所有进程的联合状态。

⑤ 分布式快照。快照集，一个进程一个。

面对的问题是，由于消息传送的时间滞后，不能决定真正的全局状态。希望通过从所有进程收集快照来决定全局状态。例如，在快照时，图10.4(a)的全局状态表示在通道(A,B)、(A,C)、(C,A)上都有一个消息在传送，消息2(M_2)和4(M_4)是正确的，但是，消息3(M_3)不正确。

希望分布式快照记录一个一致的全局状态。如果每个接收消息进程状态中的接收记录都与该消息在发送消息进程状态中的发送记录相对应，那么全局状态是一致的，如图10.4(b)的信息所示。如果一个进程记录了一条消息的接收，但相应的发送消息进程没有记录消息已发送的信息，就会发生不一致的全局状态。

10.2.2 分布式快照算法

在记录一致的全局状态的分布式快照算法中，假设消息按序发送并且没有丢失(诸如TCP等可靠的传输协议可以满足这些要求)，算法用到一个专门的控制消息，叫做marker。

一些进程在发送更多消息前，记录其状态并通过所有输出的通道发送给marker，从而激发该算法。每个进程P都按如下步骤进行。第一次收到marker(来自进程q)，接收进程p执行如下步骤：

① 记录其当前局部状态S_p。

② 将从q到p的输入通道记录为空状态。

③ 将marker沿所有输出通道传送给其所有邻居。

P只有在以上的三步被自动执行完毕后，才可以开始接收或发送消息。

在记录了状态后，当p从另外的输入通道(来自进程r)收到一个marker时，接收进程p就执行下面的步骤：

① 将从r到p的状态记为：从p记录其状态S_p到它接收来自r的marker这段时间内，p从r收到的消息序列。

② 一旦所有输入通道都收到marker，算法在这个进程上中止。

现对算法讨论如下：

① 通过发送一个marker，使任何进程都可开始该算法。实际上，几个结点各自独立地记录状态，算法仍有效。

② 若每个消息(包括marker)都在有限时间内传送，则算法将在有限时间内终止。

③ 这是一个分布式算法，每个进程都记录自己的状态和所有输入通道的状态。

④ 一旦所有状态都记录了(算法在所有进程都中止了),算法就得到一致的全局状态。每个进程将它记录的数据从每个输出通道发送出去,同时每个进程都将它接收到的状态数据从每个输出通道向前传送,这样每个进程都可得到一致的全局状态。另一种方法是,由初始进程向所有进程索要全局状态。

⑤ 算法不受影响,也不被进程采用的任何其他的分布式算法影响。

下面讨论算法的用法。如图 10.5 所示,一个结点代表一个进程,两结点间的连线表示一个单向通道,箭头表示方向。假设快照算法在运行,每个进程在每条输出通道有 9 条消息发送,进程 1 在发送 6 条消息后要记录全局状态,进程 4 在发送 3 条消息后要记录全局状态。中止后,从每个进程收集快照,结果如图 10.6 所示。进程 2 在记录状态前从它的每条输出通道各发送 4 条消息,分别给进程 3 和进程 4。它在记录状态前从进程 1 收到 4 条消息,将消息 5 和 6 留在通道中。检查快照的一致性:每条消息或者在目标进程被接收,或者已被标记为在通道中传送。

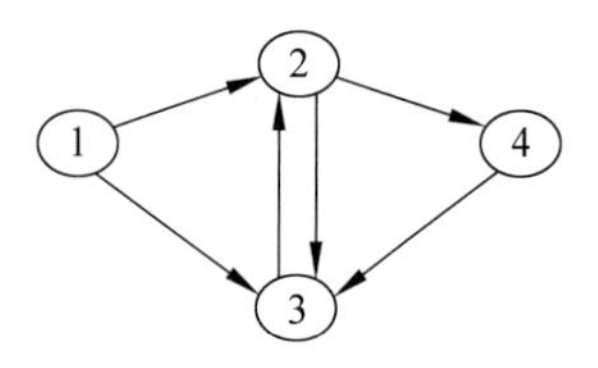

图 10.5　进程和通道图

进程 1
　　输出通道
　　　　2 发送 1,2,3,4,5,6
　　　　3 发送 1,2,3,4,5,6
　　进入通道
进程 2
　　输出通道
　　　　3 发送 1,2,3,4
　　　　4 发送 1,2,3,4
　　进入通道
　　　　1 接收 1,2,3,4 存储 5,6
　　　　2 接收 1,2,3,4,5,6,7,8
进程 3
　　输出通道
　　　　2 发送 1,2,3,4,5,6,7,8
　　进入通道
　　　　1 接收 1,2,3 存储 4,5,6
　　　　2 接收 1,2,3 存储 4
　　　　4 接收 1,2,3
进程 4
　　输出通道
　　　　3 发送 1,2,3
　　进入通道
　　　　2 接收 1,2 存储 3,4

图 10.6　快照举例

分布式快照算法有效、灵活,它可将任何集中式算法用于分布式环境,这是因为任何集中式算法的基础都是知道全局状态。也可在分布式算法中设置检查点(check point),以便在失败或错误时撤销并且以较低代价恢复。

10.3　分布式进程管理——互斥

在第 3 章和第 4 章中曾提到的并发进程执行的相关问题,其中两个主要问题就是互斥和死锁。这两章主要讨论在单机系统中只有一个主存而有多个进程的环境下解决这个问题的方法。为解决分布式操作系统和没有共享主存的多处理器中发生的相关问题,就需要新的解决方法。互斥和死锁算法必须依靠消息的交换,而不能依靠对主存的访问。本节和 10.4 节分别讨论分布式操作系统中的互斥和死锁问题。

10.3.1 分布式互斥问题

当两个或多个进程竞争系统资源时，有必要利用互斥机制，假设两个或更多的进程都要使用单一非共享资源，如打印机。执行时，每个进程向 I/O 设备发命令，收到状态信息，发送数据，或接收数据。把这样的资源看做是临界资源，程序中使用这类资源的部分看做是程序的临界段。在某一时刻仅允许一个程序位于其临界段。

进程的并发运行要求能够定义临界段和实行互斥，要支持互斥必须满足以下要求：

- 在某一时刻，仅允许若干拥有同一资源或共享临界段的进程中的一个进入临界段。
- 在非临界段运行结束的进程，不能影响其他进程。
- 访问临界段的进程，不能无限期地被延迟，即无死锁和饥饿发生。
- 没有进程在临界段时，应允许任何要求进入临界段的进程进入。
- 对进程执行速度或进程数无任何假定。
- 一个进程在其临界段中只逗留有限时间。

图 10.7 描述了一个可用来在分布式环境中解决互斥问题的模型。假设系统由网络互连，并且假设由操作系统中的某一进程来进行资源分配。每个这样的进程都控制一些资源并为一些用户进程服务。其任务就是设计一个算法，使多个并发进程相互合作以实行互斥，并且保证为实现进程同步所付出的开销较小。

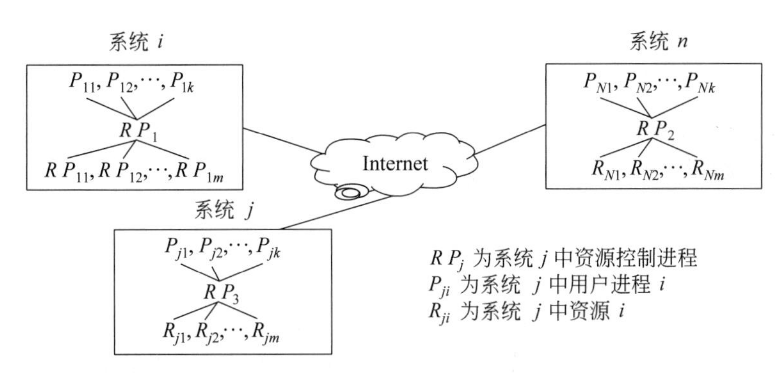

图 10.7 分布式进程管理中互斥问题模型

互斥算法可以是集中式的，也可以是分布式的。在集中式算法中，将有一个结点作为控制结点，控制对所有共享对象的访问。当任一进程要求访问临界段时，它就发送一个 Request 消息给本地资源控制进程，资源控制进程就发送一个 Request 消息给控制结点。当其共享对象可用时，控制结点就返回一个 Reply(允许)消息；当进程使用完资源后，就发送一个 Release 消息给控制结点。这个集中式算法有两个特点：

(1) 只有控制结点才能分配资源。

(2) 所有必要信息都集中在控制结点，包括所有资源的性质和位置，以及每个资源的分配状态。

集中式算法简便，对互斥的实施很明了：直到资源被释放，控制结点才满足对该资源的要求。只要控制结点是公平的，如先到先服务，就不会出现饥饿现象。但是，这种方法有几个缺点，如果控制结点失效，必须找到另一个结点继承其任务否则互斥机制就无用了，而这个确定继承结点的工作并不轻松。另外，资源的分配和回收都需要与控制结点交换消息，因此,控制结点就成为了系统性能的瓶颈。

由于集中式算法存在上述问题,有必要设计分布式算法,分布式算法应有如下特性:

① 所有结点差不多有同等的信息量。

② 每个结点只有整个系统的部分信息,必须根据这些信息作决定。

③ 所有结点共同负责作最后决定。

④ 所有结点对最后决定所起的作用相同。

⑤ 一般,一个结点失效,不会引起整个系统的失效。

⑥ 没有调整事件计时的统一的系统共同时钟。

这些特性说明,由于分布式系统中不存在一个中心控制结点,因此系统显得更为健壮,任何一个结点的故障或错误不会无限传播,但是也正是由于每个结点都参与控制资源的分配而增加了系统的耗费。

需要对第②点和第⑥点作进一步说明:

对第②点,一些分布式算法允许结点之间相互交流信息。即使这样,在某一时刻,仍有一些信息可能被滞留在传递中,未能及时到达其他结点。因此,由于消息传递的滞后性,当前结点的信息可能不是最新的。

对第⑥点,由于系统通信的延迟,要求所有系统有一个统一的时钟是不可能的;使所有本地时钟都与中央时钟完全同步也很困难,经过一段时间后,有些本地时钟可能偏移。

由于通信的延迟,再加上没有统一的时钟,就使得在分布式系统中实行互斥机制比在集中式系统中要困难得多。在研究分布式互斥算法前,我们先讨论解决统一时钟问题的一般方法。

10.3.2 分布式系统的事件定序——时戳方法

大多数互斥和死锁的分布式算法的基本操作是对事件进行定序(Event Ordering)。没有统一时钟或没有同步的局部时钟是主要问题,可用下述方法表示,系统 i 中的事件 a 在系统 j 中的事件 b 之前,并且希望在网络中得到公认,但是,由于以下两个原因而难以实现:第一,一个事件的实际发生与在系统中实际观察到它的时间之间可能有延迟;第二,缺少同步使不同系统中的时钟有偏差。

为了解决这个问题,用“时戳”对分布式系统中的事件定序,而不需要物理时钟。这种方法很有效,在绝大多数互斥和死锁算法中都用到它。

首先,对事件下一定义。讨论一个系统的行为、一个事件,如一个进程进入或离开临界段,但是,在分布式系统中,进程间通过消息相互作用,因此,有必要将事件与消息联系起来。事件与消息联系起来很简单。例如,一个进程在它想进入临界段或要离开临界段时可以发送一条消息。因此,每一个进程发送一条消息,在消息离开该进程时就可定义一个事件。

时戳方法就是对由消息传送的事件定序。网络中的每个系统 i 都有一个本地计数器 C_i,它相当于一个时钟。每次系统传送一条消息就将其计数器加1,消息按(m,T_i,i)形式传送。其中,m 为消息的内容,T_i 为消息的时戳,i 为该站点的编号。

当该消息达到时,接收系统 j 将它的时钟置为

$$C_j = 1 + \max[C_j, T_i]$$

在每个站点，事件的顺序按下面的规则决定。对 i 处的消息 x 和 j 处的消息 y，如果满足下面一个条件，就称 x 先于 y：

① $T_i < T_j$；

② $T_i = T_j$ 并且 $i < j$。

消息事件的时间就是该消息所带的时戳，这些时间按上面两个规则来决定顺序，也就是说，时戳相同的两个消息事件的顺序按它们的编号排列。由于这个规则的运用独立于站点，因此，这个方法可以避免通信进程由不同时钟偏移所引发的任何问题。

图 10.8 给出了该算法运行的一个例子，其中有 3 个站点。每个站点由一个控制时戳算法的进程表示。进程 P_1 在时钟值 0 时开始，为传送消息 a，它将时钟加 1 传送(a,1,1)，第一个 1 表示时戳，第二个表示站点。该消息由站点 2 和 3 处的进程接收。在这两种情况下，当地时钟都是 0，并且被置为 $2=1+\max[1,0]$。P_2 要传送下一个消息时，首先将其时钟增加到 3；接收这条消息后，P_1 和 P_3 必须将它们的时钟增到 4。接下来，P_1 发消息 b，同时 P_3 发消息 j，并且有相同的时戳，根据定序规则，并不会产生冲突。所有事件发生后，所有站点的消息定序都相同，都是{a，x，b，j}。

该算法并不注重两个系统间通信时间的差别，如图 10.9 所示，其中 P_1 和 P_4 发送的消息有相同时戳，在站点 2 处来自 P_1 的消息比来自 P_4 的到得早，但是，在站点 3 来自 P_1 的消息比来自 P_4 的要晚。然而，在所有站点都收到消息后，消息事件定序在各处都一样，都是{a，q}。

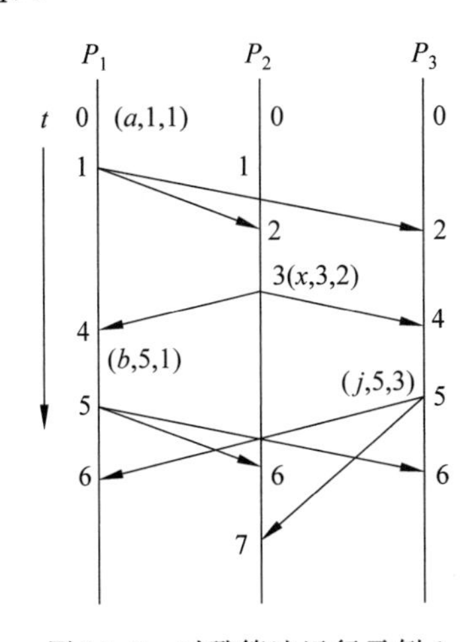

图 10.8　时戳算法运行示例 1

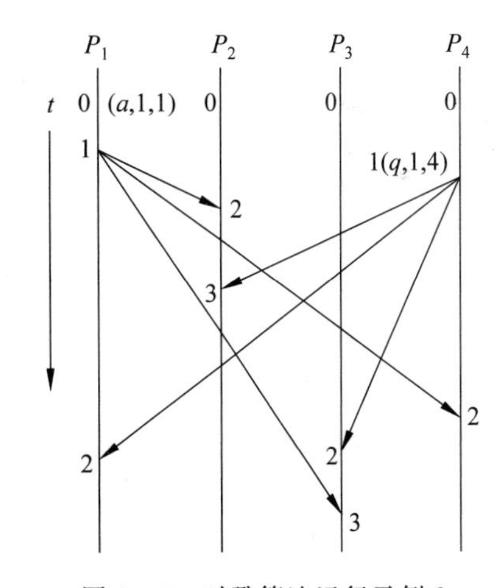

图 10.9　时戳算法运行示例 2

注意：此方法所得的序列并不一定与实际时间顺序相同。由于算法基于时戳，因此，哪一个事件真正先发生并不重要，重要的是调用算法的所有进程都遵循这一事件定序规则。

在刚刚讨论的例子中，每条消息都是从一个进程传向另外所有的进程。如果有些消息不按这种方式传送，就不可能在所有位置得到相同的消息序列。在这种情况下，就要汇集部分序列。但是，我们主要在分布式算法中利用时戳来解决互斥和死锁。在这种算法中，一个进程通常发一条消息(带时戳)给其他所有进程，时戳用来决定消息如何处理。

10.3.3 分布式互斥算法

1. Lamport 算法

最早提出的分布式互斥方法是 Lamport 算法，它基于分布式队列的概念，该算法基于以下假设：

① 分布式系统由 N 个站点组成，每个站点有唯一编号，从 1 到 N。每个站点都仅有一个进程负责进行互斥访问资源，也负责处理那些同时到达的请求。

② 按发送的顺序接收从一个进程到另一个进程的消息。

③ 每条消息都在有限时间内正确地送到目的地。

④ 网络是全互连的，这意味着进程间可以两两直接发送信息，不需任何结点中转。

假设②和③可通过一个可靠传输协议来实现。为了简便，假设每个站点仅控制一个资源。

我们试图将该算法一般化，使它也能在集中式系统中运行。如果由一个中央进程来管理资源，则可以将输入请求排序，按先进先出方式满足请求。要在分布式系统中得到这样的算法，所有站点必须有这种队列的拷贝。可用时戳来确保所有站点都符合资源要求的顺序。现在的问题是：由于网络传送消息需要一定时间，就可能发生多个站点对哪个消息是队列的头产生不一致的看法。如图 10.9 所示中，在消息 a 到达 P_2 和消息 q 到达 P_3 时，还有另外的消息在传送。因此 P_1 和 P_2 认为消息 a 是队列头，而 P_3 和消息 P_4 认为消息 q 是队列头，这就不满足互斥的要求，于是增加以下规则：如果一个进程要根据它的队列进行分配时，就需要从所有其他站点收到一个消息，以确保没有比它自己队列头更早的消息还在传送之中。

算法所用的数据结构可以是一个队列，也可以是一个数组，若是数组，则每个站点占其中一个数据项：项 $q[j]$ 表示来自 P_j 的消息。数组初始化为

$$q[j] = (\text{Release}, 0, j), \quad j = 1, \cdots, N$$

本算法中用到以下 3 种消息。

(1) (Request, T_i, i)：P_i 请求访问资源。

(2) (Reply, T_j, j)：P_j 允许对它所控制的资源进行访问。

(3) (Release, T_k, k)：P_k 释放以前分配给它的一个资源。

Lamport 算法如下：

① 当 P_i 请求访问资源时，它发送一个请求(Request, T_i, i)，时戳是当前本地时钟值。它将此消息放入自身数组的 $q[i]$ 中，然后，将这个消息传给所有其他进程。

② P_j 收到请求(Request, T_i, i)后，将这个消息放入自身数组的 $q[i]$ 中，并传送(Reply, T_j, j)给所有其他进程(并且将这个消息也放置在自身数组中)。这一步就是为了满足上述规则，以确保在作决定时没有更早的消息在传送。

注意：若 P_j 在收到 Request 消息前也已提出过对同一资源的访问请求，那么其 Reply 消息上的时戳就应比(T_i, i)小。

③ P_i 满足下面两个条件就可访问一个资源(进入其临界段)：

- 数组 q 中 P_i 的请求消息是数组中最早的请求消息。由于消息在所有站点的顺序一致，这个规则允许在任一时刻仅有一个进程访问资源。

- P_i 确定已收到其他所有进程的其时戳都比(T_i, i)小的响应消息。这个规则确保 P_i 已知道所有在它当前请求前面的请求。

④ P_i 通过发送$(\text{Release}, T_i, i)$消息来释放所占用的资源。该消息也置入其自身的数组项中,并传递给所有其他进程。

⑤ 当 P_i 接收到$(\text{Release}, T_j, j)$消息,它用该消息替换 $q(j)$的当前内容。

⑥ 当 P_i 接收到(Reply, T_j, j)消息,它用该消息替换 $q(j)$的当前内容。

很容易证明此算法满足互斥要求,且公平,不死锁,不饥饿。

① 互斥:通过时戳机制对消息定序,再根据这个顺序来处理进入临界段的请求。一旦 P_i获准要进入临界段,系统中就不可能再有其他的请求消息在其前传送,因为那时 P_i 已从其他所有站点收到了消息,通过这些消息上的时戳 P_i 可以确定它自己的请求消息在时序上是最前的,Reply 消息机制可以确保这一点。

② 公平:严格按照时戳顺序满足请求。因此,所有进程有相等的机会。

③ 无死锁:一旦 P_i 退出其临界段,它就发送 Release 消息,从而可使所有其他站点将 P_i 的 Request 消息删去,允许其他进程进入临界段。

为保证互斥,该算法需要 $3(N-1)$条消息:$(N-1)$条 Request 消息,$(N-1)$条 Reply 消息,$(N-1)$条 Release 消息。

2. Ricart 算法

Ricart 对 Lamport 算法进行了一些简化,希望将 Release 消息删去以优化原始算法。Ricart 算法的假设与 Lamport 算法的假设基本点相同。

同前,每个站点都有一个进程负责控制资源的分配。该进程有一个数组 q 并遵循以下规则。

(1) 当 P_i 请求访问资源时,它发出一个请求$(\text{Request}, T_i, i)$。时戳为当前本地时钟之值。它将这条消息放入自身数组 $q[i]$中,然后,将消息发送给所有其他进程。

(2) 当 P_j 收到请求$(\text{Request}, T_i, i)$后,按如下规则处理:

- 如果 P_j 正处于临界段中,就延迟发送 Reply 消息(见规则 4)。
- 如果 P_j 并不等待进入临界段,就发送(Reply, T_j, j)给所有其他进程。
- 如果 P_j 等待进入其临界段,并且到来的消息在 P_j 的 Request 后,则将到来的消息放入其数组的 $q[i]$中,并延迟发送 Reply 消息。
- 如果 P_j 等待进入其临界段,但是到来的消息在 P_j 的 Request 前,就将到来的消息放入其数组的 $q[i]$中,并发送(Reply, T_j, j)给 P_i。

(3) 如果 P_i 从所有其他进程都收到了 Reply 消息,它就可以访问资源(进入临界段)。

(4) 当 P_i 离开临界段时,它给每个挂起的 Request 发送一个 Reply 消息,从而释放资源。

该算法中每个进程的状态转换图如图 10.10 所示。

Ricart 算法处理过程如下:当一个进程想要进入临界段时,它就给所有其他进程发送一条带时戳的 Request 消息,当它从所有其他进程收到 Reply 后,它就可以进入临界段。当一个进程收到另一个进程的 Request 时,它必须酌情发送一个 Reply。如果该进程不想进入临界段,它就马上发送 Reply。若它想要进入临界段,它就将自己的 Request 的时戳与收到的 Request 的时戳进行比较,如果后者较迟,它就延迟发送 Reply;否则马上发送 Reply。

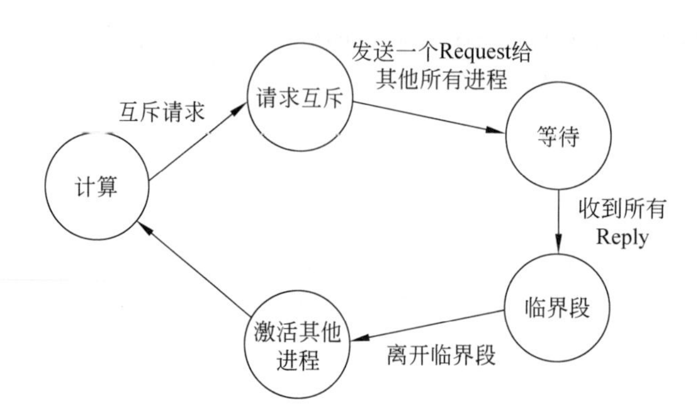

图 10.10　Ricart 算法的状态图

这里，Reply 消息实际上起到了 Lamport 算法中 Release 消息所起到的释放资源的作用。

在此算法中，需要 $2(N-1)$ 条消息：$(N-1)$ 条 Request 消息，表示 P_i 要进入临界段；$(N-1)$ 条 Reply 消息，以允许其他进程的访问。

本算法利用时戳来确保互斥，可以避免死锁。可以用反证法证明不会产生死锁：如果发生死锁，则在没有消息传送时，就会出现每个进程都发送了一个 Request 但没收到相应的 Reply 的情形。由于按 Request 的顺序来延迟 Reply，因此，这种情形不会出现。于是具有最早时戳的 Request 必定会收到所有相应的 Reply，从而不可能发生死锁。

饥饿也可以避免，这是因为 Request 是有序的。由于 Request 按序满足，每个 Request 在某时刻会成为最早的，于是会得到满足。

本算法主要存在以下的问题：

① 所有进程都必须知道系统中每个进程的名字。当有新进程加入时，会造成大量开销。

② 若一进程意外失效，则会导致发出 Request 的进程收不到全部响应。因此，系统必须提供某种机制，当某进程失效时，将其名字通知其他进程。

3. 令牌方法

一些学者提出了许多不同的方法，例如，通过在参与的进程中传递令牌(一种数据结构，如数组)来达到互斥。令牌在某一时刻只能被一个进程得到，握有令牌的进程无需请求就可进入临界段。当一个进程离开临界段时，它就将令牌传给另一个进程。

下面讨论一种有效的令牌方法。这个算法需要 2 个数据结构：令牌从一个进程传到另一个进程，它实际上是一个数组 token，其第 k 个元素记录上一次令牌传到进程 P_k 的时戳；每个进程也有一个数组 Request，其第 j 个元素记录上次从 P_j 收到 Request 的时戳。

算法过程如下：最初，将令牌随机分配给一个进程，即将该进程的 token present 置为 true，表示进程此时拥有令牌。当一个进程要进入临界段时，如果它拥有令牌就可进入；否则，它向所有其他进程广播带时戳的 Request 请求消息，等待直到它得到令牌。当进程 P_i 离开临界段时，它必须将令牌传给其他进程，它按 $i+1, i+2, \cdots, 1, 2, \cdots, i-1$ 的顺序搜索 Request 数组，找到第一个满足 P_j 最新要求的、时戳比其 token 中记录的 P_j 上一次拥有令牌的时间值要大的进程 P_j，也就是满足：Request[j]>token[j]的 P_j。这一规则就是为了确保令牌不会被重复发放给已经使用过令牌获得了资源，而且没有更新需求产生的进程。

下面的例子描述了令牌传递算法，该算法包括两部分：第一部分处理对临界段的使用，由前序、临界段、后序组成。

```
if not token-present then begin clock:=clock+1;          [Prelude]
                          broadcast(request, clock, i);
                          wait(access, token);
                          token-present:=True
                     end;
endif;
token-held:=True;
<critical section>
token(i):=clock;                                  [Postlude]
token-held:=false;
for j:=i+1 to n, 1 to i-1 do
  if (request(j)>token(j))∧token-present
    then begin
      token-present:=False;
      send(j, access, token)
    end
  endif;
When received(request, t, j) do
  request (j):=max (request(j), t);
  if token-present∧not token-held then
  <text of postlude>
  endif
enddo;
```

记号说明：

send(j, access, token)　将 access 消息和令牌 token 传给进程 j

broadcast(request, clock,i)　将进程 i 的请求消息和时戳 clock 传给所有其他进程

received(request, t, j)　从进程 j 收到请求消息及时戳 t

第二部分处理对一个请求的接收，时钟是作时戳用的本地计数器。

Wait(access,token)操作使进程等待直到 access 型的消息(该消息包括一个令牌值)已收到，然后将这个值放到数组 token 中。

该算法满足下面两种情况之一：

① 如果请求进程没有令牌，则需要 N 条消息($N-1$ 条广播请求，1 条传送令牌)。

② 如果进程已拥有令牌就不需要消息。

针对不同的系统结构可以具体设计出不同的令牌算法。

10.4　分布式死锁

在第 4 章中，将死锁定义为一个进程集的永久阻塞，这些进程或者竞争系统资源或者相互通信。这个定义对分布式系统同样有效。与互斥一样，死锁在分布式系统中会引起比共

享内存系统更为复杂的问题。由于没有一个站点能精确地知道整个系统的当前状态，并且两个进程的消息可能遇到不可预测的延迟，因此，死锁处理在分布式系统中非常重要，也相当复杂。

有两种类型的死锁：资源分配引起的死锁和消息通信引起的死锁。在资源分配引起的死锁中，这些进程都要访问资源，如数据库中数据对象或服务器上的I/O资源，若每个进程所请求的资源都被同一集合的其他进程占有，就会产生死锁。在通信引起的死锁中，消息是进程所等待的资源，如果一个进程集合中每个进程都在等待同一进程集合中其他进程的消息才能进行下一步动作，就会产生死锁。

10.4.1 资源分配中的死锁

在第4章中曾提到，只有满足以下所有条件时，才会出现资源分配的死锁：

① 互斥。一次只有一个进程能使用资源。

② 占有并等待。一个进程在占有分配资源的同时等待其他资源。

③ 非抢占。其他进程不能抢占已被分配给另一个资源。

④ 循环等待。存在一个封闭的进程链，每个进程至少正等待链中下一个进程所需的一个资源。

处理死锁的算法主要旨在预防循环等待的发生，或者检测实际以及潜在性的死锁发生。在分布式系统中，资源分布在不同的站点，对资源的访问由控制进程来控制，这些控制进程对系统当前全局状态并不完全了解，因此，必须根据局部信息来决定。于是，就需要新的死锁算法。

分布式死锁处理遇到的困难在于"死锁幻象"(phantom deadlock)。图10.11对死锁幻象进行了解释。$P_1 \rightarrow P_2 \rightarrow P_3$ 表示 P_1 请求 P_2 占有的资源，而 P_2 请求 P_3 占有的资源。假设在开始时，P_3 占有资源 R_a，P_1 占有资源 R_b，再假设现在 P_3 先发送一个消息释放 R_a，然后发送消息请求 R_b。如果第一个消息比第二个先到达循环检测进程，就出现图10.11(a)所示的结果，它正确反映了资源请求关系。但是，如果第二个消息比第一个先到，就显示死锁(见图10.11(b))。此时的死锁是虚假的，因为当释放 R_a 的消息到达后，环路条件将不存在。在集中式系统中不会出现这样的情况。

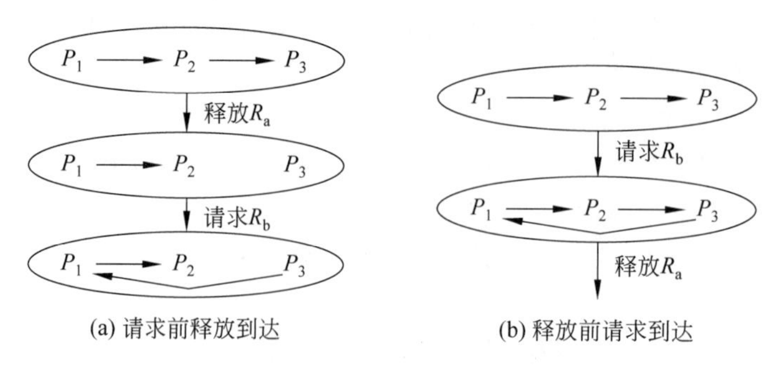

图10.11 死锁幻象

10.4.2 死锁预防

第4章讨论的死锁预防方法中有两种可以用在分布式环境中：

① 对网络中所有可共享资源进行线性排序。若一个进程分配了资源 R，那么它接下来只能请求排序处于 R 后的资源。这种方法可以防止出现循环等待，其缺点在于，由于资源并不是按它们使用的顺序请求。因此，资源可能比需要占有的时间要长。

② 一个进程一次请求它所需要的全部资源，通过阻塞该进程直到所有请求同时被满足为止，这可破坏占有并等待的条件。这种方法在以下两方面并不有效。第一，一个进程可能被阻塞很长一段时间以等待所有的请求被满足，而实际上它在部分资源上就可运行；第二，分配给一个进程的某些资源可能在进程占有的时间内使用频率很低，但在资源不被使用的时候也不能分给其他需要的进程使用。

这两种方法都需要进程事先就知道它所需要的资源，这并不总是可能的，例如，在数据库的应用中，往往会动态加入一些新项。下面讨论两个不需要这种预见知识的算法，由于我们是围绕数据库讨论，所以只对事务而不是对进程来讨论。

这里介绍的方法利用了时戳。每个事务在生存期内都带有其产生的时戳，从而使事务有了严格的顺序。如果资源 R 已在事务 T_1 中用过而被另一个事务 T_2 请求，就可以通过比较两者的时戳来解决冲突，这个比较可避免循环等待条件的形成。对这个基本方法作两种变化，就得到了 wait-die 方法和 wound-wait 方法。

wait-die 方法：

```
if e (T2)<e (T1) then halt T2 ('wait')
        else kill T2 ('die')
endif
```

wound-wait 方法：

```
if e (T2)<e (T1) then kill T1 ('wound')
        else halt T2 ('wait')
endif
```

上面的算法程序是 wait-die 方法的算法描述。下面结合一个图例解释算法执行过程。在图 10.12 中，(a)表示 T_1 占有了资源 R_a。T_2 占有了资源 R_b，并假定 $e(T_1)<e(T_2)$。当 T_1 提出对 R_b 的请求时，由于 $e(T_1)<e(T_2)$，所以让 T_1 等待，形成图 10.12(b)中所示资源分配图。接着 T_2 提出对 R_a 的请求，此时若不采取措施就将形成循环等待，但根据该算法，T_2 死亡，于是形成图 10.12(c)所示的资源分配图，从而避免了死锁。

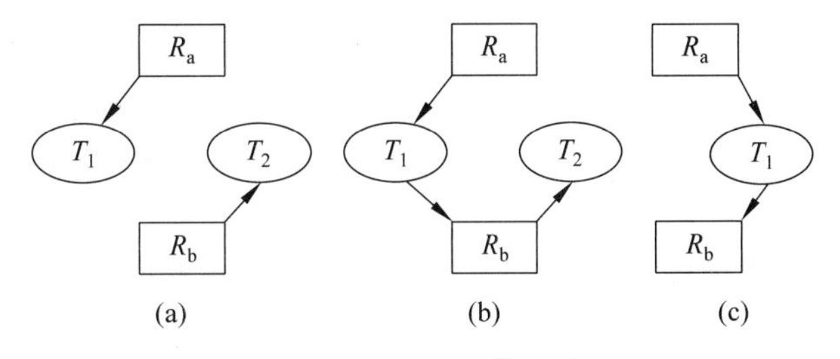

图 10.12 wait-die 算法演示

在发生冲突时，老事务有优先权，被杀死的年轻事务可以恢复，并且带着以前的时戳，这样，老事务会变得更老，从而获得更高的优先权。因此，不需要知道所有资源的分配状态，所需要的只是事务请求资源的时戳。

wound-wait将占有资源的年轻事务杀死,满足年老事务的请求。与wait-die方法相比,它使年老事务不用等待那些分配给年轻事务的资源。

10.4.3 死锁避免

死锁避免就是动态确定如果满足一个资源分配请求,是否会引起死锁。由于以下原因分布式死锁避免并不实际可行:

① 每个结点必须记录系统的全局状态,这就需要大量的存储和通信耗费。

② 检测安全全局状态的进程必须是互斥的,否则两个结点各自考虑一个不同进程的资源请求,可能得出满足请求是安全的结论,但实际上同时满足这两个请求会发生死锁。

③ 对有大量进程和资源的分布式系统而言,检查安全状态,需要相当大的开销。

10.4.4 死锁检测

有了死锁检测,就允许进程先获得它想要的资源,在其后再确定是否死锁。如果检测到死锁,则可选一个进程,释放其资源,从而破坏死锁。

1. 分布式死锁检测策略

分布式死锁检测的困难在于,每个站点仅知道自己的资源,而死锁可能涉及分布式资源。根据系统控制是集中的、分层的还是分布式的,相应有几种策略,如表10.1所示。

表10.1 分布式死锁检测策略

策 略	优 点	缺 点
集中式策略	• 算法简单,易于实现 • 中央站点有全部信息并且可以解决死锁	• 通信开销大,每个站点必须将状态信息传给中央站点 • 中央站点易于失效
分布式策略	• 单个站点失效影响不大 • 不需要由某一个站点承担所有检测任务,提高了系统稳定性	• 死锁难于处理,因为可能会有几个站点检测到相同的死锁,而不知死锁涉及的其他站点 • 由于时序问题,难于设计
分层策略	• 单个站点失效影响不大 • 如果大多数潜在死锁已定位,那么死锁解决活动有限	• 很难指出潜在死锁;要明确指出潜在死锁,则耗费比分布式系统要大

集中式策略,由一个站点来负责死锁检测。在所有Request和Release消息送到控制特定资源的进程的同时,也送给这个中央进程。由于这个中央进程了解所有情况,因此在某种意义上可检测死锁。这种方法需要大量的消息,并且中央进程不能失效,另外,有可能检测出死锁幻象。

分布式需要所有进程合作来检测死锁。通常,这就意味着要交换相当数量的带时戳的信息。因此,其开销相当大。

2. 分布式死锁检测算法

现在讨论一种分布式死锁检测算法。该算法用于一个分布式数据库系统,其中每个站点只有部分数据库信息,并且事务可在每处初始化。每个事务最多只有一个未满足的资源请求。如果一个事务需要多于一个的数据对象,则只有在第一个数据对象被满足后才能请求第二个数据对象。

一个站点中的所有数据对象都有两个参数：唯一标号 D_i 和变量 Lock-by(D_i)，后面这个变量在数据对象没有任何事务加锁时为空；否则，其值就是加锁事务的标号。

一个站点中的所有事务 j 都有 4 个参数：

① 唯一标号 T_j。

② 变量 Held-by(T_j)，如果事务 T_j 在运行或者处于就绪态，就置为空；否则，其值就等于另外某个事务的标号，这个事务占有了事务 T_j 所请求的数据对象。

③ 变量 Wait-for(T_j)，如果事务 T_j 不等待其他事务，就置为空；否则，其值就等于处于阻塞事务序列头的事务标号。

④ 队列 Request-Q(T_j)，它包括对 T_j 占有的数据对象的所有尚未满足的请求。队列的每个元素都形如(T_k,D_k)，其中 D_k 是 T_j 占有的数据对象，T_k 是请求 D_k 的事务。

例如，假设事务 T_2 等待 T_1 占有的一个数据对象，而 T_1 又等待 T_0 占有的一个数据对象。于是相关参数的值如下：

事　务	Wait-for	Held-by	Request-Q	事　务	Wait-for	Held-by	Request-Q
T_0	nil	nil	T_1	T_2	T_0	T_1	nil
T_1	T_0	T_0	T_2				

这个例子中的重要之处在于 Wait-for(T_i)和 Held-by(T_i)的不同。在 T_0 释放 T_1 所需数据对象以前，T_1 和 T_2 都不能进行；在 T_0 释放该数据后，T_1 可以执行，随后释放 T_2 所需的数据对象。

下面的程序描述了用于死锁检测的算法。当一个进程请求对一个数据对象加锁时，与该数据对象相应的服务进程或者满足或者拒绝该请求。若请求没被满足，服务进程就返回占有该数据对象的事务标号。

```
{数据对象 Dj 收到 lock-request(Ti)}
begin
  if Locked-by(Dj)=nil then send granted
  else
    begin
      send not granted to Ti;
      send Locked-by (Dj) to Ti
    end
end

{事务 Ti 对数据对象 Dj 发出加锁请求}
begin
  send lock-request(Ti) to Dj;
  wait for granted/not granted;
  if granted then
    begin
      Locked-by(Dj):=Ti;
      Held-by(Ti):=∅;
```

```
      end
    else{假定 Dj 已被事务 Tj 使用}
      begin
        Held-by(Ti):=Tj;
        Enqueue(Ti, Request-Q(Tj));
        if Wait-for(Tj)=nil then Wait-for(Ti):=Tj
        else Wait-for(Ti):=Wait-for(Tj);
        update(Wait-for (Ti), Request-Q(Ti))
      end
  end.
  {事务 Tj 收到更新的消息}
  begin
    if Wait-for (Tj)≠Wait-for(Ti)
      then Wait-for(Tj):=Wait-for(Ti);
    if Wait-for(Tj)∩Request-Q(Tj)=nil
      then update(Wait-for(Ti), Request-Q(Tj))
    else
      begin
        DECLARE  DEADLOCK;
        {initiate deadlock resolution as follows}
        {Tj 被选择作为夭折的事务}
        {Tj 释放它所占用的全部数据对象}
        send-clear(Tj, Held-by(Tj));
        allocate each data object Di held-by Tj to
        the first requester Tk in Request-Q(Tj);
        for every transaction Tn in Request-Q (Tj)
         requesting data object Di held-by Tj do
          Enqueue (Tn, Request-Q(Tk));
      end
  end.

  {事务 Tk 收到 clear(Tj,Tk)消息}
  begin
    purge the tuple having Tj as the requesting transaction from Request-Q(Tk)
  end.
```

当请求事务收到允许响应时,它就对该数据结构加锁;否则,请求事务将其 Held-by 变量修改为占有该数据对象的事务标号,并将自己的标号加到占有事务的 Request-Q 中,将 Wait-for 变量或者修改为占有事务的标号(如果那个事务不在等待态),或者修改为占有事务的 Wait-for 变量值,这样 Wait-for 变量值就被置为那个最终阻塞执行的事务的标号。最后,请求事务向其 Request-Q 中所有事务发送一个更改消息,修改所有的 Wait-for 变量。

一个事务在收到一个更改消息时,就修改其 Wait-for 变量,以反映它最初等待的事务正被另一个事务阻塞,然后就进行死锁检测,看是否有它正在等待的事务也在等待它,如果没有,它就向前传递更新消息;如果有,就发送一个清空消息给占有它所需数据对象的事务,然后将它所占有的每个数据对象分配给它的 Request-Q 中第一个请求者，再将剩下的请求者加入到新事务的队列中。

图 10.13 描述了该算法的运行情况。当 T_0 请求 T_3 占有的一个数据对象时，就会产生一个循环。T_0 发出一个更新消息，从 T_0 向 T_1、T_2 传播。这时，T_3 发现其 Wait-for 和 Request-Q 的交集不空，就发送一个清空消息给 T_2，于是 T_3 从 Request-Q(T_2)中删去，释放其占有的数据对象，激活 T_4 和 T_6。

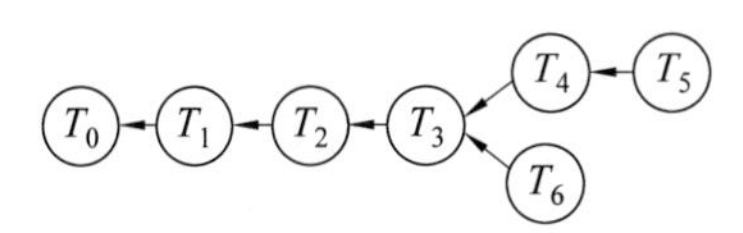

事务	Wait-for	Held-by	Request-Q
T_0	nil	nil	T_1
T_0	T_0	T_0	T_2
T_0	T_1	T_1	T_3
T_0	T_2	T_2	T_4,T_6
T_0	T_3	T_3	T_5
T_0	T_4	T_4	nil
T_0	T_5	T_3	nil

(a) T_0向T_3提出请求前的系统状态

事务	Wait-for	Held-by	Request-Q
T_0	T_0	T_3	T_0
T_1	T_0	T_0	T_1
T_2	T_0	T_1	T_2
T_3	T_0	T_2	T_4,T_6,T_0
T_4	T_0	T_3	T_3
T_5	T_0	T_4	nil
T_6	T_0	T_3	nil

(b) T_0向T_3提出请求后的系统状态

图 10.13　分布式死锁检测算法举例

10.4.5　消息通信中的死锁

1. 互相等待

当一组进程中的每一个成员都在等待组内另一个成员的消息，又没有任何消息在传送时，就会发生消息通信死锁。

为了更详细地解释这种情况，需定义一个进程的依赖集(DS)：进程 P_i 在因等待某个进程发出的消息而停止的同时，也期待着其他一些进程所发出的消息，所有这些进程的集合就是 DS(P_i)。如果任何期望消息到达，P_i 就可以运行。另一种说法是，只有在所有期望消息到达后，P_i 才能运行。前一种说法较普遍，我们在此讨论的也是这种说法。

有了前面的定义，进程集 S 的死锁可定义如下：

① S 中所有进程都停止，正等待消息。

② S 中所有的进程的独立集都包含在 S 中。

③ S 中的成员间没有传送消息。

④ S 中的所有进程都被死锁。

消息死锁和资源死锁有所不同。在资源死锁中，如果进程依赖图中存在封闭环，就表明存在死锁。若一个进程占有另一个进程所需资源，那么就说后面这个进程就依赖于前一个进程。在消息死锁中，产生死锁的条件是 S 中任何成员的后继都在 S 中，也就是说 S 是一个群。

图 10.14 对此作了解释。在图 10.14(a)中，P_1 等待来自 P_2 或 P_5 的消息；P_5 不等待，于是 P_5 可以发消息给 P_1，从而释放链(P_1，P_5)和(P_1，P_2)。图 10.14(b)中加入了一个依

赖：P_5 等待 P_2 的消息。这样，图10.14(b)就成了一环路，于是存在死锁。

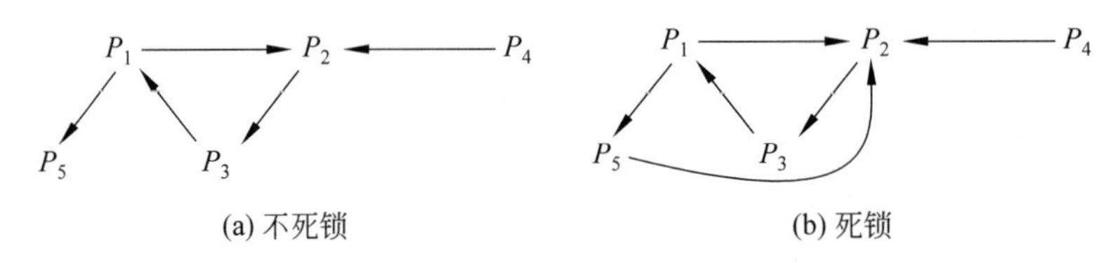

图10.14 消息通信中的死锁

和资源死锁一样，消息死锁也可预防和检测。

2. 消息缓冲分配不合理

对正在传送消息的存储缓冲的分配不合理也会引起消息传送系统的死锁。这种死锁在包交换网中居多。下面先在数据网中讨论这个问题，然后在分布式操作系统中讨论。

数据网中最简单的死锁形式是直接的存储转发死锁，如果一个包交换结点用公共缓冲池来缓冲包，就可能产生死锁。图10.15(a)表示结点 A 的全部缓冲区都被要发给 B 的包占据，B 处缓冲区都被要发给 A 的包占据。这时 A 和 B 都不能接受包，因为它们的缓冲区被占满了。这样两个结点在任何链路上都不能传送或接收数据了，由于互相等待对方有空闲缓冲区接收包而发生了死锁。

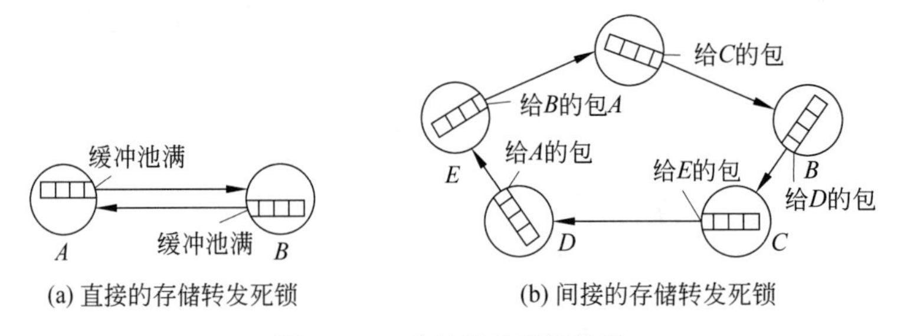

图10.15 存储转发死锁举例

直接的存储转发死锁是可避免的，只要不将全部缓冲区都分配给一条链就可以了。可以将缓冲区分成大小固定的块，每块对应一条链，就可以预防死锁。

另一种是间接的存储转发死锁，如图10.15(b)所示。对于图中的每个结点，在往下一个结点方向上传送的队列中没有空缓冲区，而且这一队列中的包不都是传送给下一个结点的。预防这种死锁的一个简单方法就是用结构化的缓冲池(见图10.16)。缓冲池分层：第0层缓冲池没有限制，任何输入包都可以存放进去；第1层到第 N 层缓冲池(其中 N 是网络路径的最大跳数)。按下述方法预留：第 k 层缓冲池留给跳数至少为 k 的包。这样在负载较重时，缓冲池按从第0层到第 N 层的顺序逐渐装满。如果从第0层到第 k 层的缓冲池都被装满了，则跳数小于等于 k 的包被丢掉。

在利用消息进行通信的分布式操作系统中也会出现相同的问题。如果Send操作是非阻塞的，就需要缓冲区来存放输出消息。可以把存放从进程 x 到进程 y 的消息的缓冲区看成 x 和 y 之间的通信通道。如果通道容量有限(有限缓冲)，那么Send操作可能挂起进程。也就是说，如果缓冲区大小为 n 并且有 n 条消息正在传送(还没有被目标进程接收)，此时如果再执行Send就会阻塞发送进程，直到有消息被接收，让出缓冲区为止。

图 10.17 描述了有限通道引起死锁的情况。图中有两个通道，每条通道的容量为 4，如果每条通道上都有 4 条消息在传送，并且 x 和 y 都想在接收消息前再传送消息，于是 x 和 y 都被挂起，从而产生死锁。

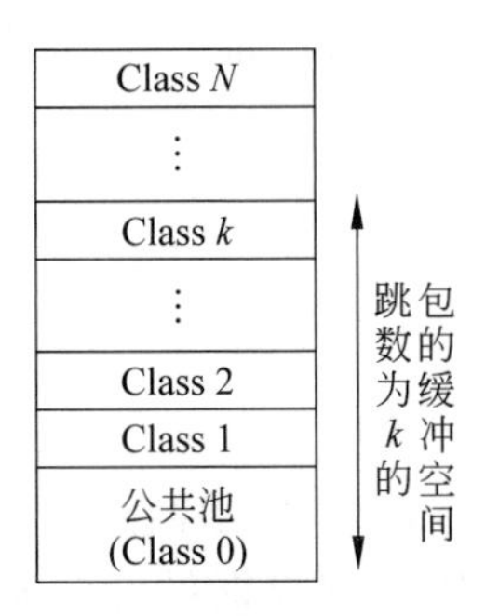

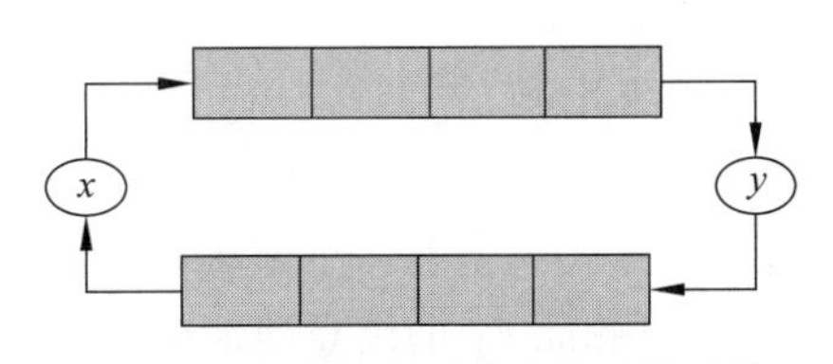

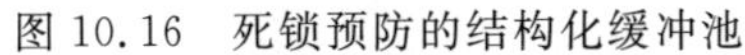
图 10.16　死锁预防的结构化缓冲池　　图 10.17　分布式系统中的通信死锁

如果能对系统每对进程间传送的消息加以限制，就可以给所有通道分配其所需的缓冲。这要求预先知道消息数，并且花费很大。如果不能预先知道请求，或者浪费太大，那么就要优化分配。在一般情况下，这个问题无法解决。

小　　结

分布式操作系统支持进程迁移。进程迁移就是将一个进程的状态从一台机器传送到另一台机器，从而使该进程能在目标机上运行。进程迁移可用来保持负载平衡，减少通信量，提高执行效率，提高可用性，加快大型作业的完成速度，且允许进程访问特定远程资源。

在分布式系统中，可以构造全局状态信息来解决资源竞争问题，从而协调进程。由于消息传送中时延可变性和不可预测性，所有进程都必须按照某种方法进行事件排序(即使这种顺序只是相对的)。

分布式进程管理要处理互斥和死锁问题。互斥和死锁的处理在分布式系统中要比单机系统复杂得多。

习　　题

10.1　通过以下两点证明分布式快照算法的正确性：

(1) 算法不会记录不一致的全局状态(提示：反证法)。

(2) 算法正确记录了每个通道的状态，也就是说，对每个通道，如从进程 r 到进程 p 的通道，通道状态(r,p)就是由 r 发送的消息序列，它可达到 S_r，但 p 不一定接收到 S_p，如图 10.4(b)中所示的通道状态(C,A)是$\{M_3,M_4\}$(提示：假设消息按其发送的顺序接收)。

10.2　如图 10.9 所示，考虑这样一个时间点：站点 2 收到消息 a 但未收到消息 q，站点 3 收到消息 q 但未收到消息 a，于是各站点不一致。讨论 Lamport 算法是如何解决这个问题的，它是否会引起 10.3 节中讨论的其他互斥算法的困难？

10.3 Lamport算法是否考虑了 P_i 能自己保存Reply消息的传送情况?

10.4 对Ricart算法,证明其实现了互斥。如果消息没按其发送顺序到达,则算法不保证按它们请求的顺序执行临界段。这可能引起饥饿吗?

10.5 在令牌传递互斥算法中,时戳是否用来重设时钟和修正偏离?如果不是,时戳的作用是什么?

10.6 对令牌传送互斥算法,证明:

(1) 保证互斥。

(2) 避免死锁。

(3) 公平。

10.7 假设分布式系统有一个逻辑时钟,如果 P_1 的时钟在它向 P_2 发送消息时为12,进程 P_2 收到来自 P_1 的消息时时钟为8,则下一局部事件 P_2 的逻辑时钟为多少?如果接收时 P_2 逻辑时钟为15,那么下一局部事件时 P_2 逻辑时钟又为多少?

10.8 在10.3节中,分布式互斥的6个要求之一是进程在非临界段停止时不影响其他进程,假设有另外一个进程发送消息给已停止进程,并等待回答,这种死锁可避免吗?

10.9 参见10.3.3节中令牌传递算法程序,解释为什么第2行不能被简单写成"request(j):=t"。

10.10 对图10.12定义的分布式死锁检测算法,证明只检测真正的死锁,并能在有限时间内检测出(提示:假设事务 T_i 发出一个请求,产生了循环)。

第11章 操作系统的安全性

计算机作为一种工具已成为高科技领域不可缺少的物质基础，它在给各行各业带来巨大经济效益的同时，也带来了潜在的严重的不安全性、危险性和脆弱性。一个有效可靠的操作系统意味着应具有良好的保护性能，提供必要的保护措施，以防止因用户软件的缺陷而损害系统。系统的安全机制已成为操作系统不可分割的一部分。为此本章专门探讨操作系统的安全性。

11.1 安全性概述

11.1.1 安全性的内涵

1. 安全性

"操作系统安全"一词的内涵一直在不断地演化，一般来说，操作系统安全的本质就是为数据处理系统采取技术和管理上的安全保护措施，保障整个系统的安全运行。

不同的计算机操作系统有不同的安全要求，但总的来说系统应具有如下特性：

(1) 保密性(security)

保密性是计算机系统安全的一个重要方面，它指系统不受外界破坏、无泄露，对各种非法入侵和信息窃取具有防范能力。计算机系统的资源仅能由授权用户存取。

(2) 完整性(integrity)

完整性技术是保护计算机系统内部程序与数据不被非法删改的一种手段，它分为软件完整性和数据完整性。在某些情况下，源代码的泄露给攻击操作系统者提供了破坏系统的途径，非法用户对软件的蓄意修改也会破坏程序的完整性；同样，数据完整性也显得非常重要，它是让存储在计算机系统中的、计算机系统间传输的数据不受非法修改、伪造或意外事件的破坏，保持系统中信息的完整和准确。

(3) 可用性(availability)

可用性意味着计算机系统内的资源随时能够且仅能够向已经被授权的用户提供服务。

2. 对计算机系统安全性的主要威胁

对计算机系统安全性的威胁主要来自以下 3 个方面：

(1) 偶然无意

有许多威胁是由偶然原因造成的，如设备的机能失常、不可避免的人为错误、软件的机能失常、电源故障等偶然事件所致的威胁。

(2) 自然灾害

计算机的脆弱性使计算机不能受重压或强烈的震荡,更不能受强力冲击。所以各种自然灾害对计算机系统构成了严重的威胁;另外,计算机设备对环境的要求也很高,如温度、湿度和各种化学物品的浓度均可对计算机系统造成威胁。

(3) 人为攻击

计算机存在着各种弱点,非法用户往往利用它的弱点达到他们的目的。从事工业、商业或军事情报收集工作的间谍对相应领域的计算机系统会造成很大的威胁,这些威胁都具有明显的主动性,所以他们是计算机系统安全的主要威胁源。

前两个方面是被动的,也可以说是偶然发生的,人们主要是采取一定的预防措施来避免它们的发生。而对于第3个方面则必须加强系统的安全性来防范。

11.1.2 操作系统的安全性

1. 操作系统的安全性

操作系统本身是否安全是保证计算机系统安全的关键。因为操作系统是计算机系统的核心软件,允许多道程序及资源共享,所以一旦非法用户攻破操作系统的防范,就可以得到计算机系统保密信息的存取权。因此,一个操作系统应具有如下功能:

(1) 用户身份鉴别。操作系统必须能识别请求存取的用户,并判断它的合法性,用户名和口令机制是一种最常见的身份鉴别机制。

(2) 内存保护。用户程序对内存的使用受到一定限制,只能使用经过系统授权的那部分地址空间,不允许越界。可以有各不相同的安全性应用于内存空间的各个部分。

(3) 文件及I/O设备存取控制。操作系统必须提供相应机制,保证用户在所授予权限内,对系统资源和I/O设备进行操作。

(4) 对一般实体进行分配与存取控制,并对其实行一定的控制与保护。这里所说的实体也叫系统的被保护体,如内存、文件、硬件设备、数据及保护机制本身等。

(5) 共享约束。对合法用户的资源共享,使得系统必须保证数据完整性和一致性。

(6) 在考虑操作系统安全机制的同时,也要确保系统用户享有公平的服务,而不出现永久的等待服务;还要确保操作系统为进程同步与异步通信提供及时的响应。

操作系统安全性在功能上的描述如图11.1所示。由图可知,安全性遍及整个操作系统的设计和结构中,所以在设计操作系统时应多方面地考虑安全性的要求。Saltzer,J.和Schroeder,M.曾提出了保密安全操作系统设计的原则。

(1) 最小权限。每个用户及程序应使用尽可能小的权限工作。即,使授予给用户和程序的资源权限、优先级等刚刚能满足正常执行的需要。这样,由入侵者或者恶意攻击者所造成的破坏会降到最低限度。

(2) 机制的经济性。保护系统的设计应是小型化的、简单明确的。这样,安全系统是否能有效工作就能得到检测,并且所需的花费在可接受范围内。

(3) 开放式设计。保护机制必须是独立设计的,它必须能防止所有潜在攻击者的攻击;也必须是公开的,仅依赖于一些保密信息。

(4) 完整的策划。每个存取都必须被检查。

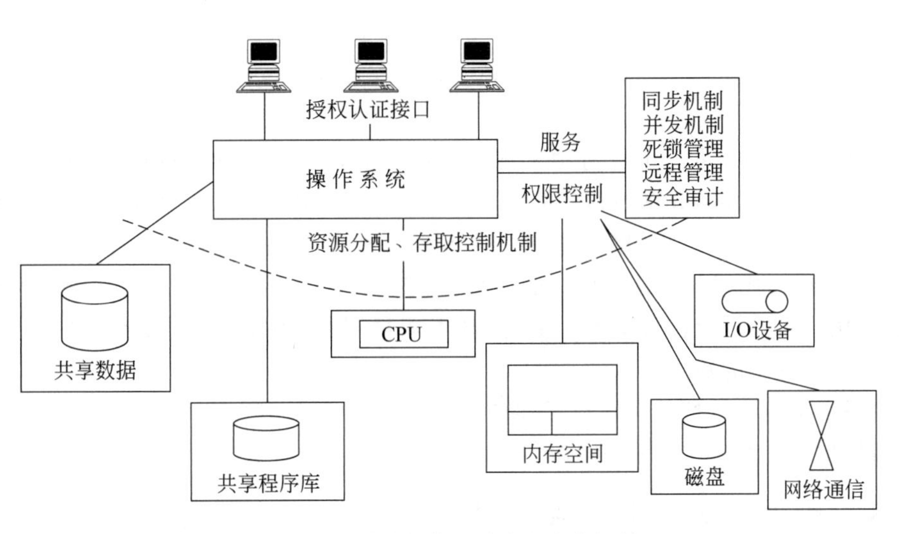

图 11.1　传统操作系统中的安全机制

(5) 权限分离。对实体的存取应该不只是依赖于某一个条件,如用户身份的鉴别加上密钥。这样,侵入保护系统的用户将不会拥有对系统全部资源的存取权。

(6) 最少通用机制。系统中被共享的物理设备可能成为危险信息流的潜在通道,因此系统有必要采取措施,在物理上或者逻辑上对共享的设备进行隔离。

在运用这些原则进行安全系统设计时,既要考虑系统能有效地防止来自各个方面的威胁,也要尽可能降低成本。

2. 操作系统的安全保护

操作系统的安全方法可以从隔离、分层、内核 3 个方面来考虑。

在隔离的问题上,Rushby 和 Randel 指出,应该从如下几个方面考虑:

(1) 物理分离。进程使用不同的物理实体。例如,将打印机的输出按要求的不同分为不同的安全级别。

(2) 时间分离。将具有不同安全要求的进程安排在不同的时间运行。

(3) 逻辑分离。用户的操作不受其他进程的影响,同时,应能保证程序只能对操作系统允许范围内的实体设备进行存取操作。

(4) 密码分离。进程以一种其他进程不了解的方式隐藏数据和计算。

以上所列出的策略是按其实现的复杂度递增及所提供的安全递减的次序列出的。在实际系统中,这几种分离策略可以相互结合,前两种分离非常直接有效,但是,将导致资源的利用率下降,所以,在实际设计操作系统时既要建立安全有效的保护机制,又要减轻系统的负担,还要保证具有不同安全需要的进程能并发执行。

一个操作系统可以在任何层次上提供如下保护:

(1) 无保护。此系统适合于敏感进程运行于独立的时间环境。

(2) 隔离。它是指并发进程相互独立地运行在它自己的地址空间,并且还有自己的文件及其他实体。操作系统限制每个进程绝对不影响其他进程的实体。

(3) 完全共享和无共享。它要求设置严格的共享属性,公用的实体对所有的用户开放,而私有的实体只被它的所有者使用。

(4) 存取权限的保护。它是指在特定用户和特定实体上实施存取控制权限,设置存取控制表。在存取控制的保护中,操作系统检查每个存取的有效性,保证只有合法的存取才能发生。

(5) 权能共享的保护。它是存取权限保护的扩展,这种形式的保护允许操作系统为实体动态地建立共享权限,共享的程度依赖于属主或主体、实体等。每个权能由两部分组成:一个对象标识符和一些权利信息。权能的拥有意味着允许进行相关的访问形式。

(6) 实体的使用限制。这种形式的保护不仅限制对实体的存取,而且限制存取后的使用。例如,用户可能被允许查看某个文件,却不能复制它;例如,用户能存取数据库中的数据,但不能查看特定的数据项。

这些保护措施也是按其实现难度、保护性能的递增顺序排列的,操作系统可以结合上述的安全措施形成多种层次、多种程度的安全机制。

11.1.3 操作系统的安全性级别

美国国防部把计算机系统的安全从低到高分为4等(D、C、B、A)和8级(D1、C1、C2、B1、B2、B3、A1、A2),从最低级(D1)开始,随着级别的提高,系统的可信度也随之增加,风险也逐渐减少。

1. D等——最低保护等级

这一等只有一个级别D1,又叫安全保护欠缺级,列入该级别说明整个系统都是不可信任的,它不对用户进行身份验证,任何人都可以使用计算机系统中的任何资源,不受任何限制,并且硬件系统和操作系统非常容易被攻破。常见的达到D1级的操作系统有:DOS、Windows 3.X、Windows 95/98(工作在非网络环境下)、APPLE的SYSTEM 7.X。

2. C等——自主保护等级

这一等分为两个级别(C1和C2),它主要提供选择保护(需要知道选择什么)。

C1级称为自主安全保护级。它支持用户标识与验证、自主型的访问控制和系统安全测试;它要求硬件本身具备一定的安全保护能力,并且要求用户在使用系统之前一定要先通过身份验证。保护一个用户的文件不被另一未授权用户获取。自主安全保护控制允许网络管理员为不同的应用程序或数据,设置不同的访问许可权限。C1级保护的不足之处是用户能将系统的数据随意移动,也可以更改系统配置,从而具有与系统管理员相同的权限。常见的达到C1级的操作系统有:UNIX、Xenix、Novell 3.X、Novell 4.X或更高版本以及Windows NT等。

C2级称为受控安全保护级,它更加完善了自主型存取控制和审计功能。C2级针对C1级的不足之处做了相应的补充与修改,增加了用户权限级别,用户权限的授权以个人为单位,授权分级的方式使系统管理员按照用户的职能对用户进行分组,统一为用户组指派能够访问某些程序或目录的权限。审计特性是C2级系统采用的另一种提高系统安全的方法,它将跟踪所有的与安全性有关的事件和网络管理员的工作。通过跟踪安全相关事件和管理员责任,审计功能为系统提供了一个附加的安全保护。常见的达到C2级的操作系统有:UNIX、Xenix、Novell 3.X、Novell 4.X或更高版本以及Windows NT等。

3. B等——强制保护等级

这一等分为3个级别(B1、B2、B3),它检查对象的所有访问并执行安全策略,因此要求客体必须保留敏感标记,可信计算机利用它去施加强制访问控制保护。

B1级为标记安全保护级。它的控制特点包括非形式化安全策略模型,指定型的存取控制和数据标记,并能解决测试中发现的问题。它给所有对象附加分类标记,主体所访问的对象分类级必须小于用户的准许级别。这一级说明一个处于强制性访问控制下的对象,不允许文件的拥有者改变其许可权限。B1级支持多级安全,多级安全是指将安全保护措施安装在不同级别中,这样对机密数据提供了更高级的保护。

B2级为结构化保护级。它的控制特点包括形式化安全策略模型(有文件描述),并兼有自主型与指定型的存取控制,同时加强了验证机制,使系统能够抵抗攻击。B2级要求为计算机系统中的全部组件设置标签,并且给设备分配安全级别。这也是安全级别存在差异的对象间进行通信的第一个级别。

B3级为安全域级。它满足访问监控要求,能够进行充分的分析和测试,并且实现了扩展审计机制。B3级要求用户工作站或终端设备,必须通过可信任的途径连接到网络中,并且它还使用了硬件保护方式,例如,内存管理硬件用于保护安全域免遭无授权访问或其他安全域对象的修改。

4. A等——验证保护等级

它使用形式化安全验证方法,保证使用强制访问控制和自主访问控制的系统,能有效地保护该系统存储和处理秘密信息和其他敏感信息。其设计必须是从数学上经过验证的,而且必须进行对秘密通道和可信任分布的分析。A等又分为两级(A1、A2)。

11.2 安全保护机制

本节将从进程支持、内存及地址保护、存取控制、文件保护和用户身份鉴别等方面介绍操作系统的安全保护机制。

11.2.1 进程支持

对操作系统安全性的基本要求是,当受控路径执行信息交换操作时,系统能够使各个用户彼此隔离。所有现代操作系统都支持一个进程代理一个用户的概念,并且在分时和多道程序运行的系统中,每个用户在自己的权限内都可能会有几个同时运行的进程。

由于多道程序运行是多用户操作系统安全性的中心问题,所以进程的快速转换是非常重要的。在同时支持多个用户的系统中,进程转换的开销会对系统性能产生重大影响。如果这种影响很大,那么软件开发人员将尽可能地避开进程的转换。使进程转换次数减至最小的一个常用方法是,对于几个同时请求的用户使用同一个进程。但是,多用户复用一个进程将大大地降低系统的安全性,这时硬件的进程隔离机制将不再适用于用户隔离。

为描述和控制进程的活动,系统为每个进程定义了一个数据结构,即进程控制块PCB,系统创建一个进程的同时就为它设置了一个进程控制块,用它去对进程进行控制和管理,进程任务完成了,系统回收其PCB,该进程就消亡了。系统将通过PCB而感知相应的进程,进程控制块PCB是进程存在的唯一标志。进程控制块PCB包含了进程的描述信息和控制信息。

11.2.2 内存及地址保护

多道程序中的一个最明显的问题是防止一道程序在存储和运行时影响到其他程序。操作系统可以在硬件中有效使用硬保护机制进行存储器的安全保护。现在最常用的是界址、界限寄存器、重定位、特征位、分段、分页和段页式机制。

1. 界址

最简单的内存保护机制是将系统所用的存储空间和用户空间分开。界址则是将用户限制在地址范围的一侧的方法。在这种方法中,界址被预先定义为内存地址,以便操作系统驻留在界址的一边而用户使用另一边的空间,如图11.2所示。这种实现限制太强,固定的空间被留作操作系统使用,若所需空间小于这一数目,则留下的空间将被大大地浪费掉,而当所需空间超出固定空间时处理起来则更为复杂。

使用界址寄存器则可以弥补界址方法的不足,它是一种硬件寄存器,包含了操作系统结束处的地址。在用户程序每次产生一个修改数据的地址时,该地址自动地和界址进行比较,若地址比界址大,也就是说地址在用户区,则执行指令,若小于界地址,说明在操作系统区,则产生错误。界址寄存器的使用如图11.3所示。

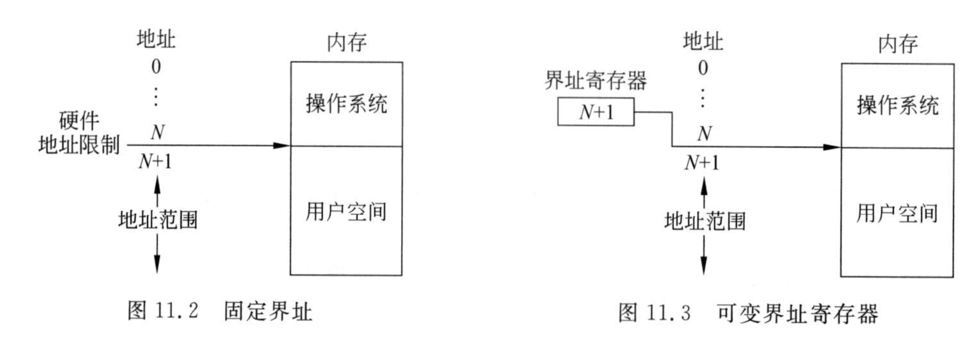

图11.2 固定界址　　　图11.3 可变界址寄存器

界址寄存器仅在一个方向实施保护,操作系统能保护单用户,但界址不能保护一个用户免遭其他用户的侵犯。并且,用户不能识别程序的特定区域是否是不可侵入的。

2. 重定位

我们可以将系统实际赋给程序的内存起始地址的值作为一个常数重定位因子。先将程序的起始地址视为0(这时程序内的每个地址的值实际上就是相对于起始地址的偏移值),在把程序真正装入到内存时再将常数重定位因子加到程序内的每个地址上,使得程序执行时所涉及的所有和实际地址有关的地址都相应得到改变,这个过程称为重定位(relocation)。界址寄存器可以作为硬件重定位设备,每个程序的地址加上界址寄存器的内容,这样,不仅做到了重定位而且保证用户程序不能存取比界址地址小的单元,从而保证了操作系统的安全性。

3. 基址/界限寄存器

在两个或多个用户情况下,任何一方都不能预先知道程序将被装入到内存的什么地址去执行,系统通过重定位寄存器提供的基址来解决这一问题。程序中所有的地址都是起始于基地址(程序在内存中的起始地址)的位移,由此可见,基地址寄存器提供了向下的界限,而向上的地址界限由谁来提供呢?系统引进了界限寄存器,其内容作为向上的地址界限。

于是每个程序的地址被强制在基址之上，界限地址之下。通过这种方法，程序的地址完全局限于基址及界限寄存器之间的空间内。借助于一对基址/界限寄存器，完全可以护用户而免遭其他用户干扰，也可避免受任何其他用户程序错误的影响，用户地址空间内的不正确地址也只能影响到程序本身，如图 11.4 所示。

还有一种方法是，使用两对基址/界限寄存器，一对用于程序的指令，对其指令进行重定位和检查；另一对用于数据空间，对所存取的数据重定位和检查。如图 11.5 所示，两对寄存器的使用虽不能保证程序不出错，但能将数据操纵指令的影响限制在数据区，并且能将程序分为两个可分别重定位的块。相仿也可以引入 3 对寄存器（一对用于指令，一对用于只读数据，另一对用于修改数据）。

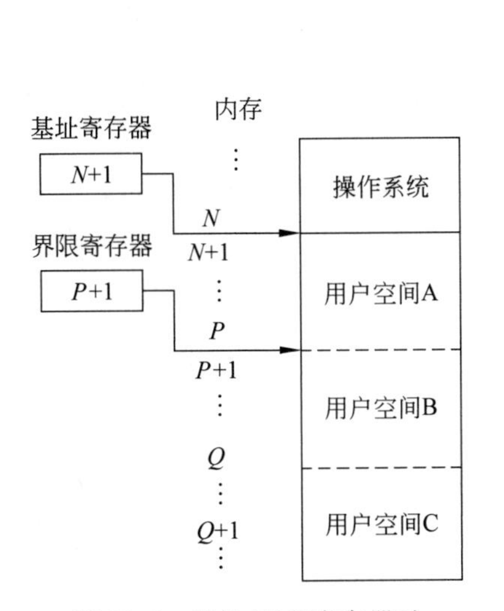

图 11.4　基址/界限寄存器对

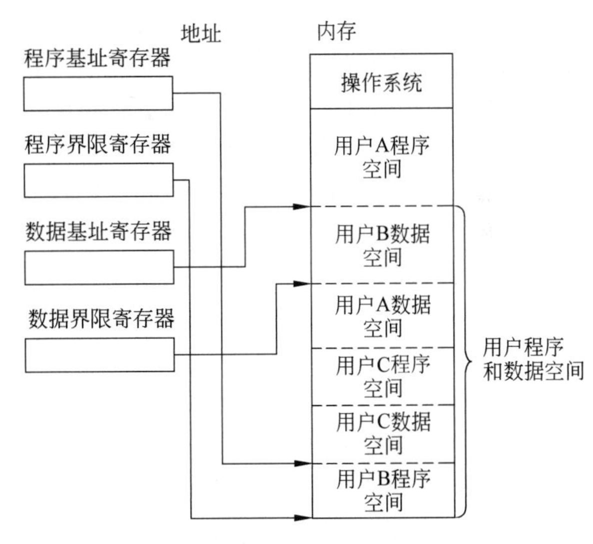

图 11.5　两对基址/界限寄存器

4. 特征位结构

下面介绍内存地址保护的另一种方法——使用特征位结构，即在机器内存的每个字中都有一个或多个附加位表示该字的存取权限，这些存取位仅能被特权指令（操作系统指令）设置。在程序状态字中同样设置特征位，每次指令存取该单元时都对这些位进行检查，仅当两者的特征位相匹配时才允许访问，否则产生保护中断。例如，在某一内存单元可能被保护为可执行权限，而另一单元可能被保护为只读权限，还有的单元被保护为可写权限。如图 11.6 所示，两个相邻单元具有不同的存取权限，这样，通过使用附加特征位将不同类的数据项分开，形成数据在内存中的保护。这一保护技术已被 Burroughs 公司的 B6500-7500 系统、IBM SYSTEM/38 系统使用。

特征位	字符
R	010011
RW	013700
X	…
W	…
R	40912A
RW	C33FFE

R=只读
X=只执行
RW=读写

图 11.6　特征位结构的例子

5. 分段、分页和段页式

一般情况下，程序可以被划分为许多具有不同存取权限的块，每块具有一个逻辑实体，可以是一个过程代码或是一个数组的数据等。这样的块称为段，且给予唯一的名字，段中的代码或数据项被编址〈段名，偏移地址〉。从逻辑上讲，程序员将程序看做一系列段的集合，段可以分别重定位，允许将任何段放在任何可用的内存单元内。操作系统通过在段表中查找段名以确定其实际的内存地址,无疑用户程序并不知道也无需知道程序所使用的实际内存地址。这种地址隐藏对操作系统来说是很有意义的:

(1) 操作系统可以将任何段移到任何内存单元中。由于所有地址引用都是通过操作系统查找段表进行转换,因此,在段移动时,操作系统只需修改段表中的地址即可。

(2) 若段当前未使用的话,可以将其移出主内存,并存入辅存中,这样可以让出存储空间。

(3) 每个地址引用都经由操作系统处理,以保证系统行使其安全保护检查的职责。

程序分段是通过硬件和软件共同完成的,因此,很容易将特定级别的保护和特殊的段联系起来,并且让操作系统和硬件在每次存取该段时检查该保护。从保护的角度来看,程序分段是通过地址引用进行保护检查的,且允许不同层次的数据项被赋予不同的保护级别,这样,多个用户都可共享存取段,但具有不同的存取权限。

可见在一个段存储管理系统中,通过分别建立段表,施加访问模式控制,设置特征位保护等措施,可提供一个多级的存储保护体系。

这仅是从内存及地址保护来看分段方法的优点,实际上,程序分段的实现在有效性方面存在两大缺陷。首先,段名不适合于指令编码,因此,操作系统对表中段名的查找会降低程序运行速度;其次,由于段的尺寸不一样会使内存中出现碎片,一段时间后,单从内存管理看,分段管理未使用的空间碎块就会使内存的利用率严重下降,当然,这可以采用紧凑内存空间的方法解决。

和程序分段相对应的是分页。从保护的角度来看,分页可能有一个严重的缺陷,它和分段不同,分段有可能将不同的段赋予不同的保护权限(如只读或只执行),可以在地址转换中很方便地解决保护问题,而使用分页由于没有必要将页中的项看做整体,因此,不可能将页中的所有信息置为同一属性。

为了获得分段在逻辑上的优点和分页在管理存储空间方面的优点,采用了段页式存储管理的方法。该方法允许程序员将程序划分为一系列逻辑段,然后将每个段划分为固定大小的页,这种方法保留了段的逻辑整体特性并允许为段提供不同的保护,每个地址都增加了一次转换(参见第5章)。

11.2.3 存取控制

在计算机系统中,安全机制的主要目的是存取控制,它包含3个方面的内容:首先是授权,即确定可给予哪些主体存取实体的权力;其次是确定存取权限;最后是实施存取权限。

存取控制实现以实体保护为目标,内存保护是实体保护的特殊情况。随着多道程序概念的提出,可共享实体种类及数目在不断增加,需要保护的实体也不断地扩充,例如,内存、外设上的文件和数据,内存中的执行程序,文件目录,硬设备,数据结构,操作系统使用的表,指令、口令及用户身份鉴别机制,保护机制本身等。存取是保护机制的关键,对于一般实体而言,存取点的数目可能会很大,并且存取的种类也不只限于简单的读、写或者执行操作,因此,所有的存取不可能通过某一中心授权机制进行,可以说,存取是以程序为媒介来完成的。

存取控制机制对实体保护实现的具体过程是检查每个存取,拒绝超越存取权限的行为,并防止撤权后对实体的再次存取;实施最小权限原则,其含义是主体为完成某些任务必须具有的最小的实体存取权限,并且不能对额外信息进行存取;存取验证除了检查是否存取外,还应检查在实体上所进行的活动是否适当。下面将进一步讨论几种一般实体的保护机制。

1. 目录

用目录机制实现实体保护是一种简单的保护工作方式。这像文件目录一样,每个文件有一个唯一的文件主,它拥有大多数存取权限,并且还可以对文件授权、撤权。

为了防止伪造存取文件,系统不允许任何用户对文件目录执行写操作。因此,只能通过文件主命令控制下的操作系统来维护所有的文件目录,用户可以通过系统进行合理的目录操作,但禁止用户直接对目录存取。目录保护机制的实现很简单,系统中的每个用户使用一张表,表中列出了该用户允许存取的所有实体,某些共享实体对所有用户都是可存取的(如一些子程序库、用户公用表),每个用户目录都必须记录它,无论用户是否打算存取。图11.7所示的是文件目录的一个例子。

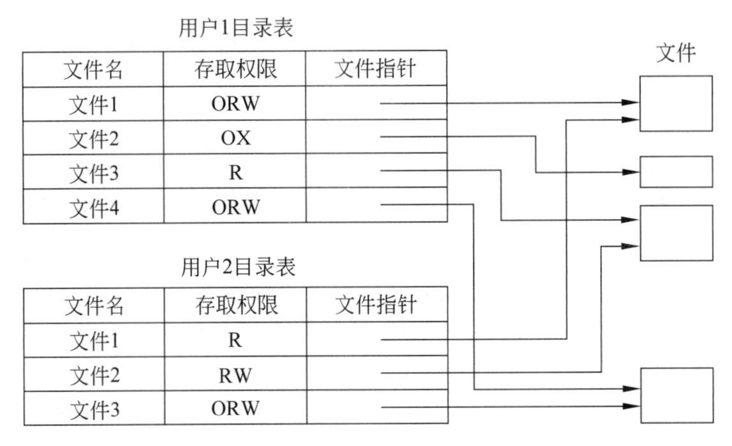

图11.7 目录控制表

此外,授权和撤权也是存取控制中的一个重要的问题。若文件主 *A* 传递给用户 S 读文件 1 的权限,则必须在 S 的目录中记录文件 1。这就是说,*A* 和 S 具有相同的可信任级别。*A* 也可以收回对 S 的存取权限,这时,操作系统只需简单地删除 S 对文件 1 的存取权限(只要删除该目录下一个记录即可)。若 *A* 要撤销所有用户对文件 1 的存取权限,则操作系统必须在每个目录中搜索文件 1 的记录,这在大型系统中将是非常费时的。并且如果 S 又将存取权限传递给其他用户,则有可能会造成撤权不彻底的后果。

别名问题是目录存取控制中值得注意的另一个问题,它使目录机制受到限制。例如,*A*、*B* 两个文件主可能有不同的文件都被命名为文件 1,同时可以被 S 存取,而在 S 的目录中不能有两个相同的文件名的实体。这样,S 就不能唯一地标识来自 *A*(或 *B*)的实体,解决的方法之一是将文件主名变为文件名的一部分,如 *A*:文件 1,*B*:文件 1 的形式;方法之二是允许 S 使用 S 目录下唯一的名字命名,对于在 *A*、*B* 中都被命名为 1 的两个实体文件而言,在 S 中则可能在 S 目录下被分别命名为 2 和 3。允许使用别名就会产生多次请求的可能,但每次请求并非一样。因此,用目录的方法对大多数实体保护机制来说是可行的。

2. 存取控制表

存取控制表是用来记录所有可存取该实体的主体和存取方式的一类数据结构。每个实体都对应一张存取控制表,表中列出所有的可存取该实体的主体和存取方式。这和目录表是不同的,目录表是由每个主体建立的,而存取控制表则是由每个实体建立的,如图 11.8

所示。

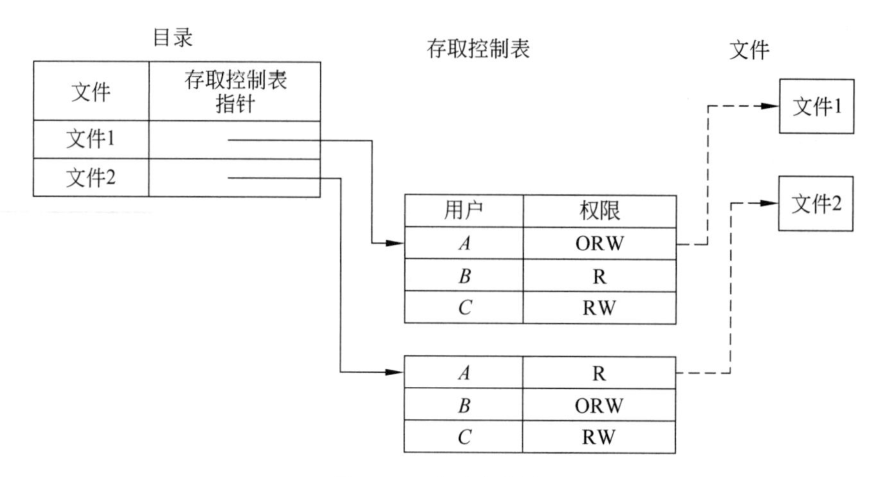

图 11.8 存取控制表

例如,若主体 A 和 B 同时存取实体文件 1,操作系统仅需维护文件 1 的存取控制表,表示 A 和 B 具有对文件 1 的存取权限。存取控制表可以对用户具有一般的默认记录,这样,特定用户可以具有显式的权限,而所有其他的用户则具有默认的权限集,通过这种方式,公共文件或程序就可以被系统中所有可能的用户所共享而不必在每个用户的目录下去记录该实体,使得公共实体的控制表非常小。UNIX 系统中采用的就是这种方式建立的存取权限,表中的每个用户具有不同身份,即文件主、同组用户、其他用户。每个文件都有一个文件主,由他创建这个文件,此外,某些用户可能和文件主有密切关系,同属于一个用户组,可以共享该文件,具有类似的存取权限,除了这两种身份之外的所有用户都属于其他用户。

3. 存取控制矩阵

将目录看做是单个主体能存取的实体表,而将存取表看做是记录能存取单个实体的主体表。所有的数据在这两种表达中都是等价的,区别只在于它们应用的场合不同。

如果将存取控制表用另一种形式表示,则可以形成一张行用于表示主体,列表示实体的存取矩阵,每个记录则表示该主体对实体的存取权限集。不难看出,这样的存取控制矩阵是个稀疏矩阵,大多数主体对大多数实体并无存取权限,它可被表示为一个三维向量〈主体,实体,权限〉,如图 11.9 所示。通常搜索一个数目很大的三维向量是非常低效的,因此,实际实现中很少采用这种方法。

文件 用户	文件 1	文件 2	文件 3	文件 4	文件 5
用户 1	ORW		W	R	
用户 2	RW		R		X
用户 3		R		OX	

图 11.9 存取控制矩阵

4. 权能

权能的原理是,主体可以建立新的实体并指定在这些实体上所允许的操作。例如,用户可以创建文件、数据段或者子进程这样的新实体，而且可在这些实体上指定可接受的操作类型（读、写或执行），也可建立全新的实体（如新的数据结构）并定义以前未定义的存取类型（如授权、传递等）。也就是说，权能是一张不可伪造的标志或凭证，它提供主体对某一实体的特定权限，其中也包括了允许主体对客体存取的具体类型以及其他特殊操作类型。系统不是直接将此凭证发给用户，而是由操作系统以用户的名义拥有所有凭证。只有在通过操作系统发特定请求时，用户才建立权能。

对某一实体而言，它可能具有转移或传播的存取权限。具有这种权限的主体可以将其权能副本传递给其他实体。每个这样的权能同样具有一张许可存取类型的表。例如，进程 A 能将权能的副本传递给 B，B 也就能够将副本传递给 C。B 为了防止权能的继续传播（这就防止了存取权限的滥用）可在它发送给 C 的权能中略去转移的权限，这时 B 仍然可以将特定的存取权限传送给 C，但并没有授予 C 具有转移权能的权限。

进程运行在它的作用域中，这些作用域指存取的实体集，如程序、文件、I/O 设备等。当进程运行时可能会调用一个子过程，将它能存取的某些实体作为参数传递给该子过程，而子过程的作用域不一定和调用它的过程的作用域完全一样，具体来说，调用过程可能仅将实体的一部分传递给子过程，而子过程可能具有其调用过程不能存取的其他实体，调用过程也只能将它的存取权限的一部分传递给子过程。由于每个权能都标识了作用域中的所有单个实体，因此，权能的集合可以定义一个作用域。当进程调用子过程并将特定实体传送给子过程时，操作系统形成一个由当前过程的所有权能组成的栈，并且为子过程建立新的权能。

从使用的角度来讲，权能是一种在程序运行期间直接跟踪主体对实体存取权限的方法。权能也可以被备份到一张诸如存取矩阵或存取控制表的数据结构中，每次进程请求使用新的实体时，操作系统检查实体及主体控制表，判断该实体是否是可存取的，若是，则操作系统就为该实体建立权能。

权能必须存放在内存中，并且普通用户不能存取。一种实现方法是将权能存于用户段表未指向的段中，或是将它们置于一对基址/界限寄存器所保护的内存区域中；另一种方法是给权能赋予某一特征位。在程序运行期间，只获取被当前进程所存取的实体权能，这样便提高了对存取实体权能检查的速度。权能的使用也存在一个问题：当一个权能被发行主体收回时，就意味着不仅这个权能而且由它传播得到的若干副本权能也必须被收回。因此，在这种情况下，操作系统应能跟踪到应该删除的所有权能，彻底予以回收，同时删除那些不再活跃的用户的权能。

5. 面向过程的存取控制

存取控制的目标是，同时控制对某一实体的存取主体和存取方式。对大多数操作系统来说，对读和写的存取控制相对简单一些，但对更为复杂的控制则很难实现。借助于面向过程的保护，即借助一个对实体进行存取控制的过程（例如，对操作系统所提供的用户身份的鉴定），在实体周围形成一个保护层，达到仅允许特定存取之目的。

过程可以通过可信任接口请求存取实体是面向过程的保护所具有的特性，例如，无论用户或是通用操作系统例程都不允许直接存取一个合法用户表。唯一的存取方法是通过 3 个过程实现：增加一个用户，删除一个用户以及检查特定的名字是否对应于一个合法用户。这些过程可以通过它们自身的检查保证调用是合法的。面向过程的保护实现了信息隐藏，对实体控制的实施手段仅由控制过程所知，但当实体频繁调用时，将会影响系统速度。

在实际操作系统中采用存取控制时，需要在它的简单性和功能性之间权衡。

11.2.4 文件保护

文件系统是操作系统的又一个重要部分，文件系统的结构体现了操作系统的特点，也极大地影响操作系统的性能，是操作系统设计中的基础与难点。文件是操作系统处理的资源，文件存放在磁盘、磁带这些可随机存取的辅助存取介质上。因此，对文件系统的安全保护机制就分为对文件系统本身和对文件存储载体的安全保护。

1. 基本保护

所有多用户操作系统都必须提供最小的文件保护机制，以防止用户有意或无意对系统文件和其他用户文件的存取或修改，这是最基本的保护。随着用户数目增多，保护模式的复杂性也随之增加。

2. 全部/无保护

在最初的操作系统中，文件被默认为是公用的，任何用户都可以读、修改或删除属于其他用户的文件，这是一种基于信任的保护原则，用户之间寄希望于其他人不读或修改自己的文件，而且用户只能通过名字存取文件，并假定用户仅知道那些他们能合法存取的文件的文件名。对某些敏感的特定文件，一般借助于口令的方式进行文件的保护，将口令用于控制所有存取(读、写、删除)，或仅控制写及删除存取，这种干预是通过系统操作员来完成的。

3. 组保护

组保护主要用于标识一组具有某些相同特性的用户。通常的做法是，将系统中所有用户分为3类：普通用户、可信用户、其他用户。UNIX操作系统、VMS系统中都采用这种形式的保护方法。所有授权的用户都被分为组，共享是选择组的基础，一个组可以是一些在一个相同项目上工作的成员、部门、班级或单个用户，组中成员具有相同的兴趣并且假定和组中其他成员共享文件，一个用户不能属于多个组。

在建立文件时，普通用户为本用户、组中其他用户以及其他用户定义存取权限。一般而言，存取权限的选择是一个有限集，如{读、写、执行、删除}。对于特殊文件，可能只允许其他普通用户具有只读存取权限，组中用户具有允许读和写的存取权限，而用户本身具有所有的权限。这种分组的方法实现很简单，使用两个标识符，通常是数字，标识每个用户的ID及组ID。这些标识符保存在每个文件的文件目录记录中，并在用户录入系统时由操作系统得到。因此，只要检查用户的组ID和文件所属的组ID是否一致就可以了解用户对该文件是否具有存取权限。

这种保护模式避免了全部或无保护模式的缺点，并且也容易实现，但也存在着缺陷。首先，单个用户不能属于两个组，否则会产生二义性。例如，用户1与用户2属于同一个组，而用户1又与用户3在另一个组，若用户1将某一个文件设定为组内只读，那么，它的组内只读属性到底对两组中的哪个用户有效呢？因此，操作系统限制每个用户一般只能属于特定的组。其次，为克服每一组的限制，特定的人可能会有多个账号，这样一来，其效果则类似于多用户。例如，用户1得到两个账号A1和B1，它们分别属于两个不同的组，在A1下开发的任何文件、程序和工具仅在它们可用于整个系统时才可被B1使用。这种方法将会导致账号猛增、文件冗余，限制了普通用户的文件保护。而且文件只可在组内或其他用户间共享，造成了使用上的不便。

4. 单许可保护

单许可保护是指允许用户对单个文件进行保护，或者进行临时权限设置。下面介绍具体方法。

(1) 口令保护机制

用户将口令赋给一个文件，对该文件的存取只限于提供正确口令的用户，口令可用于任何存取或是只用于修改。

文件口令同样也带来了类似于身份鉴别口令(见11.2.5节)一样的问题，如口令丢失、泄露、取消。一旦用户的口令丢失则必须重新设置新口令；口令泄露后，文件就不安全了，若用户改变口令则可以重新保护文件，并且必须将新口令通知所有其他合法用户。当用户撤回某一用户对某一文件的存取权时，也必须改变口令，这和泄露所产生的问题类似。

(2) 临时获得许可权

UNIX操作系统提供了另一种许可模式，它将基本保护设为3个层次：文件主，同组用户，其他用户。其中重要的是设置用户标识SUID许可，若对要执行的文件设置这种保护，执行者在执行该文件时所拥有的就是文件主的权限，而非执行者自身对该文件具有的权限。

这种独特的许可方式很有用，它允许用户建立一个只能通过特定过程才能存取的数据文件。例如，用户1有一个应用程序，并且设置用户标识SUID，使得只有他自己才有存取权，如果用户2运行该程序，则仅在程序运行期间临时获得用户1的许可权，当用户2退出该程序后，仍然获得自己原来的存取权，而放弃用户1给予的存取权。借助于SUID特性，口令改变程序应为系统拥有，这样，该程序就有权存取整个系统的口令表。改变口令的程序也应具有SUID的保护，以便在普通用户执行它时以一种限制的方式代表该用户修改口令文件。

5. 单实体及单用户的保护

针对上面描述的保护模式存在的限制，将单许可保护方式进行扩展，就形成了单实体及单用户保护。利用存取控制表或存取控制矩阵可以提供非常灵活的保护方式。但是它也存在着缺点，由于允许一个用户赋予其他不同用户存取不同数据集的权利，每一个新加入用户的特殊存取权都必须由其他相应用户指定。

DEC公司的VAX VMS/SE操作系统提供存取控制表，用户可为任何文件建立存取控制表，指定谁能存取该文件，以及所拥有的存取类型。对位于不同组中的用户，系统管理员使用普通标识符建立一个有效组，允许其中的成员存取某个文件。如在一个软件开发小组中，用户1属于第一组，用户2属于第二组，用户3和4属于第三组，系统管理员可以定义一个普通标识符SOFT-PROJ，它仅包含这四个用户。用户可以允许普通标识符中的成员存取某一文件，而不让组中的其他用户存取该文件，存取控制表指定用户、组和普通标识符，这就形成了一种实体保护。在VMS中，可将存取控制表应用于特定设备或设备类型，仅允许用户存取特定的打印机、电话线路、调制解调器、限制网络存取等。IBM MVS操作系统增加了资源存取控制设施，为其数据集提供了类似的保护方式，系统允许文件主给文件赋予默认保护，然后为特定用户赋予存取保护类型。

11.2.5 用户身份鉴别

操作系统的许多保护措施都是基于鉴别系统中合法用户的，身份鉴别是操作系统中很重要的一个方面,也是用户获得权限的关键。现在最常见的用户身份鉴别机制是口令。

1. 使用口令

(1) 口令的使用

口令是计算机和用户双方知道的某个关键字,是一个需要严加保护的对象,它作为一个确认符号串只能由用户和操作系统本身识别。

口令是相互认可的编码单词,并保证只被用户和系统知道。口令的使用比较灵活,是由用户自己选择还是由系统分配,采用什么样的格式和具体的长度,都随不同场合的变化,由具体的系统来决定。

口令的使用很简单,用户输入某一标识,如姓名或ID号,这一标识可以公开或者很容易猜到,因为它并没有提供系统安全。系统于是请求输入口令,若口令与口令文件中该用户的口令匹配,则系统认可该用户,否则,系统会提示再次输入口令。通常,用户输入口令错误超过一定次数,系统会警惕,采取进一步安全措施。

(2) 口令的安全性

由于口令所包含的信息位很少,因此,它作为一种保护是很有限的,下面介绍几种保证口令安全性的方法:

① 使穷举攻击不可行。在穷举攻击中,攻击者尝试所有可能的口令,可能的口令数目依赖于特定计算机系统的实现。若口令由A～Z这26个字母和0～9这10个数字组成,其长度在1～8个字符之间,一个字符可以有36种可能,则8个字符有36^8种可能。于是整个系统会有$36^1+36^2+\cdots+36^8$种可能。这个数目很大,测试会花去大量的系统时间,实际上是不可行的。

再者,搜索单个特定口令并不需要尝试所有这些口令,如果口令分布均匀,则查找任何特定的口令的期望搜索次数为口令数目的一半,所以在选择口令时,应尽量使口令分布不均匀。但是,即使口令分布不均匀,也由于人的思考记忆方式和心理因素,常常选择那些简单并有规律的口令,这样攻击者就利用一般人的习惯有目的地尝试去获取口令,为了使穷举攻击不可行,一般不要选择诸如某些有意义的单词,生日等易被猜到的口令。具体的选择原则将在下文详细介绍。

② 限制明文系统口令表的存取。为了验证口令,系统必须采用将记录和实际的口令相比较的方式,攻击者可能攻击的目标是口令文件,获得了系统口令表就可以准确无误地确定口令。

在某些系统中,口令表是一个文件,实际上是一个由用户标识及相应口令组成的列表。显然,该表的访问需受到控制,为此,系统采用了不同的安全方法来保证。目前主要是使用强制存取控制,限制其仅可为操作系统存取来保护口令表的安全。这样仍然不太安全,因为并非所有操作系统模块都需要或应该使用该表,一个较好的方法是让系统口令表只允许被那些需要存取该表的模块存取。

③ 加密口令文件。加密口令文件表较为安全,因为它将使读文件内容对入侵者而言毫无用处,一般使用传统加密及单向加密这两种加密口令的方法。

使用传统加密方法,整个口令表被加密,或只加密口令列。当接收到用户口令时,所存取的口令被解密,使用这种方法在某一瞬时会在内存中得到用户口令的明文,任何人只要得到对所有内存的存取权就可获得它,显然这是一个很明显的缺陷。

另一个较安全的方法则是使用单向加密，加密方法相对简单，解密则是用加密函数。在用户输入口令时，口令也被加密，然后将加密后的用户口令和已预先被加密的口令文件中的口令进行比较，若两者相同，则鉴别成功。使用单向加密的口令文件可以以一种可见的形式保存，因为这个口令文件本身也是密文。事实上，在操作系统中，除非在口令表上安装了特殊的存取控制机制，任何用户都可以读口令表，口令表的后备拷贝也将不再是一个问题。

以一种伪装的形式保存口令表将在很大程度上保证安全性。存取仍然被限制为那些具有合法需要的进程。但是，口令表里被加密的内容和表的存取控制提供两层安全，即使某人成功地侵入了外层安全圈，他所获取的信息仍然是不能直接使用的。

(3) 口令的挑选准则

合适的口令应该是让人难以猜到的，不同环境的安全需求也影响着口令的选择，所以对口令的选择有如下准则：

① 增加组成口令的字符种类，加长口令。这两种方法都是为了增加可能的排列组合数目，增大破译难度。尤其当口令长度超过5以后，其组合数将呈爆炸型增长。

② 避免使用常规名称、术语和单词，尽量选择不太规范的单词。挑选非单词，会使攻击者在穷举搜索上花费较大精力。

③ 定期更换口令，也可以使用一次性口令。定期更换口令将使得攻击者通过原来的口令表或强行攻击加密口令表等方法获取口令的难度增大。一次性口令用于身份鉴定是相当保密的，因为口令在每次使用后就作了更换，攻击者即使截取到口令也是无用的。

(4) 身份鉴定的缺陷

在口令身份鉴定中，若攻击者对口令拥有者熟悉，那么其通过猜测、询问、窃取等手段得到用户口令的可能性将大大增加。考虑到这种情况，口令的真实性需要有更令人信服的证据。

在常规系统中，证据是单方面的，系统需要用户特定的标识，而用户必须信任系统，因此，入侵者可以采用假冒登录和屏幕提示，待程序建立后，故意离开计算机，等待合法用户登录，此时，假登录程序记录用户输入口令及标识，并保存在入侵者指定的文件中，同时提示用户登录错误而退回到系统真正的登录过程，这种攻击是一种特洛依木马，用户不会怀疑他的口令和标识已经泄露和被窃取。

要防止这类攻击，用户应做到，在确认系统的合法性和确信进入系统的路径每次都被初始化之前，不输入保密数据或口令。比如，系统可以提示用户最近登录的时间，用户在输入口令之前先证实日期和时间的正确性，确认在这之前登录中没有口令被截取，这时用户才输入该时间标志和口令。

2. 其他身份鉴别机制

有些物理设备可以用来辅助身份鉴别，这些物理设备包括笔迹鉴别器、声音识别器及视网膜识别器。这些都是利用不可伪造的用户生理特征去鉴别用户的。尽管这些设备很昂贵且还处于实验阶段，但在极端保密的环境下仍然十分有用。

更为普通的安全环境中需要将登录和特征结合起来，可以将用户限制在特定物理位置的终端或特定的时间内使用机器。若系统检测到，一个非法用户，在无任何正当理由情况下企图存取某一文件时，系统会断开和用户的会话并将其挂起，直到安全管理员清除为止。

11.3 病毒及其防御

11.3.1 病毒概述

1. 病毒的特点

计算机病毒(简称病毒)是一种可传染其他程序的程序,它通过修改其他程序使之成为含有病毒的版本或可能的演化版本、变种或其他繁衍体。病毒可经过计算机系统或计算机网络进行扩散,也可通过存储媒介进行扩散。一旦病毒嵌入了某个程序,就称该程序染了计算机病毒了,并且这个受感染的程序可以作为传染源继续感染其他程序。

病毒主要有如下的特点:

- 病毒是一段可执行程序,但它不是一种独立的可执行程序,其具有依附性。仅当它依附在系统内某个合法的可执行程序上时方可执行。
- 病毒具有传染性。一旦一个程序染上了病毒,就可能传染整个系统。这也是它之所以成为病毒的最关键原因。这种传染当然是不受用户控制的。
- 病毒具有潜伏性。计算机病毒往往是先潜伏下来,等条件满足时才触发它,并且这种潜伏性使病毒的威力大为增强。一旦触发条件满足,就会激活病毒的表现模块,使其实施传染操作。
- 病毒具有破坏性。计算机病毒的破坏性有轻有重,轻者只是影响系统的工作效率,重者将会导致系统崩溃。但病毒在复制过程中,会保证宿主程序基本正常工作,否则它就难以实现其传染的目的。
- 病毒具有针对性。计算机病毒一般是针对某种特定环境编制的,一种病毒并不是对所有操作系统都能传染。例如,攻击 UNIX 操作系统的病毒就不能破坏 DOS 系统,反之亦然。

2. 病毒的结构

病毒大多由 3 部分组成:引导模块、传染模块和表现模块。

病毒的引导模块负责将病毒引导到内存,对相应的存储空间实施保护,以防止被其他程序覆盖,并且修改一些必要的系统参数,为激活病毒做准备。

病毒的传染模块负责将病毒传染给其他计算机程序。它是整个病毒程序的核心,由两部分组成:一部分判断是否具备传染条件,另一部分具体实施传染。

病毒的表现模块也分为两部分:一是病毒触发条件判断部分,二是病毒的具体表现部分。

3. 病毒的分类

按照病毒的特点,可以有很多分类方法:

① 按攻击机种分类,可以分为攻击 IBM PC 及其兼容机的病毒,攻击 MACINTOSH 系列机的病毒和攻击 UNIX 操作系统的病毒和攻击各种大、中、小型计算机和工作站的病毒。

② 按链接方式分类,可以分为操作系统病毒、源码病毒、入侵型病毒和外壳型病毒。

③ 按寄生方式分类,可以分为寄生在磁盘的引导区和寄生在可执行文件中的病毒。

11.3.2 病毒的防御机制

1. 病毒的作用机理

病毒的作用机理和过程：首先检查是否符合感染条件，若符合，就由传染模块对系统进行感染。如不需要感染，就跳过感染过程去执行下面的指令，即判断触发条件是否满足，如果不满足，就去执行正常的系统命令，如果满足，病毒的表现模块就会运行起来，产生一系列的症状。病毒的整个工作过程如图11.10所示。

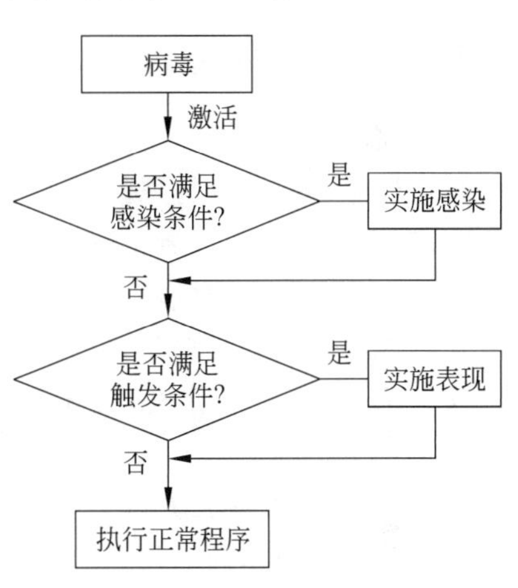

图11.10 病毒的工作过程

2. 操作系统与病毒传染性的关系

病毒之所以对计算机系统构成威胁，主要是由于它的传染性，而病毒的传染性主要与操作系统有关。

病毒在不同系统之间传播，一个比较普遍的途径是经过磁盘传染。病毒嵌入某个合法程序隐藏起来，当这个合法程序被存入磁盘时，病毒也就随之被复制到了磁盘。由于这个向磁盘存储的过程一般是通过操作系统的磁盘操作功能来完成的，不同操作系统的磁盘操作功能并不相同，所以一般情况下，针对某种操作系统的病毒不能感染其他互不兼容的操作系统。

3. 病毒的防御机制

病毒的防御机制是针对病毒的运行特征而采取的层层设防、级级设防措施。根据对病毒的传染和运行的机理的研究，在病毒感染或运行过程中的任何一环都可以采取防御措施。

病毒防御措施通常将系统的存取控制、实体保护等安全机制结合起来，通过专门的防御程序模块为计算机建立病毒的免疫系统和报警系统。防御的重点在操作系统敏感的数据结构、文件系统、数据存储结构和I/O设备驱动结构上。操作系统的敏感数据结构包括系统进程表、关键缓冲区、共享数据段、系统记录、中断矢量表和指针表等关键数据结构，病毒会试图篡改甚至删除其中的数据和记录，这样会使得系统运行出错。针对病毒的各种攻击，病毒防御机制采用了存储映像、数据备份、修改许可、区域保护、动态检疫等方式。

① 存储映像，是保护操作系统关键数据结构在内存中的映像，以防止病毒破坏或便于系统恢复。

② 数据备份，类似于映像，主要是针对文件和存储结构，将系统文件、操作系统内核、磁盘主结构表、文件主目录及分配表等建立副本，保存在磁盘上以作后备。

③ 修改许可，是一种认证机制，在用户操作环境下，每当出现对文件或关键结构的写操作时，都提示用户要求确认，通过用户的这种参与，防止病毒在后台绕过用户进行非法操作，这也是防止病毒感染传播的一种基本手段。

④ 区域保护，是借助禁止许可机制，对关键数据区、系统参数区、系统内核禁止写操作。由于一般用户本就不具有对这些区域的写权限，故很容易在不让用户知道的情况下对某些实体设置标记，从而将用户方的操作限制在允许的区域内。

⑤ 动态检疫，是一种主动防御机制，在系统运行的每时每刻，它都监视某些敏感的操作

或者操作企图,一旦发现则给出提示并予以记录,它可以与病毒检测软件配合,发现病毒的随机攻击。

上述机制都是嵌入到操作系统模块中,或者以系统驻留程序实现的,对操作系统的设计来说起到了一种弥补作用,但并不能完全解决问题。

11.3.3 特洛伊木马程序及其防御

1. 特洛伊木马

特洛伊木马是一种特殊的病毒,表面上在进行合法操作,实际上却进行非法操作,受骗者是程序的用户,能入侵者是这段程序的开发者。

特洛伊木马程序能成功入侵的关键是入侵者要写一段程序,从表面看来它应当完成某些有趣的或有用的合法功能,以诱导受骗者自己去主动运行这段程序,实际上程序在私下进行非法行为,这样的行动方式就不会引起用户的怀疑。最后,入侵者还要能以某种方式获取他所需的信息。

2. 对特洛伊木马的防御

要防止特洛伊木马的破坏,必须依赖于一些强制手段,如对存取控制灵活性进行限制。过程控制、系统控制、强制控制和检查软件商的软件等措施都可以降低特洛伊木马攻击成功的可能性,但是,以上技术都存在局限性。

3. 特洛伊木马与隐蔽信道

特洛伊木马程序攻击系统的一个关键标志,是通过一个合法的信息信道进行非法通信,这些信道一般是用于交互进程通信的,如文件、通信道或者是共享内存。虽然强制访问控制技术能够防止利用这种信道进行非法通信,但是,一个系统往往还允许进程之间利用许多其他途径进行通信,而这些途径通常是不用于通信的,并且也不受强制访问控制的保护,人们称这些通道为隐蔽信息信道,即隐蔽信道。它也可称作泄露路径,因为信息可以经过它在不经意中泄露出去,比较严重的情况是由特洛伊木马程序通过这种信道而产生的信息泄露。

系统内到处充满着隐蔽信道,只要它可以由一个进程修改而由另一个进程读取,那它就是一个潜在的隐蔽信道。隐蔽信道有两类:存储信道和时间信道。存储信道是一种这样的信道,一个进程对某客体进行写操作,而另一个进程可以观察到写的结果;如果一个进程可以通过某个信道观察到另一个进程对系统性能产生的影响,并且可以利用系统时钟这样的时间坐标对改变进行测量,这个信道就是时间信道。处于隐蔽信道读取一端的进程通常容易被木马程序用来偷偷获得其所要的信息。

11.4 加密技术

加密技术在计算机安全中得到了广泛的应用。加密就是用数学方法来重新组织数据,使得除了合法的接收者外,任何其他人想获得正确的原信息变得非常困难。加密可通过编码或密码进行。编码系统就是用事先定义的表或字典将每个消息或消息的一部分替换成无意义的词或词组,最简单的编码就是将字母表中的每个字符用另一个字符代替。密码就是用一个加密算法将消息转化成不可理解的密文。由于密码技术安全性较高,因此,在现代计算机和网络安全设备中使用了这些技术。

本节仅讨论加密技术，首先讨论加密的传统方法，然后讨论一种公开密钥加密方法，最后介绍密钥的管理。

11.4.1 传统加密方法

1. 传统加密过程

传统加密过程就是把明文信息利用某种加密算法加以编码以防止未授权的访问，从而实现其保密的过程。图11.11(a)描述了传统加密的过程。明文是指用户可理解的消息，加密后被转换成无法阅读的信息，也就是密文。加密过程包含一个算法和一个密钥。加密密钥是一个唯一的保密数字，用于对数据进行加密防止未授权者阅读。算法根据当时所用的特定密钥产生不同的输出，改变密钥会改变算法的输出结果。

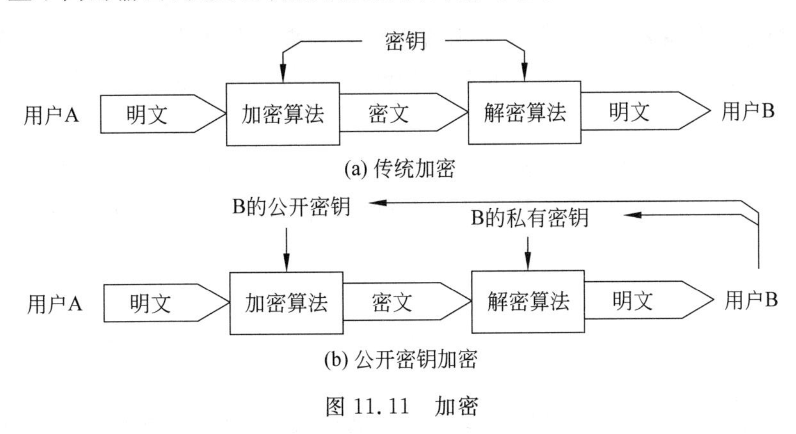

图11.11 加密

发送方和接收方之间传送的是密文。在接收端，用一个解密算法及一个与加密相同的密钥将密文重新转换成初始明文。传统加密的安全性主要依赖于几个因素：首先，加密算法应该能保证，只根据密文来解密出明文是不可能的。其次，传统加密的安全性主要依赖于密钥的保密性，而不是算法的保密性。所以，有了密文和加密/解密算法也不可能解密出一个消息。换句话说，我们不需保密算法，只需保密密钥。通常保密密钥比保密算法的耗费低得多。

传统加密的这种特性(只保密密钥)使得厂家实现数据加密算法的耗费较低，从而使它被广泛运用，也决定了其安全性问题主要在密钥的安全管理上。

2. 数据加密标准

使用得最广的加密方法是基于数据加密标准(DES)的方法，DES是由美国国家标准局(NBS)在1977年研制的一种数据加密、解密的标准方法。在DES中，数据被分为64位一组，每组使用56位的密钥来加密。解密时使用相同的步骤和相同的密钥。

DES的应用越来越广泛。但DES的安全性也引起争议，主要是密钥的长度，有些人认为太短。下面，先大致介绍一下DES的历史。

NBS在1973年提出了国家加密标准，从而产生了DES。那时，IBM正对Lucifer算法进行最后阶段的研究。Lucifer方案在当时是最好的，因此IBM为NBS开发了基于Lucifer的数据加密算法。DES与Lucifer本质相同，最根本区别在于：Lucifer的密钥是128位，而DES的密钥是56位的。

破解密文有两种基本的方法：一种是对加密算法所依赖的数学基础进行分析，然后对其攻击,一般认为DES可免予这种攻击;另一种是穷举密钥的所以可能排列进行攻击,直到得出明文。DES密钥只有56位,于是只有2^{56}个不同的密钥——这个数不够大,而且在计算机速度越来越快和分布式计算能力不断加强的现代就更觉得太小了。1997年,美国程序员Verser用了96天时间,在Internet上数万名志愿者的协助下,借助分布式计算的巨大计算能力,成功破译了56位的DES密钥。

但由于该方法对信息进行了完完全全地随机处理,即使破译者拿到了部分原文本也无法将其完全破译,所以DES在最近几年仍被广泛应用,美国政府部门和大多数银行以及货币交换部门都采用此方法保护敏感的计算机信息。

11.4.2 公开密钥加密方法

传统加密的一个主要困难是要以一种保密的方式来分配密钥。对这一点最彻底的解决方法就是不分配密钥,也就是采用公开密钥加密,如图11.11(b)所示,它是在1976年被首次提出的。

在传统加密方法中,加密和解密所用的密钥是相同的,这并不是一个必要条件,有可能设计出一个算法用一个密钥加密,用另一个不同的但有联系的密钥来解密;另外也有可能设计出一个算法,即使已知加密算法和加密密钥也无法确定解密密钥。这种方法需要以下技术支持:

① 在网中每个端系统的两个结点间产生一对密钥,用来实现对它们间传送的消息加密、解密。

② 每个端系统都将加密密钥公开,解密密钥设为接收方私有。

③ 如果A要向B发送消息,A就用B的公开密钥加密消息。

④ 当B收到消息时,就用其私有密钥解密。由于私有密钥只有B自己拥有,因此,没有其他接收者可以解密出密文。

公开密钥加密解决了密钥的分配问题,所有人都可以访问公开密钥,私有密钥在本地产生,不需分配。只要系统控制其私有密钥,就可以保证输入通信的安全性。系统可以随时变更私有密钥即与之配套的公开密钥。

与传统加密相比,公开密钥加密的一个主要缺点是算法比较复杂。因此,在硬件的规模和耗费相当时,公开密钥加密的效率较低。

表11.1对传统加密和公开密钥加密的一些重要特性进行了归纳。

表11.1 传统加密和公开密钥加密

	传统加密	公开密钥加密
工作条件	• 加密和解密所用的是相同算法和相同密钥 • 发送者和接收者必须共享算法和密钥	• 加密/解密的算法,一对密钥,一个用作加密,一个用作解密 • 发送者和接收者各有一对匹配的密钥
安全性条件	• 密钥必须保密 • 没有其他信息,解密消息是不可能的 • 知道算法和密文无法确定密钥	• 两个密钥中一个要保密 • 没有其他信息,解密消息是不可能的 • 知道算法,一个密钥和密文无法确定另一个密钥

11.4.3 密钥的管理

如果用传统加密方法加密，则两个主体必须有相同的密钥，并且密钥受到保护，以免被其他人访问。另外，如果密钥被攻击者知道了，就要改变密钥以减少泄露的数据量。因此，加密系统的强度与密钥分配技术有关。密钥分配是指在两个交换数据的主体间传送密钥而不让其他人知道的方法。对于两个实体 A 和 B，实现密钥分配的方法有多种：

① 由 A 来选择密钥，传送给 B。

② 由第三者选择密钥，传送给 A 和 B。

③ 如果 A 和 B 先后用了同一个密钥，则由一个主体将新密钥传送给另一个。

④ 如果 A 和 B 都与 C 有加密链接，则 C 可在加密链上向 A 和 B 传送密钥。

方法①和方法②都需要传送密钥。对于链路加密，由于每条链路的加密设备只与链的另一端结点交换数据，故这类方法可行。但对于端对端加密，密钥的传送就很困难。在分布式系统中，结点间的通信量很大，因此就需要大量的密钥，耗费资源太大。这个问题在广域分布系统中尤其严重。

方法③对链路加密和端对端加密都可行，但如果一个攻击者成功获取了一个密钥，那么所有密钥都可被获取。

方法④适于提供端对端加密密钥。

图 11.12 给出了一种满足方法④的端对端加密的实现。在这种方法中，要验证以下两种类型的密钥：

- 暂时密钥。当两个端系统进行通信时，通过一个暂时密钥来保证它们之间连接的安全性，连接结束时，再取消暂时密钥。
- 永久密钥。永久密钥在实体间分配暂时密钥时使用，分配完成后，转而使用暂时密钥来对端系统间通信加密。

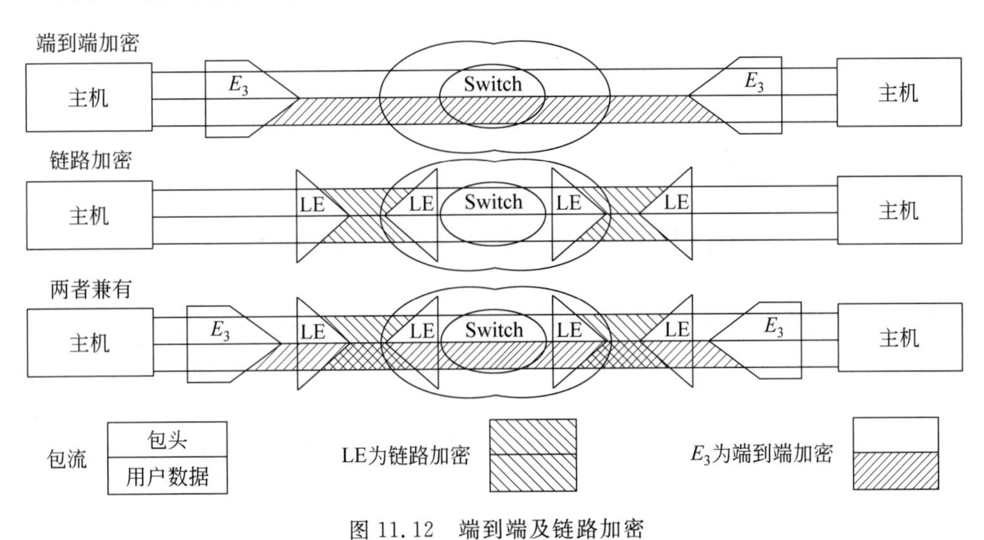

图 11.12 端到端及链路加密

建立连接的步骤(见图 11.13)如下：

① 当一台主机要与另一台主机建立连接时，它就发送一个连接请求包。

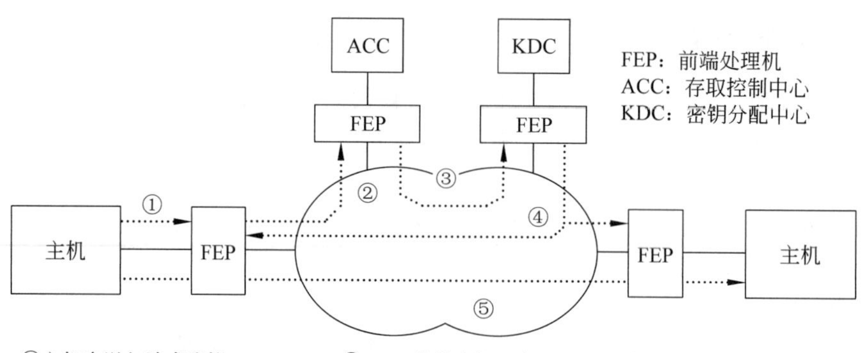

图 11.13　网络交叉的端到端加密

② 前端处理机保存该包,并将其送到存取控制中心以获得建立连接的许可。

③ 前端处理机与存取控制中心间的通信由永久密钥加密。该密钥只能被存取控制中心和前端处理机使用,存取控制中心对应每个前端处理机和每个密钥分配中心都有一个唯一的永久密钥。如果存取控制中心允许连接,就发送一个消息给密钥分配中心,请求产生暂时密钥。

④ 密钥分配中心产生暂时密钥,然后传送给两个相应的前端处理机。

⑤ 请求连接的前端处理机向被请求方的前端处理机发送连接请求包,在两个端系统间建立连接,两个端系统间的所有数据交换都要由其前端处理机用暂时密钥加密。

对于上述方法可以进行以下一些改动。存取控制和密钥分配的功能分开是为了提供更高的安全性,它们也可以被合并成一个系统。存取控制并不是必需的,可以允许两个端系统间任意通信,当它们建立连接时,由其中一个向密钥分配中心请求一个暂时密钥。另外,使用前端处理机的主要目的是使网络负载最小化,它可以被整合入主机部分。对于主机而言,前端处理机是一个包交换结点;对于网络而言,前端处理机是一台主机。

密钥分配的另一种方法是公开密钥加密。公开密钥可用作图 11.13 中所示的永久密钥,而传统密钥用作暂时密钥。

11.5　安全操作系统的设计

操作系统负责管理系统内一切软件和硬件资源,因此其往往成为攻击的目标。正因为操作系统是计算机系统中安全性的基石,所以在设计操作系统时安全性也成为考虑的一个重点。从操作系统设计者的角度来看,安全操作系统的开发要经历如下 3 个阶段:第 1 个阶段是模型化阶段,在开始建立一个安全操作系统之前,设计者必须了解系统对于安全性的具体要求,进而构造一个保密的模型,以便通过它研究怎么实现安全性的要求;第 2 个阶段是设计阶段,在选择了安全模型之后,设计者需选择一种实现该模型的方法,必须保证设计准确地表达了模型,而代码准确地表达了设计;第 3 个阶段是实现阶段,安全操作系统的实现目前有两种方法,一种是专门针对安全性要求而设计的操作系统,另一种是将安全的特性加到目前的操作系统之中。

11.5.1 安全模型

安全模型用来描述计算机系统和用户的安全特性，是对现实社会中一种系统安全需求的抽象描述。一个计算机系统要达到安全应有3个要求：保密性、完整性和可用性，这3个基本要求描述了用户对计算机系统的存取操作的要求。这里，将讨论安全操作系统应具有的特性，并用模型描述计算机系统的安全特性。由于存取是计算机系统安全需求的核心，存取控制则是这些模型的基础。我们需要设计一些独立于任何模型的策略来规定用户能实施的存取行为，而所谓的模型仅仅是实现这些策略的机制。

计算机安全模型设计的目的有两个：一是模型要能在确保其自身的保密性和完整性的基础上，确定一个保密系统应采取的策略；二是要能通过对抽象模型的研究使人们了解到对系统的保护特性。

1. 单层模型

在这种安全模式中，存取策略为每个用户和实体简单地指定权限，即用户将对实体的存取策略简单地设置为"允许"或"禁止"。实现这种模式有两种不同的表达方法。

(1) 监督程序模型

监督程序是用户之间的通道，如图11.14所示，用户通过调用监督程序对某一实体进行特定的存取。监督程序响应用户的请求，依据其存取控制信息决定是否准许存取。

监督程序的实现虽然很容易，但存在着两个缺陷：

① 由于监督程序进程被频繁地调用，它将耗用大量资源。

② 它仅能对直接存取进行控制，无法控制间接存取。例如，下面的程序段，

```
if profit≤0
    then delete file A
    else begin
        write file A, "message";
        close file A
end.
```

以上程序借助于文件A来判断profit的信息，由此用户可以通过文件A而间接地达到存取profit的目的，可见监控程序对这种间接存取的方式是无法控制的。

(2) 信息流模型

为了弥补监督程序的缺点，提出了信息流模型，它的作用类似于一个智能筛选程序，它对于允许存取的特定实体有关的所有信息进行监控，其信息流模式的安全性如图11.15所示。

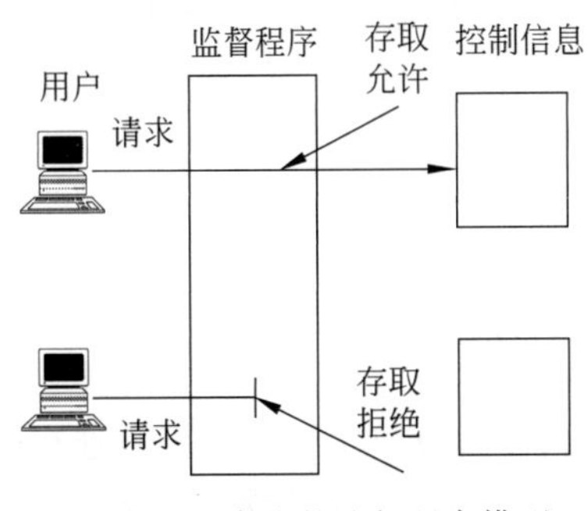

图11.14 存取的监督程序模型

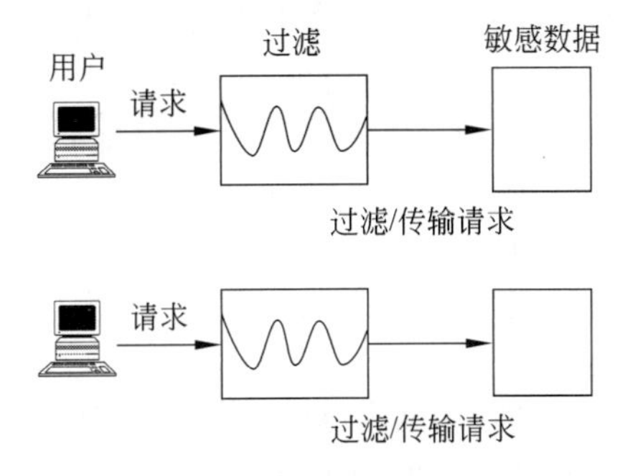

图11.15 信息流模型

下面几条语句是一个信息流模型的例子,其信息流是从 B 到 A 的:

```
A:=B;
A:=B+C;
A:=A+B;
```

但在下面的例子中,信息流则是难确定的,用户不用直接存取 B 则可知道 B 是否为 0,因为 B 的有关信息可以由 A 推出:

```
if  B=0  then  A:=0  else  A:=1
```

若某一模块中的敏感数据被不应存取该敏感数据的用户所调用,则信息流模型可用来监测这种潜在的越权存取行为,这个过程可由编译程序实现。并且对程序中每条语句的信息流分析证明,模块的非敏感数据的输出与敏感数据的存取,这两者不会相互影响。用户也将不能从调用的模块中得到任何非授权信息。信息流分析能保证操作系统模型在对敏感数据的存取时不会将数据泄露给被其调用的模块。

单层模型的局限性,促使提出了多级安全模型的概念,信息流模型在其中得到了更深入的应用。如著名的 Bell-LaPadula 模型和 Biba 模型,前者主要用于实现保密,后者主要用于保证信息的完整性。

2. 多层网络模型

在前面的两个模型中,安全概念中只具有二元性:实体有敏感或不敏感,用户有授权存取或未授权存取。然而,实际应用中通常需要为实体及用户考虑更多的敏感层次。安全网络模型突破了二元敏感性,以适应那些在不同敏感层次上并行处理信息的系统。

安全网络模型是一种广义的操作系统安全模型,其元素形成一种网络数学结构,它要满足军队安全需要和对保密信息级别的处理要求。在军队中,信息一般被分为不保密、秘密、机密以及绝密,这些不相交的级别描述了信息的敏感性。绝密信息是最敏感的,而不保密信息是不敏感的。人们使用敏感数据工作时的安全原则是最小权限原则,不应对所有绝密信息进行存取,而应该被限制为仅能存取那些完成其工作所必需的信息。"需知(need-to-know)"准则正是用来实现最小权限原则,在信息存取过程中,它仅允许需要某一敏感数据来完成其工作的主体对此数据存取。

隔离组,一种描述信息主体对象的数据结构,被用来施行 need-to-know 约束。每块分类信息都和一个或多个隔离组有关。

〈级别;隔离组〉组合叫信息的分类。对敏感信息进行存取必须被批准,通常采用存取权限中的许可证机制,只有某人可以存取特定敏感级别以上的信息并且他也知道敏感信息所属的特定类时,才能获得许可证。主体许可证和信息分类在形式上一样,若引入敏感实体和主体上的关系"≤",则对于实体 O 和主体 S 有如下的关系:

当且仅当

级别 O≤级别 S 并且隔离组O∈隔离组 S

$$O \leq S$$

这里,关系"≤"用来限制敏感性及主体能存取的信息内容,只有当主体的许可级别至少与该信息的级别一样高,并且主体必须知道信息分类的所有隔离组时才能够存取。例如,分类信息〈机密；USSR〉可被拥有〈绝密；USSR〉或〈机密；USSR，密码学〉的人存取，但不能被拥有〈绝密；密码学〉或是拥有〈秘密；USSR〉的人存取。这种安全模型是一种称为网格的更为一般模式的代表，下面就介绍网格模型。

网格也是一种数学结构，其元素在关系运算符操作下的。网格中的元素按半定序$\leq$排列，它具有传递性和非对称性，即对任意三个元素 A、B 和 C，有：

- 传递性　若 $A \leq B$ 及 $B \leq C$，则 $A \leq C$。
- 非对称性　若 $A \leq B$ 及 $B \leq A$，则 $A = B$。

这种安全模型同时强调了敏感性和需知性需求，前者是层次需求，后者是非层次的约束需求，网格表达了自然的安全级别递增，因此，可以描述不同敏感级别的网格是一个可用于多种不同的计算环境的安全模型。

综上所述，研究计算机的安全模型有两个目的：一是确定一个保密系统应采取的策略，例如，Bell-LaPadula 模型和 Biba 模型能表示为达到保密性或完整性需强加的特定条件；二是对对象模型的研究将使我们了解到保护系统的特性，这些特性都是保护系统的设计者应知道的。

下面研究安全操作系统的设计，这些设计遵循一系列保护系统模型所建立的策略。

11.5.2　安全操作系统的设计

操作系统的设计是非常复杂的，因为它要考虑以下诸多方面：处理并发任务，处理中断以及进行低层文本切换操作等。在实现基本功能的同时，还要兼顾效率，降低资源消耗，提高用户存取速度。如果再考虑安全因素，则更增加了系统设计的难度。下面将在一个较高的安全层次上研究操作系统的设计。首先讨论安全操作系统设计的基本原则，然后介绍几种实现操作系统安全的方法。

1. 通用操作系统安全设计的原则

在通用操作系统中，除了前面讲述的内存保护、文件保护、存取控制和用户身份鉴别外，还需考虑共享约束、公平服务保证、进程间的通信与同步。可以说，安全功能遍及整个操作系统的设计和结构中。安全操作系统的设计存在一个有趣的特点：一方面，必须在设计了操作系统的一个部分之后考虑它的安全性，检查它所强制或提供的安全性尺度；另一方面，安全性又必须成为操作系统初始设计的一部分，在开始设计系统时就统筹考虑。这个特点也是人们进行操作系统安全设计时必须遵循的原则。

2. 几种实现操作系统安全的方法

基于前面讲过的操作系统的设计原则，下面将介绍操作系统在安全方面成功实现的方法，即考虑隔离（最少通用机制的逻辑扩展）、内核化的设计（最少权限及机制经济性方面的考虑）、分层结构（开放式设计及完整的策划）等。

（1）分离/隔离

将一个进程和其他进程分离的方法有 4 个：物理分离、暂时分离、密码分离和逻辑分离。使用物理分离，不同进程使用不同的物理资源；暂时分离用于进程处于不同的时间段；加密被用于密码分离，使得敏感数据在非授权用户面前不可读；逻辑分离也叫隔离，它是由进程（如监督程序）提供给用户，构造一个虚拟的环境，使用户感觉不到其他用户的存在和影响。安全计算系统应使用所有这些形式的分离，常见的方式有两种：虚拟存储空间和虚拟机方式。

虚拟存储空间最初是为提供编址和内存管理的灵活性而设计的,实际上它同时也提供了一种安全的机制。多道程序操作系统必须将用户之间进行隔离,仅允许严格控制下的用户交互作用,大多数操作系统采用系统副本的方式为多个用户提供单个环境,采用虚拟存储空间机制提供逻辑分离。每个用户的逻辑地址空间通过用户存储映像机制与其他用户的逻辑地址分离开,用户程序看似运行在一个单用户的机器上。IBM MVS 操作系统便提供了这种多虚拟存储空间机制。

如果将虚存概念扩充,系统将物理设备以及文件等资源都逻辑化,使得用户可以以某种直观方式来操作,而操作的具体实现则交给操作系统,这就形成了所谓虚拟机的隔离方式。系统的硬件设备在传统上都是在操作系统的直接控制下,而给每个用户提供虚拟机就使每个用户不但拥有逻辑内存,而且还拥有逻辑 I/O 设备、逻辑文件等其他逻辑资源。虚存只给用户提供了一个与实际内存分离的,且比实际内存要大的内存空间,而虚拟机则给用户提供了一个完整的硬件特性概念,一个本质上完全不同于实际机器的机器概念。虚拟硬件资源也在逻辑上使每个用户都感到自己独占了硬件资源。

可见,两种方式都是将用户和实际的计算机系统分离开来,因而减少了系统的安全漏洞,改善了用户间及系统硬件间的隔离性能,当然,与此同时也增加了这些层次上的系统开销。

(2) 内核机制

内核是操作系统中完成最低层功能的部分,在标准的操作系统中,内核实现的操作包含了进程调度、同步、通信、信息传递及中断处理。在内核中独立的安全功能通过安全内核来实现,安全内核是包含在操作系统内核中,负责整个操作系统安全机制的部分,它提供硬件、操作系统及计算系统其他部分间的安全接口。

另外,在内核中加入了用户程序和操作系统资源之间的一个接口层。内核的存在并不能保证它包括所有的安全功能。安全内核的设计和使用在某种程度上依赖于设计的方法。可以将安全内核设计为操作系统的附加部分,即先设计内核,再在其中加入安全功能;或是将其作为整个操作系统的基本部分,先设计安全内核功能,在设计内核其他部分。

对于前一种方法,在一个已实现的操作系统中,与安全有关的活动可能会在许多不同场合完成,安全性可能和每次内存存取、I/O 操作、文件或程序存取有关。在模块化的操作系统中,这些独立的活动可能由不同的模块来处理。因此,必须在每个这样的模块中加入和安全有关的功能,这种加入可能会破坏已有系统的模块化特性,而且使加入安全功能后的内核安全验证变得很困难,于是,设计者可能会设法从已实现的操作系统中分离出安全功能,将所有安全功能交给单独的安全内核统一监督实行,因此,有了第 2 种方法。

第 2 种方法是先设计安全内核,再以它为前提设计操作系统,这是一种更为合理的方法。目前较多的操作系统使用这种方法进行设计。在这种基于安全的设计中,安全内核为接口层,它位于系统硬件的顶端,管理所有操作系统硬件,存取并完成所有保护功能,它依赖于支持它的硬件,将大多数和安全无关的功能交给操作系统处理,与其无关。这样,安全内核可以很小且很有效,由此在计算系统中至少存在硬件、安全内核、操作系统和用户 4 层运行区域,安全内核必须保证每个区域的保密性和完整性,并管理如下 4 种基本的相互作用:

① 进程激活。在多道程序环境中,进程的激活和挂起经常发生,由一个进程切换到另

一个进程要求完全改变寄存器、重定位映像、文件存取表、进程状态信息及其指针等安全敏感信息。

② 运行区域切换。运行在某一区域中的进程为了得到更多的敏感数据或服务，通常调用其他区域的进程。

③ 内存保护。由于每个区域都有代码及数据保存在内存中，所以内存必须得到安全内核的保护，以确保每个区域的保密性及完整性。

④ I/O 操作。在某些系统中，有一种将每个字符进行转换的 I/O 操作软件，该软件在最外层连接用户程序，在最内层连接 I/O 设备，因此，I/O 操作可以覆盖所有区域。

(3) 分层结构

前面讲过，基于内核的操作系统由 4 层组成：硬件、内核、操作系统及用户。每层都由子层及其本身组成。安全操作系统的设计思想可以用一系列同心圆予以描述，其中最敏感的操作位于最内层，越靠近圆心的进程可信度越高。分层结构如图 11.16 所示。

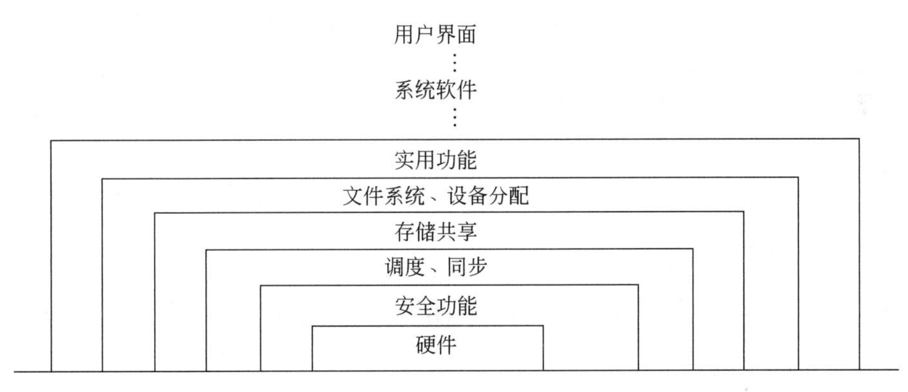

图 11.16 分层操作系统

在这种设计中，有些保护功能是在安全内核之外实现的，如用户身份鉴别等，因此，实现这些功能的模块必须能提供很高的可信度。由于分层是建立在可信度概念和存取权限机制的基础上的，单个安全功能可由位于不同层的某些模块共同实现，每层上的模块完成具有特定敏感度的操作，如图 11.17 所示。

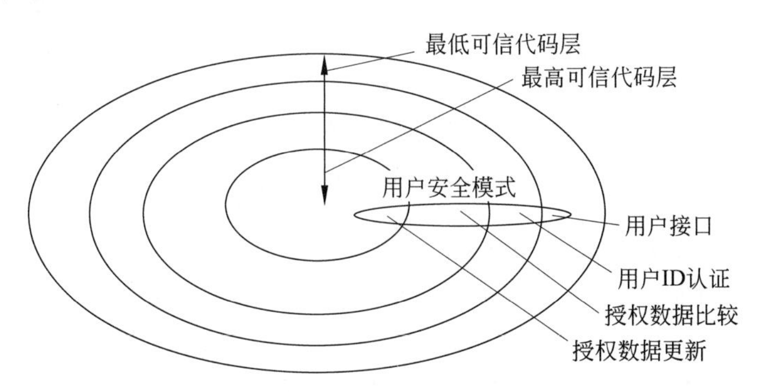

图 11.17 不同层上的模块操作

分层结构设计方法是一种较好的操作系统设计方法，每层都包括几个中心层，在提供服务的同时，为其外层提供特定的功能支持和接口。同样，安全操作系统的设计也可采用这种方式，不同点在于需要在各个层次中考虑系统的安全机制。

(4) 环结构

如果将上述的分层描述成围绕系统硬件的环，则可构成一种称为环的运行保护模式。MULTICS操作系统在每步设计中都采用分层设计，在运行中则是通过环结构来实现的，处于不同环区域的进程拥有不同的权限。

每个运行进程在特定的环区域上运行。可信度高的进程则在编号较小的环区域上操作，环是重叠的，即运行在环I上的进程包括了所有环J的权限，其中J>I，环的编号越小，进程能存取的资源则越多，操作所要求的保护也就越少。每个数据区或过程称为段，段由3个编号保护，B_1，B_2，B_3，其中$B_1 \leqslant B_2 \leqslant B_3$。这3个编号〈$B_1$，$B_2$，$B_3$〉叫做环域；〈$B_1$，$B_2$〉叫做存取域，〈$B_2$，$B_3$〉叫做调用域或调用点。从$B_1$到$B_2$的环集合上的进程能自由存取段，大于$B_2$小于$B_3$的环集合上的进程则仅能在特定的入口点调用该段。例如，内核段可能具有存取域(0,4)，意思是在0～4层的进程可以自由运行内核段，某一用户段可能拥有存取域(4,6)，表示它通常只由运行在4～6层间的用户进程存取。环域表示在某一段中运行的可信度，可信度高的段具有起始号较小的存取域(也就意味着它运行时有较大权限使用资源)，可信度低的段则具有起始号较大的存取域，可信度低的段也很少被可信度高的内核进程调用。

以上讨论了用于安全操作系统设计中的3个基本原则：隔离、安全内核及分层结构。下面将介绍安全操作系统设计的实例。

11.6 系统举例——Windows 2000 的安全性分析

Windows 2000的安全模型如图11.18所示。

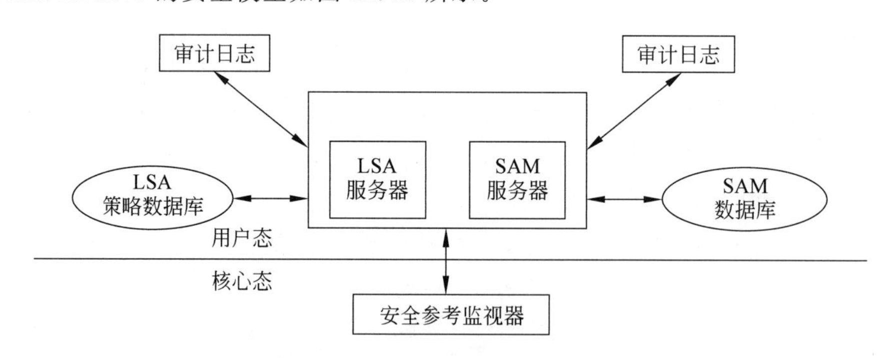

图11.18 Windows 2000的安全模型

和Windows 9x系列相比，Windows 2000的安全性达到了一个新的高度，近来已经通过了橘皮书标准的评估，该系统达到了C2级的级别，该级别在安全性方面具有如下的基本特征：

(1) 安全登录机构。它要求在允许用户访问系统之前，输入唯一的登录标识符和口令来标识自己。

(2) 安全的访问控制。它允许资源的所有者全权决定：资源可以被哪些用户访问，以及这些用户所拥有何种处理权限。

(3) 安全审核。它提供检测和记录与安全性有关的任何创建、访问或删除系统资源的事件或尝试的能力，登录标识符记录所有用户的身份，使之拥有判别如何跟踪非法操作者的能力。

(4) 内存保护。防止非法进程访问其他进程的专用虚拟内存，另外，Windows 2000 保证当物理内存页面分配给某个用户进程时，这一页中绝对不含有其他进程的数据。

Windows 2000 是通过安全性子系统和相关的组件来实现这些特征的。作为安全机制的核心，安全子系统集成了所有安全功能，控制了安全的各个方面，也就决定了 Windows 2000 操作系统，其组件和数据库由以下几部分组成：

- 本地安全权限(LSA)服务器。它是一个用户态进程，负责本系统安全规则、用户身份验证以及向"事件日志"发送安全性审核消息。
- 安全引用监视器(SRM)。该组件以核心模式运行，负责执行对对象安全访问的检查、处理权限和产生安全审核消息。
- LSA 策略数据库。这是一个包含了系统安全性设置规则的数据库。
- 安全账号管理器服务器。这是一个负责管理数据库的子例程，这个数据库包含定义在本地机器上或用于域的用户名和组。
- SAM 数据库。这是一个包含定义用户和组以及它们的密码和属性的数据库。
- 默认身份认证包。这是一个动态链接库，在进行身份验证的进程的描述表中运行，这个动态链接库负责检查给定的用户名和密码是否和 SAM 数据库中指定的相匹配，如匹配则返回该用户的信息。
- 登录进程。这是一个用户态进程，负责搜索用户名和密码，将它们发送给 LSA 以便验证它们，并在用户会话中创建初始化进程。
- 网络登录服务。这是一个在响应登录网络请求的 services.exe 进程内部的用户态服务。

对象的保护是访问控制和审核的基本要素，在 Windows 2000 操作系统中被保护的对象有：文件、设备、邮件槽、进程、线程、事件、访问令牌、Windows 桌面、窗口站、服务、互斥体、信号量、注册表键、管道和打印机等。Windows 2000 中作用于对象的访问控制方式有两种：一种是自主访问控制，这是在大多数使用情境下该操作系统采用的保护机制，通过这种方式，对象的所有者决定其他任何人对对象的访问；另一种方式是特权访问控制，当对象的所有者不在时，它确保其他人能够访问受保护的对象。

Windows 2000 的安全审核记录流程如图 11.19 所示，SAM 经连接到 LSA(Local Security Authority)的 LPC(Local Procedure Call)发送这些审核事件，"事件记录器"将审核事件写入"安全日志"中，除了由 SRM(Security Reference Monitor)传递的审核事件之外，LSA 和 SAM 二者产生的都是由 LSA 直接发送到"事件记录器"的审核记录，当接收到审核记录之后，它们不是成批提交，而是以队列的方式等待被发送到 LSA。可以使用两种方式中的一种从 SRM 中把审核记录移到本地安全子系统(LSASS)。如果审核记录比较小，它就被作为一条 LPC 消息来发送，也就是将其从 SRM 的地址空间复制到 LSASS 进程的地址空间；如果审核记录较大，则 SRM 通过共享内存让 LSASS 可以使用该消息，并在 LPC 消息中简单地传送一个指针。

登录是为确认用户身份而设计的，它是抵御非法存取的第一道防线。Windows 2000 的登录是由登录进程、LSA、一个或多个身份验证包和SAM的相互作用来组成的。身份验证包是执行身份验证检查的动态链接库。用户登录过程如图11.20所示。

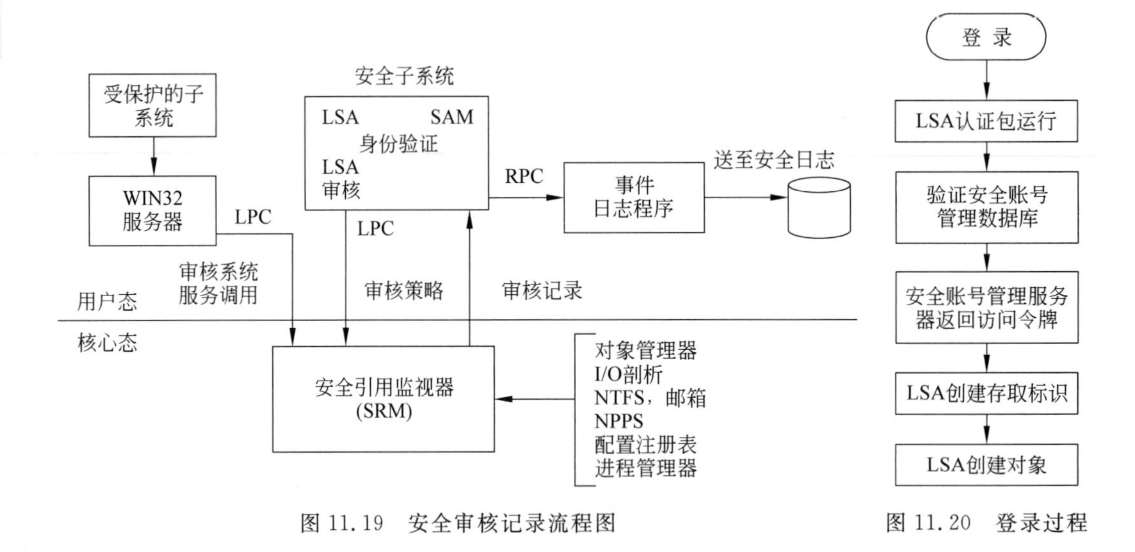

图11.19 安全审核记录流程图

图11.20 登录过程

总之，Windows 2000具有较高的安全性能，它具有一组全面的、可配置的安全性的服务，该服务已经达到美国C2级的安全标准，并且它还提供了安全函数的一个扩展数组以适应政府机关和商业安装的关键需求。

小 结

目前人们对计算机操作系统的安全性越来越重视，操作系统安全的本质就是为数据处理系统从技术和管理上采取安全保护措施，以保护计算机硬件、软件和数据不因偶然的因素或恶意的攻击而遭到破坏，使整个系统能够正常可靠地运行。

操作系统安全保护的核心是访问控制，即要确保主体只能在授权的情况下访问客体，而且授权策略是安全的。

操作系统的安全保护有许多方式：进程支持、内存及地址保护、存取控制、文件保护、用户身份鉴别、界址、基址/界限寄存器等，而特征位结构，分页和分段以及段页式也是用于编址及保护设计的机制。通用操作系统上的文件保护模式一般基于类似于用户-组-所有者这样的3或4层格式，这种格式便于直接实现，但它把存取控制的粒度限制在少数几个层次上。存取控制通常通过以单实体或单用户为基础的存取控制矩阵来实现，尽管这种机制很灵活，但是在实现上难以有效地进行。而在非法用户通过计算机网寻求共享服务时，用户身份鉴别也成为一个严重的安全问题。传统的身份鉴别设施是口令机制。明文口令文件使得计算机系统存在严重的脆弱性。通常，这些文件或是被重点保护或是被加密。但是，一个重要的问题则是建立一个确保用户口令足够保密的管理过程。此外，在不信任的环境下还必须使用协议来进行相互的身份鉴别。

有一种令人担忧的威胁是来自病毒及类似的软件机制，它们寻找系统软件的弱点，从而获取非法访问权，或者降低系统服务效率。病毒是一段计算机程序，它的运行离不开具体系统环境的支持，病毒对操作系统的安全性造成了极大的威胁，特洛伊木马程序就是一个典型的入侵程序。虽然可以采用过程控制、系统控制、强制控制和检查软件等措施降低特洛伊木马的攻击，但也有它的局限性。

加密是计算机安全中的一个重要的技术，加密就是把可理解的消息转化成不可理解的消息。大多数加密采用传统方法，即两个实体共享一个加密/解密密钥。传统加密的主要问题在于密钥的分配和保护；另外还有公开密钥加密方法，其中每个进程有一对密钥，一个用来加密，一个用来解密，加密密钥公开，解密密钥私有。

操作系统是计算机系统中安全性的基石，所以，设计操作系统时安全性是应考虑的一个重点。

习　题

11.1　一个计算机系统的基本特性是什么？

11.2　安全操作系统应该具有哪些功能？

11.3　假设从 26 个字母表中选 4 个字母形成一个口令，一个攻击者以每秒钟一个字母的速度试探每个口令。试回答：

(1) 直到试探结束才反馈给攻击者，那么找到正确口令的时间是多少？

(2) 只要输入了不正确字母就反馈给攻击者，找到正确口令的时间又是多少？

11.4　若两个用户共同存取某一段，他们必须使用相同的名字才能存取。他们的保护权限也必须一样吗，为什么？

11.5　使用分段及分页地址转换的一个问题是要使用 I/O。假定用户希望将某些数据由输入设备读入内存，为了保证数据传输过程中的有效性，通常将要放入数据处的实际内存地址提供给 I/O 设备，由于将实际地址传送给 I/O，因此，在非常快速的数据传输过程中不再需要进行费时的地址转换。这一方法所带来的安全问题是什么？

11.6　目录是控制存取的一种实体，为什么不允许用户直接修改他人的目录？

11.7　描述下列 4 种存取控制机制：①在运行过程中易于确定授权存取权限；②易于为新实体增加存取权限；③易于通过主体删除存取权限；④易于建立一个新实体，使得所有主体都具有默认存取权限。

怎样适合下列情况：

(1) 主体存取控制表(即，每个主体的一张表表示该主体能存取的所有实体)。

(2) 实体存取控制表(即，每个实体的一张表表示所有能存取该实体的主体)。

(3) 存取控制矩阵。

(4) 权能。

11.8　试述计算机病毒运行机理？

11.9　阐述计算机病毒与操作系统的关系？

11.10　给出一些流量分析可以破坏安全性的例子，描述端到端加密与链路加密结合时仍有可能进行流量分析的情形。

11.11　试述计算机操作系统的安全模型？

11.12　Windows 2000 操作系统的安全性是怎样实现的？

第12章 一个小型操作系统的实现

本书前面的章节偏重于介绍操作系统的基本概念和原理，但是怎样将这些原理和理论付诸实践，构造出一个真正可用的操作系统呢？在本章中，为了使读者了解到一个“真正”的操作系统是怎样一步步构造出来的，我们将以MINIX操作系统为例，对其设计方法进行介绍，并对其源代码进行简单分析。因为MINIX的源代码是公开的，有兴趣的读者还可以自己动手加以改造。

12.1 MINIX概述

MINIX操作系统最早出现于20世纪80年代，由美国著名学者A. S. Tanenbaum用C语言编制。初次接触这个系统的人可能会将其视为UNIX的缩小版和简化版，因为它从外部看来和UNIX非常相似，但实际上，MINIX的内部完全是经过重新设计的。它的主体部分设计为几个相对独立的模块，模块间依赖消息进行通信，这样的模块化结构使得对它的理解和修改都更方便。本章中将介绍基于POSIX(国际标准9945-1)的MINIX2.0版本，它可以运行于基于80x86结构的兼容机系列。

由于MINIX的源代码公开而且不难获得，限于篇幅，本章中一般不再列出具体的代码段，而主要是对系统运行的过程以及代码段(以过程、函数以及文件为单位)的作用进行分析。因此，强烈建议读者在阅读本章前先获得MINIX的源代码，以便参照。MINIX的源代码以及说明怎样编译执行的文档，可在其官方网站www.minix.org上搜索和索取。

12.1.1 MINIX的组成结构

1. MINIX的四层结构

首先了解一下MINIX的整体结构。MINIX的整个系统被分为4个层次，每一层次执行的功能如图12.1所示。

进程管理处于最底层，负责完成处理中断和陷入的全过程，包括捕获、保存现场状态，然后将其转换为消息发送给相应进程进行处理，同时也负责为高层中使用的进程抽象提供通用部分的定义。为了在高层各个模块间实现通信，这一层也要提供一整套的消息处理机制：检查通信进程双方的合法性，然后对内存中的发送和接收缓冲区进行定位，并负责数据的传送和复制。这一层次里涉及处理中断的代码中，最低级的部分用汇编语言编写，其他部分用C语言编写。

init	命令解释器(shell)	编译器	编辑器	其他用户进程	用户进程
内存管理	文件系统	网络服务	其他服务进程		服务器进程
磁盘驱动	时钟驱动	系统任务	其他任务		I/O任务
进程管理					

图 12.1 MINIX 四层机构示意图

处于第 2 层的是 I/O 处理。需要特别说明的是，本章中任务、进程和驱动程序三个概念间基本是等价的，可以换用。除了系统任务不对应任何实体设备，只提供某些特定服务外，MINIX 中其他的每个 I/O 任务都对应一个 I/O 设备。在后续内容中我们将详细介绍系统任务的作用。

在 MINIX 中，将所有涉及进程管理和 I/O 处理的代码(也就是第 1 层和第 2 层的代码)编译为一个整体，称之为内核(kernel)。内核中的这些进程可能共享某些函数和过程，但进程之间都是独立地被调度和执行，对函数和过程的共享使用并不会对进程的运行造成干扰。需要注意的是，虽然第 1、2 层的代码都被链接在一起放在内核中，但内核和中断处理程序具有比 I/O 任务更高的优先级，I/O 任务不能任意使用系统资源，也不能执行所有的机器指令。

位于第 3 层的进程负责向用户提供服务，这些服务进程具有的特权级比内核和 I/O 进程更低，它们不能直接使用 I/O 端口，只能访问属于自己的那部分内存。服务进程比位于第 4 层的用户进程拥有更高的优先级——虽然它们运行时的特权级是一样的，而且服务进程的生存周期是由系统决定的，只有当系统停止运行时，它们才会终止。另外，由于本章的目的只在于使读者了解操作系统的基本功能是怎样实现的，而在传统的操作系统中并不包含网络服务的内容，因此将不详细介绍 MINIX 的网络服务部分。不过，在正式发布的 MINIX 软件包中，通过修改文件 include/minix/config.h 将 src/inet 下的文件编译成网络服务器，结合系统调用中的以太网任务，MINIX 就可以提供基于 TCP/IP 的网络服务。

第 4 层包括所有的用户程序，需要特别介绍的是 MINIX 的命令解释器 shell。

命令解释器并不是操作系统的一部分，它本身就是一个计算机程序，用 C 语言编写，为协助用户与操作系统之间通信而设计，管理用户与核心(kernel)之间的对话(因为核心运行在计算机的内部，它不直接与用户打交道)，并把操作系统指令换成机器代码。所有的操作系统都需要配备一个命令解释器，如我们所熟悉的 DOS 系统中的所有命令都由 command.com 解释执行。shell 的种类很多，包括 ash、bash、ksh、csh 和 zsh，可以通过输入命令：# echo $SHELL，来确定自己所使用 shell 的类型。

shell 通常利用终端作为标准输入输出设备。但是我们也可以利用以下的命令改变输入输出：ver <filea>fileb，这条命令的意思是调用程序 ver，从 filea 文件取输入，送输出到 fileb 文件。如果再利用管道，则可以将一个程序的输出作为另一个程序的输入，例如：

ver>/dev/lp，是将执行 ver 程序的结果从/dev/lp 文件上输出。

启动 shell 将首先显示系统提示符 $，然后等待，假设用户输入命令 move，shell 读取该命令后，自动创建一个新进程来执行这个命令。命令执行完毕后，它再执行一个系统调用来终止这个进程，继续等待用户的下一个输入。

实际上,shell 还可以用来进行程序设计,它定义了各种变量和参数,并提供了包括循环与分支在内的,许多在高级语言中才具有的控制结构。使用 shell 编程类似于编辑 DOS 中的批处理文件,我们可以将一组我们想要执行的命令放在一个文件中,然后像执行其他程序一样运行这个文件。这个文件就被称为 shell 程序或 shell 命令文件,又被称为 shell script。当这个文件被运行时,shell 就会像执行输入命令那样一条条的自动执行文件里保存的命令。由于和 shell script 有关的内容很丰富,继续介绍下去将超出本章的范围,有兴趣的读者可以自己进行深入的学习。

我们将按照这个层次模型的顺序依次介绍进程、I/O、内存管理和文件系统。

2. 源代码组织方式

为了便于读者阅读 MINIX 的源代码,本节中将介绍其源代码的组织结构。MINIX 的源代码在逻辑上一般分为两个目录…/usr/include 和…/usr/src/(为叙述方便,将简记为 include/和 src/),它们所包含的子目录如表 12.1 所示(只包含了操作系统必需的部分)。

表 12.1 MINIX 源代码目录结构

Include/	sys/	存放符合 POSIX 标准的头文件
	minix/	MINIX 系统专有的头文件
	ibm/	存放符合 IBM PC 特殊定义的头文件
Src/	kernel/	存放内核部分的代码
	mm/	存放内存管理部分的代码
	fs/	存放文件系统部分的代码

下面来看看程序在内存中运行时,各个模块的分布情况。

系统装入内存以后,中断向量位于内存的最低端,然后是内核部分(包括各种 I/O 任务),接下来的地址空间依次分配给内存管理器、文件系统和 MINIX 启动程序 init,剩下的部分就交给用户程序使用,如图 12.2 所示。

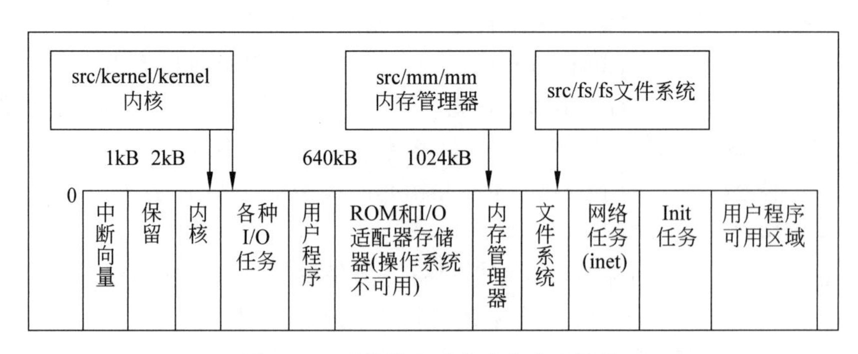

图 12.2 系统装入后的内存分配情况

不同目录下可能会出现同名的过程和文件,但这并不会造成系统的混乱,因为在编译系统的时候,同名的过程和文件将被分别链入它们各自对应的、不同的可执行文件中。

12.1.2 头文件

在编程的过程中,有许多常量、宏以及结构类型的定义会经常被不同文件用到,为了提高程序编制的效率,减少不必要的劳动,通常把这些定义按照某种规则或需要组织在一起,于是就构成了头文件(header),以后缀.h标识。在C语言中以#include语句来引用头文件。

虽然为了方便管理,MINIX规定把用户程序用到的头文件放在include/目录下,将编译系统程序和其他程序需要的头文件放在include/sys目录下,但实际上一个编译过程一般会同时用到这两部分头文件。因此,虽然按照目录的结构来分别介绍每个目录中的头文件,但事实上,不同目录下的头文件经常一起为同一个文件服务。

1. 公共头文件

在头文件中,有一些是完全通用的,它们不是被源文件直接引用,而是被其他的头文件引用。MINIX中的3个主要部分:内核、文件系统和内存管理分别对应有三个主控头文件src/kernel/kernel.h、src/mm/mm.h和src/fs/fs.h。每一个主控头文件的起始部分都要保证包含所有C源文件都需要的那些头文件(这些头文件可能来自不同的目录下),而其他被包含的头文件则可以根据不同版本的具体需求进行裁减。

(1) 在include/目录下,有3个被主控目录包含的头文件。

① ansi.h:用来测试编译器是否符合标准C的规定。整个文件的构造以#ifndef_ANSI_H为开始,并以#endif结束。

② limits.h:定义了一些基本的数据值的大小,如数据类型中的整形数所占位数的值等。

③ errno.h:包含了全局变量errno返回的错误码,用于系统调用失败时通知用户程序。

下面列出的文件虽然没有出现在主控目录下,但前4个文件经常被许多源文件所使用:

- unistd.h:包含许多常量的定义以及一些原始C函数,常量定义中多数是POSIX所要求的。
- string.h:包含用于串操作的C函数原型。
- signal.h:定义标准信号名,以及一些与信号相关的函数。
- fcntl.h :以符号的形式定义一些用于文件控制操作的参数。
- stdlib.h:定义了所有C源文件需要的复杂的类型、宏和函数原型。
- termios.h:定义控制终端设备需要的常量、宏和函数原型。
- a.out.h :定义可执行文件在磁盘中的存储格式,只被文件系统的源文件使用。

(2) 下面来看看include/sys目录下有哪些主要的头文件。

由于同一种数据类型在16位和32位处理器上所占的字长可能存在差异,因而可能因错误理解在特定情况下使用的基本数据结构而引发问题。在文件types.h中定义了许多MINIX使用的数据类型及其相关的数值,从而可以避免这种情况的发生。通常紧跟在types.h之后的是ansi.h头文件,它们都被所有主控头文件包含。

以下这些文件没有被主控文件包含,但也被广泛使用,所以有必要了解它们的功能:

- ioctl.h:定义了一些用于设备控制的宏。
- sigcontext.h:定义了一些基本结构,这些结构用于信号处理函数恢复系统状态的操作。

- ptrace. h：定义了在使用 ptrace 系统调用时可能的操作。
- stat. h：定义了用来存放 STAT 和 FSTAT 系统调用的返回信息的数据结构，也包含 stat 和 fastat 以及其他一些对文件进行操作的函数原型。
- dir. h：定义 MINIX 的目录项结构。
- wait. h：定义了在 WAIT 和 WAITPID 系统调用中使用的宏。

2. 专有头文件

除了公共头文件之外，在 include/minix 中存放的是在任何平台上实现 MINIX 都需要的头文件，而 include/ibm 中则存放了在 IBM 兼容机上实现 MINIX 所需的数据结构和宏的定义。

在 include/ibm 目录中主要有两个文件：diskparm. h 文件由软盘系统任务使用；partition. h 定义了 IBM 兼容机上的硬盘分区表和有关常量。为了与不同的硬件结构相适应，/ibm/目录下的 partition. h 文件可以被替换为位于另外的一个 partition. h 文件。不过，因为/minix/目录下的 partition. h 文件是由 MINIX 内部使用的，所以无论在何种硬件条件下都可以保持不变。

在/minix/目录中首先要注意到的是 config. h 文件，它被所有主控头文件所包含，且必须列在第 1 位。它的重要性在于，通过编辑该文件，可以使 MINIX 的配置适应硬件的差异和对操作系统使用的不同方式。紧跟着它的是常量定义头文件 const. h，这个文件保证了变量定义的一致性。在不同目录中都含有 const. h 头文件，但它们都只用于本目录对应的模块内(如文件系统内)的局部定义，不会造成混淆。

第 3 个要提到的头文件是 type. h，它被主控头文件所包含，定义了很多重要的类型及其数量值。在这些类型中，最重要的是对消息结构的定义。由于 MINIX 完全依靠消息来实现进程间通信，因此必须对消息结构进行良好的定义，消息由如下几个部分组成(如图 12.3 所示)：

- m-source 域。用于指明消息的发送进程。
- m-type 域。用于标识出消息的类型。
- 数据域。数据域中的内容比较丰富，包括定义为整型(int)或长型(long)的整数、字符、字符串、字符数组、指针以及函数等。

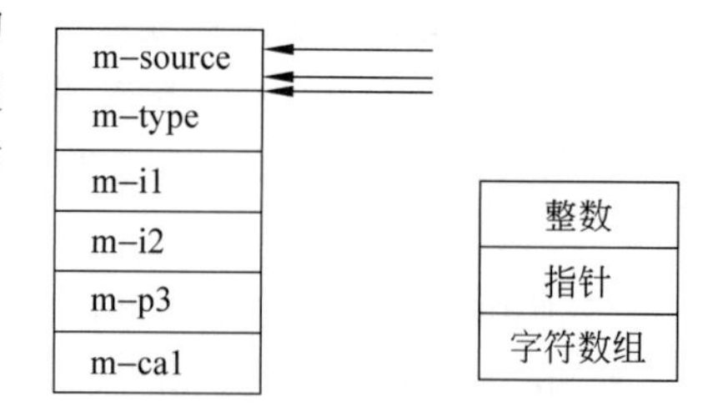

图 12.3　MINIX 消息格式中的一种

图 12.3 的 MINIX 的消息共有 6 种格式，左边是其中的一种，所有格式的前两个域都是 source 域和 type 域，后面的数据域中包含的内容则略有不同。

被主控头文件包含的还有 syslib. h 文件，它里面存储了一些 C 函数原型，负责处理操作系统内部调用以及对操作系统的其他访问。Syslib. h 引用的函数都是专为 MINIX 设定的，如果要进行移植时，就需要进行一些小的修改。

还有一些头文件作用比较特殊，具体描述如下：

- com. h：包含从内存管理(MM)和文件系统(FS)发送到 I/O 任务的消息中的公共定义，以及任务序号的定义。
- boot. h：被内核和 FS 用来定义设备，也可以用来访问 boot 程序传入系统的参数。
- keymap. h：实现不同字符集与键盘布局的对应。

12.2 进　　程

12.2.1 进程概述

计算机中的所有软件，被组织成一定的顺序运行，这就形成了进程的概念。在MINIX和进程有关的部分主要负责解决以下的问题：怎样创建和终止一个进程，并使之处于合适的队列中（进程管理）；怎样有效调度众多进程，使之在兼顾充分利用资源和进程特权级、优先级要求的同时保证有序运行（进程调度），这里也包括了对中断引起的进程状态改变的处理（中断处理）；进程之间怎样交互（进程通信）等。

1. 进程管理

整体来看所有用户进程构成一棵大的进程树，初始化进程init是它们的根结点。这种情况是怎样形成的呢？下面我们通过对MINIX的启动和初始化过程的观察来了解进程树是怎样形成的。

计算机开机以后，固化在硬件的程序从引导盘（可以是硬盘或软盘）上将第一道第一扇区（也就是所谓的0磁道）中的内容读入内存并从开始执行。在这个第一扇区中有一个小的引导程序（bootstrap），它只负责将一个更大的引导程序boot装入，而boot的功能则是真正装入操作系统。

在系统装入完成前，所有涉及磁盘I/O的操作都要由boot完成，这个实现过程将在后面详细介绍。简单地说，boot在磁盘分区上找到包含内核、内存管理器、文件系统以及init这4个部分的文件，然后把它们装入内存的合适位置（具体的装入位置可参考图12.2）。

装入完成后，boot的使命就结束了。接下来就由内核启动各项任务，然后就是MM、FS以及位于第3层的其他服务纷纷登场。所有这些进程开始运行后，如果没有得到下一步的操作指令，它们将首先阻塞自己以等待指令的到来。然后，init被启动，它首先通过读/etc/ttytab文件，得到所有终端设备的信息，并为这些设备各自创建一个子进程。这些子进程通过执行文件/usr/bin/getty，接收一个输入的用户名，这个用户名同时也被用作调用/usr/bin/login的参数。

在用户成功登录以后，可执行文件login将执行用户命令解释器shell，shell负责接收用户命令，为每一条命令的执行创建一个子进程。正是由于每个shell都是init的子进程，用户进程又是shell的子进程，所以我们说所有用户进程都是init的子孙进程。shell接收命令创建进程的大概框架如下所示（经过简化，实际的实现过程需要更多代码）：

```
While(true){                              /* shell 的无限循环，等待输入命令 */
Read_command(commands,para);              /* 读取输入的命令 */
If(fork()!=0){                            /* 创建一个执行该命令的子进程 */
        Waitpid(-1,&status,0);            /* 等待子进程的返回 */
        }else{
        execve(command,parameters,0);     /* 执行输入的命令 */
              }
        }
```

上面不断提到创建子进程,这个创建的动作,是通过系统调用FORK完成的,这也是MINIX中直接创建一个新进程的唯一途径。进程管理中另外一个重要的系统调用是EXEC,EXEC的功能是允许一个进程执行一个指定的程序,这当然也会导致若干新进程的产生。

内核、FS和MM这3部分中进程的所有信息都被保存在一个进程表中(进程表被划分为3个部分),每当有新进程被创建或老进程被终止时,首先由MM更新自己那部分进程表,然后通过消息传递通知FS和内核进行相应修改。

2. 进程调度

中断在操作系统中具有特殊的意义,它保证多道程序系统能够连续工作。能够引起中断的事件也很多,例如,I/O操作、时钟、进程终止等。MINIX的底层软件采用将中断转换为消息的方法来隐藏中断。例如,当某个I/O设备完成操作后,就给进程发送一条消息,唤醒被中断的进程并使之就绪。

每次处理中断时,都需要通过进程调度来确定哪一个进程重新获得运行机会。MINIX中的进程调度采用三级排队系统,分别对应第2、3、4层。进程所处层次越低其优先级越高,2、3层的进程可以一直运行到其自己阻塞,而第4层的用户进程则采用时间片轮转调度。

3. 进程通信

MINIX以消息来实现进程间的通信,并且对消息的发送存在一些限制:每个进程(任务)可以和同层或下一层中的进程(任务)通信,但用户进程不能直接和I/O任务通信。和3.6节中介绍过的消息传递机制相类似,MINIX中发送和接收消息主要通过三条原语:

- send(a,&message):向进程a发送一条消息。
- receive(b,&message):从进程b处接收一条消息。
- send_rec(c,&message):发送消息给进程c,并等待它的回答。

这些原语都可以通过C库函数来调用,第二个参数&message表示的是消息数据的内存地址,消息将从发送者复制到接收者,对于第三条原语来说,应答的消息将覆盖在原消息的地址上。

12.2.2 进程的具体实现

现在来看看上述这些功能是怎样通过源代码实现的,本书只指出每一个文件的作用,至于文件内部的具体代码,不再赘述。

1. 系统启动与初始化

12.2.1节中已经提到,开机后,硬件(实际上指的ROM中的一个程序)读取引导盘的第一个扇区,执行其中的代码,这部分代码又引导boot程序的执行。为了能够找到boot,要对引导扇区进行修改,添加一个扇区号以便其在分区或子分区中查找boot程序。为什么不通过目录查找呢?因为此时操作系统还未装入,还不存在目录和文件名的概念。执行boot的目的是得到操作系统的映像。这个映像保存在位于/minix/目录下的文件中,是由内核、MM、FS和init被分别编译后,再将它们链接在一起得到的。boot本身并不是操作系统的组成部分,在操作系统被装入后,控制权即被转移给内核的有关代码。

MINIX的初始化主要涉及3个文件:mpx386.s、start.c和main.c,第1个文件是一个32位的包含汇编代码的文件,也是在boot运行结束后首先被执行的操作系统代码。操作系统开始执行后，控制权首先被转到 mpx386.s 文件中的标号 MINIX 处，执行一个无条件跳转指令，用来跳过一个用来标识系统是 16 位还是 32 位的监控标志，转而执行一段汇编代码。这段汇编代码主要完成下面的工作：

- 建立堆栈框架，以便为 C 编译器编译的代码提供适当环境。
- 定义存储器段。
- 建立和初始化各种处理器寄存器。

这些工作完成以后，汇编代码还将执行一个对 C 函数 cstart 的调用，cstart 通过对另一个函数 prot-init 的调用，初始化两个重要的数据结构：

- 全局描述符表。用来实现保护模式下的内核数据结构。
- 中断描述符表。提供与每种可能出现的中断相对应的执行代码列表。

紧接着，通过 lgdt 和 lidt 这两个指令激活这些表格，并利用一个跳转指令强制执行这些刚被初始化的结构。完成这些工作后，控制权就再次发生转移，跳转到内核的 main 入口，也就是转入对 main.c 文件的执行。

在初始化过程中，必须保证不会有任何中断来打扰，也就是说应暂时不响应任何中断，这个目标可以由 intr_init 来实现。main.c 文件中的 main 函数调用 intr_init 来配置中断控制硬件。而 intr_init 则通过两个步骤来保证初始化过程不被任何中断所干扰：

- 向每个中断控制器的芯片硬件中写入命令，使其无法响应中断。
- 中断处理程序表格中的表项都被统一填入一个过程的名字，这个过程只负责在收到一个伪中断时打印一条信息，不会执行任何其他操作。

在初始化过程完成以后，上面的表项将被 I/O 任务的初始化代码重置，并且通过对中断控制器芯片中一个二进制位的操作重新激活中断响应。

紧接着，为了初始化一个定义了系统中可用内存块地址和大小的数组，main 函数将调用函数 mem_init。Main 剩下的代码主要用来建立进程表并初始化，所有表项都被标志为空闲，其中包含最重要的三个数组，其作用如下：

- proc_addr：用来加快进程表的访问。
- tasktab：本来由 table.c 定义，用来存放系统任务的堆栈信息。
- sizes：存储了以块为单位的正文段和数据段的大小信息，这个数组中的前两个数据分别表示内核的正文段大小和数据段大小，接下来是 MM 的正文段和数据段大小，然后是 FS 和 init。这些信息都在引导系统阶段由 boot 装入内核的数据区。

初始化进程表的工作还没有完成，下一步将调用 alloc_segments，这个过程属于系统任务的一部分，此处被作为一个普通的过程调用来完成对各进程使用的内存段的位置、大小及特权级的适当设置。这个过程也因处理器结构的不同而不同。

至此，main 的工作已经接近尾声。由于我们需要对进程使用 CPU 的时间计时，变量 bill_ptr 就被用来标明哪个进程正在被计时，这个变量的初值（一个进程名）一般被赋为空循环进程 IDLE（在无其他进程就绪时运行它）。然后调用函数 lock_pick_proc 完成两个功能：选择下个运行的进程和将变量 proc_ptr 指向下个运行进程的进程表项。而第一个被执行的将总是控制台任务。

现在我们开始正式地运行任务，调用 mpx386.s 中的汇编语言函数 restart 将启动第一个任务——控制台任务，这个_restart 是一个很简单的函数，它的主要作用是引起一个进程的切换,使得 proc_ptr 所指的进程得到运行,在中断处理中最后都会调用_restart 以重新运行某一个进程。接下来的过程比较好理解,不断有高优先级的进程阻塞,然后低优先级的进程得以执行,接着这些进程也阻塞,于是又有更低优先级的进程执行,当所有系统任务、MM 和 FS 都阻塞后,轮到 init 执行。其后的运行过程在 12.2.1 节中已描述过,不再重复。

系统的启动和初始化工作的完成以第一个用户成功登录为标志。图 12.4 简述了系统启动和初始化的全过程。

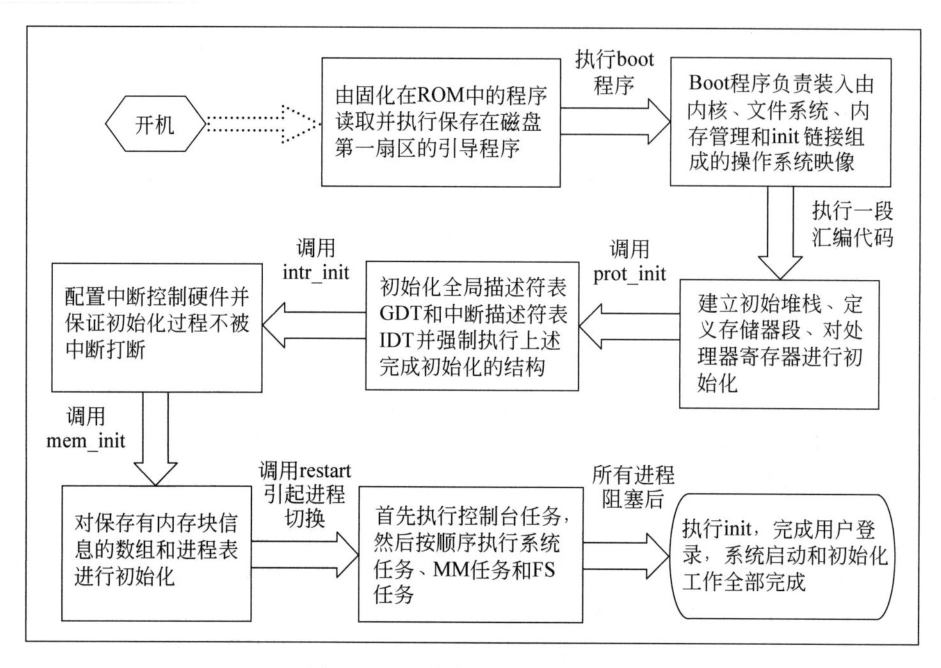

图 12.4　系统启动和初始化流程

2. 中断处理

中断处理是由硬件和软件共同完成的,为了避免对烦琐硬件细节(主要是 CPU 的内部工作原理)的过多涉及,这里只简单介绍硬件完成的工作,主要侧重于软件的处理过程。

在进程运行期间,CPU 收到一个中断后,将建立一个新的堆栈供中断服务程序使用,然后 CPU 自动地将几个关键寄存器的值压入新堆栈。当中断处理程序运行时,它总是从被中断进程在进程表项中的 stackframe_s 结构的结尾处开始,并以此区域作为堆栈。

下面来看看 MINIX 内核中处理硬件中断的那部分代码,它们都位于 mpx386.s 中。首先来看看 hwint_master 函数,由于 CPU 已经建立了一个新的堆栈,所以 hwint_master 函数的第一个动作就是调用 save 子函数。save 函数负责将以后恢复中断时所需的所有寄存器值保存入栈,这样,在返回 hwint_master 后,我们将不再使用进程表项中的栈框结构(因为 CPU 建立堆栈的区域位于进程表项的结构区域内),而可以使用内核结构。接下来将屏蔽中断控制器对某一特定输入的响应能力,防止从产生当前中断的中断源接收到另一个中断。

接着,就要使 CPU 能再次从其他中断源接收中断,然后利用当前正被服务的中断编号对一张和设备有关的低层函数地址表进行索引。这些底层函数为输入设备服务,并将数据传送到与设备相应的任务下次运行时可访问的内存区域中。最为关键的是,这些底层函数可以调用 interrupt，而 interrupt 则将中断转换成一条消息，发送给系统任务，再由这个系统任务为引起中断的设备服务。

从设备的相关代码返回时，CPU 响应全部中断的能力再次被屏蔽，中断控制器将在中断响应被再次打开时响应激发当前中断的设备。到此，hwint_master 以一条 ret 指令结束。

需要强调的是，当一个进程被中断时，它使用的堆栈就将是内核栈段，而不是之前由 CPU 建立的进程表中的栈。Save 操作将在_restart 的地址保留在内核栈上，这会导致某一个进程的再次运行，当然，这个进程多半不是原先运行的那个进程。

除了硬件中断之外，还存在着软件中断，即系统调用(如图 12.5)。mpx386.s 中的过程_s_call 负责处理系统调用。当利用 int number 指令执行一个软件中断后，控制权转到_s_call，与硬件中断不同，这里利用指令中的 number 作为对中断描述符表的索引。于是，调用_s_call 时，CPU 又已经完成了堆栈的建立和几个关键寄存器值的保存。

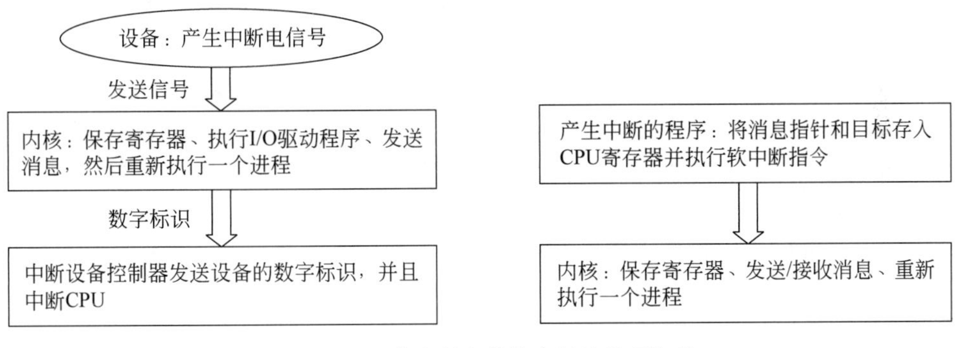

图 12.5　硬件中断和软件中断的处理流程

在_s_call 中执行一条指令：mov esp,k_stktop。这条指令负责从进程表栈切换到内核栈，同时重新开中断，然后调用_sys_call，这个调用将构造一条消息处理中断。_sys_call 返回后，proc_ptr 指向下一个重新被执行的进程。在调用_restart 后，_s_call 函数以最后一条 cli 指令关中断来结束。

处理中断过程中需要频繁地开、关中断。处理过程最后都以调用_restart 来结束，而在调用时都需要关中断。在调用_restart 时关中断可以使此时未被挂起的其他被服务的中断也得到处理，被转换为消息发送出去，这个功能通过调用 unhold 函数实现。这期间将暂时开中断，但在 unhold 返回前又被关中断，因为需要保证下一个将重新运行的进程不会被改变。

除了硬件、软件中断以外，还有一种情况，称之为异常(exception)，它是由系统的各种错误条件激发产生的。对异常的处理和中断一样，使用中断描述符表来描述异常，通过描述符表表项中的 16 个异常处理入口进入异常处理，其处理过程与中断处理类似。

3. 进程调度

进程的调度相对来说比较简单，对照第 2、3、4 层建立了三个运行进程队列。在头文件 proc.h 中定义了两个数组 rdy_head 和 rdy_tail，它们的作用就是分别指向队列的队首进程和队尾进程。只有就绪进程才参与排队，而被阻塞的和取消的进程，则不会出现在这三个运行进程队列中。

调度算法的基本原则已经阐述过：按照优先级顺序执行队首进程，高优先级的队列为空时,低优先级的队列才可以被执行。当所有队列为空时,运行空进程 IDLE。

调度算法的代码位于 proc.c 文件中。过程 pick_proc 用来选择目前优先级最高的非空进程队列,它的代码很简单,按照从高优先级到低优先级的顺序依次检查三个排队队列,若当前检查的是空队列,则转而检查下一个,一旦发现有就绪进程就设置 proc_ptr 指向它,如果是一个用户进程,则同时设置计时进程 bill_ptr 指向它。当有任何改变导致进程阻塞时,就循环调用 pick_proc 重复上述选择过程。

将一个可运行进程加入队列尾部排队(使之就绪)的工作由过程 ready 完成,而过程 unready 则负责将一个被阻塞的进程(通常就是处于队列头部的那个进程)从就绪队列中删去,在删除的同时,unready 也将调用 pick_proc。需要补充的是,用户进程可能因收到一个信号而不再处于就绪状态,此时它可能不在队首,因此需要遍历整个队列来找到它然后再删除。用户进程的另外一个问题是如何保证严格按时间片轮转运行。属于系统任务的时钟任务调用 sched 负责完成这一使命,它可以将在队首的用户进程移到队尾,但它不会对 I/O、MM 和 FS 进程产生影响。

有时候在调用上述函数操作时,需要进行保护工作,也就是需要一个加、解锁的工作。Lock_mini_send、lock_pick_proc、lock_unready、lock_ready 以及 lock_sched 这五个函数就是在调用五个函数之前利用对 swiching 变量的操作进行加锁。

proc.c 的最后一个函数是 unhold,这个函数经常和 mpx386.s 中的_restart 过程联系在一起,因为 unhold 的作用就是为处于中断队列的每一个中断调用 interrupt,将其转换为一条消息。

4. 进程通信

因为中断处理到了最后,也归结到进程间通过消息传递信息,所以我们将从处理中断的两个函数开始,了解 MINIX 中的进程间通信过程。

在 3.6.2 节中曾经介绍过三种进程间利用消息通信时所采用的同步机制,MINIX 中采用的第一种组合方法,“阻塞发送,阻塞接收”,也就是所谓的会合原理。当一个进程执行 send 试图发送一条消息时,内核就将检查是否存在一个进程正在等待这条消息,若是,则消息被复制到接收者的缓冲区,同时双方进程都就绪,否则,发送者被阻塞。同理,当一个进程执行 receive 时,内核也将检查阻塞进程中是否存在向它发送消息的进程,若存在,则消息被传送,双方进程也都被置于就绪态,若不存在,该进程被阻塞。这种组合方式要求严格的同步,而采用这种方式主要是因为 MINIX 中没有发送和接收进程间设置缓冲区。

与进程通信有关的函数和过程都在文件 proc.c 中。正如前文所述,interrupt 函数负责将硬件中断转换成消息,并把这条消息发送给与该设备对应的系统任务,它将按顺序完成以下工作:

(1) 通过判断变量 k_reenter,来检查在接收当前中断时是否有中断正在处理。若是,则将当前中断放入中断队列排队,等待以后调用 unhold 操作处理。

(2) 检查目标任务是否正在等待中断,若是则发送消息,否则就将该任务的 p_int_blocked 标志设置为 1。

(3) 完成消息的发送:向目标任务消息缓冲区中的 resourc 域和 type 域写入内容,并将该任务的 receive 标志复位,解除该任务的阻塞,当消息复制完成后,任务就被调度执行。

上文曾经提到过,在 MINIX 中有三个排队的进程队列,因为这里的消息肯定是发往系统任务的，因此不必判断消息是发往三个队列中的哪一个。

处理软中断的工作是由 sys_call 完成的。和硬件中断不同，软中断的消息来源和去向更加复杂，因此要利用 proc. h 中提供的两个宏 isoksrc_dest 和 isokprocn 协同工作，检查并保证消息的源进程和目标进程都是合法的。

检查通过后，若需要发送消息，则调用 mini_send，需要接收消息则调用 mini_rec。这两个负责发/收的进程是 MINIX 消息传递机制的核心，因此下面来了解一下它们。Mini_send 的参数主要有 3 个：调用的进程名、目标进程名以及消息地址的指针。在发送之前，它还需要先进行以下的测试：

- 宏 isuserp 测试参数 caller_ptr，以确定调用进程是否是用户进程；函数 issysentn 测试参数 dest，以测试目标进程是否是 MS 和 FS。因为用户进程只允许向 MS 和 FS 发送消息，因此若此测试不能通过，则 mini_send 报错。
- 检查确认目标进程不是一个空进程，否则就报错。同时也确认消息本身是否属于合法的段，即是否属于用户的数据段、代码段或者两者之间；若不是，则报错。
- 进行死锁测试，确保目标进程没有同时试图向调用进程发送消息。

上述测试通过后将进行最重要的测试：检验目标进程表项中 p_flags 域中的 receiving 标志，以判断该进程是否在等待消息，若它正在等待当前消息的发送者或是任意进程，则利用宏 CopyMess 复制消息并解除阻塞。若它没有阻塞，或者等待的是另一进程，则发送者被阻塞并参与排队。在发送者阻塞的情况下，要决定采取何种动作就需要回过头看看 sys_call 的参数 function，若该参数是 receive 或 both，则通过调用过程 mini_rec 来遍历目标接收进程拥有的发送消息进程队列，发现可接收的，就接收消息，使得发送进程得以解除阻塞进入就绪进程队列。这里简单介绍一下 mini_rec，这个过程也负责处理由内核产生的 sight、sigquit 和 sigalerm 信号。当接收到任意一个信号时，若 MM 正在等待一条消息（任意的消息），则向 MM 发送，否则就被内核保存，直到 MM 需要消息才发送。

回到前文，若通过遍历没发现可接收的发送者，则要检查接收进程的 p_int_blocked，这个标志将告诉我们与目标进程的中断是否被阻塞了，若是，可以直接构造一条 source 域为 hardware，type 域为 hard_int 的消息。如果没有找到阻塞的中断，那么也就可以判定，接收进程希望获得的消息源及其缓冲区地址已经被存放在其进程表项中，设置 receiving 使其阻塞，这样就可以立即接收消息。最后再来看进程的 p_flags 标志，若已被设置，则可能存在正被挂起的信号等待着进程的处理，那么就不需调用 unready 了，否则的话就利用 unready 将接收进程从就绪队列中删除，也就是使得接收进程阻塞。

5. 几个和硬件联系紧密的文件

以下的几个文件前面都曾提及，由于和硬件的关系很密切，这几个文件被单独放在一起，没有同它们所支持的高层代码（如 proc. c 这样的文件）放在一起，这样做的目的是为了方便 MINIX 的移植。下面是它们的功能：

- Exception. c：用于异常的处理，并选择是打印相应的错误信息或者是向用户发送相应的信号。
- I8259. c：包含三个函数，用于 Intel 8259 中断控制器芯片初始化、中断控制器的初始化以及系统初始化，中断控制器的初始化通过控制器与操作系统的接口完成。
- Protect. c：用于支持 Intel 处理器的保护模式，函数 prot_init 由 start. c 调用建立全

局描述符表 GDT,GDT 表项指向局部描述符表 LDT,LDT 记录进程所属内存的段描述符,每个进程拥有一个 LDT。

12.3 I/O 系统

12.3.1 I/O 系统概述

I/O 系统在 MINIX 中是必不可少的,它负责为 I/O 设备配备驱动程序(实际上是一个通信程序)以实现设备与上层之间的通信和交互,同时负责处理由 I/O 操作引起的中断。此外,由于有些 I/O 设备是一种独占性的资源,对它的使用有可能引起死锁,这也是 I/O 系统要考虑的。除了中断问题已经在 12.2 节中阐述过外,其他的问题都将在下文中得到解决。

MINIX 为每类设备(终端)都配备了专门的驱动程序(即 I/O 任务),这些驱动程序本身也可以认为是一个完整的进程。公共文件 driver.c 用来保存所有驱动程序都要用到的部分,同时每一个驱动程序都有一个单独的源文件,这些源文件可以调用 driver.c 中的函数和过程。所有的驱动程序被一齐链入内核中,共享一个公共地址空间,这样它们就可以方便地访问到进程表和其他关键数据结构。

MINIX 的 I/O 可以分为如图 12.6 所示的几个层次,本节主要介绍设备驱动程序。

前面多次提到进程通过消息通信,但用户进程是不能直接和 I/O 进程通信的,图 12.7 展示了用户进程怎样利用消息实现对文件数据的间接读取。进程向 FS 发送消息请求一个文件,而 FS 则向设备驱动程序(磁盘驱动)发送消息来请求该文件的数据块,FS 也是唯一向设备驱动程序发送消息的进程。这种间接的方法使得系统内各部分的交互非常容易。系统启动后,每个驱动程序轮流初始化,然后阻塞自身等待消息,消息到来后,针对请求服务的不同操作要求调用不同过程,而且每个驱动程序的主程序部分是一样的,例如:

用户进程	调用I/O
设备无关软件	执行保护、阻塞、分配和缓冲
设备驱动程序	设置寄存器、状态检查
中断处理程序	唤醒驱动程序
硬件	执行操作

图 12.6 I/O 层次及其功能

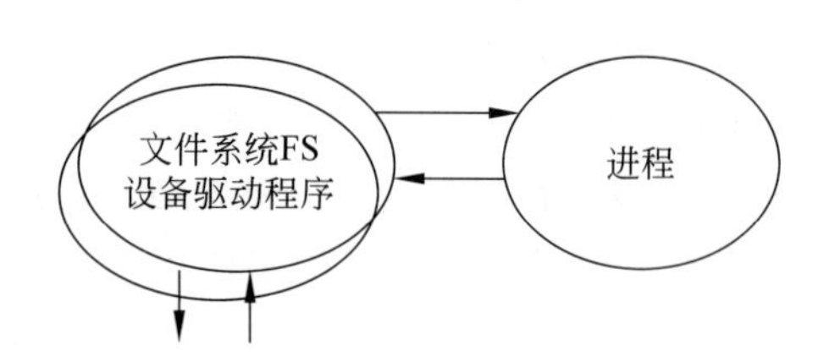

图 12.7 进程利用消息实现数据读取

```
Message mess;                          /* 存放消息的缓冲区 */
Void io_task(){
    Initialize();                      /* 在系统初始化时执行 */
    While(TRUE){
        Receive(ANY,&mess);            /* 等待消息 */
        Caller=mess.source;            /* 消息来源 */
```

```
        Switch(mess.type){
            Case READ:rcode=dev_read(&mess);break;
            Case WRITE:rcode=dev_write(&mess);break;        /*还有其他操作*/
            Default:rcode=ERROR;
        }
        mess.type=TASK_REPLY;
        mess.status=rcode;                  /*执行结果的代码*/
        send(caller,&mess);                 /*发送应答消息*/
    }
}
```

MINIX中对死锁的处理比较简单,即忽略它。但是,这不意味着放任死锁的发生。MINIX中,除了FS启动时可以向MM发送"请求"消息报告RAM盘大小以外,其他任何情况下都不允许FS向MM发送"请求"消息。因为有可能存在这样的情况:执行EXEC调用时,MM向FS发送消息试图执行可执行文件,若此时FS忙,则MM阻塞,此后若FS也试图向MM发送消息,则FS也阻塞,形成循环等待从而发生死锁。

MINIX中与设备无关的I/O软件被包含在文件系统FS中。用户级I/O软件利用系统提供的c库函数来实现,例如标准输入输出函数scanf和printf。

12.3.2 设备驱动程序的实现

1. 块设备

块设备主要包括硬盘、软盘等存储设备,前面已经提到过,块设备驱动程序有一部分是相同的,不同的主要是真正的I/O操作的那部分。

设备驱动程序一共可能有6种操作:

- OPEN:验证设备是否可用。
- CLOSE:确保把采用延迟写方式处理的数据真正写到设备上。
- READ:将数据从设备读到调用进程所在的内存区域。
- WRITE:与READ执行的操作相反。
- IOCTL:负责对I/O设备的操作参数进行检查和修改。
- SCATTERED_IO:允许执行同时读写多个块的操作。

(1) 块设备驱动程序软件

MINIX在头文件driver.h中定义了块设备驱动程序需要用到的结构定义,它们包括:

- driver结构:保存各驱动程序执行I/O操作所需调用函数的地址。
- device结构:以字节为单位保存基地址、长度等与分区相关的主要信息。

与此同时在driver.c中保存了所有驱动程序共享的部分,在硬件初始化完成后使用driver结构为参数调用driver_task,进入主循环。进入主循环后,所有任务都执行一个相同的操作init_buffer,以便为DMA操作提供一个缓冲区。

建立缓冲区后就可以真正开始执行数据传输了,首先利用函数do_rdwt确认服务请求中的字节记数是正数,并填写一个标准结构iorequest_s,这个结构中的io_nbytes域用来表示数据传输的请求字节数与已成功传送字节数之差。从函数do_rdwt返回主循环后,若出现错误则io_nbytes为负值,并将错误码填入应答消息的rep_status域;若为正值,则求得实际传送字节数后将结果放在由 dirver_task 返回的应答消息的 rep_status 域中。所有分散的 I/O 请求都由函数 do_vrdwt 来完成。do_rdwt 和 do_vrdwt 函数都需要间接调用 3 个与设备相关的函数,这 3 个函数分别指向 driver 结构中的 dr_prepare、dr_schedule 和 dr_finish 域。do_vrdwt 所要做的工作不是像 do_rdwt 那样简单的读写,因为它收到的请求要求将数组复制到内核空间,所以它需要执行一个循环操作(这个函数负责按最符合硬件设备特性的方式执行 I/O 操作)。

driver.c 中剩下的几个函数和过程,都是为 do_rdwt 和 do_vrdwt 这两个函数的操作提供通用支持的。对应于 dr_name 域的函数返回设备的名字,no_name 函数负责从任务表中检索没有给定名字的设备。do_nop 函数处理那些不要求特定服务的设备提出的请求,根据请求的类别返回不同的标码值。函数 clock_mess 负责为需要延时的设备计时,并且提供返回时需调用的函数的地址。

do_diocntl 函数负责执行块设备的 dev_ioctl 请求(只能请求读/写分区信息),该函数通过调用指向 dr_prepare 域的函数来验证设备的合法性,并得到分区信息(包括基址和大小)。在处理读请求时,do_diocntl 函数调用指向 dr_geometry 域的函数来获得一个分区的硬盘存储信息。

(2) 驱动程序库

可移植性是在 MINIX 中得到了相当的重视,MINIX 的目标是当它被移植到一台机器上时,应该能够使用这台机器上原先运行的操作系统采用的分区表格式。在 IBM 兼容机上,硬盘分区的标准由 MS-DOS 的 fdisk 命令确定。MINIX 包含了支持 IBM 兼容机分区的源代码,为了方便移植,这些与平台有关但是与具体硬件无关的代码没有被放在 driver.c 文件中,而是单独地放在 drvlib.h 和 drvlib.c 文件中。

由于 MS-DOS 中存在一种比较特殊的创建子分区的机制,称为扩展分区,为了支持 MINIX 命令对 DOS 文件的读写,需要用到 drvlib.c 中的一个函数 extpartition 来获取扩展分区中的信息。这一点是需要了解但不必深究的,下面来看看 drvlib.h 文件的作用。

drvlib.h 中包含了对 include/ibm/partition.h 文件的引用,partition 函数主要包括 3 个参数:一个初始设备号、一个 driver 结构和一个标识设备是软盘、主分区或是次分区的参数。当设备第 1 次打开时,需要调用 partition 函数,这个函数调用与设备相关的指向 dr_prepare 域的函数来验证设备合法性并获得 device 结构的基址及其大小,然后调用 get_part_table 函数来判断分区表是否存在,若存在,则根据分区编号规则计算第 1 个分区的次设备号(作为参数指明具体使用的设备)。得出第 1 个分区的次设备号后就调用指向 dr_prepare 域的函数,这个函数将检查从设备上的表中读出的值,看是否超出先前获得的设备的基址和大小(也就是上文中的 device 结构的基址和大小),这里将使用一个循环来保证表中所有的项都被检查到。如果发现不一致的情况,就要对内存中的表进行修改,取得一致,这样做的主要目的是保证安全,防止有人利用分区表进行非法操作。设备上所有标识为 MINIX 的子分区的信息,通过对 partition 函数的递归调用获得。

(3) RAM 盘

在 MINIX 中存在一个 RAM 盘的概念,而 RAM 盘简而言之就是保留一部分内存作为磁盘来使用,对于用户来说,它就像一个磁盘一样。由其定义可知,RAM 盘不能像真正的磁盘那样提供永久存储,但是它具有极快的访问速度(因为它在硬件上就是内存组成的)。

由于RAM盘作为一种块设备，具有和软盘、硬盘相似的使用方法，但却没有寻道造成的延迟，因此就不用磁臂调度算法。因为块设备驱动程序一般都比较复杂，选择这样一种相对简单的块设备来介绍块设备驱动程序，希望更容易让读者理解。

RAM盘的驱动程序实际上由四个紧密联系的部分组成，也就是具有以下4个次设备(其中前3个设备的代码基本相同，区别仅在于它们对由数组ram_origin和ram_limit指示的不同存储区操作)：

- 0:/dev/ram：真正的RAM盘，它的大小和基址在MINIX启动时由FS确定。
- 1:/dev/mem：用于读写物理内存，通常读出的是起始于内存零地址(绝对地址)的内容(也就是中断向量)，写操作则会改写中断向量。
- 2:/dev/kmem：用于读写内核内存，与1的功能类似。
- 3:/dev/null：负责接收数据并把数据抛弃掉，例如将结果输出并抛弃结果。

正如前文所述，RAM盘驱动程序的主循环在driver.c中，与RAM盘相关的代码则在memory.c中。memory.c中的driver结构m_dtab定义了一些存储设备调用，而这些调用的4个入口也都在driver.c里的主循环中。memory.c中的主过程mem_task调用函数m_init进行初始化工作，设置/dev/kmem的基址和长度，然后就调用driver.c中的主循环，主循环取得消息，分配其到相应进程执行，然后根据结果发出应答消息。主循环的调用主要有3个：首先通过m_do_open打开一个RAM盘，m_do_open同时可以通过调用m_prepare来检查引用的设备是否合法。若设备合法，主循环就调用m_schedule调度和执行I/O操作。所有工作完成后，调用nop_finish来结束操作，不过对于RAM盘来说这一步不是必需的。

RAM盘没有机械驱动器中所具有的柱面、磁道和扇区等几何结构，但由于这些参数可能被询问到，所以memory.c用函数m_geometry来模拟提供这些参数。

MINIX中的设备驱动程序还有很多，如硬盘驱动、软盘驱动、时钟驱动、终端驱动(包括键盘、显示等输入输出终端)，与RAM盘的驱动相比，它们都更复杂。有兴趣的读者可以通过阅读MINIX的源代码和有关论坛获得更详尽的信息。

2. MINIX的系统任务

MINIX中将文件管理和内存管理摒弃在内核之外，禁止它们把信息写入内核。所以，如果内存管理系统想把消息通知给内核时，就需要借助于一个第三者——对内核表拥有存取权的内核任务——的帮助，这个任务一般被称之为系统任务。

系统任务和I/O任务十分类似，它们都实现了一个接口，具有相同的权限，都被链入内核中，所不同的仅仅是系统任务不控制具体I/O设备，它所服务的对象是系统中大部分的内部组件。所以把系统任务放在本节中来介绍。

系统任务的主程序sys_task位于src/kernel/system.c文件中，它的工作过程也很简单。首先其负责接收一条消息，并将消息发送给合适的服务进程，然后就向消息来源者发出应答消息。系统任务的消息共有18种(见表12.2)，本节介绍其中最重要的几个。

(1) SYS_FORK：MM用来通知内核产生了一个新进程。这条消息包含了内核进程表内部对应于父亲进程和子进程的插槽号，由于MM和FS也有进程表，而且对于同一个进程有相同的表项，因此MM指定了父亲进程和子进程的插槽号后，内核就能清楚地知道指的是哪一个进程。

表 12.2　系统任务的 18 种消息

	消息类型	来源	含　　义
SYS_	FORK	MM	创建一个新进程
	CETSP	MM	标识 MM 需要进程的栈指针
	EXEC	MM	执行 EXEC 调用后设置栈指针
	XIT	MM	某一个进程退出
	NEWMAP	MM	为一个新进程装入内存映像
	GETMAP	MM	表示 MM 需要进程的内存映像
	SENDSIG	MM	向进程发信号
	SIGRETURN	MM	信号结束后清除数据域中内容
	ENDSIG	MM	收到来自内核的信号后进行清除工作
	MEM	MM	请求下一块物理内存
	TRACE	MM	执行 PTRACE 调用
	TIMES	FS	请求取得一个进程的执行时间
	KILL	FS	KILL 调用后向一个进程发送信号
	GBOOT	FS	取得启动的参数
	UMAP	FS	完成从虚拟地址到物理地址的转换
	ABORT	MM&FS	报告 MINIX 因故无法继续进行
	COPY	MM&FS	进程之间复制数据
	VCOPY	MM&FS	进程之间复制多块数据

具体创建过程由 do_fork 完成，它首先通过在 proc. h 中定义的宏 isoksusern 来检测父进程和子进程的表项是否有效，然后，do_fork 就把父进程的进程表项复制到子进程的插槽中，并且子进程的所有标志信息都被初始化为零。

(2) SYS_NEWMAP：这条消息一般跟在 FORK 操作后，负责把子进程的内存映像传送给内核。因为在 MM 为子进程分配内存时，内核必须知道子进程在内存中的位置，以便为子进程设置正确的段寄存器。

具体处理由过程 do_newmap 完成。它将新映像从 MM 的地址空间中复制到索取映像的进程的进程表表项的 p_map 域中，然后通过调用 alloc_segments 过程取得映像中的信息，并把信息装入段寄存器的 p_reg 域中。这样，它就完成了对进程分配内存的工作。

(3) SYS_EXEC：在执行 EXEC 系统调用时，MM 会为进程建立一个包含完整参数的堆栈，堆栈的指针通过这条消息传送给内核。具体处理由 do_exec 完成。Do_exec 通过对消息中 proc2 域的检查来确定消息是否被跟踪，若被跟踪，就调用 cause_sig 发送一个 SIGTRAP 信号给进程。这样，MM 中除了 SIGKILL 外所有送往进程的信号都被截获，并阻塞被追踪的进程。由于 EXEC 调用不会产生应答消息，因此调用 EXEC 的进程只能被 do_exec 自己来释放，接着调用 lock_ready 使得新存储映像做好运行的准备。由于用户有可能要求显示所有进程状态，因此需要保存所有的命令字符串，以便用户要寻找的目标进程能够被识别。

(4) SYS_COPY：这条消息用来允许MM和FS从用户进程复制消息。具体工作由do_copy来完成，首先提取消息参数，然后调用phys_copy复制位于缓存中的数据块。

在system.c文件中还包括了几个可以在内核各部分使用的实用过程：

- Cause_sig：负责将进程的进程表项的p_pending域置1，并检查MM是否正空闲。
- Inform：通知MM处理一个服务请求信号。
- Umap：用来把虚拟地址转换为物理地址。
- Numap以进程号为参数调用umap服务。
- Alloc_segments：负责取出进程表表项中的段值，并通过操作段寄存器和描述符来支持段保护。

12.4 内存管理

12.4.1 内存管理概述

由于MINIX是专门设计在IBM兼容机等小型机上运行的操作系统，因此它的内存管理(MM)是比较简单的：通常MM保存着一张按照地址顺序排列的空闲地址列表，当系统调用FORK和EXEC请求内存时，MM利用首次适配算法搜索找到一块足够大的空闲内存分配给程序使用。而一旦程序装入内存则一直在原位置运行到结束。可以说，内存管理的主要工作就是操作进程表和空闲地址列表这两张表格，以及处理系统调用FORK和EXEC。

1. 内存的消息处理

和I/O相仿，MM在系统初始化以后进入自己的主循环，等待消息，一旦收到消息就进行处理并发送应答消息。与MM通信时使用的消息见表12.3。

表12.3 与MM通信的消息类型、入口参数和应答

消息类型(type)	入口参数	应答
FORK	无	子进程号
WAIT	无	状态集
WAITPID	无	状态集
PAUSE	无	无
SIGPENDING	无	状态集
GETUID	无	用户标号，有效用户标号
GETGID	无	组号，有效组号
GETPID	无	进程号，父进程号
EXIT	退出时的状态集	无
BRK	长度值	长度值

续表

消息类型(type)	入口参数	应答
EXEC	指向起始栈段的指针	无
KILL	进程的标识符	状态集
ALARM	等待时长	剩余时长
SIGACTION	信号标号,动作,动作	状态集
SIGSUSPEND	信号掩码	无
SIGMASK	?,集合,集合	状态集
SIGRETURN	环境参数	状态集
SETUID	新用户标号	状态集
SETGID	新组号	状态集
SETSID	新会话号	进程组号
GETPGRP	新组号	进程组号
PTRACE	服务请求,进程号,地址,数据	状态集
REBOOT	选择:停机,重启或错误	无
KSIG	进程插槽号,信号	无

注:其中应答一栏,除KSIG是完全无应答外,其他无应答的消息均表示:在操作成功的情况下就没有应答,否则报错。

在table.c中说明的call_vec表是用于消息处理的一个关键性的数据结构,所有用来处理不同消息的过程的地址指针都保存在这个表中。这样,当一条消息被传送到MM时,MM就将消息的类型变量赋给全局变量mm_call,然后用这个变量为索引在call_vec表中找到处理该类型消息的过程。执行这个过程可以得到一个返回值,这个值通过应答消息发还给调用进程,这就构成了一次完整的消息处理。

2. 系统调用

下面介绍系统调用FORK、EXEC和BRK的处理过程。

(1) FORK。执行FORK的过程很简单,收到FORK调用的请求后,MM就检查进程表中是否存在空闲位置,如果存在,就尝试为新建立的子进程分配内存,随后就将内存地址等信息填入一个空闲的进程表项,最后发出通知公布建立了一个新进程。进程的终止则更复杂一些,当进程自己退出(或被信号杀死)并且被父进程通过WAIT调用观察到以后,该进程才会真正被删除,如果第2个条件没有满足,子进程就会被挂起,这种状态在MINIX中称为“僵死”。“僵死”的进程在进程表中一直保留到WAIT调用被执行,但它不占用内存。如果父进程在子进程结束之前就已经终止了,这个“孤儿”进程就必须通过另外一种途径来处理。首先系统将该子进程直接归为init的子进程,在系统再启动时init会为每个终端的fork进程发送一个注册进程,随后init阻塞以等待fork进程的结束,这样,“孤儿”进程就会被安全、彻底地清除掉。

(2) EXEC。这个调用负责内存映像的更新,包括设置新堆栈,它也是MINIX中最复杂的系统调用。EXEC的复杂主要是由两个方面的因素决定的。

① 次数众多的检测：EXEC执行时十分谨慎，为了保证有足够内存容纳新映像，必须进行检测，这是为了避免出现旧内存映像被删除，新映像却因为内存不够而无法生成。除了容量大小，内存的块结构也是检测的一个原因。由于内存以块为分配单位，而一个块要么分配给堆栈段要么分配给数据段，不允许两者共用。这样，有可能从字节数来看内存容量刚好容纳，但实际却由于一个块的一半被堆栈段占据，另一半虽然空闲却不允许数据段使用，从而导致内存不够。

② 设置初始堆栈：我们通常用库函数 execve 来调用 EXEC，这个函数包含3个参数：被执行文件名的地址指针；一个指针数组的地址指针，数组中的元素分别指向一个参数；第3个参数同样是一个指针数组的地址指针，不过这个数组的元素分别指向一个存储环境信息的串。如果把取文件名和另两个数组的工作交给MM来完成，会产生大量的消息通信，因为MM事先无法知道各个参数的长度，必须一个个的询问和获取。考虑到这个问题，MINIX中改变了策略，改由库函数 execve 构造完整的初始堆栈，再把这个堆栈的参数一起传给MM。这样就避免了因MM过多进行消息通信而产生的不必要花费。

(3) BRK。BRK调用可以调整数据段的上限。有两个过程都可以调用BRK：brk过程以数据段的绝对长度为参数；sbrk以当前长度的增量为参数，计算出绝对长度后调用BRK。对数据段绝对长度的获得是通过变量 brksize 实现的。这个变量依赖于编译器存在，被包含在文件 brksize.s 中。

执行BRK所完成的工作就是检查地址空间是否够用，并根据情况调整表格，然后通知内核。

3. 内存数据结构

下面主要介绍两个关键的数据结构：进程表和空闲表(记录空闲内存地址)。

(1) 进程表。MINIX中，内核、FS和MM都拥有各自的进程表，每部分的进程表包含本部分必需的域，同时，三张进程表是对应的，也就是说，三张表的第 n 个表项指的都是同一个进程。也正是由于这个原因，三张表必须被同步更新。

MM的进程表 mproc 定义在/usr/src/mm/mproc.h中。它包含的最重要的域是 mp_seg 数组，它的3个表项分别用于正文、数据段和堆栈段，每个表项都由虚地址、物理地址及段长3个部分构成。

(2) 空闲表。定义在 alloc.h 文件中的空闲表按照内存地址递增的顺序列出空闲块。数据段和堆栈段之间的地址空间已经分配给所属进程，所以不再被空闲表列出。空闲表的表项主要包含3个域：空闲块组的基地址、空闲块组的大小及指向下一个空闲块组的指针。表项以单向链表的形式链接，直接查找下一项很方便，但若要回溯查找则必须经过整个表格。

空闲表在分配内存时，从表中的第一项开始查找，用首次适配方法找到足够大的空闲块组时就分配，同时在相应表项中减去已分配的空闲区域，重新存入表格。若是所需空间和空闲区域正好相等，则可以从表格中删除相应表项。

进程结束后，它所拥有的数据和堆栈区内存都归还给空闲表。空闲表同时负责将邻接的空闲区域合并在一起。

12.4.2 内在管理的实现

本节中介绍内存管理的各项功能在代码中怎样体现。

1. 头文件与主程序

下面主要介绍 table.c 和一些主要头文件在 MM 中发挥的作用。MM 中的 table.c 文件的主要作用是为全局变量服务,在 table.c 被编译时,它会自动为下面将介绍到的一些全局变量保留存储空间。内存管理部分有许多自己使用的头文件,这些头文件有的和其他部分的头文件具有相同的名字,但由于它们位于不同的目录下为不同的部分服务,所以编译使用时不会出现错误。

(1) 头文件。在内存管理器 MM 中存在着一个私有的头文件 mm.h,可以将它理解为 MM 范围内的主控头文件,它囊括了位于/usr/include 及其子目录中的所有头文件,以及/kernel/kernel.h 中包含的大部分头文件。MM 中每个文件的编译都需要引用 mm.h。下面就来看看 mm.h 中一些头文件的具体功能。

Proto.h 保存 MM 需要的所有函数原型。Type.h 的作用是提供一个框架,使得 MINIX 的各部分以相同的组织形式存在。Const.h 定义了 MM 使用的所有常量。Param.h 文件保存了一些宏,这些宏被用做请求消息里系统调用的参数以及应答消息中各个域的定义。

文件 glo.h 中包含的内容则相对较多,所有 MM 中用到的全局变量都在这里得到说明,最重要的变量包括:

- Dont_reply:用来标识不发送应答消息的请求,设置为 TRUE 时,表示该请求成功满足。
- Err_code:成功完成调用时,值设为 OK,随应答消息返回。
- Mp:指针结构,指向属于 MM 部分的进程表 mproc。
- Mm_in 和 mm_out:请求和应答消息的消息缓冲区。
- Mm_call:保存消息中的系统调用标号。
- Proc_in_use:确定当前正在使用的进程表项数目,以判定是否能执行 FORK,增加新的表项。
- Who:当前进程的索引,mp=&mproc[who]。

Mm_in 和 mm_out 中的缓冲和一般意义上的缓冲不一样,它只用来接收当前消息,不能承担传统意义上的缓冲保存多条消息的功能。

前面已经提到过属于 MM 的进程表 mproc,下面来看看它的结构。Mp_ignore、mp_catch、mp_sigmask、mp_sigmask2 和 mp_sigpending 这几个域是和信号处理有关的位图,位图中的每一位都代表一个送往进程的信号。数组 mp_sigact 中的元素具有 sigaction 结构,包含 3 个域:

- Sa_handler:定义信号的处理方式是按默认方式还是按指定方式。
- Sa_mask:确定本信号被处理时,有哪些其他信号该被阻塞,被定义为 32 位的整数类型。
- Sa_flags:用于信号处理的标志。

(2) 主程序。MM 的主程序也位于 main.c 中,执行的过程和 I/O 任务的主程序类似。

首先调用 mm_init，mm_init 通过过程 sys_getmap 来获得内核的内存使用信息，为所有第 2 层及第 3 层的进程初始化进程表项，同时也为 init 进程初始化进程表项。在这里，MM 也会收到来自 FS 的请求为 RAM 盘分配内存空间的信息，这也是 FS 能够直接给 MM 发送的唯一一条请求信息。Sys_getmap 完成工作之后，就通过对 mem_init 的调用来初始化内存空闲表，这样，内存管理就可以正式开始工作了。初始化的所有工作完成之后，主程序将调用 get_work 等待一个请求消息的到来，一旦收到消息，就通过 call_vev 调用一个具体的过程（比如前面介绍的 do_exec、do_fork 等）来处理相应的请求，最后根据情况发送应答消息。

2. 系统调用的实现

① FORK。FORK 调用由文件 forkexit. c 中的 do_fork 过程来实现。首先，通过对 procs_in_use 的调用来检测进程表中是否有空闲的表项，如果有，则开始计算子进程需要的内存。由于数据段和堆栈段之间的空间不能被其他进程使用，所以这个空间也被计算进子进程所需的内存大小中。得出结果后，就可以调用 alloc_mem 分配内存。这样父进程和子进程的基址都被从块地址转换为绝对字节数地址，于是就可以调用 sys_copy 通知系统进行数据的复制。在将父进程的表项复制到为子进程所留的空进程表项后，要修改其中的 5 个域：mp_parent、mp_flags、mp_exitstatus、mp_seg 和 mp_sigstatus。变量 next_pid 被用来跟踪下一个进程号，我们在搜索整个进程表确定将被指定的进程号没有被使用后，就可以把 next_pid 的值赋给子进程。做完这一步，就可以调用 sys_fork 和 tell_fs 来通知内核和 FS 创建了一个新进程，以便内核和 FS 同步更新它们的进程表。最后的工作是在 main. c 的主循环中发出应答信息，对父进程的应答包含有子进程的进程号。

② EXIT。由过程 do_mm_exit 接收调用，然后具体工作交由 mm_exit 完成。Mm_exit 首先停止进程定时器的运行（如果进程有定时器的话），然后调用 sys_exit 发消息给系统任务，停止对该进程的运行调度。接下来利用 find_share 确定进程的正文段是否正在和其他进程共享，若否，则调用 free_mem 释放正文段内存，并调用另一个进程释放数据段和堆栈段。若 mm_flags 中的 HANGING 位为 TRUE 则表示有父进程在等待，需要调用 cleanup 释放进程表项；否则就让本进程进入僵死状态。最后，mm_exit 将搜索进程表寻找刚被终止进程的子进程，将子进程变更为 init 的子进程。完成变更后，同样地，如果这个子进程的 HANGING 为 TRUE 而且 init 也在等待，则执行 cleanup 清除这个子进程。

③ WAIT。WAIT 和 WAITPID 调用都由过程 do_waitpid 完成，首先要检查整个进程表，以确定调用 WAIT 的进程是否有子进程。如果没有，就返回并报错；如果存在并且处于僵死状态，则用 cleanup 将子进程清除；如果存在一个被跟踪的子进程，do_waitpid 将发送一个应答消息宣布这个进程已经停止，并把 dont_reply 位设为 TRUE 以阻止 main 重复发送应答消息。

如果找到子进程但子进程既不处于僵死也不处于被跟踪状态，那么系统回到调用进程，对该进程标志父进程不等待的标志位进行检查。通常情况下，这个位没有被设置，do_waitpid 将设置一个标志位指示该父进程正在等待，然后挂起父进程，等待一个子进程的结束。一旦子进程结束，就把父进程从 WAIT 状态中唤醒，并把终止子进程的进程号、退出状态和信号状态都传送给父进程。最后内核、MM 和 FS 都删除子进程的进程表表项，整个调用结束。

④ EXEC。过程 do_exec 负责执行本调用。合法性检查完成之后，MM 获得要执行的

文件的文件名,如果文件存在和可执行,MM将调用exec.c中的read_header来读取文件头并得到各段的长度,read_header同时还将验证所有的段是否能被放入虚拟地址空间。随后从用户空间将已经准备好的新堆栈取来,然后调用new_mem检查是否有足够内存用于新的内存映像,如果没有,EXEC调用将失败;如果有,则为新映像分配内存。分配内存完成后,new_mem将更新位于mp_seg中的内存图,并通过库函数sys_newmap通知内核。

分配完内存后,就需要把堆栈复制到新内存映像中并调用过程patch_ptr把堆栈的基址加到每个指针上来完成对指针的修改,然后调用过程load_seg把数据段和可能需要的正文段装入新内存映像。装入工作完成后,就可以设置setuid和setgid标志位,更新进程表表项,通知内核该进程可以开始工作。最后调用find_share来寻找可以和当前进程共享正文段的进程。

⑤ BRK。BRK调用的处理代码位于break.c中,由过程do_brk完成。它通过adjust过程来检查新的段是否存在冲突,如果数据段和堆栈段的地址出现冲突,就停止BRK调用。更新数据段时只需要更新长度,基址是不变的。而堆栈指针则将作为adjust的判断依据,若指针已超出堆栈范围,则其基址和长度都将被更新。

Do_brk在过程运行中会定义一个名为safety_bytes的安全系数,这个系数被加到数据段的段顶,当数据段超出时,它负责取回带错误信息的控制状态集合。

由于数据段和堆栈段以块为单位分配字节空间,如果单纯以字节为单位来检查空间是否够用的话有可能出现从字节数来看够了,但是最后的一个块因为有一部分被其他段占据而不能分配,最后造成以块为单位分配时地址空间不够用,所以要用size_ok来分别以字节和块为单位检查段长是否超出虚拟地址空间的范围。

3. 信号处理的实现

MINIX中所有信号及与信号有关的系统调用都被包含在文件signal.c中,具体功能如下:

- ALARM:经过一段时间后向自己发送ALARM消息。
- KILL:给别的进程发出信号指示其下一步的动作。
- PAUSE:在收到下一个信号前挂起自己。
- REBOOT:发出信号终止所有的进程。
- SIGACTION:改变调用进程对将来收到信号的响应方式。
- SIGPROCMASK:改变阻塞信号的集合。
- SIGSUSPEND:改变阻塞信号集合后执行PAUSE调用。
- SIGPENDING:对未处理的阻塞信号进行检查。
- SIGRETURN:处理完信号后进行清理工作。

下面详细了解SIGACTION调用。基于POSIX要求的sigaction函数和支持非POSIX系统的signal库函数都可以被SIGACTION调用支持。我们只需了解sigaction。

本系统调用执行时带有两个指向sigaction结构的指针:sig_osa和sig_nsa。sig_osa用于保存执行调用前有效旧信号的处理属性,sig_nsa用于保存了新信号的属性。我们将null指针置于sig_osa指针中调用SIGACTION,就可以在不改变内容的情况下检查旧的信号处理属性,而sig_nsa中定义的新的信号动作将被复制到MM的内存空间中,如果sig_nsa也被置为null则表示不用改变旧的信号动作。然后调用库函数sigaddset和sigdelset根据新信号动作内容的不同执行不同操作：

- 按默认方式处理：修改mp_ignore。
- 忽略信号：修改mp_catch。
- 捕捉信号：修改mp_sigpending。

要强调一点，上文所列出的九个系统调用中，REBOOT调用只能被超级用户拥有的专门程序执行。它通过调用check_sig向除init外的所有进程发送信号SIGKILL，以终止所有进程。REBOOT调用的主要功能在于可以保证在调用内核的系统任务关机之前，文件系统可以被同步，同时也保证了所有进程可以有序结束。

4. 其他的系统调用

MM还有几个很简单但是又必需的系统调用，MINIX把它们单独放在一个文件getset.c中，由过程do_getset执行：

- GETUID：返回有效的用户标号。
- GETGID：返回有效的分组号。
- GETPID：返回父子进程的进程号。
- SETUID：设置调用者有效的用户号。
- SETGID：设置调用者的有效分组号。
- SETSID：创建新的会话并返回进程号。
- GETPGRP：返回进程的分组标识。

12.5 文件系统

12.5.1 文件系统概述

MINIX文件系统(FS)的功能包括哪些内容？站在用户的角度，文件系统使得用户可以知道文件由什么组成、如何命名以及可以怎样操作文件。可以理解为文件系统为用户和文件间提供了一个接口。从系统的角度来考虑，文件系统的功能包括两个方面的内容：一是决定以怎样的方式存储文件和目录，包括分配空间和释放空间的过程；二是管理磁盘空间，例如，以链接表或是以位图的方式记录空闲存储空间等。本节中将详细介绍以上这些功能怎样实现。

1. 消息

MINIX文件系统接收的消息种类比较多，一共有39种，其中两个是异常消息。下面我们来看看这剩下的37种消息(见表12.4)，前面31种来自用户进程，后面6种来自系统调用，它们由MM先处理，然后调用FS完成其余工作。

2. *i*结点和位图

在MINIX里为了改进顺序读取文件时的性能，要确保同一文件的所有磁盘块都位于同一个柱面上，为此引入了区段的概念，一个区段包含了多个块。不过，FS的大部分操作都以块为单位，系统中只有负责具体记录磁盘地址的部分(如*i*结点和区段位图)会用到区段的概念。

表 12.4 FS 可接收的消息一览

消息名	参　　数	返回值
CHROOT	新建根目录的目录名	状态
CHDIR	新建工作目录的目录名	状态
CHMOD	文件名,新的模式	状态
CHOWN	文件名,新所有者,组标识	状态
ACCESS	文件名,操作模式	状态
CLOSE	文件描述符	状态
CREAT	文件名,模式	文件描述符
DUP	文件描述符	新文件的描述符
FCNTL	文件描述符,功能码,数组 arg	随功能而定
FSTAT	文件名,缓冲区	状态
IOCTL	文件描述符,功能码,数组 arg	状态
LINK	文件名,链接名	状态
LSEEK	文件描述符,偏移地址,起始地址	新起始位置
MKDIR	文件名,模式	状态
MKNOD	目录或文件名,模式,地址	状态
MOUNT	特殊文件名,挂装地点,只读标志	状态
OPEN	文件名,r/w 标志	文件描述符
PIPE	指向两个文件描述符的指针	状态
READ	文件描述符,缓冲区,字节数	读入字节数
RENAME	文件名,文件名	状态
RMDIR	文件名	状态
STAT	文件名,状态缓冲区	状态
STIME	指向当前时间的指针	状态
SYNC	无	OK
TIME	指向保存当前时间地址的指针	状态
TIMES	父子进程间时间缓冲区的指针	状态
UMASK	模式屏蔽码的补码格式	
UMOUNT	设备文件名	
UNLINK	文件名	
UTIME	文件名,文件的时间	
WRITE	文件描述符,缓冲区,字节数	

续表

消息名	参　　数	返回值
EXEC	pid	
EXIT	pid	
FORK	父子进程的 pid	
SETGID	Pid,和有效 gid	
SETUID	Pid,和有效 gid	
SETSID	pid	

MINIX 中为每个文件建立了一个索引表,表中存储了文件属性和各个块在磁盘上的地址,这个索引表被称为 i 结点。i 结点中除了给出文件数据块的位置以外,还包含了模式信息。这些信息指明了文件的类型:包括块设备文件、目录、正规文件、字符设备文件或管道等数种,以及文件的保护标志、SETGID 标志位和 SETUID 标志位。i 结点中,专门留出一个域保存指向这个索引结点的所有目录项,由此,文件系统可以知道什么时候可以释放文件的存储区。这个域的设置针对的是记录文件在磁盘上存储状况的索引表。

MINIX 使用位图来记录空闲的 i 结点和区段,保存位图的磁盘块被称为位图块。当创建一个文件时,FS 在位图块中查找第一个空闲的 i 结点,在这个 i 结点被分配后,就修改指针指向下一个结点。这样,实际上指针指向的总是第一个可用的空闲 i 结点。删除文件时,要找到被释放的 i 结点在位图块中的相应位,在释放 i 结点的同时,将位图块中对应的那一位清零。区段的操作方式和 i 结点类似。

3. 目录管理

目录管理是文件系统的一个重要功能,查找一个文件,实际上就是先在目录树中找到文件名,然后通过对应的 i 结点在磁盘上找到文件数据。如图 12.8 所示,要查找文件/usr/isd/vbr/x. text,首先要找到/usr,然后在/usr 中查找/isd,依次进行,最后在/vbt 中找到 x. text。

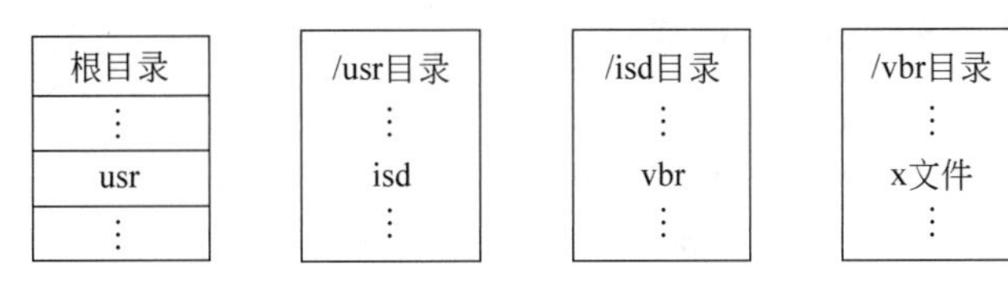

图 12.8　目录查找过程

MINIX 目录管理中比较麻烦的部分是所谓的挂装管理。例如,本来一个文件是在 isd/vbr/下,现在要把这整个目录连同文件都挂装到/usr 下,则以后的存取路径就变为/usr/isd/vbr。挂装由命令 mount实现,完成挂装后,挂装目录/usr 的 i 结点中就多了一个标志位,它标明有文件系统挂装到了这个目录上。而在被挂装文件系统的超级块上也将设置两个指针,一个指针指向被挂装文件的根目录/isd,另一个指针指向挂装目录/usr 的 i 结点,这两个指针共同完成了被挂装文件和挂装目录的链接。在挂装后,如果要查找 x. text 文件,首先从/usr 开始,从/usr 的 i 结点中知道 x 文件就挂装在/usr 的某个目录下。为了

查找这个目录的 i 结点，系统搜索内存中所有超级块，直到找到一个超级块，这个超级块中的"指向挂装目录 i 结点"指针正好指向的就是/usr。找到这个超级块，我们也就找到了被挂装的文件系统，从而也就找到了 x.text 文件。

4. 管道和设备文件

管道和设备文件与普通文件的最大不同在于，普通文件的操作通常很快就能完成，而管道有时则需要等待几个小时才能有进程把数据写进来。而调用设备文件的进程，为了等待终端或其他设备上的I/O，时间也是不能确定的。正因为如此，在处理管道和设备文件时，不能再采用通常的一次性处理请求直至完成的办法，在进程调用它们时，我们要首先检查状态看操作能否完成，如果不能就把系统调用的参数保存在进程表中，等将来条件适合时再执行调用。

FS通过不发送信号的方式使得等待应答信号的调用进程被阻塞，一旦有别的进程修改了管道的状态使得被挂起的进程可以运行，FS就会设置一个标志。到下一次主循环时，FS提取以前保存在进程表中的各项参数，继续执行先前被挂起的进程。

终端设备文件的 i 结点中存储了两个设备号：主设备号和次设备号。主设备号给出设备类型，被文件系统表作为索引映射到相应的I/O任务，即指定调用哪个I/O驱动程序。次设备号是驱动程序的参数，指明具体使用的哪台设备(同类设备可能不止一台)。

当进程要从设备读取数据时，FS通过从文件 i 结点中获得的主设备号向相应的任务发送消息，这条消息将告诉该驱动程序要执行什么样的操作。如果驱动程序能够立即执行，就把自己缓存中的数据复制到用户缓冲区，并向FS发送回应消息。FS收到消息，确认执行完毕后，再向用户发出应答消息，至此就完成了一次对设备的调用。而如果驱动程序不能立即执行，就采取和管道中类似的操作，将消息参数记录在驱动程序自己的表格中，并告知FS不能立即执行调用，于是调用进程被挂起等待下一个消息的到来，这一措施也同时被FS记录。

12.5.2 实现

1. 头文件及全局变量

首先还是来看看FS使用的数据结构和表，这些在头文件中得到定义。FS系统所需的数据结构中有少部分定义在include/目录下，比如，定义系统调用为其他程序提供 i 结点信息格式的stat.h文件和定义目录结构的dir.h结构。其他的定义都保存在文件系统源目录/src/fs中。首先看到的是文件系统内部专用的"主控头文件"fs.h，这个文件囊括了FS的源程序引用的其他头文件：

- const.h：定义了表长、标志位等一些文件系统中使用的常量的值。
- glo.h：和内存管理中的glo.h文件一样，定义了一些全局变量。
- proto.h：提供了ANSI标准C编译器所支持的函数原型。
- type.h：定义了 i 结点在磁盘上的组织结构。

文件系统部分的进程表定义在fproc.h中，它是一个名为fproc的数组，这个多维数组包括：文件描述符数组、指向根目录 i 结点和工作目录 i 结点、uid、gid、进程的ID以及进程组的ID等。其中的一些域是用来保存被中途挂起的系统调用在恢复运行时所需的调用参数。也有一部分域在内核和内存管理的进程表中被重复定义过。

下面就来看一看，在/src/fs/中还定义了哪些表格：

- buf.h：buf数组实现了所有块缓冲区的定义，包括头部的指针、标志和计数器，以及数据部分的定义。
- buf_hash：定义哈希表，表中每一项都指向一个缓冲区的列表。
- dev.h：定义了damp表，每个主设备对应表中的一行，damp表提供了执行相应操作所需要调用的过程，所有的过程都存放在文件系统的地址空间中。
- file.h：保存中间表filp，filp表存放文件地址及其i结点指针，指出文件是否可读写，以及指向该表项的文件描述符的数目。
- lock.h：存储文件锁表格file_lock。
- inode.h：保存当前正在使用的i结点。
- param.h：为包含参数的消息域定义名称。
- super.h：定义超级块表super_block，启动系统时根设备的超级块以及一个被挂装到其他目录下的文件系统的超级块也保存在这个表里。

2. 表格管理及其使用

块、超级块及i结点是文件系统中最重要的存储结构，对它们的管理和使用是通过一系列的过程来实现的。下面我们就来看看这些过程的功能。

用于管理块的过程有：

- alloc_zone：用于在区段位图中查找空闲区段，并将其分配给文件。
- flushall：通常被系统调用SYNC所调用，刷新某设备的缓冲，同时将其中内容写回设备。
- get_block：取要读写的块，先检查高速缓存，若找到就直接返回指针，否则就将其读入缓存。
- put_block：释放由get_block请求得到的块。
- free_zone：负责将不再使用的区段归还给空闲区段位图，以区段位图和位号为参数调用free_bit。
- rw_block：提供了一个简单的磁盘界面，负责在内存和磁盘间传送块。
- invalidate：删除某个设备在高速缓存中用过的所有块。
- rw_scattered：以设备标志符、缓冲区指针数组的指针、数组长度及读写标志为参数，执行在设备上读写分散数据的任务。
- rm_lru：只被get_block调用，负责从LRU链中删除一个块。

用于超级块管理的过程略少一些，下面的5个过程用于超级块和位图的管理：

- alloc_bit：从区段位图或i结点位图中分配一位，通常被alloc_inode或alloc_zone以循环嵌套的方式调用。
- free_bit：从区段位图或i结点位图中释放一位，首先计算哪一个位图块包含了要释放的位，调用get_block将这个位图块读入内存，将相应位置0，再调用put_block将该块写回磁盘。
- get_super：用于在超级块表中搜索特定设备。
- mounted：关闭块设备时调用，以一个指向设备i结点的指针为参数，返回报告这个i结点是否在被挂装的文件系统上。

用于管理 i 结点的过程有：

- get_inode：将一个 i 结点读入内存，首先搜索 inode 表，若找到则将指针返回；若不在内存中则调用 rw_inode 将其读入。
- put_inode：返回不再使用的 i 结点，并把计数器 icount 减 1，当 icount 为 0 时，表示整个文件都不再被使用了，于是就可以删除 i 结点。
- alloc_inode：为新文件分配 i 结点。
- wipe_inode：将 i 结点中的某些域清除，同时也负责一部分初始化 i 结点的工作。
- free_inode：释放 i 结点，具体操作有：将 i 结点位图中的相应位置 0，修改超级块中记录第一个空闲 i 结点的域。
- update_times：从系统时钟获得时间，同步修改 i 结点中的时间域。
- rw_inode：负责在内存和磁盘间传送 i 结点，它调用 get_block 读入包含所需 i 结点的块，然后将 i 结点复制到 inode 表中，最后调用 put_block 将该块返回。
- old_icopy：转换要执行写操作的 i 结点内容。
- new_icopy：对由 i 结点读入的数据进行转换。
- dup_inode：向其他进程标明某个进程正在使用 i 结点。

3. 管道

管道文件的代码在文件 pipe.c 中，它和普通文件在很多方面都类似，我们主要看看它们的不同之处。

PIPE 调用通过过程 do_pipe 创建一个拥有权属于系统的管道，并保存在指定的管道设备上。Do_pipe 负责为管道分配一个 i 结点，同时返回两个文件描述符。Pipe_check 过程利用 release 过程来判断能否唤醒那些被挂起的过程。除此之外，它也利用函数 suspend 将调用参数保存在进程表中同时将 dont_reply 置为 TRUE，从而使进程挂起，以便进行各种检查，保证对管道的操作能够完成。过程 do_unpause 用于处理 MM 向 FS 发送的消息，若这条消息的目标进程被阻塞，则 do_unpause 负责将进程唤醒。

4. 主程序

FS 的主循环包含在 main.c 中，它的结构和内核类似，首先它将进行以下的设置：

- who：全局变量，调用进程的进程表插槽号。
- fs_call：全局变量，待执行的系统调用的编号。
- fp：指向调用者的进程表表项入口。
- super_user：标明调用者是否为超级用户。
- dont_reply：标志位，标明是否发送回答信号。

主循环设置完变量后就执行系统调用的过程，用 fs_call 作为参数选定被调用的进程。重新回到主循环后，如果 dont_reply 被设置，那么就不发送应答信号，否则送回一个应答消息。过程 get_work 也在主循环中被调用，它可以检查以前阻塞的进程中是否存在已经苏醒的，如果有，因为这些进程的优先级比新到的消息要高，所以将优先处理老进程。

5. 对文件的操作

(1) 创建文件。过程 common_open 负责执行创建文件的调用 CREAT，具体工作由过程 new_node 完成。首先判断是否存在目录项，若存在，则返回指向现有 i 结点的指针，否则就重新创建。如果无法创建就用全局变量 err_code 来报错。找到目录项后，对文件描述符赋值，并在filp表中为新文件申请一表项。

(2) 打开文件。打开文件调用OPEN也由common_open来完成。首先要检查文件的类型和模式，这个工作由过程forbidden对rwx位进行检查来完成。如果检查通过，则返回文件描述符。若出现错误则收回以前分配的文件描述符和filp项，释放 *i* 结点，同时common_open返回一个负值。若是对管道的操作，则调用pipe_open，并进行和管道有关的检查。对于设备文件也需要另外的适当过程来打开。

(3) 关闭文件。关闭文件通过过程do_close完成，对于正规文件，我们要减少filp计数器的值并检查该计数器是否为0，若为0则表示文件不再被使用，调用put_inode来收回 *i* 结点。删除所有的文件锁，同时唤醒所有因文件加锁而被迫等待的挂起进程。

(4) 读文件。读操作由do_read接收请求，但具体的操作则是通过设置READING标志调用公共过程read_write来实现的。Read_write通过rw_chunk来读取一个小块，若干个小块拼凑起来就可以完整的完成读请求。Rw_chunk以 *i* 结点和文件位置为参数，通过函数read_map把它们转换成物理块号，然后发送消息请求将该块传送到用户空间。获得该块的指针后，调用函数sys_copy进行传送，然后用put_block释放该块。执行完rw_chunk后，各计数器和指针都相应增加，随后进入下一个循环。

(5) 写文件。和读文件类似，do_write过程所做的工作也只是以WRITING标志调用read_write。写文件操作需要分配新的磁盘块，write_map负责在 *i* 结点及其间接块中添加新的区段号。如果文件超过了一次间接块能够处理的长度，就需要先分配一个一次间接块，然后将其地址填入二次间接块中。这个操作由wr_indir完成，该过程调用conv2或conv4进行必要的数据转换，将新的区段号写入间接块。conv2和conv4是用于处理不同处理器的不同字节顺序问题的函数。文件write.c中还有一个过程clear_zone，它的作用是负责清空突然出现在文件中部的某些块。

6. 目录与路径

MINIX中通常要先把路径名转换为 *i* 结点。路径名的分析是在文件path.c中进行。首先在过程eat_path中调用了两个函数，这两个函数分别是：

(1) last_dir：检查路径名以判断是相对路径还是绝对路径。若是前者则将rip设置为指向当前工作目录的指针，若是后者则将rip设为指向根目录的指针。这个分析过程将循环进行，直到到达路径名的尾部，最后返回尾目录的指针。

(2) advance：用来取得路径的最后一个部分，它以目录指针和字符串为参数，在目录中进行查找，一旦找到匹配的路径名(和参数串匹配)，就返回相应 *i* 结点的指针。

通过这两个函数，eat_path就可以获得路径名对应的 *i* 结点，并把 *i* 结点调入内存，而且返回这个 *i* 结点的指针。

最后介绍两个在path.c中也发挥着重要功能的函数：

(1) get_name：负责从一个字符串中，将文件路径名按照分隔符提取出来，例如，从字符串“…usr/dir/sys/”中，将3个目录名usr、dir、sys分别提取出来。

(2) search_dir：被advance使用，用于完成比较字符串和目录项的工作。它通过两层嵌套循环来实现对目录中的每个块、块中的每一项的操作。

小　　结

本章以脱胎于UNIX的小型操作系统MINIX为例子,按照进程、I/O系统、内存管理和文件系统4个部分简单介绍了MINIX的基本概况和编码实现。

MINIX以模块化构造为特点,内核、内存管理和文件系统3个部分相互独立,之间以消息作为通信的唯一手段。

MINIX中进程通信不设缓冲区,而采用进程会合的原理(是一种同步通信方式)。中断发生时,由内核底层构造消息,发送到与中断设备相关的系统任务,从而完成中断的处理。MINIX中的进程调度采用了3个按优先级排列的队列,最低优先级的用户进程按时间片轮转运行。

死锁在MINIX中的处理沿袭了UNIX中的方法:简单的忽略它。MINIX中的设备驱动程序是作为嵌入内核的进程来实现的。所有驱动程序位于相同的地址空间中,同时也是相互独立的进程。

MINIX的内存管理设计得比较简单,因为这个系统本身就是为小型的单机系统服务的。内存管理的大部分工作是在执行有关的系统调用。进程执行系统调用FORK和EXEC后获得内存,直到进程结束,分配给其的内存大小都不会发生变化,显然是一种静态内存分配方案。

文件系统在MINIX的源代码中比重很大,但并非必不可少,我们可以将文件系统从整个系统中取出,通过网络连接,作为一个独立的网络文件服务器。文件系统从用户进程接收任务请求,通过过程指针,调用相应的过程执行系统调用。

最后需要强调的是,要想真正了解操作系统,阅读源代码是必不可少的,这也是本章以对源代码中文件、函数和过程的功能分析为主要着力点的原因。从某种程度上讲,本章可以看做是MINIX源代码的一个简略的说明文档。

习　　题

12.1　写一组程序,尝试使用MINIX中的系统调用。对每一个调用,尝试使用不同的参数,包括错误的参数,看看会有什么结果。

12.2　MINIX中没有消息缓冲区,进程间通信采用进程会合的原理。首先请描述通过进程会合,实现进程间的通信的全过程。然后试分析这一设计在处理时钟和键盘引起的中断时有什么不足。

12.3　假设在一个外卖餐馆中的工作人员分为4类:领班(负责接待顾客点菜,并接收菜单)、厨师(准备饭菜)、服务员(将饭菜打包)、收银员(收款并将打包好的饭菜交给顾客)。这4种员工共同完成接待顾客的全过程,如果将每个职员看做一个串行进程,那么,它们之间采用的是什么样的通信方式?并将该通信模型与MINIX采用的通信方式进行比较。

12.4　在MINIX中,一个睡眠进程收到消息时,将调用过程ready将该进程挂入调度队列,执行这个操作时首先要关中断,请分析这样做的目的和意义。

12.5 修改 MINIX,使得进程表中的每个进程增加一个优先级域,以对单个进程设置优先级。

12.6 请修改终端驱动程序,使得除了一个用来删除前一个字符的特殊键外,再多出一个键用来删除前一个字符。

12.7 修改 MINIX 使得进程一进入僵死状态就释放内存,而不是一直等到它的父进程执行 WAIT 调用。

12.8 修改 MINIX 以实现内存管理中的交换策略。

12.9 在执行 EXEC 系统调用时,MINIX 采用的策略是检查当前是否有足够容纳新内存映像的空闲块,如果没有就拒绝此次调用。更好些的算法则会看在旧的内存映像被释放后,是否有足够大的空洞,请尝试实现这个算法。

12.10 假设出现一种新型的 RAM,即使掉电也能保存数据,性价比也与平常 RAM 相同,试分析:此改进对文件系统设计有何影响?请具体说明。

12.11 在 MINIX 中,当打开一个文件时,要先搜索整个 i 结点表找到这个文件的 i 结点,以判断这个文件是否存在。有一种观点认为,由于存储器越来越便宜,容量也越来越大,因此直接为这个文件在内存 i 结点表中建立一个新的 i 结点副本会更快,不需要再在位于整个索引表中搜索。你赞成这个观点吗?请加以分析说明。

12.12 为了在 MINIX 的文件系统目录中挂装其他的文件系统(如 DOS),请设计一种机制,以支持“外部”文件系统。

参考文献

[1] Agarwal A, Horowitz M, Hennessy J. An Analytical Cache Model. ACM Transactions on Computer Systems, May 1988.

[2] Almasi G, Gottlieb A. Highly Parallel Computing. Redwood City, CA: Benjamin/Cummings, 1989.

[3] Andleigh UNIX System Architecture. Englewood Cliffs, NJ: Prentice Hall, 1990.

[4] American National Standards Institute. American National Standard Dictionary for Information Systems. X3-N1-990.

[5] Artsy Y. Designing a Process Migration Facility: The Charlotte Experience. Computer, September 1989.

[6] Art B. The Windows NT Device Book: A Guide for Programmers. Prentice Hall PTR, 1979.

[7] Axford T. Concurrent Programming: Fundamental Techniques for Real-Time and Parallel Software Design. New York: Wiley, 1988.

[8] Bach M. The Design of the UNIX Operating System. Englewood Cliffs, NJ: Prentice Hall, 1986.

[9] Bacon J. Concurrent Systems. Reading, MA: Addison Wesley, 1994.

[10] Barbosa V. Strategies for the Prevention of Communication Deadlocks in Distributed Parallel Programs. IEEE Transactions on Software Engineering, November 1990.

[11] Back L. System Software. Reading, MA: Addison Wesley, 1990.

[12] Bellovin S. Packets Found on an Internet. Computer Communications Review, July 1993.

[13] Ben-Ari M. Principles of Concurrent Programming. Englewood Cliffs, NJ: Prentice Hall, 1982.

[14] Ben-Ari M. Principles of Concurrent and Distributed Programming. Englewood Cliffs, NJ: Prentice Hall, 1990.

[15] Bernstein P. Transaction Processing Monitors. Communications of the ACM, November 1990.

[16] Bernstein P. Middleware: An Architecture for Distributed System Services. Report CRL 93/6. Digital Equipment Corporation Cambridge Research Lab, 2 March 1993.

[17] Berson A. Client/Server Architecture. New York: McGraw-Hill, 1992.

[18] Bic L, Shaw A. The Logical Design of Operating Systems, 2nd ed. Englewood Cliffs, NJ: Prentice Hall, 1988.

[19] Black D. Scheduling Support for Concurrency and Parallelism in the Mach Operating System. Computer, May 1990.

[20] Brazier F, Johansen D. Distributed Open Systems. Los Alamitos, CA: IEEE Computer Society Press, 1994.

[21] Brown R, Denning P, Tichy W. Advanced Operating Systems. Computer, October 1984.

[22] Cabrear L. The Influence of Workload on Load Balancing Strategies. USENIX conference Proceedings, Summer 1986.

[23] Carr R. Virtual Memory Management. Ann Arbor, MI: UMI Research Press, 1984.

[24] Carriero N, Gelernter D. How to Write Parallel Programs: A Guide for the Perplexed. ACM Computing Surveys, September, 1989.

[25] Casavant T, Singhal M. Distributed Computing Systems. Los Alamitos, CA: IEEE Computer Society press, 1994.

[26] Castillo C, Flanagan E, Wilkinson N. Object Oriented Design and Programming. AT&T Technical Journal, November/December 1992.

[27] Chandras R. Distributed Message Passing Operating Systems. Operating Systems Review, January 1990.

[28] Chow Randy, Johnson Theodore. Distributed Operating Systems&Algorithms. Addison Wesley,1997.

[29] Datta A, Ghosh S. Deadlock Detection in Distributed Systems. Proceedings, Phoenix Conference on Computers and Communications, March 1990.

[30] Datta A, Javagal R, Ghosh S. An Algorithm for Resource Deadlock Detection in Distributed Systems. Computer Systems Science and Engineering, October 1992.

[31] Davies D, Price W. Security for Computer Networks. New York: Wiley, 1989.

[32] Davis W. Operating Systems: A Systematic View, Third Edition, Reading, MA: Addison-Wesley, 1987.

[33] Deitel H. An Introduction to Operating Systems, Second Edition. Reading, MA: Addison-Wesley, 1996.

[34] Denning P, Brown R. Operating Systems. Scientific American, September 1988.

[35] Dewire D. Client/Server Computing. New York: McGraw-Hill, 1993.

[36] Douglas F, Ousterhout J. Progress Migration in Sprite: A Status Report. Newsletter of the IEEE Computer Society Technical Committee on Operating Systems, Winter 1989.

[37] Eager D, Lazowska E, Zahnorjan J. Adaptive Load Sharing in Homogeneous Distributed Systems. IEEE Transactions on Software Engineering,May 1986.

[38] Feitelson D, Rudolph L. Distributed Hierarchical Control for Parallel Processing. Computer, May 1990.

[39] Feitelson D, Rudolph L. Mapping and Scheduling in a Shared Parallel Environment Using Distributed Hierarchical Control. Proceedings,1990 International Conference on Parallel Processing, August 1990.

[40] Feldman L. Windows NT: The Next Generation. Carmel, IN: Sams, 1993.

[41] Finkel R. The Process Migration Mechanism of Charlotte. Newsletter of the IEEE Computer Society Technical Committee on Operating Systems, Winter 1989.

[42] Foster I. Automatic Generations of Self Scheduling Programs. IEEE Transactions on Parallel and Distributed Systems, January 1991.

[43] Foster I, Kesselman C. The Anatomy of the Grid: Enabling Scalable Virtual Organizations. International J. Supercomputer Applications, 15(3), 2001.

[44] Foster I, Kesselman C. Grid Services for Distributed System Integration. Computer, 35(6), 2002.

[45] Foster I, Kesselman C, Lee C. A DistributedResource Management Architecture that Supports Advance Reservations and Co-Allocation. Intl Workshop on Quality of Service, 1999.

[46] Gibbons P. A Stub Generator for Multilanguage RPC in Heterogeneous Environments. IEEE Transactions on Software Engineering, January 1987.

[47] Gingras A. Dining Philosophers Revisited. ACM SIGCSE Bulletin, September 1990.

[48] Gopal I. Prevention of Store-and-Forward Deadlock in Computer Networks. IEEE Transactions on Communications, December 1985.

[49] Grosshans D. File Systems: Design and Implementation. Englewood Cliffs, NJ: Prentice Hall, 1986.

[50] Haldar S, Subramanian D. Fairness in Processor Scheduling in Time Sharing Systems. Operating Systems Review, January 1991.

[51] Harbron T. File Systems. Englewood Cliffs,NJ:Prentice Hall,1988.

[52] Helen C. Inside Windows NT. Microsoft Press,1993.

[53] Hoare C. Communicating Sequential Processes. Englewood Cliffs, NJ: Prentice Hall, 1985.

[54] Hofri M. Proof of a Mutual Exclusion Algorithm. Operating Systems Review, January 1990.

[55] Horner D. Operating Systems: Concepts and Applications. Glenview, IL: Scott, Foresman, 1989.

[56] Inmon W. Developing Client/Server Applications in an Architect Environment. Boston, MA: QED, 1991.

[57] Johnson R. MVS Concepts and Facilities. New York: McGraw-Hill, 1989.

[58] Johnson B, Javagal R, Datta A, et al. A Distributed Algorithm for Resource Deadlock Detection. Proceedings, Tenth Annual Phoenix Conference on Computers and Computing, March 1991.

[59] Jones S, Schwarz P. Experience Using Multiprocessor Systems—A Status Report. Computing Surveys, June 1980.

[60] Kay J, Lauder P. A Fair Share Scheduler. Communications of the ACM, January 1988.

[61] Kessler R, Hill M. Page Placement Algorithms for Large Real Indexed Caches. ACM Transactions on Computer Systems, November 1992.

[62] Khalidi Y, Talluri M, Williams D, et al. Virtual Memory Support for Multiple Page Sizes. Proceedings, Fourth Workshop on Workstation Operating Systems, October 1993.

[63] Klein D. Foiling the Cracker: A Survey of, and Improvements to, Password Security. Proceedings, UNIX Security Workshop Ⅱ, August 1990.

[64] Krakowiak S, Beeson D. Principles of Operating Systems. Cambridge, MA: MIT Press, 1988.

[65] Krishna C, Lee Y, et al. Special Issue on Real-Time Systems. Proceedings of the IEEE, January 1994.

[66] Kurzban S, Heines T, Kurzban S. Operating Systems Principles, 2nd ed. New York: Van Nostrand Reinhold, 1989.

[67] Lamport L. The Mutual Exclusion Problem. Journal of the ACM, April 1986.

[68] Lamport L. The Mutual Exclusion Problem Has Been Solved. Communications of the ACM, January 1991.

[69] Lee Y, adn Krishna C, et al. Readings in Real-Time Systems. Los Alamitos, CA: IEEE Computer Society Press, 1993.

[70] Leffler S, McKusick M, Karels M, et al. The Design and Implementation of the 4. 3BSD UNIX Operating System. Reading, MA: Addison Wesley, 1988.

[71] Leibfried T. A Deadlock Detection and Recovery Algorithm Using the Formalism of a Directed Graph Matrix. Operating Systems Review, April 1989.

[72] Leland W, Ott T. Load Balancing Heuristics and Process Behavior. Proceedings, ACM Sig-Metrics Performance 1986 Conference, 1986.

[73] Leutenegger S, Vernon M. The Performance of Multiprogrammed Multiprocessor Scheduling Policies. Proceedings, Conference on Measurement and Modeling of Computer Systems, May 1990.

[74] Lister A, Eager R. Fundamentals of Operating Systems, 4th ed. London: Macmillan Education Ltd, 1996.

[75] Livadas P. File Structures: Theory and Practice. Englewood Cliffs, NJ: Prentice Hall, 1990.

[76] Maekawa M, Oldehoeft A, Oldehoeft, R. Operating Systems: Advanced Concepts. Menlo Park, CA: Benjamin Cummings, 1987.

[77] Majumdar S, Eager D, Bunt R. Scheduling in Multiprogrammed Parallel Systems. Proceedings, Conference on Measurement and Modeling of Computer Systems, May 1988.

[78] Martin J. Principles of Data Communication. Englewood Cliffs, NJ: Prentice Hall, 1988.

[79] Milenkovic M. Operating Systems: Concepts and Design. New York: McGraw-Hill, 1996.

[80] Morse S. Client/Server Is Not Always the Best Solution. Network Computing, Special Issue on Client/Server Computing,Spring 1993.

[81] Moskowitz R. What Are Clients and Servers Anyway? Network Computing, Special Issue on Client/

Server Computing, Spring 1993.

[82] Nutt G. Centralized and Distributed Operating Systems. Englewood Cliffs, NJ: Prentice Hall, 1994.

[83] Ousterhout J, et al. The Sprite Network Operating System. Computer, February 1988.

[84] Panwar S, Towsley D, Wolf J. Optimal Scheduling Policies for a Class of Queues with Customer Deadlines in the Beginning of Service. Journal of the ACM, October 1988.

[85] Pfleeger C. Security in Computing. Englewood Cliffs, NJ: Prentice Hall, 1989.

[86] Pinkert J, Wear L. Operating Systems: Concepts, Policies, and Mechanisms. Englewood Cliffs, NJ: Prentice Hall, 1989.

[87] Pizzarello A. Memory Management for a Large Operating System. Proceedings, International Conference on Measurement and Modeling of Computer Systems, May 1989.

[88] Plambeck K. Concepts of Enterprise Systems Architecture. IBM Systems Journal, No. 1, 1989.

[89] Ramamritham K, Stankovic J. Scheduling Algorithms and Operating Systems Support for Real-Time Systems. Proceedings of the IEEE, January 1994.

[90] Rashid R, et al. Machine Independent Virtual Memory Management for Paged Uniprocessor and Multiprocessor Architectures. IEEE Transactions on Computers, August 1988.

[91] Rashid R, et al. Mach: A .System Software Kernel. Proceedings, COMPCON Sprint' 89, March 1989.

[92] Raynal M. Algorithms for Mutual Exclusion. Cambridge, MA:MIT Press, 1986.

[93] Raynal M. Distributed Algorithms and Protocols. New York: Wiley, 1988.

[94] Raynal M, Helary, J. Synchronization and Control of Distributed Systems and Programs. New York: Wiley, 1990.

[95] Ritchie D. The Evolution of the UNIX Time-Sharing System. AT&T Bell Laboratories Technical Journal, October 1984.

[96] Silberschatz A, Galvin P. Operating System Concepts. Readings, MA: Addison Wesley, 1996.

[97] Singhal M, Shivaratri N. Advanced Concepts in Operating Systems. New York: McGraw-Hill, 1996.

[98] Smith J. A Survey of Process Migration Mechanisms. Operating Systems Review, July 1988.

[99] Smith J. Implementing Remote fork() with Checkpoint/restart. Newsletter of the IEEE Computer Society Technical Committee on Operating Systems, Winter 1989.

[100] Spafford E. Observing Reusable Password Choices. Proceedings, UNIX Security Symposium Ⅲ, September 1992.

[101] Stallings W. Data and Computer Communications, 4th ed. Englewood Cliffs, NJ: Prenticed Hall, 1994.

[102] Stallings W. Network and Internetwork Security: Principles and Practice. Englewood Cliffs, NJ: Prentice Hall, 1995.

[103] Stankovic J, Ramamrithan K. Hardd Real-Time Systems. Washington, DC: IEEE Computer Society Press, 1988.

[104] Stankovic J, Ramamritham K, et al. Advances in Real-Time Systems. Los Alamitos, CA: IEEE Computer Society Press, 1993.

[105] Stone H. High-Performance Computer Architecture, 2nd ed. Reading, MA: Addison Wesley, 1990.

[106] Suzuki I, Kasami T. An Optimality Theory for Mutual Exclusion Algorithms in Computer Networks. Proceedings of the Third International Conferences of Distributed Computing Systems, October 1982.

[107] Tanenbaum A, Renesse R. Distributed Operating Systems. Computing Surveys, December 1995.

[108] Tanenbaum A. Operating System Design and Implementation. Englewood Cliffs, NJ: Prentice Hall, 1996.

[109] Tanenbaum A, Woodhull S. Operating System Design and Implementation(Second Edition). Englewood Cliffs,NJ: Prentice Hall, 1999-2000.

[110] Tanenbaum A. Modern Operating Systems. Englewood Cliffs, NJ: Prentice Hall, 1997.

[111] Tay B, Ananda A. A Survey of Remote Procedure Calls. Operating Systems Review, July 1990.

[112] Tevanian A, et al. Mach Threads and the Unix Kernel: The Battle for Control. Proceedings, Summer 1987 USENIX Conference, June 1987.

[113] Tevanian A, Smith B. Mach: The Model for Future Unix. Byte, November 1989.

[114] Theaker C, Brookes G. A Practical Course on Operating Systems. New York: Springer-Verlag, 1993.

[115] Tilborg A, Koob G, et al. Foundations of Real-Time Computing: Scheduling and Resource Management. Boston: Kluwer Academic Publishers, 1994.

[116] Tucker A, Gupta A. Process Control and Scheduling Issues for Multiprogrammed Shared Memory Multiprocessors. Proceedings, Twelfth ACM Symposium on Operating Systems Principles, December 1989.

[117] Turner R. Operating Systems: Design and Implementations. New York: Macmillan, 1996.

[118] William S. Operating Systems (second edition). Prentice Hall International Inc., New Jersey, 1997.

[119] 都志辉,等. 网格计算. 北京:清华大学高性能所网格研究组,2002.

[120] 都志辉,等. 以服务为中心的网格体系结构 OGSA. 北京:清华大学高性能所网格研究组,2002.

[121] 何炎祥,等. 计算机操作系统原理及其习题解答. 北京: 海洋出版社, 1993.

[122] 何炎祥. 分布式操作系统设计. 北京: 海洋出版社, 1993.

[123] 何炎祥. 并行程序设计方法. 北京: 学苑出版社, 1995.

[124] 何炎祥,等. 高级操作系统. 北京: 科学出版社, 1999.

[125] 何炎祥,等. 操作系统原理学习与解题指南. 武汉: 华中科技大学出版社, 2001.

[126] 何炎祥,等. 操作系统原理. 上海: 上海科学技术文献出版社, 2000.

[127] 何炎祥,陈莘萌. Agent 和多 Agent 系统的设计与应用. 武汉: 武汉大学出版社, 2001.

[128] 金玉琢,等. 多媒体计算机技术基础及应用. 北京: 高等教育出版社, 1999.

[129] 孙钟秀,等. 操作系统教程(第四版). 北京: 高等教育出版社,2008.

[130] 汤子瀛,等. 计算机操作系统. 西安: 西安电子科技大学出版社,2000.

[131] 谢冬青. 计算机安全保密技术. 长沙: 湖南大学出版社,1998.

[132] 尤晋元,史美林. Windows 操作系统原理. 北京: 机械工业出版社,2001.

[133] 张焕国等. 计算机安全保密技术. 北京: 机械工业出版社,1994.

[134] [荷]Andres S Tanenbaum,等,现代操作系统(第三版). 陈向群,等译. 北京: 机械工业出版社,2009.